JOSEF HEINHOLD: THEORIE UND ANWENDUNG DER FUNKTIONEN EINER KOMPLEXEN VERÄNDERLICHEN

THEORIE UND ANWENDUNG DER FUNKTIONEN EINER KOMPLEXEN VERÄNDERLICHEN

EIN LEHRBUCH FÜR STUDIERENDE DER NATURWISSENSCHAFTEN UND TECHNIK

von

JOSEF HEINHOLD

ERSTER BAND

MIT 63 ABBILDUNGEN UND 4 BILDTAFELN

LEIBNIZ VERLAG MÜNCHEN

BISHER R. OLDENBOURG VERLAG

Druck und Buchbinderarbeiten:
R. Oldenbourg, Graph. Betriebe G.m.b.H., München.

Vorwort

Das Buch ist aus Vorlesungen entstanden, die der Verfasser an der Technischen Hochschule München wiederholt für Studierende der Mathematik, Physik, für Elektro- und Maschineningenieure gehalten hat. Die Aufforderung, diese als Buch zu veröffentlichen, gab der Verleger Dr.-Ing. R. Oldenbourg, der, selbst aus dem Ingenieurstand hervorgegangen, als Gast an den Vorlesungen teilnahm — wohl ein seltener Fall in der Geschichte mathematischer Verlage.

Ich habe versucht, den Stoff möglichst verständlich zu gestalten und habe daher eine gewisse Breite der Darstellung nicht gescheut. Dabei legte ich sowohl Wert auf praktische Verwendbarkeit und anschauliche Deutung, als auch auf eine exakte mathematische Begründung, die nach meiner Überzeugung auch bei der wissenschaftlichen Ausbildung der genannten Ingenieure nicht vernachlässigt werden darf.

Der vorliegende erste Band bringt mit Ergänzungen, die insbesondere für die Studierenden der Mathematik bestimmt sind, im wesentlichen den Stoff, der an einer Technischen Hochschule in Funktionentheorie bis zum Vorexamen behandelt zu werden pflegt. Er setzt an mathematischen Vorkenntnissen die Differential- und Integralrechnung reeller Funktionen und Elemente der ebenen analytischen Geometrie voraus. Nach einem einleitenden Kapitel über komplexe Zahlen und Grenzwerte folgt der Begriff der analytischen Funktion, beruhend auf der Forderung der Differenzierbarkeit und seine geometrische und potentialtheoretische Deutung. Dabei beschränke ich mich in diesem Band auf eindeutige Funktionen. Falls mehrdeutige Funktionen auftreten, wird Eindeutigkeit durch zusätzliche Forderungen hergestellt. Die für die Anwendungen wichtigsten elementaren Funktionen und ihre wesentlichen Eigenschaften werden mit Hilfe der durch sie erzeugten konformen Abbildungen und der zugehörigen ebenen Potentialströmungen und elektrostatischen Felder behandelt. Erst jetzt, nachdem der Begriff der analytischen Funktion an speziellen praktisch wichtigen Beispielen genügend unterbaut ist, folgen das Integral und die grundlegenden Integralsätze, Reihenentwicklungen analytischer Funktionen und die Berechnung komplexer Integrale und reeller uneigentlicher Integrale. Den Schluß bilden die aus den Integralsätzen sich ergebenden Eigenschaften analytischer Funktionen und ihre Übertragung auf die ebene Potentialtheorie.

Für wertvolle Anregungen und Verbesserungsvorschläge schulde ich besonderen Dank Herrn Geheimrat Prof. Dr. G. Faber, der die große Freundlichkeit besaß, die Fahnen einer gründlichen Durchsicht zu unterziehen. Ferner danke ich herzlich Herrn Prof. Dr. R. Sauer für die kritische Durchsicht der Fahnen und Herrn Prof. Dr. W. Damköhler für freundliche Ratschläge. Weiterhin bin ich zu Dank verpflichtet Herrn Dipl.-Phys. H. Jordan und Herrn Dipl.-Ing. A. Muschik für

die Bearbeitung des Anhanges mit den Lösungen der Übungsaufgaben, die Anfertigung der Zeichnungen und die Hilfe bei der Korrektur, sowie Herrn cand. math. P. Szüsz für die Durchsicht des Manuskriptes und manche Verbesserungsvorschläge. Bei der Korrektur unterstützten mich die Herren cand. math. R. Aufschläger, cand. phys. H. und W. Baldus und Herr cand. math. N. Bundscherer. Ihnen allen möchte ich für ihre Mithilfe herzlich danken.
Nicht verfehlen möchte ich, dem Verleger Herrn Dr. R. Oldenbourg für seine Anregung und sein stetes Interesse am Zustandekommen des Buches, sowie dem Leibniz Verlag für sein bereitwilliges Eingehen auf meine Wünsche bestens zu danken.

München, im Juni 1949

J. Heinhold

Inhalt

KAPITEL I. DIE GRUNDLAGEN

KAPITEL II. DIE ABLEITUNG

KAPITEL III. DAS INTEGRAL

KAPITEL IV. FOLGERUNGEN AUS DEM CAUCHYSCHEN INTEGRALSATZ UND DER CAUCHYSCHEN INTEGRALFORMEL

BILDTAFELN

Literatur

Funktionentheorie:

L. Bieberbach, Lehrbuch der Funktionentheorie. Bd. I, Elemente der Funktionentheorie, 2. Aufl., Leipzig und Berlin 1923.

L. Bieberbach, Einführung in die konforme Abbildung. Sammlung Göschen, Nr. 768, Berlin und Leipzig 1927.

H. Burkhardt, G. Faber, Einführung in die Theorie der analytischen Funktionen einer komplexen Veränderlichen. Berlin u. Leipzig 1921.

C. Carathéodory, Conformal Representation. Cambridge 1932.

A. Hurwitz, R. Courant, Funktionentheorie. Berlin 1929.

K. Knopp, Funktionentheorie. Bd. I und II. Sammlung Göschen Nr. 668 und 703, 5. Aufl., Berlin, Leipzig 1937.

W. F. Osgood, Lehrbuch der Funktionentheorie. 1. Band, 2. Aufl., Leipzig und Berlin 1912.

Anwendungen:

A. Betz, Konforme Abbildung. Berlin-Göttingen-Heidelberg 1948.

P. Frank, R. v. Mises, Die Differential- und Integralgleichungen der Mechanik und Physik, 2. Aufl.
1. (mathematischer) Teil Braunschweig 1930
2. (physikalischer) Teil Braunschweig 1935.

W. Kaufmann, Angewandte Hydromechanik. 1. Band, Berlin 1931, insbesondere S. 123—151.

F. Ollendorf, Potentialfelder der Elektrotechnik. Berlin 1932, insbesondere Abschnitt C. X, mit zahlreichen weiteren Literaturangaben.

R. Rothe, F. Ollendorf, K. Pohlhausen, Funktionentheorie und ihre Anwendungen in der Technik. Berlin 1931.

A. Sommerfeld, Vorlesungen über theoretische Physik. Bd. II, Mechanik der deformierbaren Medien. Leipzig 1945, insbesondere § 19.

KAPITEL I

Die Grundlagen

Theorie und Anwendung der Differential- und Integralrechnung von Funktionen einer komplexen Veränderlichen sind Inhalt dieses Buches. Die gewöhnliche Differential- und Integralrechnung, die sich mit reellen Funktionen reeller Veränderlicher befaßt, setzen wir hier als bekannt voraus[1]).

Als Grundlage des Folgenden seien zunächst die wesentlichsten Eigenschaften der komplexen Zahlen behandelt.

§ 1. DER BEREICH DER KOMPLEXEN ZAHLEN

1. Einführung der komplexen Zahlen

Das Quadrat einer *reellen* Zahl ist bekanntlich nicht negativ, sondern positiv oder null. Es gibt daher keine reelle Zahl, deren Quadrat gleich -1 ist, also keine reelle Zahl, die Lösung der Gleichung $x^2 + 1 = 0$ ist. Allgemein gibt es, falls $B - A^2 > 0$ ist, keine reelle Zahl, die Lösung der quadratischen Gleichung $x^2 + 2Ax + B = 0$ ist. Nun existiert aber auch keine *natürliche* Zahl x, die z. B. die Gleichung $3 + x = 2$ erfüllt, hingegen ist eine Lösung dieser Gleichung im Bereich der *ganzen rationalen* Zahlen vorhanden. In diesem Zahlenbereich wiederum ist z. B. die Gleichung $3x = 2$ nicht lösbar, wohl aber im Bereich der *rationalen* Zahlen und hier gibt es wieder keine Zahl x, für die z. B. $x^2 = 2$ ist, während eine derartige Zahl im Bereich der *reellen* Zahlen existiert. In jedem der angeführten Beispiele ist eine Gleichung, die in dem ursprünglichen Zahlenbereich nicht lösbar ist, in einem übergeordneten, der den anderen Bereich enthält und als dessen Erweiterung bezeichnet werden kann, lösbar. Wir wollen daher versuchen, auch den Bereich der reellen Zahlen zu erweitern und zwar so, daß

1. in dem erweiterten Bereich die Beziehung der „Gleichheit" und vier Operationen „Addition", „Subtraktion", „Multiplikation" und „Division" existieren mit denselben Rechengesetzen wie zwischen reellen Zahlen,
2. die reellen Zahlen in dem erweiterten Bereich enthalten sind und
3. in diesem Bereich die Gleichung $x^2 + 1 = 0$ eine Lösung hat.

Verwendet man formal dieselben Symbole wie im Reellen, so erhält man als eine „Lösung" der Gleichung $x^2 = -1$ den Ausdruck $x = \sqrt{-1}$, allgemein ergibt sich so als eine „Lösung" der quadratischen Gleichung $x^2 + 2Ax + B = 0$

---

[1]) Siehe z. B. R. Courant, Vorlesungen über Differential- und Integralrechnung, Berlin 1948, insbesondere Band II.

im Falle $B - A^2 > 0$ der Ausdruck $x = -A + \sqrt{-1}\sqrt{B - A^2} = \alpha + \sqrt{-1}\,\beta$. Man wird so zu einer Kombination zweier reeller Zahlen α und β mit dem im Reellen sinnlosen Symbol $\sqrt{-1}$ und einem daher zunächst ebenfalls sinnlosen $+$-Zeichen geführt. Es liegt deshalb nahe, von diesen Symbolen ganz abzusehen und lediglich Paare reeller Zahlen α, β, in Zeichen $(\alpha;\ \beta)$ — wir sagen kurz „Zahlenpaare" — für die Erweiterung des Bereiches der reellen Zahlen mit den folgenden Definitionen der Gleichheit und der vier Grundrechenoperationen zu verwenden[1]):

Definition I: Es ist $(\alpha;\ \beta) = (\alpha';\ \beta')$, wenn $\alpha = \alpha'$ und $\beta = \beta'$ ist.

Definition II: Unter „*Summe*", „*Differenz*", „*Produkt*", „*Quotient*" zweier Zahlenpaare $(\alpha;\ \beta)$ und $(\alpha';\ \beta')$, in Zeichen $(\alpha;\ \beta) + (\alpha';\ \beta')$, $(\alpha;\ \beta) - (\alpha';\ \beta')$, $(\alpha;\ \beta)\,(\alpha';\ \beta')$ und $\frac{(\alpha;\ \beta)}{(\alpha';\ \beta')}$ versteht man bzw. die Zahlenpaare $(\alpha + \alpha';\ \beta + \beta')$, $(\alpha - \alpha';\ \beta - \beta')$, $(\alpha\alpha' - \beta\beta';\ \alpha\beta' + \alpha'\beta)$ und, falls $(\alpha';\ \beta') \neq (0;\ 0)$ ist, $\left(\frac{\alpha\alpha' + \beta\beta'}{\alpha'^2 + \beta'^2};\ \frac{\alpha'\beta - \alpha\beta'}{\alpha'^2 + \beta'^2}\right)$.

Auf Grund der Def. I gelten dann, indem wir zur Abkürzung Zahlenpaare mit kleinen lateinischen Buchstaben bezeichnen:

A. Die Grundgesetze der Gleichheit:
   1. $a = a$ (Reflexivgesetz),
   2. aus $a = b$ folgt $b = a$ (Kommutativgesetz),
   3. aus $a = b$ und $b = c$ folgt $a = c$ (Transitivgesetz).

In Def. II wird zwei Zahlenpaaren durch jede der ersten drei Operationen und, falls $b = (\alpha';\ \beta') \neq (0;\ 0)$ ist, auch durch die Division in eindeutiger Weise ein Zahlenpaar so zugeordnet, daß folgende Grundgesetze gelten:

B. Die Grundgesetze der Addition:
   1. $a + b = b + a$ (Kommutativgesetz),
   2. $(a + b) + c = a + (b + c)$ (Assoziativgesetz).

C. Das Grundgesetz der Subtraktion: $b + (a - b) = a$.

D. Die Grundgesetze der Multiplikation:
   1. $a\,b = b\,a$ (Kommutativgesetz),
   2. $(a\,b)\,c = a\,(b\,c)$ (Assoziativgesetz),
   3. $(a + b)\,c = a\,c + b\,c$ (Distributivgesetz).

E. Das Grundgesetz der Division: $b \cdot \frac{a}{b} = a$.

Die im Prinzip einfachen Beweise können dem Leser als Übung überlassen werden (siehe Aufgabe 9 S. 26).

Weiterhin definieren wir:

Definition III: $(\alpha;\ 0) = \alpha$.

Bei dieser Definition werden die Grundgesetze der Gleichheit reeller Zahlen nicht verletzt und es gehen die Grundoperationen von Def. II in die Grund-

[1]) In derselben Weise geht man vor bei der Erweiterung des Bereiches der ganzen rationalen Zahlen zum Bereich der rationalen Zahlen durch Paare ganzer rationaler Zahlen α, β, die sog. „Brüche" $\frac{\alpha}{\beta}$ oder α/β. Die Definitionen der Gleichheit und der vier Grundoperationen sind in diesem Falle jedoch andere als hier, gemäß der anderen Aufgabe, die diese Brüche erfüllen sollen.

operationen zwischen reellen Zahlen über. Ferner ist $\alpha(\alpha'; \beta') = (\alpha\alpha'; \alpha\beta')$, $(0; 0) = 0$, $(1; 0) = 1$ und es gelten die Regeln

B. 3. $a + 0 = a$, D. 4. $0 \cdot a = 0$, D. 5. $1 \cdot a = a$.

Die Regeln A—E sind aber auch die Grundrechenregeln des reellen Zahlenbereichs, auf die sich alle anderen Rechenregeln (mit Ausnahme der Regeln über Ungleichungen, von denen wir hier absehen) zurückführen lassen, womit die erste Forderung von S. 11 durch die so konstruierten Zahlenpaare erfüllt wird. Wegen Def. II ist auch die zweite Forderung erfüllt und wegen $(0; 1)(0; 1) = (-1; 0) = -1$ auch die dritte. Die Zahlenpaare $(\alpha; \beta)$ reeller Zahlen α, β bilden also einen Zahlenbereich mit den geforderten Eigenschaften.

Bezeichnen wir zur Abkürzung das Zahlenpaar (0; 1) mit i, so läßt sich jedes Zahlenpaar $(\alpha; \beta)$ auf die Form bringen: $(\alpha; \beta) = (\alpha; 0) + (0; \beta) = \alpha + \beta(0; 1) = \alpha + \beta i = \alpha + i\beta$.

Definition IV: Unter einer „*komplexen Zahl*" a versteht man ein Zahlenpaar $(\alpha; \beta) = \alpha + i\beta$. α heißt der „*Realteil*" von a, in Zeichen $\mathfrak{R}(a)$, β heißt „*Imaginärteil*" von a, in Zeichen $\mathfrak{J}(a)$. $\alpha - i\beta$ heißt die zu a „*konjugiert komplexe Zahl*" und wird mit $\bar{a}$ bezeichnet. Komplexe Zahlen mit verschwindendem Realteil heißen „*rein imaginär*"[1]).

Die Schreibweise $\alpha + i\beta$ für das Zahlenpaar $(\alpha; \beta)$ hat den großen Vorteil, daß man sich die Definitionen II der Grundoperationen nicht zu merken braucht; denn da α, β und i selbst Zahlenpaare sind, nämlich $(\alpha; 0)$, $(\beta; 0)$ und $(0; 1)$ und man mit Zahlenpaaren wie mit reellen Zahlen rechnen kann, so merken wir uns nur:

Man kann mit komplexen Zahlen $\alpha + i\beta$ wie mit Summen reeller Zahlen α, $i\beta$ rechnen, wobei $i^2 = -1$ ist.

Hiernach erhält man z. B. $(\alpha + i\beta)(\alpha' + i\beta') = \alpha\alpha' - \beta\beta' + i(\alpha\beta' + \alpha'\beta)$ und

$$\frac{\alpha + i\beta}{\alpha' + i\beta'} = \frac{(\alpha + i\beta)(\alpha' - i\beta')}{(\alpha' + i\beta')(\alpha' - i\beta')} = \frac{\alpha\alpha' + \beta\beta' + i(\alpha'\beta - \alpha\beta')}{\alpha'^2 + \beta'^2} =$$

$$= \frac{\alpha\alpha' + \beta\beta'}{\alpha'^2 + \beta'^2} + i\,\frac{\alpha'\beta - \alpha\beta'}{\alpha'^2 + \beta'^2},$$

also die Produkt- und Quotientendefinition. Wir werden daher im folgenden ausschließlich die Schreibweise $\alpha + i\beta$ für die komplexen Zahlen verwenden. Es sei noch besonders die aus Def. I folgende Tatsache hervorgehoben: *Eine Gleichung zwischen zwei komplexen Zahlen ist äquivalent zwei Gleichungen zwischen je zwei reellen Zahlen.*

In den Anwendungen macht man hiervon selbst beim Rechnen mit reellen Zahlen häufig Gebrauch, indem man zwei passende Gleichungen zwischen je

[1]) Dieser Ausdruck sowie die Bezeichnung „imaginäre" Zahl spiegelt noch deutlich die Unsicherheit und Scheu, die man ursprünglich bei der Benutzung dieser Zahlen empfand. Erst seit Leonhard Euler (1707—1783) und vor allem seit Carl Friedrich Gauß (1777—1855), von dem auch die Bezeichnung „komplexe Zahl" stammt, haben die komplexen Zahlen allgemein Anerkennung in der Mathematik gefunden. Doch fehlt auch bei den beiden letzteren noch eine exakte Begründung des Rechnens mit den komplexen Zahlen. Eine solche wurde auf geometrischer Grundlage bereits (1799) von C. Wessel und (1820) von C. V. Mourey gegeben. Die von geometrischen Voraussetzungen unabhängige Einführung der komplexen Zahlen als Paare reeller Zahlen stammt von W. R. Hamilton (1833).

Ausführlichere Angaben zur Geschichte der komplexen Zahlen findet man z. B. bei J. Tropfke, Geschichte der Elementarmathematik Bd. II, Leipzig und Berlin 1933, S. 103 bis 118.

zwei reellen Größen zu einer Gleichung zwischen zwei komplexen Größen zusammenfaßt (vgl. z. B. S. 20 und S. 59). Schließlich erwähnen wir noch den aus Def. I und Def. III unmittelbar folgenden

Satz 1: *Eine komplexe Zahl ist dann und nur dann gleich Null, wenn sowohl der Realteil als auch der Imaginärteil gleich Null ist.*

Es wird sich im folgenden zeigen, daß im Bereich der komplexen Zahlen nicht nur die quadratische Gleichung $x^2 + 1 = 0$ lösbar ist, wie wir lediglich gefordert haben, oder die Gleichung $x^2 + 2Ax + B = 0$, sondern daß in diesem Zahlenbereich sogar jede algebraische Gleichung $x^n + a_1 x^{n-1} + \dots + a_{n-1}x + a_n = 0$ mit komplexen Koeffizienten lösbar ist (vgl. S. 166). Insbesondere gilt das für die Gleichung $x^n - a = 0$, deren Lösungen wir mit $\sqrt[n]{a}$ oder $a^{1/n}$ bezeichnen.

Beispiele: 1. $\sqrt{\alpha + i\beta} = x + iy$, $\beta \neq 0$. Um x und y zu bestimmen quadrieren wir: $\alpha + i\beta = x^2 - y^2 + i\,2xy$, also nach Satz 1, $x^2 - y^2 = \alpha$, $2xy = \beta$. Aus diesem Gleichungssystem lassen sich die reellen Zahlen x, y bestimmen. Die elementare Rechnung liefert[1])

(1) $$\sqrt{\alpha + i\beta} = \pm\left(\sqrt{\frac{\sqrt{\alpha^2 + \beta^2} + \alpha}{2}} + i\frac{\beta}{|\beta|}\sqrt{\frac{\sqrt{\alpha^2 + \beta^2} - \alpha}{2}}\right).$$

2. $$(\cos\varphi + i\sin\varphi)(\cos\psi + i\sin\psi)$$
$$= \cos\varphi\cos\psi - \sin\varphi\sin\psi + i(\sin\varphi\cos\psi + \cos\varphi\sin\psi)$$
$$= \cos(\varphi + \psi) + i\sin(\varphi + \psi),$$

für $\varphi = \psi$ erhält man speziell $(\cos\varphi + i\sin\varphi)^2 = \cos 2\varphi + i\sin 2\varphi$.

Allgemein gilt für ganzzahliges n die „*Moivresche Formel*"

(2) $$(\cos\varphi + i\sin\varphi)^n = \cos n\varphi + i\sin n\varphi.$$

Diese Formel ist sicher richtig für $n = 1$ und, wie wir soeben gezeigt haben, für $n = 2$. Wenn sie aber für ein n richtig ist, so gilt sie wegen

$$(\cos\varphi + i\sin\varphi)^{n+1} = (\cos\varphi + i\sin\varphi)^n(\cos\varphi + i\sin\varphi)$$
$$= (\cos n\varphi + i\sin n\varphi)(\cos\varphi + i\sin\varphi) = \cos(n+1)\varphi + i\sin(n+1)\varphi$$

auch für $n + 1$. Demnach gilt sie für alle natürlichen Zahlen n[2]). Ferner ist

$$(\cos\varphi + i\sin\varphi)^{-1} = 1/(\cos\varphi + i\sin\varphi) = \cos\varphi - i\sin\varphi =$$
$$= \cos(-\varphi) + i\sin(-\varphi).$$

Daher gilt die Formel auch für alle negativen ganzen Zahlen. Da sie auch für $n = 0$ richtig ist, gilt sie demnach für alle ganzen Zahlen.

2. Geometrische Darstellung der komplexen Zahlen

Die reellen Zahlen lassen sich geometrisch durch die Punkte der Zahlengeraden veranschaulichen. Um die komplexen Zahlen $x + iy$ geometrisch darzustellen, braucht man zwei Zahlengeraden, eine für den Realteil x und eine für den Imaginärteil y. Man wählt wie in der analytischen Geometrie zwei zueinander senkrechte Zahlengeraden mit gemeinsamem Nullpunkt und gleichen Einheitsstrecken,

[1]) Wenn wir die Wurzeln auf der reellen Seite positiv nehmen.

[2]) Die hier benutzte Beweismethode ist die der „*vollständigen Induktion*". Man verwendet sie, um eine für jede natürliche Zahl $n \geqq n_0$ geltende Behauptung zu beweisen.

die ein Rechtssystem bilden. Jeder komplexen Zahl $x + iy$ entspricht dann ein Punkt der $x; y$-Ebene mit den Koordinaten $(x; y)$. Umgekehrt entspricht jedem Punkt dieser Ebene, der sogenannten **„Gauß'schen Zahlenebene"**, eine komplexe Zahl, deren Realteil gleich der x-Koordinate und deren Imaginärteil gleich der y-Koordinate des Punktes ist. Statt komplexe Zahl sagen wir daher mitunter auch „Punkt" in der komplexen Zahlenebene. Stellen wir die Punkte der Ebene durch Polarkoordinaten r, φ dar, so ist $x = r\cos\varphi$, $y = r\sin\varphi$ (siehe Fig. 1); wir erhalten damit für die komplexen Zahlen die Darstellung

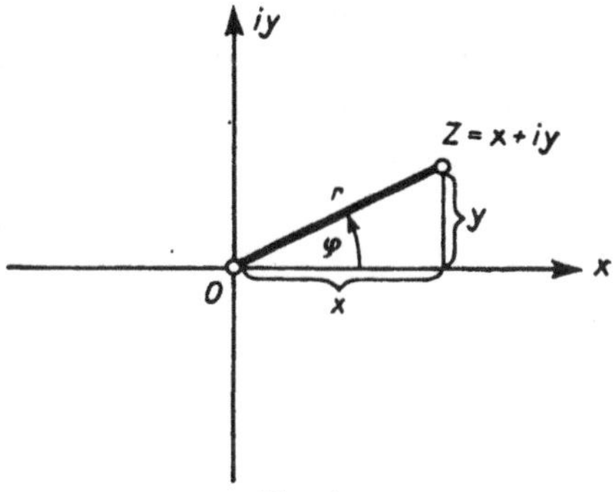

Fig. 1.

(1) $z = x + iy = r(\cos\varphi + i\sin\varphi)$.

Definition V: $r = \sqrt{x^2 + y^2}$ heißt der „*Absolutbetrag*" der komplexen Zahl $x + iy$ und wird mit $|z|$ bezeichnet. Es ist also $|z| = \sqrt{x^2 + y^2}$. φ heißt der „*Winkel*" oder „*Arcus*" von z, in Zeichen arc z.

Der zu einer komplexen Zahl $z \neq 0$ gehörige Winkel $\operatorname{arc} z = \varphi$ ist durch $\varphi = \operatorname{arc\,tg}(y/x)$ zusammen mit den Vorzeichen von x und y im Intervall $0 \leqq \varphi < 2\pi$ oder auch im Intervall $-\pi < \varphi \leqq \pi$ eindeutig festgelegt. Ohne eine solche Einschränkung ist der arc z nur bis auf ein additives ganzzahliges Vielfaches von 2π bestimmt. Im Nullpunkt ist arc z nicht definiert.

Beispiele: $|i| = 1$, $|\cos\alpha + i\sin\alpha| = 1$.

$1 + i = \sqrt{2}(\cos\pi/4 + i\sin\pi/4)$, $\sqrt{3} - i = 2(\cos(11\pi/6) + i\sin(11\pi/6))$.

Zusammen mit der zu z konjugiert komplexen Zahl $\bar{z} = x - iy$ ergeben sich die folgenden Beziehungen:

$z\bar{z} = x^2 + y^2 = |z|^2$; das Produkt zweier konjugiert komplexer Zahlen ist gleich dem Quadrat des Absolutbetrages.

$z + \bar{z} = 2x$, $z - \bar{z} = 2iy$; die Summe zweier konjugiert komplexer Zahlen ist reell, die Differenz zweier solcher Zahlen rein imaginär.

Ist $z_1 = x_1 + iy_1 = r_1(\cos\varphi_1 + i\sin\varphi_1)$, $z_2 = x_2 + iy_2 = r_2(\cos\varphi_2 + i\sin\varphi_2)$, so ist das Produkt nach 2. S. 14

$z_1 z_2 = r_1 r_2(\cos(\varphi_1 + \varphi_2) + i\sin(\varphi_1 + \varphi_2))$. Ebenso ergibt sich

$z_1/z_2 = (r_1/r_2)(\cos(\varphi_1 - \varphi_2) + i\sin(\varphi_1 - \varphi_2))$. D. h.:

Der Absolutbetrag eines Produktes (Quotienten) zweier Zahlen ist gleich dem Produkt (Quotienten) ihrer Absolutbeträge. Der Winkel eines Produktes (Quotienten) zweier Zahlen ist gleich der Summe (Differenz) ihrer Winkel.

Beschränkt man den arc z auf ein gewisses Intervall der Länge 2π, so ist der letzte Satz nur gültig, wenn man gegebenenfalls noch 2π hinzuzählt oder abzieht.

Für manche Zwecke empfiehlt es sich, eine andere geometrische Darstellung der komplexen Zahlen zu wählen. Wir legen hierzu um den Nullpunkt der $x; y$-

Ebene eine Kugel vom Radius 1. Verbinden wir dann den Punkt N der Einheitskugel, der lotrecht über dem Nullpunkt liegt, mit einem Punkt P der Gauß'schen Zahlenebene, so können wir diesem Punkt den Schnittpunkt P^* der Geraden NP mit der Kugel zuordnen (siehe Fig. 2). Jedem Punkt der Zahlenebene entspricht dann eindeutig ein Punkt auf der Kugel, der sog. „*Zahlenkugel*". Den Punkten außerhalb des Einheitskreises der Zahlenebene entsprechen Punkte auf der oberen

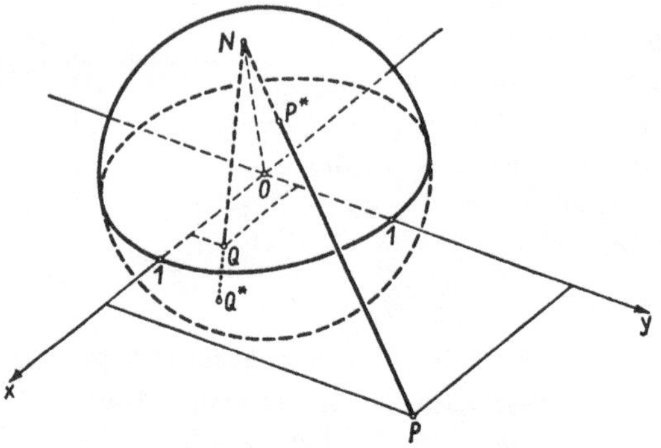

Fig. 2.

Halbkugel, den Punkten im Innern des Einheitskreises der Zahlenebene entsprechen Punkte der unteren Halbkugel. Umgekehrt entspricht auch jedem Punkt P^* der Zahlenkugel mit Ausnahme des Punktes N in eindeutiger Weise ein Punkt der Zahlenebene, also eine komplexe Zahl, nämlich der Schnittpunkt des Strahles NP^* mit der Zahlenebene. Wir vereinbaren, auch dem Punkt N einen Punkt der komplexen Zahlenebene zuzuordnen, den wir als den „*unendlich fernen Punkt*" der z-Ebene bezeichnen und mit dem Symbol ∞ versehen. ∞ ist jedoch keine Zahl im Sinne der Rechengesetze[1]). Im Gegensatz zur Ebene der analytischen Geometrie, in der jede Gerade einen unendlich fernen Punkt besitzt, deren Gesamtheit die unendlich ferne Gerade bilden, gibt es in der Gauß'schen Zahlenebene nur einen unendlich fernen Punkt. Geraden werden in Kreise durch N auf der Kugel abgebildet. Sämtliche Geraden gehen also durch „den" unendlich fernen Punkt der komplexen Zahlenebene. Gleichgültig ob wir auf der reellen Achse der z-Ebene über positive oder negative Werte nach Unendlich oder auf der imaginären Achse oder auf irgendeiner anderen Geraden nach einer der beiden Seiten über alle Grenzen wandern, wir kommen stets in den unendlich fernen Punkt $z = \infty$, nur unter verschiedenen Richtungen, wie die Projektion auf die Zahlenkugel veranschaulicht. Im Punkt ∞ ist daher arc z (wie auch im Nullpunkt) nicht definiert.

Der Zusammenhang zwischen den Koordinaten des Punktes $P(x; y)$ mit den Koordinaten des zugehörigen Punktes $P^*(\xi; \eta; \zeta)$ auf der Kugel ergibt sich als

$$\xi = 2x/(x^2 + y^2 + 1), \quad \eta = 2y/(x^2 + y^2 + 1), \quad \zeta = 1 - 2/(x^2 + y^2 + 1),$$

[1]) Unter einer Zahl „bzw. einem Punkt" z der Zahlenebene verstehen wir daher, wenn nicht anders festgelegt, einen von ∞ verschiedenen Punkt.

C F Gauss

wenn die Richtung ON die positive Richtung einer ζ-Achse ist.

Die reellen Zahlen lassen sich durch die Punkte der Zahlengeraden darstellen, sie bilden eine geordnete Menge. Man kann zwischen ihnen die Beziehungen $<$ und $>$ festlegen, etwa dadurch, daß man $a < b$ setzt, wenn beim Durchlaufen der Zahlengeraden im festgelegten Richtungssinn die Zahl a vor der Zahl b kommt. Für die komplexen Zahlen ist das nicht möglich. *Zwischen komplexen Zahlen gibt es keine Größer- und Kleinerbeziehungen.* Treten daher im folgenden Ungleichungen auf, so handelt es sich immer um reelle Zahlen. Eine Ungleichung $u < v$ besagt demnach 1. u und v sind reelle Zahlen, 2. es ist $u < v$.

3. Das Rechnen mit Absolutbeträgen

Der Absolutbetrag einer komplexen Zahl ist eine reelle Zahl; $|z| = |x + iy| = \sqrt{x^2 + y^2}$, und bedeutet geometrisch den Abstand des Punktes z vom Nullpunkt. Für den Absolutbetrag reeller Zahlen gelten bekanntlich die folgenden Rechenregeln: *I.* $|0| = 0$; *II.* $|-a| = |a|$; *III.* $|a \cdot b| = |a| \cdot |b|$; *IV.* $\left|\frac{a}{b}\right| = \frac{|a|}{|b|}$; *V.* $|a \pm b| \leqq |a| + |b|$; *VI.* $|a \pm b| \geqq ||a| - |b||$ *und die Verallgemeinerungen*

$$IIIa. \quad \left|\prod_{\nu=1}^{n} a_\nu\right| = \prod_{\nu=1}^{n} |a_\nu|; \qquad Va. \quad \left|\sum_{\nu=1}^{n} a_\nu\right| \leqq \sum_{\nu=1}^{n} |a_\nu|.$$

Wir zeigen, daß für Absolutbeträge komplexer Zahlen dieselben Rechenregeln gelten.

I. $|0| = |0 + i0| = \sqrt{0+0} = 0$.

II. $|-a| = |-\alpha - i\beta| = \sqrt{(-\alpha)^2 + (-\beta)^2} = \sqrt{\alpha^2 + \beta^2} = |a|$.

Setzen wir $a = \alpha_1 + i\beta_1 = r(\cos\varphi + i \sin\varphi)$, $b = \alpha_2 + i\beta_2 = \varrho(\cos\psi + i\sin\psi)$, so ist (vgl. 2. S. 14)

III. $ab = r\varrho(\cos(\varphi + \psi) + i\sin(\varphi + \psi)) = R(\cos\Phi + i\sin\Phi)$, also

$$|ab| = R = r\varrho = |a| \cdot |b|.$$

IV. Wir setzen $\frac{a}{b} = c$, also $a = bc$; nach III ist $|a| = |b| \cdot |c|$, also

$$|c| = \left|\frac{a}{b}\right| = \frac{|a|}{|b|}.$$

V. Es sei $a = r(\cos\varphi + i\sin\varphi)$, $b = \varrho(\cos\psi + i\sin\psi)$, dann ist

$$|a \pm b| = |r\cos\varphi \pm \varrho\cos\psi + i(r\sin\varphi \pm \varrho\sin\psi)|$$
$$= \sqrt{(r\cos\varphi \pm \varrho\cos\psi)^2 + (r\sin\varphi \pm \varrho\sin\psi)^2} = \sqrt{r^2 + \varrho^2 \pm 2r\varrho\cos(\varphi - \psi)},$$

woraus wegen $|\cos(\varphi - \psi)| \leqq 1$ sofort $|r - \varrho| \leqq |a \pm b| \leqq r + \varrho$, also die Regeln *V.* und *VI.* folgen.

Die Verallgemeinerungen *IIIa* und *Va* ergeben sich durch mehrmalige Anwendung der Formeln *III* und *V* (vollständige Induktion).

4. Geometrische Deutung der Grundrechenoperationen mit komplexen Zahlen

Stellen wir die komplexen Zahlen durch die Punkte der Gauß'schen Zahlenebene dar, so können wir die vier Grundrechenoperationen durch einfache geometrische Operationen veranschaulichen.

Die *Addition* zweier komplexer Zahlen $z_1 = x_1 + i\,y_1$, $z_2 = x_2 + i\,y_2$ liefert die Zahl $z_1 + z_2 = x_1 + x_2 + i\,(y_1 + y_2)$. Deuten wir eine komplexe Zahl $z = x + i\,y$ als einen ebenen Vektor mit den Komponenten x, y, so können wir sagen (vgl. Fig. 3): Addition zweier Zahlen $z_1 = x_1 + i\,y_1$, $z_2 = x_2 + i\,y_2$ ist gleichbedeutend mit der Vektoraddition der ebenen Vektoren mit den Komponenten $(x_1; y_1)$ und $(x_2; y_2)$.

Multiplikation einer komplexen Zahl $z = x + i\,y$ mit -1 liefert den Punkt $-z = -x - i\,y$. *Multiplikation mit* -1 bedeutet Spiegelung am Nullpunkt.

Die *Subtraktion* $z_1 - z_2$ ist gleichbedeutend mit der Addition der beiden Vektoren mit den Komponenten x_1; y_1 und $-x_2$; $-y_2$.

$|z_1 - z_2|$ ist gleich dem Abstand der beiden Punkte z_1 und z_2 (vgl. Fig. 3). Die Punkte mit $|z - a| = r$ stellen daher die Punkte der Peripherie des Kreises vom Radius r mit dem Mittelpunkt a dar. Durch $|z - a| < r$ werden die Punkte des Kreisinnern, durch $|z - a| > r$ die Punkte außerhalb des Kreises dargestellt, durch die Ungleichungen $r < |z - a| < R$ die sämtlichen Punkte im Innern des von den beiden konzentrischen Kreisen mit dem Mittelpunkt a und den Radien r bzw. R gebildeten Kreisringes (vgl. Fig. 4). Durch $|z| \leqq 1$ und $|z - i| \geqq 1$ werden z. B. die Punkte des unteren Kreiszweiecks von Fig. 5 einschließlich der Randpunkte beschrieben. $|z - a|/|z - b| = k = \text{const.}$ ist der Ort aller Punkte $z = s$, deren Abstandsverhältnis von den Punkten a und b konstant gleich k ist, also ein Kreis (vgl. Fig. 6), dessen Mittelpunkt auf der Geraden durch a, b liegt und der durch die Punkte P, Q geht, welche die Strecke a, b

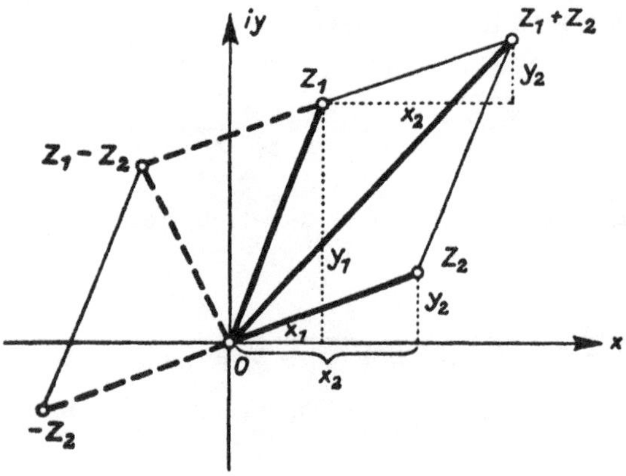

Fig. 3.

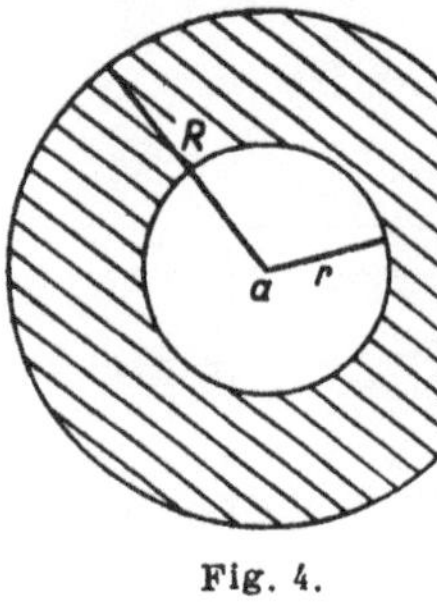

Fig. 4.

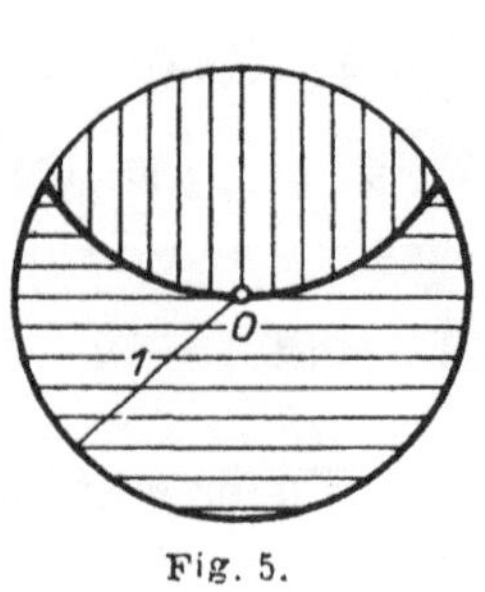

Fig. 5.

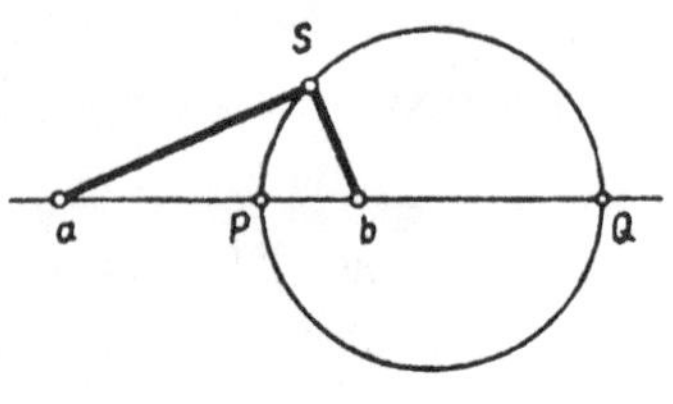

Fig. 6.

innen und außen im Verhältnis $k : 1$ teilen (Apollonischer Kreis). $k = 1$ liefert die Mittelsenkrechte der Strecke a, b.

Bei *Multiplikation* einer komplexen Zahl $z = x + iy = r(\cos\varphi + i\sin\varphi)$ mit einer reellen Zahl $k > 0$ geht z über in $w = kz = kr(\cos\varphi + i\sin\varphi)$, also in einen Punkt vom Absolutbetrag $R = kr$ und gleichem Winkel φ. Multiplikation mit $k > 0$ entspricht also einer Streckung des Vektors $0z$ im Verhältnis $k : 1$ unter Festhaltung des Nullpunktes 0 und Beibehaltung des Winkels.

Bei Multiplikation mit einer Zahl $t = \cos\alpha + i\sin\alpha$ vom Absolutbetrag 1 geht $z = r(\cos\varphi + i\sin\varphi)$ über in $w = r(\cos\varphi + i\sin\varphi)(\cos\alpha + i\sin\alpha) = r(\cos(\varphi + \alpha) + i\sin(\varphi + \alpha))$, der Absolutbetrag bleibt also derselbe, dagegen wird zum Winkel φ der Winkel α addiert. Multiplikation von z mit einer Zahl t vom Absolutbetrag 1, $t = \cos\alpha + i\sin\alpha$, bedeutet also Drehung des Vektors $0z$ um den Winkel α mit 0 als Drehpunkt.

Multiplikation einer komplexen Zahl $z_1 = r_1(\cos\varphi_1 + i\sin\varphi_1)$ mit einer Zahl $z_2 = r_2(\cos\varphi_2 + i\sin\varphi_2)$ liefert die Zahl $w = z_1 \cdot z_2 = r_1 r_2 (\cos(\varphi_1 + \varphi_2) + i\sin(\varphi_1 + \varphi_2)) = R(\cos\Phi + i\sin\Phi)$, die aus z_1 durch Streckung im Verhältnis $r_2 : 1$ und durch Drehung um den Winkel φ_2 unter Festhaltung des Nullpunktes hervorgeht, sie bedeutet also geometrisch eine „*Drehstreckung*" um 0 (vgl. Fig. 7).

Wegen $\dfrac{1}{r_2(\cos\varphi_2 + i\sin\varphi_2)} = (1/r_2)(\cos(-\varphi_2) + i\sin(-\varphi_2))$ ist auch die *Division* gleichbedeutend einer Drehstreckung, und zwar Streckung im Verhältnis $1 : r_2$ und Drehung um den Winkel $-\varphi_2$ (vgl. Fig. 8).

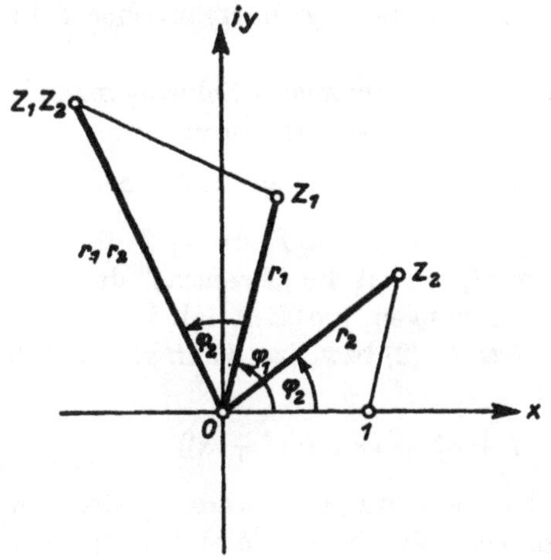

Fig. 7.

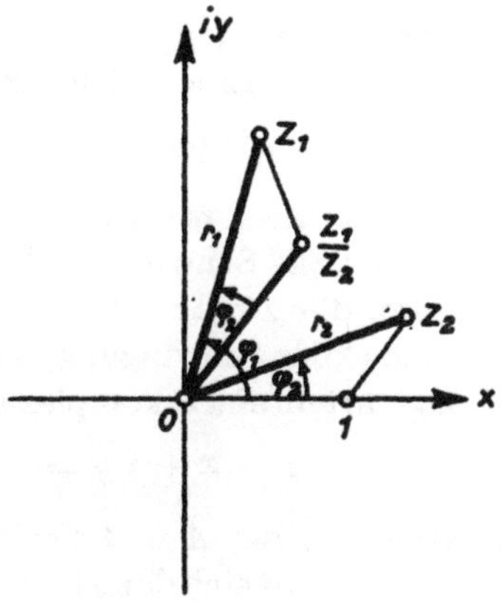

Fig. 8.

Addition und Subtraktion zweier komplexer Zahlen z_1 und z_2 erfolgt also wie die Addition und Subtraktion der Vektoren $0z_1$ und $0z_2$. Bezüglich der Multiplikation besteht eine solche Analogie nicht.

Die geometrische Deutung der Ungleichung $|a + b| \leq |a| + |b|$ ergibt die aus der Geometrie bekannte Eigenschaft des ebenen Dreiecks: Eine Dreiecksseite ist kleiner oder höchstens gleich der Summe der beiden anderen Seiten (vgl.

Fig. 9). Ebenso bedeutet $|a \pm b| \geqq ||a| - |b||$ geometrisch: Eine Dreiecksseite ist größer oder mindestens gleich der Differenz der beiden anderen Seiten. Dabei kann das Gleichheitszeichen nur auftreten, wenn die Dreiecke ausgeartet sind, so daß alle Dreieckspunkte auf einer Geraden liegen.

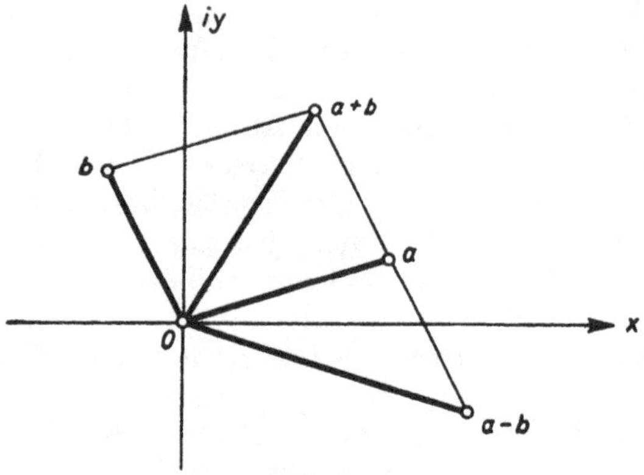

Fig. 9.

Wiederholte Erweiterung des Bereiches der natürlichen Zahlen führt schließlich zum Bereich der komplexen Zahlen. Man könnte nun versuchen, die Erweiterung in der angedeuteten Weise fortzuführen. Es stellt sich dann heraus, daß bei nochmaliger Erweiterung des Zahlenbereichs zum Bereich der sog. „hyperkomplexen" Zahlen nicht mehr alle Rechenregeln des komplexen Zahlenbereichs erhalten bleiben. *Der Bereich der komplexen Zahlen läßt sich unter Aufrechterhaltung sämtlicher Rechenregeln nicht mehr erweitern.*

In der Praxis verwendet man komplexe Zahlen vielfach, um reelle Funktionen übersichtlich darzustellen. Als ein Beispiel sei hier die besonders in der Wechselstromtechnik viel verwendete **komplexe Darstellung harmonischer Schwingungen** erwähnt.

Mit Hilfe der Gleichung (1) von S. 15 lassen sich harmonische Schwingungen komplex darstellen. Eine solche Schwingung wird gegeben durch

(2) $x = A\cos(\omega t + \alpha)$ oder (2a) $y = A\sin(\omega t + \alpha)$.

t ist dabei die Zeit, ω die sog. „*Kreisfrequenz*", $\omega = 2\pi/T$, wobei T die Zeit ist, die für eine volle Schwingung benötigt wird, $1/T$ ist die „*Frequenz*" der Schwingung, also die Anzahl der vollen Schwingungen pro Zeiteinheit, A ist die „*Amplitude*" der Schwingung, α ihre „*Phase*". (2) bzw. (2a) kann als Real- bzw. als Imaginärteil einer komplexen Zahl

(3) $$z = x + iy = A(\cos(\omega t + \alpha) + i\sin(\omega t + \alpha))$$

vom Absolutbetrag A und dem Winkel $\omega t + \alpha$ aufgefaßt werden. Das Amplitudenquadrat läßt sich dann in der komplexen Schreibweise darstellen als $A^2 = z\bar{z}$.

Deuten wir die komplexen Zahlen als Vektoren in der Ebene, so stellt (3) einen vom Nullpunkt ausgehenden Vektor oder, wie man in der Wechselstromtechnik sagt, einen „*Zeiger*" der Länge A dar, der sich mit konstanter Winkelgeschwindigkeit ω im positiven Sinne dreht und in jedem Zeitpunkt t mit der reellen Achse den Winkel $\omega t + \alpha$ bildet. Die harmonische Schwingung (2) oder (2a) kann man dann durch Projektion des Zeigers auf die reelle bzw. imaginäre Achse (vgl. Fig. 10) erhalten. Der Winkel des Zeigers mit dem Strahl $\mathfrak{s}$, der mit der reellen Achse den Winkel ωt einschließt, liefert die Phase der Schwingung. Sind zwei harmonische Schwingungen derselben Frequenz ω gegeben, $x_\nu = A_\nu \cos(\omega t + \alpha_\nu)$ bzw. $y_\nu = A_\nu \sin(\omega t + \alpha_\nu)$, $\nu = 1, 2$, so wird die Phasenverschiebung $\alpha_2 - \alpha_1$ der beiden Schwingungen durch den Winkel der zugehörigen Zeiger $z_\nu = x_\nu + i\, y_\nu$ dargestellt. Bei Überlagerung der beiden Schwingungen findet man den Zeiger der resultierenden Schwingung, indem man die beiden komplexen Zahlen z_1 und z_2 in jedem Zeitpunkt t addiert (vgl. Fig. 11). Wir erhalten so ein mit der Winkelgeschwindigkeit ω rotierendes Zeigerdiagramm. Amplitude A und Phase α der resultierenden Schwingung $x = x_1 + x_2 = A \cos(\omega t + \alpha)$ bzw. $y = y_1 + y_2 = A \sin(\omega t + \alpha)$ lassen sich aus dem Diagramm entnehmen: Nach dem Cosinussatz der Planimetrie ist $A = \sqrt{A_1^2 + A_2^2 + 2 A_1 A_2 \cos(\alpha_2 - \alpha_1)}$. Die Phase α bestimmt sich aus den Gleichungen $\cos\alpha = (1/A)(A_1 \cos\alpha_1 + A_2 \cos\alpha_2)$, $\sin\alpha = (1/A)(A_1 \sin\alpha_1 + A_2 \sin\alpha_2)$, die sich durch Projektion des Streckenzuges $0, z_1, z_1 + z_2$ auf den Strahl $\mathfrak{s}$ und einem dazu senkrechten Strahl ergeben. Analog hat man bei Überlagerung von mehreren harmonischen Schwingungen gleicher Frequenz den Zeiger der resultierenden Schwingung durch Vektoraddition in dem mit der Winkelgeschwindigkeit ω rotierenden Diagramm aus den Zeigern der

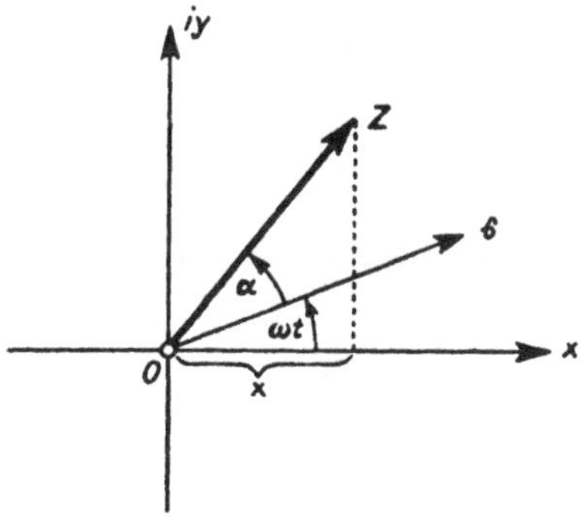

Fig. 10.

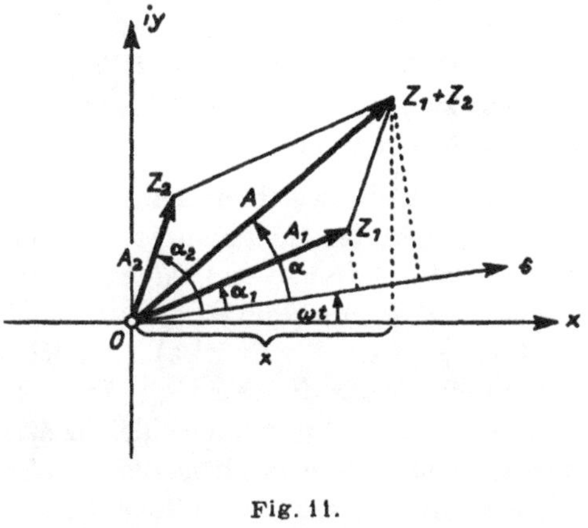

Fig. 11.

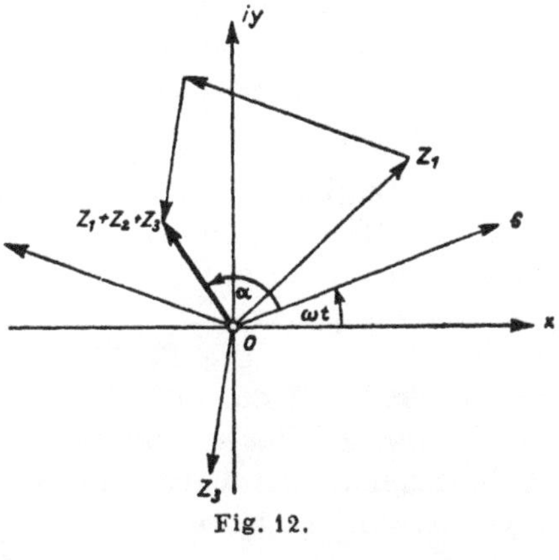

Fig. 12.

einzelnen Schwingungen zusammenzusetzen. Die Summe der entsprechenden komplexen Zahlen liefert den Zeiger der resultierenden Schwingung, dessen Betrag gleich der Amplitude und dessen Winkel mit dem Strahl $\mathfrak{s}$ gleich der Phase der resultierenden Schwingung ist (vgl. Fig. 12).

Die Verwendung komplexer Zahlen bei harmonischen Schwingungen ermöglicht demnach eine übersichtliche Darstellung der Überlagerung zweier und mehrerer harmonischer Schwingungen gleicher Frequenz. Sie liefert ferner, wie wir in

Kap. II § 2, 3. S. 59 sehen werden, bei der Integration der Schwingungsgleichung eine wesentliche Vereinfachung der Rechnung.

Im Hinblick auf die geometrische Deutung der komplexen Zahlen als Punkte einer Ebene wollen wir hier einige geometrische Grundbegriffe einschalten, die vielleicht manchem Leser mehr oder weniger selbstverständlich erscheinen mögen. Da wir sie im folgenden häufig verwenden, wollen wir sie, um Mißverständnisse zu vermeiden, zunächst genau festlegen.

5. Geometrisch-topologische Grundbegriffe

a) Eine Zusammenfassung von endlich oder unendlich vielen Punkten in der komplexen Zahlenebene bezeichnen wir als „*Punktmenge*" und versehen sie im allgemeinen mit großen deutschen Buchstaben, z. B. mit $\mathfrak{M}$. Eine Punktmenge $\mathfrak{M}$ heißt „*beschränkt*", wenn ihre sämtlichen Punkte innerhalb eines (entsprechend großen) Kreises um den Nullpunkt gelegen sind. Unter einer „*Umgebung*" eines Punktes z verstehen wir das Innere eines hinreichend kleinen Kreises mit z als Mittelpunkt. Unter einer Umgebung des Punktes ∞ verstehen wir das Äußere eines hinreichend großen Kreises um den Nullpunkt. Ein Punkt ζ heißt „*Häufungspunkt*" einer Punktmenge $\mathfrak{M}$, wenn in jeder beliebig kleinen Umgebung von ζ (bei einem endlichen Punkt ζ also innerhalb jedes noch so kleinen Kreises um ζ, bzw. falls $\zeta = \infty$, außerhalb jedes noch so großen Kreises um den Nullpunkt) unendlich viele Punkte von $\mathfrak{M}$ gelegen sind. Ein Punkt z_0 einer Menge $\mathfrak{M}$ heißt „*isolierter Punkt*", wenn es eine Umgebung von z_0 gibt, die außer z_0 keinen Punkt von $\mathfrak{M}$ enthält, z_0 also kein Häufungspunkt von $\mathfrak{M}$ ist. Ein Häufungspunkt kann entweder selbst ein Punkt von $\mathfrak{M}$ sein oder nicht zu $\mathfrak{M}$ gehören. Eine Punktmenge $\mathfrak{M}$ heißt „*abgeschlossen*", wenn ihre sämtlichen Häufungspunkte ebenfalls zu $\mathfrak{M}$ gehören. Die Punktmenge heißt „*offen*", wenn zu jedem Punkt der Menge eine Umgebung gehört, die ganz aus Punkten der Menge besteht.

Beispiele: Die Punktmenge $(\cos n + i \sin n)/n$ (n natürliche Zahlen) hat den Nullpunkt zum Häufungspunkt; dieser selbst gehört nicht der Menge an. Die natürlichen Zahlen n, ebenso die Punkte $n/(\cos n + i \sin n)$, haben den Punkt $z = \infty$ zum Häufungspunkt; wir sagen in einem solchen Falle, die Punkte „häufen sich im Unendlichen". Die Punktmenge $(-i)^n (1 + (\cos n + i \sin n)/n)$ (n natürliche Zahlen) hat die nicht zur Menge gehörenden Häufungspunkte 1; -1; i; $-i$. Die sämtlichen Punkte des Einheitskreises $|z| \leqq 1$ sind gleichzeitig Häufungspunkte der Menge, die zur Menge gehören. Diese Punktmenge ist also abgeschlossen. Dagegen stellen die Punkte z mit $|z| < 1$ eine offene Punktmenge dar, denn jeder Punkt der Kreisperipherie ist ein Häufungspunkt der Menge, gehört aber nicht zur Menge.

Satz 2 (Satz von Bolzano-Weierstraß): *Jede beschränkte Punktmenge unendlich vieler Punkte hat mindestens einen Häufungspunkt im Endlichen.*

Beweis: Da die Menge beschränkt ist, liegt sie innerhalb eines entsprechend großen Kreises um den Nullpunkt. Sie liegt daher auch innerhalb eines entsprechend größen, den Kreis enthaltenden Quadrates. Teilen wir das Quadrat in vier kongruente Teilquadrate (vgl. Fig. 13), so müssen in mindestens einem Teilquadrat unendlich viele Punkte der Menge gelegen sein. Eines von diesen greifen wir heraus und unterteilen es in gleicher Weise wieder. Dann müssen in mindestens einem Teilquadrat wieder unendlich viele Punkte gelegen sein. Ein solches greifen wir wieder heraus und unterteilen es in gleicher Weise usw. Dabei werden die Quadratseiten beliebig klein. Es gibt dann einen Punkt, der in allen diesen herausgegriffenen Teilquadraten gelegen ist. Er hat die Eigenschaft, daß in jeder beliebig kleinen Umgebung immer unendlich viele Punkte der Menge gelegen sind, ist also Häufungspunkt, w. z. b. w.

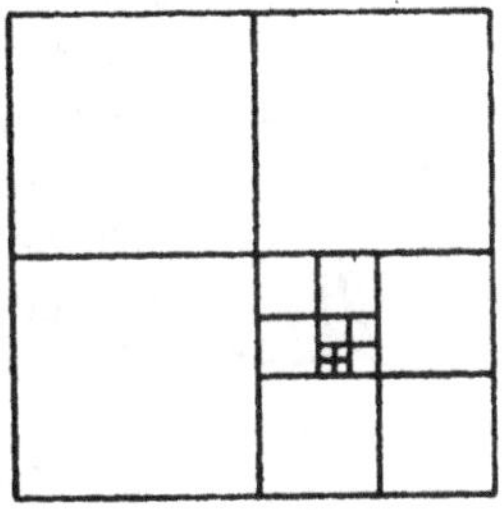

Fig. 13.

Ähnlich beweist man (vgl. Aufgabe 8, S. 126) den

Satz 3 (Heine-Borelscher Überdeckungssatz): *Ist jeder Punkt einer abgeschlossenen beschränkten Punktmenge $\mathfrak{M}$ Mittelpunkt eines Kreises, so genügen endlich viele Kreise, um die Punktmenge $\mathfrak{M}$ ganz zu überdecken.*

b) Die durch $z = \varphi(t) + i\psi(t)$ für $J\ (t_1 \leqq t \leqq t_2)$ gegebene Punktmenge stellt, wenn $\varphi(t)$ und $\psi(t)$ im angegebenen Intervall J eindeutige stetige Funktionen von t sind, eine „*stetige Kurve*“ (C) dar[1]). Eine stetige Kurve heißt „*glatt*“, wenn die Kurve in jedem ihrer Punkte eine eindeutige Tangentenrichtung hat, also $\varphi(t)$ und $\psi(t)$ bei passender Wahl des Parameters in J stetige Ableitungen nach t mit $\varphi'^2 + \psi'^2 \neq 0$ besitzen. Sie heißt „*stückweise glatt*“, wenn sich die Kurve in endlich viele Teile von glatten Kurvenstücken zerlegen läßt. Eine stetige Kurve (C) heißt „*geschlossen*“, wenn Anfangspunkt $z_1 = \varphi(t_1) + i\psi(t_1)$ und Endpunkt $z_2 = \varphi(t_2) + i\psi(t_2)$ der Kurve zusammenfallen. Es ist dann $\varphi(t_1) = \varphi(t_2)$ und $\psi(t_1) = \psi(t_2)$. (C) heißt „*doppelpunktfrei*“, wenn sich die Kurve nirgends überschneidet oder berührt. Eine stetige doppelpunktfreie geschlossene Kurve heißt eine „*Jordansche Kurve*“. Eine Punktmenge $\mathfrak{M}$ heißt „*zusammenhängend*“ oder ein „*Kontinuum*“, wenn sich zwei Punkte der Menge durch eine stetige Kurve verbinden lassen, die nur aus Punkten der Menge besteht[2]).

c) Unter einem „*Gebiet*“ schlechthin versteht man eine Punktmenge $\mathfrak{G}$ mit folgenden beiden Eigenschaften: 1. $\mathfrak{G}$ ist offen. 2. $\mathfrak{G}$ ist zusammenhängend.

Diejenigen Häufungspunkte von $\mathfrak{G}$, welche selbst nicht zu $\mathfrak{G}$ gehören, heißen „*Randpunkte*“ von $\mathfrak{G}$; ihre Gesamtheit bildet den „*Rand*“ (R) von $\mathfrak{G}$. Die zu $\mathfrak{G}$ gehörenden Punkte heißen auch „*innere*“ *Punkte von* $\mathfrak{G}$, im Gegensatz zu Punkten, die nicht zu $\mathfrak{G}$ und nicht zum Rand (R) von $\mathfrak{G}$ gehören. Diese werden als „*äußere*“ *Punkte von* $\mathfrak{G}$ bezeichnet. Unter einem „*abgeschlossenen Gebiet*“ verstehen wir ein Gebiet einschließlich seiner Randpunkte, unter einem „*Bereich*“ ein Gebiet mit oder ohne Hinzunahme der Randpunkte. Ein Gebiet oder Bereich mit Rand heißt „*einfach zusammenhängend*“, wenn der Rand ein Kontinuum ist, es heißt „*n-fach zusammenhängend*“, wenn der Rand aus n Kontinuen besteht. Ohne Beweis entnehmen wir der Anschauung die Tatsache: Durch eine Jordansche Kurve (J) wird die Zahlenebene in zwei einfach zusammenhängende

[1]) Auch ein einziger Punkt stellt in diesem Sinne eine Kurve dar.

[2]) Darunter fällt auch der ausgeartete Fall, daß $\mathfrak{M}$ nur aus einem einzigen Punkt besteht.

Gebiete, ein beschränktes „*Innengebiet*“ und ein nicht beschränktes „*Außen-gebiet*“ zerlegt. Eine stückweise glatte Jordansche Kurve (J) heißt „*im positiven Sinne durchlaufen*“, wenn in den Kurvenpunkten mit eindeutiger Tangente die um $+\pi/2$ gedrehte[1]) Durchlaufungsrichtung in das Innengebiet von (J) weist. Wir sagen hierzu kurz: „Das Innere liegt beim Durchlaufen links“.

Fig. 14.

Ein einfach oder mehrfach zusammenhängendes, von stückweise glatten Kurven begrenztes *Gebiet* $\mathfrak{G}$ *heißen wir* „*im positiven Sinne umlaufen*“, wenn beim Durchlaufen des Randes die inneren Punkte links gelegen sind. Dabei denken wir uns Randkurven, die nur aus einem Kurvenstück oder nur aus einem einzigen Punkt bestehen, durch Grenzübergang aus geschlossenen Kurven hervorgegangen (vgl. Fig. 14).

Beispiele: Einfach zusammenhängende Bereiche: (Fig. 15a, b, c, d).
Zweifach zusammenhängende Bereiche: (Fig. 16a, b, c, d).
Dreifach zusammenhängender Bereich: (Fig. 17).

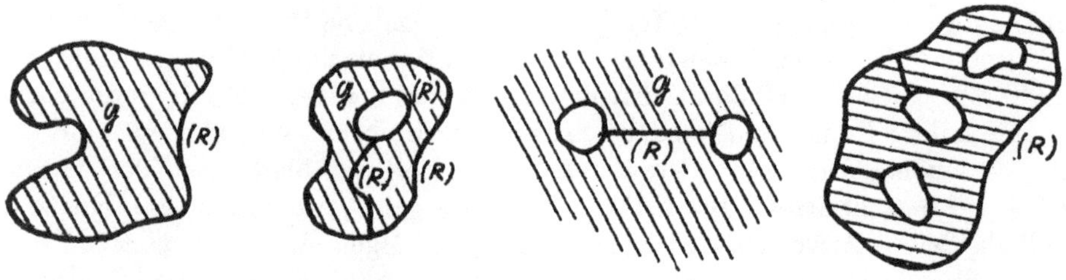

a b c d

Fig. 15.

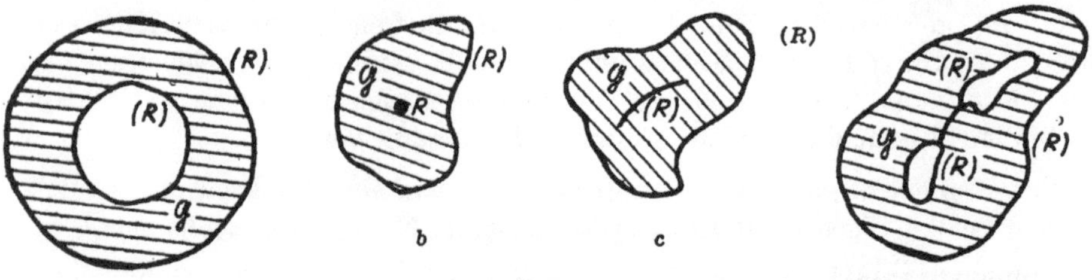

a b c d

Fig. 16.

6. Funktionen einer komplexen Veränderlichen

Definition VI: Ist eine Menge $\mathfrak{M}$ von komplexen Zahlen z gegeben und wird jeder Zahl z von $\mathfrak{M}$ in eindeutiger Weise eine komplexe Zahl w zugeordnet, so sagen wir allgemein: w ist eine „*Funktion*“ der komplexen Veränderlichen z und schreiben $w = f(z)$. $\mathfrak{M}$ heißt der „*Definitionsbereich*“ von $f(z)$[2]).

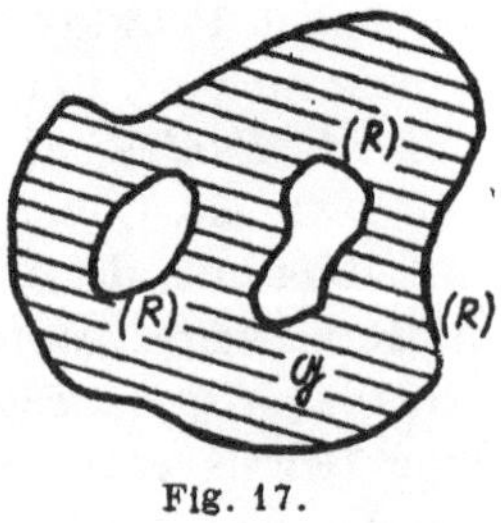

Fig. 17.

[1]) Also entgegen dem Uhrzeigersinn.

[2]) Der „Definitionsbereich“ einer Funktion braucht hiernach kein „Bereich“ im Sinne der obigen Definition von c) zu sein. Das wird jedoch der Fall sein, nachdem wir den Funktionsbegriff noch weiter eingeschränkt haben (vgl. Kap. II § 1).

Da jede komplexe Zahl sich aus Realteil und Imaginärteil zusammensetzt, heißt das: Jedem reellen Zahlenpaar x, y von $z = x + i\,y$ wird ein reelles Zahlenpaar u, v (das ist ein Paar reeller Funktionen der reellen Veränderlichen x, y) in $w = u + i\,v$ zugeordnet. Umgekehrt bilden zwei für gewisse Punkte $(x; y)$ definierte Funktionen $u\,(x; y)$ und $v\,(x; y)$ als $u\,(x; y) + i\,v\,(x; y)$ eine Funktion der komplexen Veränderlichen z. Die Menge $\mathfrak{M}$ von komplexen Zahlen kann dabei noch eine endliche Menge oder eine unendliche Menge sein, wie z. B. die Punkte einer Kurve oder eines Gebietes. Die Menge $\mathfrak{M}$ kann auch nur aus den Punkten der reellen Achse bestehen, also $f(z) = f(t) = u(t) + i\,v(t)$, also eine komplexe Funktion der reellen Veränderlichen t sein.

Bei reellen Funktionen einer reellen Veränderlichen kann man den funktionalen Zusammenhang $y = f\,(x)$ in einem zweidimensionalen rechtwinkligen x; y-Koordinatensystem anschaulich durch eine Kurve darstellen, indem man zu jedem x-Wert des Definitionsbereiches den zugehörigen y-Wert aufträgt. Bei Funktionen von komplexen Veränderlichen hat man 4 reelle Veränderliche, nämlich x, y, u, v. Um auch hier zu einer anschaulichen Darstellung des funktionalen Zusammenhanges zu kommen, kann man folgendermaßen vorgehen: Man trägt den Realteil $u = u\,(x; y)$ und ebenso den Imaginärteil $v = v\,(x; y)$ in einem rechtwinkligen x, y, s-System in Richtung der s-Achse auf und stellt diese Flächen wie in einer topographischen Karte durch ihre Höhenlinien $u\,(x; y) = \text{const.}$ bzw. $v\,(x; y) = \text{const.}$ dar (vgl. Fig. 18). Aus dieser so erhaltenen Höhenkarte lassen sich Real- und Imaginärteil des Funktionswertes $f\,(z)$ an einer Stelle z, gegebenenfalls nach graphischer Interpolation, näherungsweise entnehmen.

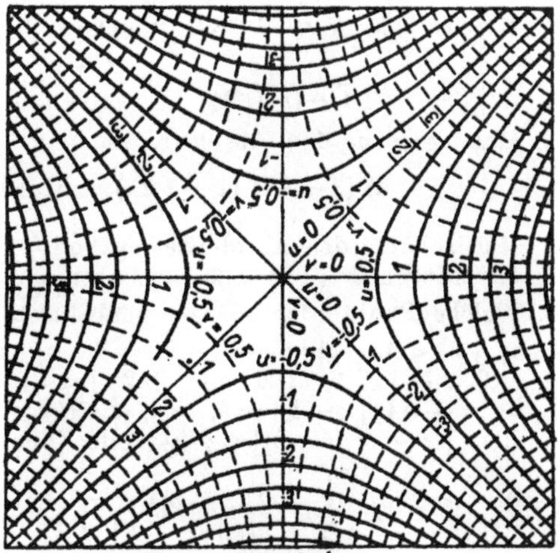

Fig. 18.

Für manche Zwecke ist es vorteilhafter für die Funktionswerte Polarkoordinaten zu wählen, $f\,(z) = R\,(x; y)\,[\cos \Phi\,(x; y) + i \sin \Phi\,(x; y)]$, und Flächen des Absolutbetrages und des Winkels durch die Höhenlinien $R\,(x; y) = |\,f\,(z)\,| = \text{const.}$ bzw. $\Phi\,(x; y) = \operatorname{arc} f\,(z) = \text{const.}$ darzustellen. Aus einer solchen Höhenkarte lassen sich an einer Stelle $z = x + i\,y$ Absolutbetrag und Winkel des Funktionswertes ablesen. Beispiele solcher Darstellungen geben die Figuren 21 a und b. Mitunter findet sich an Stelle des Winkels $\Phi\,(x; y)$ das Vielfache des rechten Winkels. Schneiden sich die beiden Kurvenscharen $R\,(x; y) = \text{const.}$ und $\Phi\,(x; y) = \text{const.}$ unter rechten Winkeln, so kann man, falls die ersteren als die Höhenlinien eines Reliefs gedeutet werden, die letzteren als die Projektionen der Fallinien dieses Reliefs auf die x; y-Ebene ansehen.

In Def. VI wird verlangt, daß zu jeder Zahl z von $\mathfrak{M}$ sich in eindeutiger Weise eine komplexe Zahl w zuordnen läßt. Diese Definition bezieht sich daher nur auf sog. „*eindeutige Funktionen*". Andererseits werden uns im folgenden auch „*vieldeutige Funktionen*" begegnen, bei denen zu einem z-Wert mehrere w-Werte gehören können. Eine solche ist z. B. $w = \operatorname{arc} z$. Hier gehören zu einem z-Wert $(z \neq 0, \neq \infty)$ sogar unendlich viele w-Werte, die sich um Vielfache von 2π unterscheiden. Wir sagen, die Funktion ist „*unendlich vieldeutig*". Wir werden aber, wenn künftig vieldeutige Funktionen auftreten, durch zusätzliche Forderungen immer Eindeutigkeit herstellen, z. B. bei arc z, indem wir nur die Werte der Funktion betrachten, die im Intervall $-\pi < \operatorname{arc} z \leqq \pi$ liegen.

Definition VII: Unter dem „*Hauptwert*" von arc z, in Zeichen **Arc z**, verstehen wir die Funktionswerte im Intervall $-\pi < \operatorname{arc} z \leqq \pi$.

Vereinbarung: Es handelt sich im folgenden, wenn nichts anderes erwähnt ist, stets um eindeutige Funktionen im Sinne der Definition VI.

Übungsaufgaben

1. Man zerlege in Real- und Imaginärteil
$$\text{a) } \frac{1+i}{1-(1+i)^2}; \quad \text{b) } \frac{1+2i}{2-i}; \quad \text{c) } \left(\frac{1+i}{1-i}\right)^2; \quad \text{d) } \sqrt{\frac{1+i}{1-i}}.$$
2. Man berechne den Absolutbetrag von
$$\text{a) } (3-4i)(1+\sqrt{3}\,i); \quad \text{b) } \frac{2-i}{3i+(1-i)^2}; \quad \text{c) } \frac{i+1}{3+i}+i.$$
3. Man schätze den Absolutbetrag von $f(z) = (i-z)/(1+2iz)$ für die Punkte des Kreisringes $2 \leqq |z| < 3$ nach oben und unten ab.
4. Welche Punkte der z-Ebene sind durch folgende Bedingungen gegeben?
a) $|z| < 1$; b) $|z-1+i| = 3$; c) $|z+1-i| \geqq 1$; d) $0 \leqq \Im(z) \leqq 2\pi$;
e) $0 < |z| \leqq 1$; f) $1 < |z+2i| < 2$; g) $2 < |z| \leqq |z-2i|$;
h) $|z-a|/|z-b| = k, > k, < k$ (k const., speziell für $a = i$, $b = 1$, $k = 1/2$; 1; 2);
i) $\operatorname{arc}[(z-a)/(z-b)] = \gamma$ (γ reelle Konstante), speziell für $a = i$, $b = 1$, $\gamma = -\pi/4$; $\pi/2$; $-3\pi/4$;
j) $-\pi < \operatorname{arc}[(z-a)/(z-b)] < \pi$; k) $-\pi < \operatorname{arc}[(1+iz)/(1-iz)] < \pi$;
l) $|z^2-1| < 1$; m) $|z^2-1| < 2$; n) $\Re(z^2) = k$ (> 0, $= 0$, < 0);
o) $-\pi < \operatorname{arc}(z^2+1) < \pi$, speziell $\operatorname{arc}(z^2+1) = 0$;
p) $-\pi < \operatorname{arc}(1-z^2) < \pi$, speziell $\operatorname{arc}(1-z^2) = 0$.
Welche dieser Punktmengen sind Gebiete? Welche davon sind abgeschlossen, welche beschränkt, welche einfach zusammenhängend, welche mehrfach zusammenhängend?
5. Wo liegen die folgenden Punkte in der komplexen Zahlenebene?
$z = a\cos t + b\sin t$; $z = at + b/t$; $z = a + 2bt + ct^2$ ($-\infty \leqq t \leqq \infty$, a, b, c, komplexe Konstanten, speziell für $a = i$, $b = 1-i$, $c = 1+i$);
6. An welchen Punkten der z-Ebene nehmen die folgenden Funktionen die Werte 0, 1, ∞ an?
a) $f(z) = i/z$; b) $f(z) = 4/z$; c) $f(z) = (z-i)/(z+i)$;
d) $f(z) = (z^2+i)/(z^2-iz+1)$; e) $f(z) = (2z-i+1)/(z^2+1)$.
7. Man bestimme die Lösungen der quadratischen Gleichungen
a) $z^2+z+1 = 0$; b) $z^2+4iz-3 = 0$; c) $iz^2-2z+1 = 0$.
8. Man beweise den Heine-Borelschen Überdeckungssatz (vgl. Satz 3, S. 23).
9. Man beweise mittels der Def. I und II S. 12 für Zahlenpaare $(\alpha; \beta)$ die Rechengesetze D. 3 und E von S. 12.

§ 2. GRENZWERTE UND UNENDLICHE REIHEN

1. Zahlenfolgen

Definition I: Unter einer „*Zahlenfolge*“ (a_n) versteht man abzählbar unendlich viele komplexe Zahlen $a_0; a_1; a_2; a_3; \ldots; a_n; \ldots$

(a_n) heißt „*konvergent gegen den Grenzwert* a“, in Zeichen $\lim\limits_{n\to\infty} a_n = a$, wenn die Differenz $|a_n - a|$ mit wachsendem n gegen 0 strebt, also kleiner als jede noch so klein aber fest vorgeschriebene positive Zahl ε[1]) gemacht werden kann, wenn nur n hinreichend groß, $n > N(\varepsilon)$ gewählt wird;

$$(1) \qquad |a_n - a| < \varepsilon \quad \text{für} \quad n > N(\varepsilon).$$

In jedem anderen Falle heißt (a_n) „*divergent*“.

Geometrisch bedeutet die Forderung der Konvergenz, es sollen die Punkte a_n in der komplexen Zahlenebene von einem gewissen Index n ab innerhalb eines Kreises mit dem Mittelpunkt a und dem Radius ε gelegen sein (vgl. Fig. 19), und zwar sollen, wie klein auch ε gewählt wird, stets alle Punkte der Folge (a_n) bis auf endlich viele im Innern des Kreises gelegen sein.

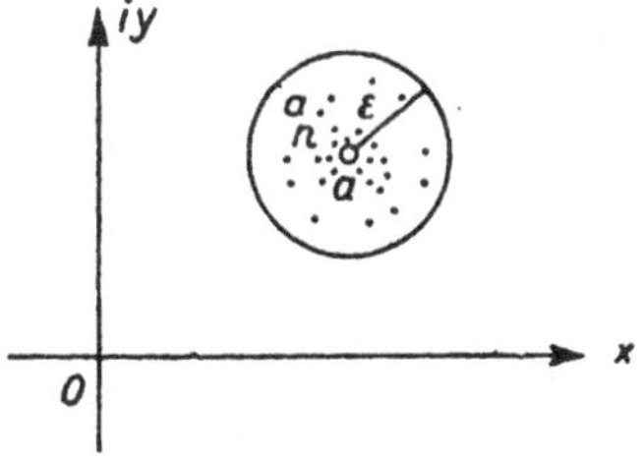

Fig. 19.

Beispiele: 1. Ist $a_n = \left(\frac{1+i}{2}\right)^n$, so konvergiert (a_n) gegen 0, denn der Absolutbetrag $|a_n| = \left(\frac{\sqrt{2}}{2}\right)^n$ geht mit wachsendem n gegen 0.

2. Ist $a_n = (\cos\alpha + i\sin\alpha)^n$, so divergiert (a_n) für alle $\alpha \neq 2k\pi$, denn $a_n = \cos n\alpha + i \sin n\alpha$ nähert sich in diesem Falle keinem festen Wert. Allgemein:

3. Ist $a_n = z^n$, so konvergiert (a_n) gegen 0 für alle $|z| < 1$, gegen 1 für $z = 1$ und divergiert für $|z| \geqq 1$, falls $z \neq 1$ ist.

Setzen wir $a = \alpha + i\beta$, $a_n = \alpha_n + i\beta_n$, so gilt, falls $\lim\limits_{n\to\infty} a_n = a$ ist, für $n > N(\varepsilon)$:

$$|a_n - a| = |\alpha_n - \alpha + i(\beta_n - \beta)| = \sqrt{(\alpha_n - \alpha)^2 + (\beta_n - \beta)^2} < \varepsilon;$$

daher ist sowohl $|\alpha_n - \alpha| < \varepsilon$ als auch $|\beta_n - \beta| < \varepsilon$, falls $n > N(\varepsilon)$ ist, d. h. $\lim\limits_{n\to\infty} \alpha_n = \alpha$ und $\lim\limits_{n\to\infty} \beta_n = \beta$. Konvergiert also $(\alpha_n + i\beta_n)$ gegen $\alpha + i\beta$, so muß notwendig (α_n) gegen α und (β_n) gegen β konvergieren. Diese Bedingung ist auch hinreichend für die Konvergenz der Folge (a_n). Denn falls $\lim\limits_{n\to\infty} \alpha_n = \alpha$ und $\lim\limits_{n\to\infty} \beta_n = \beta$ ist, wird sowohl $|\alpha_n - \alpha| < \varepsilon/2$ für $n > N_1(\varepsilon)$, als auch $|\beta_n - \beta| < \varepsilon/2$ für $n > N_2(\varepsilon)$, also $|a_n - a| = |\alpha_n - \alpha + i(\beta_n - \beta)| \leqq |\alpha_n - \alpha| + |\beta_n - \beta| < \varepsilon$, sobald $n > \max(N_1; N_2) = N(\varepsilon)$ gewählt wird, d. h.

Satz 1: *Eine Folge komplexer Zahlen* (a_n), $a_n = \alpha_n + i\beta_n$, *konvergiert dann und nur dann gegen die komplexe Zahl* $a = \alpha + i\beta$, *wenn* $\lim\limits_{n\to\infty} \alpha_n = \alpha$ *und* $\lim\limits_{n\to\infty} \beta_n = \beta$ *ist.*

Es müssen also sowohl die Realteile der Zahlen der Folge als auch ihre Imaginär-

[1]) In dieser Bedeutung als eine beliebig kleine, aber fest vorgeschriebene Zahl tritt ε in den folgenden Paragraphen stets auf, auch wenn das nicht in jedem Falle noch einmal besonders erwähnt wird.

teile konvergieren. *Durch Satz 1 wird die Untersuchung der Folgen komplexer Zahlen auf die von reellen Zahlenfolgen zurückgeführt.* Es lassen sich damit gewisse Eigenschaften der Folgen reeller Zahlen auf Folgen komplexer Zahlen übertragen, z. B. gilt auch hierfür das **Cauchysche Konvergenzkriterium:**

Eine Folge (a_n) konvergiert dann und nur dann, wenn man zu jeder beliebig klein aber fest vorgeschriebenen Zahl ε eine natürliche Zahl $N(\varepsilon)$ angeben kann, so daß die Ungleichung

$$|a_{n+m} - a_n| < \varepsilon \tag{2}$$

für jede natürliche Zahl m und jede natürliche Zahl $n > N(\varepsilon)$ gilt.

Der Beweis läßt sich entweder durch Zerlegung der Zahlen der Folge in Real- und Imaginärteil mit Hilfe des gleichlautenden Satzes über reelle Zahlenfolgen oder direkt wie im Reellen mit Hilfe von Satz 2 von § 1, 5 (S. 22) führen: Ist nämlich $\lim\limits_{n\to\infty} a_n = a$, so ist $|a_n - a| < \varepsilon/2$ für $n > N$ und damit für $m \geqq 0$ auch $|a_{n+m} - a| < \varepsilon/2$, also $|a_{n+m} - a_n| = |a_{n+m} - a + a - a_n| \leqq |a_{n+m} - a| + |a - a_n| < \varepsilon$ für $n > N$. Daher ist die Bedingung (2) notwendig. Diese Bedingung ist aber auch hinreichend, d. h. wenn sie erfüllt ist, so hat die Folge einen Grenzwert, denn es gilt dann für ein vorgegebenes $\varepsilon = \varepsilon_0$ und alle $n > N_0$ die Ungleichung $|a_{n+m} - a_{N_0+1}| < \varepsilon_0$, und zwar für alle natürlichen Zahlen m. Diese Ungleichung besagt aber, daß die unendlich vielen Punkte a_{n+m} alle im Innern eines Kreises mit dem Mittelpunkt a_{N_0+1} und dem Radius ε_0 gelegen sind. Die Menge dieser unendlich vielen Punkte ist also beschränkt. Nach Satz 2 von § 1 (S. 22) hat eine unendliche, beschränkte Punktmenge mindestens einen Häufungspunkt. Es kann aber hier nur ein solcher vorhanden sein. Gäbe es nämlich zwei verschiedene Häufungspunkte a und a', so gäbe es Zahlen m und n mit $n > N > N_0$, für die sicher $|a_{n+m} - a_n| > |a - a'|/2$ ist, im Widerspruch zu (2).

Die Definition des Grenzwertes einer Folge komplexer Zahlen ist formal dieselbe wie für Folgen reeller Zahlen. *Es gelten daher auch die aus dem Reellen als bekannt vorausgesetzten*

Rechenregeln für Grenzwerte: Falls $\lim\limits_{n\to\infty} a_n$ und $\lim\limits_{n\to\infty} b_n$ existieren, existieren auch die folgenden Grenzwerte und lassen sich in der angegebenen Weise berechnen:

$$\lim_{n\to\infty} (a_n \pm b_n) = \lim_{n\to\infty} a_n \pm \lim_{n\to\infty} b_n$$

$$\lim_{n\to\infty} k\,a_n = k \lim_{n\to\infty} a_n$$

$$\lim_{n\to\infty} a_n \cdot b_n = \lim_{n\to\infty} a_n \cdot \lim_{n\to\infty} b_n$$

$$\lim_{n\to\infty} \frac{a_n}{b_n} = \frac{\lim\limits_{n\to\infty} a_n}{\lim\limits_{n\to\infty} b_n} \quad \text{falls } \lim_{n\to\infty} b_n \neq 0.$$

Sind die sämtlichen Elemente a_n der Folge (a_n) Funktionen einer komplexen Veränderlichen z mit einem gemeinsamen Definitionsbereich $\mathfrak{M}$, die für jedes z von $\mathfrak{M}$ gegen einen Grenzwert konvergieren, so ist dieser eine Funktion von z, $\lim_{n \to \infty} a_n(z) = a(z)$ und es gilt die Ungleichung

(3) $$| a_n(z) - a(z) | < \varepsilon$$

für jedes beliebige, noch so klein vorgeschriebene ε, wenn nur $n > N$ ist. Dabei wird aber die Schranke N bei einem vorgegebenen ε im allgemeinen außer von ε auch noch von z abhängen: $N = N(\varepsilon; z)$. Es kann nun sein, daß man eine für alle z von $\mathfrak{M}$ gültige Schranke N so angeben kann, daß für alle Punkte z von $\mathfrak{M}$ die Ungleichung (3) erfüllt ist, wenn nur $n > N$. N hängt dann nur noch von ε ab, $N = N(\varepsilon)$. In diesem Falle heißen wir die Folge gleichmäßig konvergent. Wir definieren also

Definition II: Eine für die Punkte z einer abgeschlossenen Menge $\mathfrak{M}$ gegebene Folge von Funktionen $a_n(z)$ heißt in $\mathfrak{M}$ „*gleichmäßig konvergent*" gegen die in $\mathfrak{M}$ definierte Funktion $a(z)$, wenn es eine nur von ε abhängige, von z aber unabhängige Schranke $N(\varepsilon)$ gibt, so daß bei beliebig kleinem, fest vorgegebenem ε für alle Punkte z von $\mathfrak{M}$ die Ungleichung gilt

(3) $| a_n(z) - a(z) | < \varepsilon$, wenn nur $n > N(\varepsilon)$ ist.

Eine der wichtigsten Folgen bilden die unendlichen Reihen.

2. Unendliche Reihen

Definition III: Die mit den Gliedern einer Zahlenfolge (a_ν) gebildete Folge (s_n) der „*Partialsummen*" $s_n = a_0 + a_1 + a_2 + a_3 + \dots + a_n = \sum_{\nu=0}^{n} a_\nu$ bezeichnet man als die „*unendliche Reihe*" $a_0 + a_1 + a_2 + a_3 + \dots = \sum_{\nu=0}^{\infty} a_\nu$ mit dem allgemeinen Glied a_ν. Die unendliche Reihe heißt „*konvergent mit der Reihensumme s*", wenn $\lim_{n \to \infty} s_n = s$ existiert, in Zeichen $\sum_{\nu=0}^{\infty} a_\nu = s$. Anderenfalls heißt die Reihe „*divergent*"[1]).

Beispiel: Die „geometrische Reihe" $\sum_{\nu=0}^{\infty} a^\nu$ konvergiert gegen $\frac{1}{1-a}$, falls $|a| < 1$. Dann ist nämlich $\lim_{n \to \infty} s_n = \lim_{n \to \infty} \frac{1 - a^{n+1}}{1-a} = \frac{1}{1-a}$.

Setzen wir $s = \sum_{\nu=0}^{\infty} a_\nu = \sum_{\nu=0}^{n} a_\nu + r_n$, so ist die Konvergenz von (s_n) gleichbedeutend mit dem Bestehen der Ungleichung $| s - s_n | = | r_n | < \varepsilon$ für $n > N(\varepsilon)$; d. h. $\lim_{n \to \infty} r_n = 0$. Demnach gilt

---

[1]) Man verwendet somit das Zeichen $\sum_{\nu=0}^{\infty} a_\nu$ in doppelter Bedeutung. Es bezeichnet einerseits die Folge (s_n) der Partialsummen, andererseits bei konvergenten Reihen auch den Grenzwert $\lim_{n \to \infty} s_n$.

Es läßt sich auch eine Zahlenfolge (b_ν) bzw. ihr Grenzwert, falls ein solcher existiert, als unendliche Reihe darstellen, nämlich als $\sum_{\nu=0}^{\infty} (b_\nu - b_{\nu-1})$ mit $b_{-1} = 0$.

Satz 2: *Eine unendliche Reihe konvergiert dann und nur dann, wenn der „Reihenrest“* $r_n = \sum_{\nu=n+1}^{\infty} a_\nu$ *mit gegen* ∞ *wachsendem* n *verschwindet.*

Das Cauchysche Kriterium für Folgen von S. 28 liefert auf Reihen übertragen das **allgemeine Konvergenzkriterium.**

Satz 3: *Eine unendliche Reihe konvergiert dann und nur dann, wenn man zu jeder beliebig klein aber fest vorgegebenen Zahl* ε *eine natürliche Zahl* $N(\varepsilon)$ *angeben kann, so daß die Ungleichung* $|a_{n+1} + a_{n+2} + \cdots + a_{n+m}| < \varepsilon$ *für jede natürliche Zahl* m *und jede natürliche Zahl* $n > N(\varepsilon)$ gilt.

Hieraus folgt als **notwendiges Konvergenzkriterium**

Satz 4: *Notwendig für die Konvergenz einer Reihe* $\sum_{\nu=0}^{\infty} a_\nu$ *ist* $\lim_{\nu\to\infty} a_\nu = 0$.

Setzen wir $a_\nu = \alpha_\nu + i\beta_\nu$, so ist $s_n = \sum_{\nu=0}^{n} a_\nu = \sum_{\nu=0}^{n} \alpha_\nu + i\sum_{\nu=0}^{n} \beta_\nu = \sigma_n + i\,\tau_n$, daher folgt aus Satz 1, S. 27, unmittelbar

Satz 5: *Eine Reihe* $\sum_{\nu=0}^{\infty} a_\nu$ *mit dem allgemeinen Glied* $a_\nu = \alpha_\nu + i\beta_\nu$ *konvergiert dann und nur dann gegen den Grenzwert* $s = \sigma + i\tau$, *wenn die Reihe der Realteile gegen* σ, *die der Imaginärteile gegen* τ *konvergiert, also* $\sum_{\nu=0}^{\infty} \alpha_\nu = \sigma$, $\sum_{\nu=0}^{\infty} \beta_\nu = \tau$ *ist.*

Damit sind die Reihen mit komplexen Gliedern wieder zurückgeführt auf Reihen mit reellen Gliedern. Es gelten daher auch die aus dem Reellen als bekannt vorausgesetzten Regeln über das Rechnen mit konvergenten Reihen, z. B.: Man „darf“ in einer konvergenten Reihe Klammern setzen, man „darf“ konvergente Reihen gliedweise addieren oder subtrahieren, allgemein gliedweise mit Konstanten linear kombinieren.

Der Satz 5 kann in der Praxis dazu dienen, die Reihensumme von Reihen mit reellen Gliedern einfach zu berechnen, indem man eine Reihe mit komplexen Gliedern summiert.

Beispiel: Zu berechnen ist die Reihensumme $\sum_{\nu=0}^{\infty} \frac{\cos\nu\alpha}{2^\nu} = \sigma$. Wir nehmen die Reihe $\sum_{\nu=0}^{\infty} \frac{\sin\nu\alpha}{2^\nu} = \tau$ hinzu, multiplizieren sie mit i und addieren sie gliedweise zur ersten Reihe. Auf diese Weise erhalten wir die Reihe $\sum_{\nu=0}^{\infty} \frac{\cos\nu\alpha + i\sin\nu\alpha}{2^\nu}$. Der Zähler ist nach der Moivreschen Formel (S. 14) gleich $(\cos\alpha + i\sin\alpha)^\nu$, also ist a_ν das allgemeine Glied einer geometrischen Reihe $\sum_{\nu=0}^{\infty} a^\nu$ mit $a = \frac{\cos\alpha + i\sin\alpha}{2}$. Daher ist die Reihensumme

$$\sigma + i\tau = \frac{1}{1 - \dfrac{\cos\alpha + i\sin\alpha}{2}} = \frac{2}{2 - \cos\alpha - i\sin\alpha} = \frac{2(2-\cos\alpha) + 2i\sin\alpha}{(2-\cos\alpha)^2 + \sin^2\alpha},$$

also nach Def. I von S. 12: $\sigma = \sum_{\nu=0}^{\infty} \frac{\cos \nu \alpha}{2^\nu} = \frac{2(2-\cos\alpha)}{5-4\cos\alpha}$. Nebenbei ergibt sich noch $\tau = \sum_{\nu=0}^{\infty} \frac{\sin \nu \alpha}{2^\nu} = \frac{2\sin\alpha}{5-4\cos\alpha}$.

Satz 6: *Konvergiert* $\sum_{\nu=0}^{\infty} |a_\nu|$, *so konvergiert auch die Reihe* $\sum_{\nu=0}^{\infty} a_\nu$; *letztere heißt dann „absolut konvergent".*

Denn wegen $|a_\nu| = \sqrt{\alpha_\nu^2+\beta_\nu^2} \geqq \begin{cases} |\alpha_\nu| \\ |\beta_\nu| \end{cases}$ haben die Reihen $\sum_{\nu=0}^{\infty} |\alpha_\nu|$ und $\sum_{\nu=0}^{\infty} |\beta_\nu|$ die konvergente Reihe mit reellen Gliedern $\sum_{\nu=0}^{\infty} |a_\nu|$ zur Majorante. Sie konvergieren daher, und zwar absolut, also erst recht ohne Absolutstriche. Damit konvergiert nach Satz 5 auch $\sum_{\nu=0}^{\infty} a_\nu$. $\sum_{\nu=0}^{\infty} |a_\nu|$ ist eine Reihe mit positiven Gliedern. Satz 6 ermöglicht es daher, die ganze Theorie der Reihen mit positiven Gliedern für die Untersuchung von Reihen mit komplexen Gliedern hinsichtlich absoluter Konvergenz zu verwenden. Ferner gelten alle Gesetze für absolut konvergente Reihen mit reellen Gliedern auch für absolut konvergente Reihen mit komplexen Gliedern. In Verallgemeinerung der bekannten Regel über den Absolutbetrag einer Summe $|\sum_{\nu=0}^{n} a_\nu| \leqq \sum_{\nu=0}^{n} |a_\nu|$ ergibt sich für unendliche Reihen $|\sum_{\nu=0}^{\infty} a_\nu| \leqq \sum_{\nu=0}^{\infty} |a_\nu|$. Hieraus folgt unter Benutzung von Satz 2 wiederum Satz 6. Wegen der Analogie der Definitionen überträgt sich auch der Satz über die Multiplikation zweier unendlicher Reihen:

Ist $\sum_{\nu=0}^{\infty} a_\nu$ *konvergent mit der Summe A,* $\sum_{\nu=0}^{\infty} b_\nu$ *eine absolut konvergente Reihe mit der Summe B, so ist auch die mit dem allgemeinen Glied* $c_\nu = \sum_{\lambda=0}^{\nu} a_\lambda b_{\nu-\lambda}$ *gebildete Reihe* $\sum_{\nu=0}^{\infty} c_\nu$ *konvergent und hat die Summe* $C = A B$.

Die gleichmäßige Konvergenz von Folgen überträgt sich analog auf Reihen mit veränderlichen Gliedern.

Definition IV: Eine unendliche Reihe von Funktionen $a_\nu(z)$, die für alle Punkte einer abgeschlossenen Menge $\mathfrak{M}$ definiert sind, heißt in $\mathfrak{M}$ *„gleichmäßig konvergent"*, wenn die Folge der Partialsummen in $\mathfrak{M}$ gleichmäßig konvergiert.

Zusammen mit Satz 2 ergibt sich demnach

Satz 7: *Eine unendliche Reihe* $\sum_{\nu=0}^{\infty} a_\nu(z)$ *in* $\mathfrak{M}$ *definierter Funktionen konvergiert in* $\mathfrak{M}$ *dann und nur dann gleichmäßig, wenn es eine nur von* ε *abhängige, von z aber unabhängige Schranke* $N(\varepsilon)$ *gibt, so daß für alle z von* $\mathfrak{M}$ *bei beliebig kleinem, fest vorgegebenem* ε *die Ungleichung* $|\sum_{\nu=n+1}^{\infty} a_\nu(z)| < \varepsilon$ *gilt, sobald* $n > N(\varepsilon)$ *ist.*

Ein einfaches, hinreichendes, für die Praxis wichtiges Kriterium für gleichmäßige Konvergenz einer Reihe mit veränderlichen Gliedern ist

Satz 8: *Eine Reihe* $\sum_{\nu=0}^{\infty} a_\nu(z)$ *konvergiert in* $\mathfrak{M}$ *gleichmäßig, wenn man eine konvergente Reihe mit positiven, von z unabhängigen Gliedern* q_ν *angeben kann, so daß für alle Punkte von* $\mathfrak{M}$ *von einem gewissen* $\nu > N$ *ab die Ungleichung gilt:* $|a_\nu(z)| \leqq q_\nu$.

Der Beweis dieses Satzes folgt unmittelbar aus Satz 7: Nach Voraussetzung ist $|\sum_{\nu=N+1}^{N+m} a_\nu| \leqq \sum_{\nu=N+1}^{N+m} |a_\nu| < \sum_{\nu=N+1}^{N+m} q_\nu$ für alle natürlichen Zahlen m, also $|\sum_{\nu=N+1}^{\infty} a_\nu| \leqq \sum_{\nu=N+1}^{\infty} q_\nu < \varepsilon$, für alle z aus $\mathfrak{M}$, wenn nur N genügend groß gewählt wird, $N > N_0(\varepsilon)$.

Bisweilen treten noch weitere Folgen von besonderer Bauart auf, nämlich

3. Unendliche Produkte

Definition V: Die mit den Gliedern einer Folge (a_ν) gebildete Folge (p_n) der „*Partialprodukte*" $p_n = a_1 a_2 \dots a_n = \prod_{\nu=1}^{n} a_\nu$, bezeichnet man als das „*unendliche Produkt*" $a_1 a_2 \dots = \prod_{\nu=1}^{\infty} a$. Das Produkt heißt „*konvergent*", wenn nach Weglassung einer endlichen Zahl von verschwindenden Faktoren der Grenzwert der Partialprodukte existiert und einen von Null verschiedenen Wert hat. In jedem anderen Falle heißt das Produkt „*divergent*". Unter dem „*Wert*" des Produktes $\prod_{\nu=1}^{\infty} a_\nu$ verstehen wir $\lim_{n\to\infty} p_n = p$, in Zeichen[1]) $\prod_{\nu=1}^{\infty} a_\nu = p$.

Beispiele: $\prod_{\nu=1}^{\infty} \frac{\nu(\nu+2)}{(\nu+1)^2}$ konvergiert gegen 1/2, denn es ist $p_n = \frac{1\,(n+2)}{2\,(n+1)}$;

$\prod_{\nu=1}^{\infty} \frac{\nu}{\nu+1}$ divergiert nach 0, denn es ist $p_n = \frac{1}{n+1}$.

Aus dieser Definition folgt

Satz 9: *Ein konvergentes Produkt hat dann und nur dann den Wert* 0, *wenn (wenigstens) einer seiner Faktoren verschwindet.*

Konvergiert $\prod_{\nu=1}^{\infty} a_\nu$, so haben $p_n = \prod_{\nu=1}^{n} a_\nu$ und $p_{n+1} = \prod_{\nu=1}^{n+1} a_\nu$ denselben Grenzwert. Also ist der Grenzwert ihres Quotienten gleich 1 oder $\lim_{n\to\infty} a_{n+1} = 1$. Es gilt somit

---

[1]) Auch das Zeichen $\prod_{\nu=1}^{\infty} a_\nu$ tritt demnach in doppelter Bedeutung auf. Vgl. Fußnote 1, S. 29.

Bernhard Riemann

Weierstraß

Satz 10: *Eine notwendige Bedingung für die Konvergenz des Produktes* $\prod_{\nu=1}^{\infty} a_\nu$ *ist* $\lim_{\nu \to \infty} a_\nu = 1$.

Im übrigen läßt sich die Theorie der unendlichen Produkte auf die Theorie der unendlichen Reihen zurückführen, vgl. S. 100, Satz 2.

Die wichtigsten Reihen mit veränderlichen Gliedern sind die

4. Potenzreihen

Ihr allgemeines Glied ist $c_\nu(z) = a_\nu z^\nu$ oder allgemeiner $c_\nu(z) = a_\nu (z - a)^\nu$, wobei a_ν von z unabhängige Konstanten sind. Sie haben also das Aussehen

$$\mathfrak{P}(z) \equiv \sum_{\nu=0}^{\infty} a_\nu z^\nu \text{ bzw. } \mathfrak{P}(z - a) \equiv \sum_{\nu=0}^{\infty} a_\nu (z - a)^\nu.$$

Die Punktmenge $\mathfrak{M}$, für die die allgemeinen Glieder $c_\nu(z)$ definiert sind, ist hier jeder beliebige endliche Bereich. Es erhebt sich nun die Frage: Konvergiert eine Potenzreihe auch in jedem solchen Bereich, bzw. für welche z-Werte konvergiert sie? Wir beweisen hierzu zunächst den folgenden

Hilfssatz: Ist für alle hinreichend großen ν, $\nu \geqq N$, die Ungleichung $|a_\nu z_0^\nu| < C$ erfüllt, so konvergiert die Potenzreihe $\sum_{\nu=0}^{\infty} a_\nu z^\nu$ absolut für alle $|z| < |z_0|$.

Denn es ist

$$\sum_{\nu=N}^{\infty} |a_\nu z^\nu| = \sum_{\nu=N}^{\infty} |a_\nu z_0^\nu| \cdot \left|\frac{z}{z_0}\right|^\nu < \sum_{\nu=N}^{\infty} C \cdot \left|\frac{z}{z_0}\right|^\nu = C \sum_{\nu=N}^{\infty} \left|\frac{z}{z_0}\right|^\nu.$$

Die Reihe hat daher eine geometrische Reihe mit dem allgemeinen Glied $|z/z_0| < 1$ zur Majorante, konvergiert also, und zwar absolut für alle $|z| < |z_0|$, w. z. b. w.

Konvergiert aber eine Potenzreihe $\sum_{\nu=0}^{\infty} a_\nu z^\nu$ für einen Punkt $z = z_0$, so muß nach Satz 4, S. 30, das allgemeine Glied nach 0 gehen, also sicher $|a_\nu z_0^\nu| < C$, also beschränkt sein. Daher konvergiert die Potenzreihe dann auch für alle $|z| < |z_0|$, also innerhalb des Kreises um den Nullpunkt vom Radius $|z_0|$ und, wie aus der obigen Abschätzung folgt, für alle z-Werte mit $|z/z_0| \leqq \varrho_0 < 1$, d. h. innerhalb jedes kleineren konzentrischen Kreises um 0, sogar gleichmäßig.

Divergiert andererseits eine Potenzreihe in einem Punkt z_1, so ist sie für alle $|z| > |z_1|$ ebenfalls divergent. Wäre sie nämlich für einen Punkt z_2 mit $|z_2| > |z_1|$ noch konvergent, so müßte sie auch nach dem vorigen im Punkte z_1 konvergieren, entgegen unserer Voraussetzung. Es gibt daher eine Zahl r, so daß die Potenzreihe $\sum_{\nu=0}^{\infty} a_\nu z^\nu$ für alle $|z| < r$ absolut konvergiert, und zwar für alle $|z| \leqq \varrho < r$ gleichmäßig, hingegen für alle $|z| > r$ divergiert. Liegt eine Potenzreihe $\mathfrak{P}(z - a) = \sum_{\nu=0}^{\infty} a_\nu (z - a)^\nu$ vor, so läßt sich durch die Substitution $z - a = \zeta$ dieses Ergebnis sofort auf $\mathfrak{P}(z - a)$ übertragen. Wir haben damit

Satz 11: *Eine Potenzreihe $\sum_{\nu=0}^{\infty} a_\nu (z-a)^\nu$ konvergiert für alle Punkte im Innern eines Kreises mit a als Mittelpunkt, dem „Konvergenzkreis" $|z-a| < r$, und zwar absolut und im Innern eines jeden dazu konzentrischen kleineren Kreises $|z-a| \leqq \varrho < r$ gleichmäßig. Außerhalb des Konvergenzkreises divergiert die Potenzreihe.*

Auf dem Konvergenzkreis selbst können noch alle möglichen Fälle eintreten. Eine Potenzreihe kann für alle Punkte des Konvergenzkreises divergieren, z. B. ist $\sum_{\nu=0}^{\infty} z^\nu$ eine solche Reihe (denn für $|z| = 1$ ist die notwendige Konvergenzbedingung von Satz 4 nicht erfüllt). Sie kann für gewisse Punkte des Konvergenzkreises konvergieren, für andere divergieren, z. B. $\sum_{\nu=0}^{\infty} \frac{z^\nu}{\nu+1}$ (für $z = 1$ divergiert die Reihe, für $z = -1$ konvergiert sie[1]). Sie kann schließlich für alle Punkte des Konvergenzkreises konvergieren, wie z. B. $\sum_{\nu=0}^{\infty} \frac{z^\nu}{(\nu+1)^2}$ (sie konvergiert für alle $|z| = 1$, und sogar absolut).

Da eine Potenzreihe im Innern des Konvergenzkreises absolut konvergiert, $\sum_{\nu=0}^{\infty} |a_\nu (z-a)^\nu|$ aber eine Reihe mit positiven Gliedern ist, so kann man, um den Radius r des Konvergenzkreises, den „*Konvergenzradius*", zu bestimmen, das Cauchysche Konvergenzkriterium für Reihen mit positiven Gliedern verwenden:

$$\sum_{\nu=0}^{\infty} p_\nu \text{ mit } p_\nu > 0 \quad \begin{cases} \text{konvergiert, falls } \sqrt[\nu]{p_\nu} \leqq q < 1 \text{ für alle } \nu > N \\ \text{divergiert, falls } \sqrt[\nu]{p_\nu} \geqq 1 \text{ für unendlich viele } \nu \text{ ist}^{2)}. \end{cases}$$

In anderer Formulierung[3]):

$$\text{für } \overline{\lim_{\nu \to \infty}} \sqrt[\nu]{p_\nu} \begin{Bmatrix} < 1 \text{ konvergiert} \\ > 1 \text{ divergiert} \end{Bmatrix} \text{ die Reihe } \sum_{\nu=0}^{\infty} p_\nu.$$

Auf die Reihen $\sum_{\nu=0}^{\infty} |a_\nu (z-a)^\nu|$ angewendet, ergibt sich:

$$\text{für } |z-a| \cdot \overline{\lim_{\nu \to \infty}} \sqrt[\nu]{|a_\nu|} \begin{Bmatrix} < 1 \text{ konvergiert} \\ > 1 \text{ divergiert} \end{Bmatrix} \text{ die Reihe, d. h. es gilt}$$

---

[1]) Sie konvergiert, wie hier nur erwähnt sei, für alle von $z = 1$ verschiedenen Punkte des Konvergenzkreises $|z| = 1$.

[2]) Dieses Kriterium erhält man unmittelbar durch Vergleich der Reihenglieder p_ν mit den Gliedern q^ν der für $|q| < 1$ konvergenten geometrischen Reihe: Falls für alle $\nu > N$ die Ungleichung $p_\nu \leqq q^\nu$ besteht, konvergiert die Reihe, falls für unendlich viele Indizes $p_\nu \geqq 1$ ist, divergiert sie wegen Satz 4, S. 30.

[3]) Der (stets vorhandene) größte Häufungswert einer nach oben beschränkten Folge reeller Zahlen a_ν heißt der „obere Limes" der Zahlenfolge, in Zeichen $\overline{\lim\limits_{\nu \to \infty}}\, a_\nu$, der (stets vorhandene) kleinste Häufungswert einer nach unten beschränkten Zahlenfolge heißt „unterer Limes" der Zahlenfolge, in Zeichen $\underline{\lim\limits_{\nu \to \infty}}\, a_\nu$. Beide sind dann und nur dann gleich, wenn die Folge einen Grenzwert hat:

$$\overline{\lim_{\nu \to \infty}}\, a_\nu = \underline{\lim_{\nu \to \infty}}\, a_\nu = \lim_{\nu \to \infty} a_\nu.$$

Satz 12: *Der Konvergenzradius r einer Potenzreihe $\sum_{\nu=0}^{\infty} a_\nu (z-a)^\nu$ ist gegeben durch* $r = 1/\overline{\lim_{\nu\to\infty}} \sqrt[\nu]{|a_\nu|}$.

Falls $\lim_{\nu\to\infty} \left|\frac{a_\nu}{a_{\nu+1}}\right|$ vorhanden ist, so ist auch $r = \lim_{\nu\to\infty} \left|\frac{a_\nu}{a_{\nu+1}}\right|$, wie aus dem Cauchyschen Quotientenkriterium für Reihen mit positiven Gliedern folgt.

Beispiele: $\sum_{\nu=0}^{\infty} \frac{2^\nu}{\nu+1}(z+i)^\nu$ hat den Konvergenzradius $\frac{1}{2}$,

$\sum_{\nu=0}^{\infty} \frac{z^\nu}{\sqrt{\nu+1}}$ den Konvergenzradius 1, $\sum_{\nu=0}^{\infty} \frac{z^\nu}{\nu!}$ den Konvergenzradius unendlich,

$\sum_{\nu=0}^{\infty} (1+\nu)^\nu (z+1-i)^\nu$ hat den Konvergenzradius 0.

5. Grenzwerte von Funktionen einer komplexen kontinuierlich Veränderlichen

werden formal ebenso behandelt wie im Reellen. Eine Funktion $f(z)$ sei für die Punkte eines Bereiches $\mathfrak{G}$ definiert.

Definition VI: Eine Zahl g heißt *„Grenzwert von $f(z)$ für $z \to a$"*, in Zeichen $\lim_{z\to a} f(z) = g$, wenn bei beliebig kleinem, fest vorgegebenem ε die Ungleichung

(1) $$|f(z) - g| < \varepsilon$$

stets gilt, falls nur $|z-a|$ entsprechend klein, $|z-a| < \delta$, gewählt wird. Dabei ist $\delta = \delta(\varepsilon; a)$.

Wir erweitern diesen Grenzwertbegriff noch auf den Fall, daß $\mathfrak{G}$ nicht beschränkt und der Punkt a der unendlich ferne Punkt ist, durch die

Definition VII: Wir sagen, eine Funktion *„$f(z)$ hat im Unendlichen den Grenzwert g"*, in Zeichen $\lim_{z\to\infty} f(z) = g$, wenn stets $|f(z) - g| < \varepsilon$ ist, falls $|z|$ groß genug, $|z| > S(\varepsilon)$, angenommen wird.

Während beim Grenzwert einer Folge das Argument nur die natürlichen Zahlenwerte durchlaufen kann, und während bei Grenzwerten einer kontinuierlich reellen Veränderlichen sich die Punkte x nur auf der reellen Achse dem reellen Punkt a nähern, fordern diese Definitionen, es soll sich $f(z)$ stets demselben Wert g nähern, ganz unabhängig davon, wie in $\mathfrak{G}$ diese Annäherung von z an den Punkt a erfolgt. Es soll sich z. B., falls a innerer Punkt von $\mathfrak{G}$ ist, derselbe Grenzwert ergeben, ob wir z auf einer Parallelen zur x-Achse dem Punkt a annähern oder auf einer Parallelen zur y-Achse oder auf irgendeine andere Weise. Im Komplexen verlangt also die Forderung, daß an einer Stelle a ein Grenzwert vorhanden sein soll, sehr viel mehr als im Reellen. a kann dabei entweder selbst zu $\mathfrak{G}$ gehören oder nicht, also nur Häufungspunkt von Punkten z aus $\mathfrak{G}$ sein.

Wegen der Analogie der Definitionen des Grenzwertes einer Zahlenfolge und des Grenzwertes von Funktionen einer kontinuierlich Veränderlichen gelten, ebenso wie im Reellen, die analogen Rechenregeln von S. 28 für mehrere Funktionen mit gemeinsamem Definitionsbereich $\mathfrak{G}$, wenn wir $\lim_{z\to a}$ *bzw.* $\lim_{z\to\infty}$ *an Stelle von* $\lim_{n\to\infty}$ *setzen.*

Aus der Forderung (1) folgt, $f(z) = u\,(x; y) + i\,v\,(x; y)$, $a = \alpha + i\beta$, $g = \sigma + i\,\tau$ gesetzt,

$$\left.\begin{array}{l} |u\,(x; y) - \sigma| < \varepsilon \\ |v\,(x; y) - \tau| < \varepsilon \end{array}\right. \quad \text{wenn } |z - a| = \sqrt{(x-\alpha)^2 + (y-\beta)^2} < \delta,$$

d. h. daß in der Grenze für $x \to a$ der Realteil von $f(z)$ gegen den Realteil von g und ebenso der Imaginärteil von $f(z)$ gegen den Imaginärteil von g strebt. Umgekehrt hat, falls für $z \to a$ $u\,(x; y) \to \sigma$, $v\,(x; y) \to \tau$ strebt, $f(z)$ den Grenzwert $g = \sigma + i\,\tau$.

Bisweilen nähern wir uns dem Punkt a längs einer festen Kurve (C). In diesem Falle ist die Forderung (1) von Def. VI nur für die Punkte von (C) gestellt. Ist diese Kurve speziell die reelle Achse, haben wir also eine (komplexe) Funktion einer reellen Veränderlichen t, $f(t) = u\,(t) + i\,v\,(t)$, so hat $f(t)$ an der Stelle $t = \alpha$ dann und nur dann den Grenzwert $g = \sigma + i\,\tau$, wenn $\lim\limits_{t \to \alpha} u\,(t) = \sigma$ und $\lim\limits_{t \to \alpha} v\,(t) = \tau$.

Es gelten dann auch bei Grenzwerten längs einer festen Kurve die oben erwähnten Rechenregeln.

Übungsaufgaben

1. Welche der folgenden Zahlenfolgen (a_n) sind divergent, welche konvergent? Welches ist gegebenenfalls der Grenzwert?

   a) $a_n = ((1+i)^{2n})3^n$; b) $a_n = ((\sqrt{2}+i)^{2n})3^n$; c) $a_n = (2n + 1 - 2ni)/(n + 2i)$;
   d) $a_n = [\cos(n\alpha) + i\sin(n\alpha)]/(1{,}5 + i)^n$.

2. Man untersuche die folgenden Reihen auf Konvergenz und Divergenz und berechne gegebenenfalls ihre Reihensumme:

   a) $\sum\limits_{n=0}^{\infty} \left(\frac{\sqrt{3}+i}{2+3i}\right)^n$; b) $\sum\limits_{n=0}^{\infty} \left(\cos\frac{n\pi}{3} + i\sin\frac{n\pi}{3}\right)$; c) $\sum\limits_{n=1}^{\infty} \left(\frac{1}{4}\right)^n \sin\frac{n\pi}{6}$;

   d) $\sum\limits_{n=0}^{\infty} \left(\frac{1}{3}\right)^n \cos^2\left(\frac{n\pi}{3}\right)$; e) $\sum\limits_{n=1}^{\infty} \frac{(1+i)^n}{i\,(1+i)^n + 1}$; f) $\sum\limits_{n=0}^{\infty} \frac{1}{(2+i)^n}\left(\cos\frac{n\pi}{3} + i\sin\frac{n\pi}{3}\right)$;

   g) $\sum\limits_{n=0}^{\infty} \frac{(z)^{2^n}}{1-(z)^{2^{n+1}}}$ $\left(\text{allgemein und speziell für } \alpha)\ z = \frac{1-\sqrt{2}\,i}{2} \text{ und } \beta)\ z = \sqrt{2}+i\right)$.

3. Man untersuche die folgenden Produkte hinsichtlich ihrer Konvergenz und berechne gegebenenfalls ihren Wert:

   $\prod\limits_{\nu=1}^{\infty}\left(1 - \frac{(-1)^{\nu+1}}{\nu}\right)$; $\prod\limits_{\nu=1}^{\infty}\left(1 - \frac{1}{\nu^2}\right)$; $\prod\limits_{\nu=0}^{\infty}\frac{3\nu+2}{2\nu+3}$; $\prod\limits_{\nu=0}^{\infty}\frac{2\nu+3}{3\nu+2}$.

4. Man zeige: $\prod\limits_{\nu=0}^{\infty}(1 + z^\nu)$ konvergiert für $|z| < 1$!

5. Man bestimme das Konvergenzgebiet der folgenden Reihen:

   a) $\sum\limits_{\nu=0}^{\infty}\binom{-\frac{1}{2}}{\nu}(z - 3 + i)^\nu$; b) $\sum\limits_{\nu=0}^{\infty}\frac{i\nu+2}{2^\nu}(z-i)^\nu$; c) $\sum\limits_{\nu=0}^{\infty}\left(\frac{iz-1}{2+i}\right)^\nu$;

   d) $\sum\limits_{\nu=0}^{\infty}\left(\frac{2i}{z+i+1}\right)^\nu$; e) $\sum\limits_{\nu=1}^{\infty}(-1)^\nu\cdot\nu\left(\frac{2z-3i}{iz+1}\right)^\nu$; f) $\sum\limits_{\nu=1}^{\infty}\frac{z^\nu}{(\nu+1)!}$;

g) $\sum_{\nu=1}^{\infty} \frac{z^\nu}{\nu}$; h) $\sum_{\nu=1}^{\infty} \nu!\,(z+i)^\nu$; i) $\sum_{\nu=0}^{\infty} \frac{\nu!}{z^\nu}$; j) $\sum_{\nu=0}^{\infty} (-1)^\nu \frac{z^{2\nu+1}}{(2\nu+1)!}$;

k) $\sum_{\nu=1}^{\infty} \nu^2 \left(\frac{z^2+1}{1+i}\right)^\nu$; l) $\sum_{\nu=0}^{\infty} [(1+(-1)^\nu)\,2^\nu+1]\,z^\nu$; m) $\sum_{\nu=0}^{\infty} \frac{1}{1+4^\nu z^2}$.

6. Man bestimme das allgemeine Glied a_ν der Produktreihe und ihren Konvergenzbereich

für a) $\left(\sum_{\nu=0}^{\infty} z^\nu\right)\left(\sum_{\nu=1}^{\infty} \nu z^\nu\right) = \sum_{\nu=1}^{\infty} a_\nu z^\nu$; b) $\left(\sum_{\nu=1}^{\infty} \nu z^\nu\right)^2 = \sum_{\nu=1}^{\infty} a_\nu z^\nu$.

7. Welches Konvergenzverhalten zeigen die folgenden Reihen auf dem Konvergenzkreis?

a) $\sum_{\nu=0}^{\infty} \frac{2^{-\nu}(z-i)^\nu}{i\nu^2+1}$; b) $\sum_{\nu=0}^{\infty} \frac{\nu\sqrt{2}+i}{1+2i\nu} z^\nu$.

KAPITEL II

Die Ableitung

§ 1. ANALYTISCHE FUNKTIONEN

Der Funktionsbegriff, den wir bisher zugrunde legten, besagte lediglich, es soll jeder Zahl z einer Menge $\mathfrak{M}$ in eindeutiger Weise eine Zahl $w = f(z)$ zugeordnet sein. Dabei ist es noch durchaus möglich, daß den sämtlichen Punkten eines Gebietes $\mathfrak{G}$ der z-Ebene Punkte einer Menge $\mathfrak{M}^*$ entsprechen, die kein Gebiet ist. Z. B. liefert die für alle $z \neq 0$ definierte eindeutige Funktion $f(z) = z/\bar{z}$ nur Punkte auf dem Einheitskreis oder die für alle z definierte Funktion $f(z) = |z|$ nur Punkte auf der positiven reellen Achse. $\mathfrak{M}^*$ kann auch isolierte Punkte besitzen. Dieser Funktionsbegriff ist für das Folgende zu allgemein. Wir werden ihn daher durch zwei wichtige Forderungen einschränken. Dabei setzen wir als Definitionsbereich zunächst ein beschränktes Gebiet $\mathfrak{G}$ voraus.

1. Wir verlangen, daß $f(z)$ eine stetige Funktion von z ist, d. h.

Definition I: Eine im Gebiet $\mathfrak{G}$ definierte Funktion $f(z)$ heißt „*in einem Punkte z von $\mathfrak{G}$ stetig*“, wenn

(1) $$\lim_{h \to 0} f(z+h) = f(z);$$

sie heißt „*in $\mathfrak{G}$ stetig*“, wenn sie in jedem Punkt z von $\mathfrak{G}$ stetig ist.

Es soll also die Funktion im Punkt z und für die Punkte $z + h$ einer Umgebung von z definiert sein, und es soll, wenn wir setzen

(2) $$f(z+h) = f(z) + k, \quad \lim_{h \to 0} k = 0$$

sein, oder nach der Grenzwertdefinition VI von S. 35: es soll

(3) $$|f(z+h) - f(z)| < \varepsilon$$

sein für jedes beliebig klein aber fest vorgegebene ε, wenn nur $|h|$ genügend klein, also $|h| < \delta$ ist.

Hiernach ist z. B. die Funktion Arc z (vgl. Def. VII S. 26) in den Punkten der negativen reellen Achse unstetig.

δ hängt dabei außer von ε im allgemeinen noch von z ab, $\delta = \delta(\varepsilon; z)$.

Bei der Definition der stetigen Funktionen haben wir als Definitionsbereich ein Gebiet zugrunde gelegt, also eine offene Punktmenge, so daß zu jedem Punkt der Menge eine Umgebung vorhanden ist, in der die Funktion noch definiert ist. Wir haben aber oft einen abgeschlossenen Definitionsbereich $\mathfrak{G}$ von der Art, daß die Funktion $f(z)$ im Innern und auf dem Rande von $\mathfrak{G}$ definiert ist, aber außer-

halb nicht mehr. Wir sagen dann, die Funktion $f(z)$ ist *„auf dem Rande von 𝔊 stetig"*, falls die Forderung (1) noch gilt, wenn z ein Randpunkt ist und $z + h = Z$ Punkte des Definitionsbereiches sind.
Ebenso sprechen wir gelegentlich auch von der *„Stetigkeit auf einer Kurve"*, falls die Forderung (1) noch gilt, wenn z ein Punkt der Kurve und $z + h = Z$ Punkte der Kurve sind.

Für abgeschlossene Definitionsbereiche definieren wir wie im Reellen den Begriff der gleichmäßigen Stetigkeit:

Definition II: Eine in einem beschränkten, abgeschlossenen Bereich 𝔊 stetige Funktion $f(z)$ heißt *„in 𝔊 gleichmäßig stetig"*, wenn sich für jede beliebig kleine, fest vorgegebene Zahl ε eine nur von ε abhängige, aber von z unabhängige Schranke $\delta(\varepsilon)$ so angeben läßt, daß für alle z von 𝔊

$$|f(z+h) - f(z)| < \varepsilon \text{ ausfällt, wenn nur } |h| < \delta(\varepsilon) \text{ ist.}$$

Wie im Reellen gilt auch hier der

Satz 1: *Jede in einem abgeschlossenen beschränkten Bereich 𝔊 stetige Funktion ist in 𝔊 gleichmäßig stetig.*

Beweis: Nach Def. I gilt für alle Punkte Z eines hinreichend kleinen Kreises um z, $|Z - z| < r(z;\ \varepsilon)$, die Ungleichung $|f(Z) - f(z)| < \varepsilon/2$; also ist für irgend zwei Punkte z_1 und z_2 dieses Kreises $|f(z_1) - f(z_2)| \leqq |f(z_1) - f(z)| + |f(z) - f(z_2)| < \varepsilon/2 + \varepsilon/2 = \varepsilon$. Es gibt also für jeden Punkt z von 𝔊 einen Kreis vom Radius $r(z;\ \varepsilon)$, so daß für irgend zwei Punkte z_1 und z_2 dieses Kreises $|f(z_1) - f(z_2)| < \varepsilon$ ist. Ordnen wir jedem Punkt z von 𝔊 den Kreis vom Radius $r(z;\varepsilon)/2$ zu, so läßt sich nach dem Heine-Borelschen Überdeckungssatz (S. 23) 𝔊 durch endlich viele derartige Kreise vollständig bedecken. Der kleinste dieser endlich vielen Radien $r(\zeta_\nu,\ \varepsilon)/2$ sei δ. z_1 und z_2 seien nun irgend zwei Punkte mit einem Abstand $|z_1 - z_2| < \delta$. Liegt z_1 im Kreis $|Z - \zeta_n| < r(\zeta_n;\ \varepsilon)/2$, so liegt z_2 wegen $|z_2 - \zeta_n| = |z_2 - z_1| + |z_1 - \zeta_n| < \delta + r(\zeta_n;\ \varepsilon)/2 < r(\zeta_n;\ \varepsilon)/2 + r(\zeta_n;\ \varepsilon)/2 = r(\zeta_n;\ \varepsilon)$ in dem Kreis $|Z - \zeta_n| < r(\zeta_n;\ \varepsilon)$. Damit ist $|f(z_1) - f(z_2)| < \varepsilon$, (denn jeder dieser endlich vielen Kreise hatte diese Eigenschaft), w. z. b. w.
Falls im folgenden nichts anderes bemerkt wird, setzen wir immer Stetigkeit in einem offenen Gebiet voraus.

Da h eine komplexe Zahl ist, $h = p + iq$, besagt (3) auch

$$|f(z+h) - f(z)| = |u(x+p;\ y+q) + iv(x+p;\ y+q) - [u(x;\ y) + iv(x;y)]| = \sqrt{[u(x+p;\ y+q) - u(x;\ y)]^2 + [v(x+p;\ y+q) - v(x;\ y)]^2} < \varepsilon, \text{ für}$$

$|h| = \sqrt{p^2 + q^2} < \delta$. Es muß also, wenn $\sqrt{p^2 + q^2} < \delta$,

$$\text{sowohl} \quad |u(x+p;\ y+q) - u(x;\ y)| < \varepsilon$$
$$\text{als auch} \quad |v(x+p;\ y+q) - v(x;\ y)| < \varepsilon \text{ sein.}$$

Es müssen also $u(x;\ y)$ und $v(x;\ y)$ in 𝔊 stetige Funktionen der beiden reellen Veränderlichen x und y sein. Sind umgekehrt $u(x;\ y)$ und $v(x;\ y)$ in 𝔊 stetige Funktionen von $x;\ y$, so ist offensichtlich die mit diesen Funktionen als Real- und Imaginärteil gebildete Funktion der komplexen Veränderlichen $z = x + iy$, $w = f(z) = u(x;\ y) + iv(x;\ y)$ in 𝔊 eine stetige Funktion von z. Also gilt

Satz 2: *Eine im Gebiet $\mathfrak{G}$ der z-Ebene definierte Funktion $w = f(z) = u(x; y) + i v(x; y)$ ist dann und nur dann in $\mathfrak{G}$ stetig, wenn dort der Real- und der Imaginärteil von $f(z)$ stetige Funktionen der beiden reellen Veränderlichen $x; y$ sind.*

Ist $f(w)$ an der Stelle b stetig, so gilt

$$(1) \qquad |f(w) - f(b)| < \varepsilon, \quad \text{wenn nur} \quad |w - b| < \delta(\varepsilon).$$

Ist $w = g(z)$ und $b = \lim\limits_{z \to a} g(z)$, so gilt

$$(2) \qquad |g(z) - b| = |w - b| < \delta(\varepsilon),$$

wenn nur $|z - a|$ genügend klein genommen wird, $|z - a| < \delta_1(\delta(\varepsilon)) = \delta_2(\varepsilon)$.
(1) und (2) zusammen ergibt demnach

$$|f(g(z)) - f(b)| < \varepsilon, \quad \text{wenn nur} \quad |z - a| < \delta_2(\varepsilon),$$

d. h.

$$\lim_{z \to a} f(g(z)) = f(b) = f(\lim_{z \to a} g(z)).$$

Die entsprechenden Beziehungen gelten auch für die Grenzwerte $\lim\limits_{z \to \infty}$ und $\lim\limits_{n \to \infty}$, wie sich analog beweisen läßt. Es gilt daher für stetige Funktionen der folgende Satz über Vertauschbarkeit von Funktions- und Grenzwertzeichen:

Satz 3: *Ist* $\lim\limits_{z \to a} g(z) = b$ *bzw.* $\lim\limits_{n \to \infty} z_n = b$, *so gilt, falls* $f(z)$ *an der Stelle* b *stetig ist,*
$\lim\limits_{z \to a} f(g(z)) = f(\lim\limits_{z \to a} g(z))$ *bzw.* $\lim\limits_{n \to \infty} f(z_n) = f(\lim\limits_{n \to \infty} z_n)$.

Ebenso folgen aus der Analogie der Grenzwert- und Stetigkeitsdefinitionen im Reellen und im Komplexen wieder die aus dem Reellen bekannten Eigenschaften stetiger Funktionen, nämlich

Satz 4: *Summe, Differenz, Produkt und Quotient (bis auf die Nullstellen des Nenners) zweier in $\mathfrak{G}$ stetiger Funktionen sind dort wieder stetig. Liegen die Werte $w = f(z)$ einer in $\mathfrak{G}$ stetigen Funktion in einem Gebiet $\mathfrak{H}$ der w-Ebene, in dem $F(w)$ stetig ist, so ist auch $F(f(z))$ eine in $\mathfrak{G}$ stetige Funktion von z.*

Da die Beweise sich wörtlich aus dem Reellen formal übertragen lassen, können wir hier davon absehen sie durchzuführen.
Denken wir uns die Zahlen $w = f(z)$ in ein zweites Exemplar einer Gauß'schen Zahlenebene, einer w-Ebene eingetragen, so entsprechen bei stetigen Funktionen zwei benachbarten Punkten z_1 und z_2 von $\mathfrak{G}$ in der z-Ebene stets wieder zwei benachbarte Punkte w_1 und w_2 in der w-Ebene. Wir nennen eine solche Abbildung eine „*stetige Abbildung*". Es besteht aber auch bei stetigen Funktionen noch die Möglichkeit, daß einem Gebiet der z-Ebene in der w-Ebene kein Gebiet mehr entspricht, sondern nur eine zusammenhängende Punktmenge, wie das Beispiel der überall stetigen Funktion $f(z) = |z|$ zeigt. Wir schränken daher unseren Funktionsbegriff nun noch weiter ein, indem wir verlangen:

2. $f(z)$ sei eine differenzierbare Funktion von z. Dabei definieren wir formal genau so wie im Reellen.

Definition III: Eine in einem Gebiet $\mathfrak{G}$ stetige Funktion $f(z)$ der komplexen Veränderlichen z heißt „*im Punkte z von $\mathfrak{G}$ differenzierbar*", wenn der Grenzwert

$\lim\limits_{h \to 0} \frac{f(z+h) - f(z)}{h}$ existiert. Wir bezeichnen diesen Grenzwert mit $f'(z)$ oder $\frac{df(z)}{dz}$ und heißen ihn „*Ableitung*" oder „*Differentialquotient*" von $f(z)$. $f(z)$ heißt „*in* $\mathfrak{G}$ *differenzierbar*", wenn es in jedem Punkt z von $\mathfrak{G}$ differenzierbar ist.

Statt $\lim\limits_{h \to 0} \frac{f(z+h) - f(z)}{h} = f'(z)$ können wir auch fordern, es soll $\left| \frac{f(z+h) - f(z)}{h} - f'(z) \right| < \varepsilon$ sein, sobald nur $|h| < \delta$ ist, wobei ε eine beliebig kleine aber fest vorgegebene Größe, δ eine entsprechend kleine Zahl ist, $\delta = \delta(\varepsilon; z)$. Ist der Grenzwert $f'(z)$ vorhanden, so ist auch

$$\lim_{h \to 0} (f(z+h) - f(z)) = \lim_{h \to 0} h f'(z) = 0,$$

also ist

$$\lim_{h \to 0} f(z+h) = f(z),$$

d. h. nach Def. I (1) S. 38 $f(z)$ ist im Punkte z stetig. Also haben wir wie im Reellen den

Satz 5: *Eine im Punkt z differenzierbare Funktion ist dort stetig.*

Die Umkehrung dieses Satzes gilt jedoch nicht, wie wir anschließend an einem einfachen Beispiele sehen werden.

Ebenso wie bei der Stetigkeit auf dem Rande können wir hier auch von „*Differenzierbarkeit auf dem Rande*" sprechen, wenn $f(z)$ auf dem Rande von $\mathfrak{G}$ noch stetig ist und der Grenzwert in Def. III für einen Randpunkt z und Punkte $z+h$ des abgeschlossenen Bereiches $\mathfrak{G}$ existiert. Analog können wir auch die „*Differenzierbarkeit auf einer Kurve*" definieren. Wir werden solche Fälle immer besonders hervorheben und im allgemeinen Falle Differenzierbarkeit in einem Gebiet zugrunde legen.

Da im allgemeinen Fall der Grenzwert nach 5. S. 35 unabhängig davon, wie h nach 0 wandert, existieren muß, so können wir ihn z. B. berechnen, falls er vorhanden ist, indem wir h auf der reellen Achse gegen 0 wandern lassen ($h = p$ reell). Dann ergibt sich nach den Rechenregeln über Grenzwerte

$$\alpha) \quad f'(z) = \lim_{h \to 0} \frac{f(z+h) - f(z)}{h} = \lim_{p \to 0} \frac{f(z+p) - f(z)}{p} =$$

$$= \lim_{p \to 0} \frac{u(x+p; y) + i\,v(x+p; y) - (u(x; y) + i\,v(x; y))}{p} =$$

$$= \lim_{p \to 0} \frac{u(x+p; y) - u(x; y)}{p} + i \lim_{p \to 0} \frac{v(x+p; y) - v(x; y)}{p} =$$

$$= u_x'(x; y) + i\,v_x'(x; y).$$

Derselbe Grenzwert muß sich ergeben, wenn wir h z. B. auf der imaginären Achse gegen 0 wandern lassen ($h = i\,q$), also muß auch sein:

$$\beta)\quad f'(z) = \lim_{h\to 0}\frac{f(z+h)-f(z)}{h} = \lim_{q\to 0}\frac{f(z+iq)-f(z)}{iq} =$$
$$= \lim_{q\to 0}\frac{u(x;y+q)+iv(x;y+q)-(u(x;y)+iv(x;y))}{iq} =$$
$$= \lim_{q\to 0}\frac{1}{i}\frac{u(x;y+q)-u(x;y)}{q} + \lim_{q\to 0}\frac{v(x;y+q)-v(x;y)}{q} =$$
$$= -i\,u_y'(x;y) + v_y'(x;y).$$

Beide Grenzwerte müssen aber gleich sein, d. h. es müssen die Gleichungen bestehen

$$u_x'(x;y) = v_y'(x;y) \quad \text{und} \quad u_y'(x;y) = -v_x'(x;y).$$

Wenn also eine stetige Funktion $f(z) = u(x;y) + iv(x;y)$ an einer Stelle $z = x + iy$ von $\mathfrak{G}$ überhaupt eine Ableitung besitzt, so ist das sicher nur dann möglich, wenn die stetigen Funktionen $u(x;y)$ und $v(x;y)$ der reellen Veränderlichen x, y partielle Ableitungen nach x und y haben, welche an der Stelle x, y dem System von partiellen Differentialgleichungen genügen:

$$\frac{\partial u}{\partial x} = \frac{\partial v}{\partial y} \qquad \frac{\partial u}{\partial y} = -\frac{\partial v}{\partial x}$$

Cauchy-Riemannsche Differentialgleichungen.

Es ist also nicht so, wie man im Anschluß an die Definition der Stetigkeit erwarten könnte, daß eine mit zwei an der Stelle x, y partiell differenzierbaren Funktionen $u(x;y)$ und $v(x;y)$ gebildete Funktion $f(z) = u(x;y) + iv(x;y)$ eine an der Stelle z differenzierbare Funktion $f(z)$ ergibt. Die beiden nach x, y differenzierbaren Funktionen müssen, wie wir gesehen haben, mindestens noch den Cauchy-Riemannschen Differentialgleichungen genügen. So ist z. B. die in jedem endlichen Gebiet stetige Funktion $f(z) = x - iy$ nirgends differenzierbar, denn $u(x;y) = x$, $v(x;y) = -y$ genügen nirgends den Cauchy-Riemannschen Differentialgleichungen. Hiernach erhebt sich nun die Frage: Sind vielleicht noch weitere Bedingungen zu erfüllen, damit durch zwei differenzierbare Funktionen $u(x;y)$ und $v(x;y)$ der reellen Veränderlichen x, y eine differenzierbare komplexe Funktion $f(z) = u(x;y) + iv(x;y)$ der komplexen Veränderlichen $z = x + iy$ gegeben ist? Ergeben sich z. B. weitere solche Bedingungen, wenn wir h auf eine andere Weise gegen 0 wandern lassen als auf der reellen bzw. imaginären Achse?

Es läßt sich nun zeigen, daß die Tatsache, daß $u(x;y)$ und $v(x;y)$ in $\mathfrak{G}$ stetige Funktionen sind mit partiellen Ableitungen, die dort den Cauchy-Riemannschen Differentialgleichungen genügen, bereits hinreichend dafür ist, daß die mit diesen reellen Funktionen gebildete komplexe Funktion $f(z) = u(x;y) + iv(x;y)$ in jedem Punkt von $\mathfrak{G}$ differenzierbar ist. *Wir beweisen diesen Satz mit der Einschränkung, daß die partiellen Ableitungen stetig sind*, setzen also voraus: $u(x;y)$ und $v(x;y)$ sind in $\mathfrak{G}$ stetige Funktionen, welche an der Stelle $x;y$ stetige partielle Ableitungen erster Ordnung haben. Es ist dann mit $h = p + iq$

$$\frac{f(z+h)-f(z)}{h} = \frac{u(x+p;\,y+q) + iv(x+p;\,y+q) - u(x;y) - iv(x;y)}{p+iq}.$$

Nach dem Mittelwertsatz der Differentialrechnung für reelle Funktionen zweier reeller unabhängiger Veränderlicher $x;y$ ist

$$u(x+p;\, y+q) = u(x;\, y) + p u_x'(x+\vartheta p;\, y+\vartheta q) + $$
$$+ q u_y'(x+\vartheta p;\, y+\vartheta q),\quad 0<\vartheta<1$$
$$v(x+p;\, y+q) = v(x;\, y) + p v_x'(x+\eta p;\, y+\eta q) + $$
$$+ q v_y'(x+\eta p;\, y+\eta q),\quad 0<\eta<1.$$

Da nach Voraussetzung u_x', u_y', v_x', v_y' an der Stelle $x;\, y$ stetig sind, hat man

$$u_x'(x+\vartheta p;\, y+\vartheta q) = u_x'(x;\, y) + \varepsilon_1,\quad v_x'(x+\eta p;\, y+\eta q) = v_x'(x;\, y) + \varepsilon_3,$$
$$u_y'(x+\vartheta p;\, y+\vartheta q) = u_y'(x;\, y) + \varepsilon_2,\quad v_y'(x+\eta p;\, y+\eta q) = v_y'(x;\, y) + \varepsilon_4,$$

wobei $\lim\limits_{h\to 0} \varepsilon_\nu = 0$ $(\nu = 1, 2, 3, 4)$ ist.

Da ferner die partiellen Ableitungen den Cauchy-Riemannschen Differentialgleichungen genügen, $u_x' = v_y'$; $u_y' = -v_x'$, folgt

$$\frac{f(z+h)-f(z)}{h} = \frac{p(u_x'(x;\, y)+\varepsilon_1) + q(u_y'(x;\, y)+\varepsilon_2)}{p+iq} +$$
$$+ i\,\frac{p(v_x'(x;\, y)+\varepsilon_3) + q(v_y'(x;\, y)+\varepsilon_4)}{p+iq} =$$
$$= u_x'(x;\, y) + i v_x'(x;\, y) + \frac{p}{p+iq}\varepsilon_1 + \frac{q}{p+iq}\varepsilon_2 + i\frac{p}{p+iq}\varepsilon_3 + i\frac{q}{p+iq}\varepsilon_4.$$

Wegen $\left|\frac{p}{p+iq}\right| = \frac{|p|}{\sqrt{p^2+q^2}} < 1$ und $\left|\frac{q}{p+iq}\right| = \frac{|q|}{\sqrt{p^2+q^2}} < 1$ ist

$\left|\frac{f(z+h)-f(z)}{h} - [u_x'(x;\, y) + i v_x'(x;\, y)]\right| < \varepsilon_1+\varepsilon_2+\varepsilon_3+\varepsilon_4 < \varepsilon$, wenn nur $|h|$ genügend klein, $|h| < \delta(z;\varepsilon)$ gewählt wird, d. h.

$$\lim_{h\to 0}\frac{f(z+h)-f(z)}{h} = u_x'(x;\, y) + i v_x'(x;\, y).$$

Damit haben wir gezeigt, daß unter den getroffenen Voraussetzungen eine mit $u(x;\, y)$ und $v(x;\, y)$ gebildete Funktion $f(z) = u(x;\, y) + iv(x;\, y)$ an der Stelle $z = x + iy$ eine Ableitung hat, und haben außerdem die Möglichkeit, diese Ableitung durch die stetigen partiellen Ableitungen von u und v nach x oder mit Hilfe der Cauchy-Riemannschen Differentialgleichungen durch die partiellen Ableitungen von u und v nach y darzustellen. Die Ableitung selbst ist dann nach Satz 2, S. 40, wiederum eine stetige Funktion von z. Zusammenfassend haben wir daher

Satz 6: *Sind $u(x;\, y)$ und $v(x;\, y)$ zwei in einem Gebiet $\mathfrak{G}$ stetige reelle Funktionen der reellen Veränderlichen $x;\, y$, die an der Stelle $x;\, y$ von $\mathfrak{G}$ stetige partielle Ableitungen 1. Ordnung haben und dort den Cauchy-Riemannschen Differentialgleichungen*

$$\frac{\partial u}{\partial x} = \frac{\partial v}{\partial y};\qquad \frac{\partial u}{\partial y} = -\frac{\partial v}{\partial x}$$

genügen, so hat die mit diesen Funktionen gebildete komplexe Funktion $f(z) = u(x;\, y) + iv(x;\, y)$ an der Stelle $z = x + iy$ eine stetige Ableitung, welche sich durch die partiellen Ableitungen von $u(x;\, y)$ und $v(x;\, y)$ darstellen läßt:

$$(1)\quad f'(z) = \frac{d(u+iv)}{d(x+iy)} = u_x'(x;\, y) + i v_x'(x;\, y) = \frac{1}{i}(u_y'(x;\, y) + i v_y'(x;\, y)).$$

Anmerkung: Wir haben hier beim Beweis des Satzes 6 *die Stetigkeit der partiellen Ableitungen erster Ordnung* vorausgesetzt und daher auch in der folgenden Def. IV die Stetigkeit der ersten Ableitung von $f(z)$ gefordert. Diese Forderung der Stetigkeit stellt aber in Wirklichkeit keine Einschränkung dar, sondern ist, wenn überhaupt die Ableitung von $f(z)$ nach Def. III von S. 40 existiert, ganz *von selbst erfüllt.*

Wir werden nämlich in § 3 von Kap. III allein aus der Tatsache der Existenz des Grenzwertes $\lim\limits_{h \to 0} \frac{f(z+h) - f(z)}{h}$, also der ersten Ableitung, den Satz 3b) beweisen (vgl. S. 132), welcher besagt, daß eine in einem Gebiet $\mathfrak{G}$ einmal differenzierbare Funktion dort beliebig oft, also insbesondere zweimal differenziert werden kann. Da aber eine differenzierbare Funktion nach Satz 5, S. 41, ganz von selbst stetig ist, so ist $f'(z)$ wegen der Existenz der zweiten Ableitung in $\mathfrak{G}$ stetig. Nach Satz 2, S. 40, sind daher auch Real- und Imaginärteil von $f'(z)$, also $u_x'(x; y)$ und $v_x'(x; y)$ bzw. $u_y'(x; y)$ und $v_y'(x; y)$ in $\mathfrak{G}$ stetige Funktionen von x und y.

Definition IV: Eine Funktion $f(z)$, welche in einem Punkt z definiert ist und dort eine (stetige) Ableitung hat, heißt „*in z regulär*". $f(z)$ heißt „*im Gebiet* $\mathfrak{G}$ *regulär*" oder „*in* $\mathfrak{G}$ *analytisch*", wenn $f(z)$ für alle Punkte von $\mathfrak{G}$ regulär ist. Punkte, in denen $f(z)$ nicht regulär ist, heißen „*singuläre*" Punkte von $f(z)$.

Nach Def. III ist die Ableitung einer Konstanten gleich Null. Umgekehrt verschwindet die Ableitung einer Funktion $f(z) = u(x; y) + iv(x; y)$ in $\mathfrak{G}$ nur dann identisch, wenn $f(z)$ dort gleich einer komplexen Konstanten ist. Denn aus $f'(z) = 0$ folgt nach der obigen Gleichung (1) wegen Satz 1 von S. 14 $u_x = 0$, $v_x = 0$ sowie $u_y = 0$ und $v_y = 0$, d. h. u, v sind konstant.

Eine Funktion f (z) hat also in einem Gebiet $\mathfrak{G}$ *dann und nur dann eine identisch verschwindende Ableitung, wenn dort f (z) konstant* (also gleich einer komplexen Konstanten) *ist.*

Rein formal stimmt die Definition der Ableitung im Komplexen vollständig mit der Definition der Ableitung einer reellen Funktion überein. Ferner sind, wie wir schon S. 35 betonten, die Rechenregeln über Grenzwerte im Komplexen dieselben wie im Reellen. Daher gilt

Satz 7: *Die Rechenregeln über die Ableitung von Funktionen einer komplexen Veränderlichen sind formal dieselben wie für reelle Funktionen.*

Insbesondere gilt

Satz 8: *Summe, Differenz, Produkt und Quotient (bis auf die Nullstellen des Nenners) zweier in einem Gebiet* $\mathfrak{G}$ *analytischer Funktionen f (z) und g (z) sind in* $\mathfrak{G}$ *wieder analytisch. Ist* $w = f(z)$ *in* $\mathfrak{G}$ *analytisch und geht* $\mathfrak{G}$ *durch die Abbildung* $w = f(z)$ *umkehrbar eindeutig in ein Gebiet* $\mathfrak{H}$ *der w-Ebene über, in dem* $F(w)$ *analytisch ist, so ist* $F(f(z))$ *eine in* $\mathfrak{G}$ *analytische Funktion von z.*

Es ist also

$$\begin{aligned}
(f(z) \pm g(z))' &= f'(z) \pm g'(z) \\
(f(z)\, g(z))' &= f'(z)\, g(z) + f(z)\, g'(z) \\
\left(\frac{f(z)}{g(z)}\right)' &= \frac{g(z)\, f'(z) - g'(z)\, f(z)}{g(z)^2} \\
(F(f(z)))' &= \frac{d}{df} F(f)\, f'(z).
\end{aligned}$$

$f(z) = z^n$ (n natürliche Zahl) und allgemein jede ganze rationale Funktion von z ist dann eine in jedem endlichen Bereich analytische Funktion, ebenso $f(z) = 1/z$ mit Ausnahme des Punktes $z = 0$ und allgemein jede rational gebrochene Funktion mit Ausnahme der Nullstellen des Nenners (falls sich der Zähler nicht durch den Nenner kürzen läßt).

Auch für zwei längs derselben Kurve differenzierbare Funktionen $f(z)$ und $g(z)$ gelten bei Differentiation längs der Kurve wieder die Grundrechenregeln über die Ableitung der Summe, des Produktes und des Quotienten.

Haben wir eine (*komplexe*) *Funktion einer reellen Veränderlichen* t, $f(t) = u(t) + iv(t)$, so läßt sich die Ableitung nur längs der reellen Achse bilden. Es ist $f'(t) = u'(t) + iv'(t)$. Dieser Fall liegt insbesondere vor, wenn in der z-Ebene eine Kurve gegeben ist $z = x(t) + iy(t)$. $\frac{dz}{dt} = x'(t) + iy'(t)$ stellt dann den Tangentenvektor im Punkt $z(t)$ dar, der, falls t die Zeit ist, gleich dem Vektor der Bahngeschwindigkeit ist. $\left|\frac{dz}{dt}\right|$ ist daher der Betrag der Geschwindigkeit bzw. $\left|\frac{dz}{dt}\right| dt$ das Bogenelement auf der Kurve.

3. Die Umkehrfunktion einer analytischen Funktion

Damit eine analytische Funktion in einem gewissen Teilgebiet $\mathfrak{G}$ ihres Regularitätsbereiches eine eindeutige Umkehrung besitzt, also jedem Punkt der $\mathfrak{G}$ entsprechenden Punktmenge $\mathfrak{G}^*$ der w-Ebene auch umgekehrt genau ein Punkt z von $\mathfrak{G}$ zugeordnet ist, muß das Gleichungssystem $u = u(x; y)$, $v = v(x; y)$ für die entsprechenden u-, v-Werte in eindeutiger Weise nach x und y auflösbar sein. Es müssen also in $\mathfrak{G}^*$ $x = x(u; v)$ und $y = y(u; v)$ eindeutige Funktionen von u und v sein. Eine aus der Differentialrechnung reeller Funktionen bekannte[1]) hinreichende Bedingung hierfür ist das Nichtverschwinden der Funktionaldeterminante

$$D = \frac{\partial(u; v)}{\partial(x; y)} = \begin{vmatrix} \frac{\partial u}{\partial x} & \frac{\partial v}{\partial x} \\ \frac{\partial u}{\partial y} & \frac{\partial v}{\partial y} \end{vmatrix}.$$

Mit Hilfe der Cauchy-Riemannschen Differentialgleichungen geht die Funktionaldeterminante über in

$$D = \left(\frac{\partial u}{\partial x}\right)^2 + \left(\frac{\partial v}{\partial x}\right)^2 = |f'(z)|^2. \tag{2}$$

Das Nichtverschwinden der Funktionaldeterminante ist also gleichbedeutend mit dem Nichtverschwinden der Ableitung. Ist daher $f(z)$ an der Stelle z_0 regulär und $f'(z_0) \neq 0$, so ist $f'(z)$ wegen der nach Def. IV, S. 44, geforderten Stetigkeit auch in einer kleinen Umgebung von z_0 von Null verschieden. Es entspricht also dann den Punkten dieser Umgebung von z_0 umkehrbar eindeutig in der w-Ebene ein kleines Gebiet, das wegen der Stetigkeit der Abbildung in der Umgebung von $w_0 = f(z_0)$ liegt und diesen Punkt als inneren Punkt enthält. Es entspricht also

[1]) Vgl. z. B. R. Courant, Differential- und Integralrechnung, Bd. 2, Berlin 1948, S. 126.

einem kleinen Gebiet um[1]) z_0 ein kleines Gebiet um w_0 und umgekehrt. Wir haben damit den

Satz 9: *Durch eine in $\mathfrak{G}$ analytische Funktion $w = f(z)$ wird ein kleines Gebiet $\mathfrak{T}$ um*[1]) *den Punkt z_0 von $\mathfrak{G}$ mit nichtverschwindender Ableitung umkehrbar eindeutig auf ein kleines Gebiet $\mathfrak{T}^*$ um den Punkt $w_0 = f(z_0)$ abgebildet.*

In $\mathfrak{T}$ hat die Funktion $w = f(z)$ demnach eine eindeutige **Umkehrfunktion** $z = \varphi(w)$, die wegen der Stetigkeit der Abbildung eine in $\mathfrak{T}^*$ stetige Funktion von w ist. Wegen

$$\frac{dz(w)}{dw} = \lim_{k \to 0} \frac{z(w+k) - z(w)}{k} = \lim_{h \to 0} \frac{h}{w(z+h) - w(z)} = \frac{1}{\frac{dw(z)}{dz}}$$

ist die Umkehrfunktion in $\mathfrak{T}^*$ differenzierbar nach der aus dem Reellen bekannten *Regel über die Ableitung einer eindeutigen Umkehrfunktion*[2])

$$\frac{dz}{dw} = \frac{1}{\frac{dw}{dz}} \tag{3}$$

4. Geometrische Eigenschaften analytischer Funktionen

Wir wollen nun untersuchen, welche geometrischen Folgerungen sich aus der Eigenschaft der Differenzierbarkeit für die durch $w = f(z)$ gegebene Abbildung der Punkte eines gewissen Bereiches der z-Ebene auf die w-Ebene ergeben. Die Stetigkeit der Funktion ließ noch zu, daß den sämtlichen Punkten eines Gebietes z. B. lediglich die Punkte einer Kurve entsprachen. Bei analytischen Funktionen mit nicht verschwindender Ableitung hingegen entspricht nach Satz 9 einem kleinen Gebiet stets wieder ein kleines Gebiet. Wir bezeichnen diese Eigenschaft als „*Gebietstreue*". Außer der Gebietstreue hat die durch eine analytische Funktion erzeugte Abbildung noch eine weitere für die Anwendungen besonders wichtige Eigenschaft:

Einer durch den Punkt z_0 gehenden Kurve (C) entspricht in der w-Ebene eine durch den Bildpunkt w_0 gehende Kurve (K). Wandern wir auf (C) gegen den Punkt z_0 und setzen $z - z_0 = h = r(\cos\varphi + i\sin\varphi)$, entsprechend $w - w_0 = k = \varrho(\cos\psi + i\sin\psi)$ für den Bildpunkt auf (K), so ist $\lim_{z \to z_0} \varphi = \varphi_0$, $\lim_{z \to z_0} \psi = \psi_0$, wobei φ_0 und ψ_0 die Winkel der Tangenten von (C) bzw. (K) in z_0 bzw. w_0 sind (vgl. Fig. 20).

$$\begin{aligned} f'(z) &= \lim_{h \to 0} \frac{f(z+h) - f(z)}{h} = \lim_{h \to 0} \frac{k}{h} = \lim_{z \to z_0} \frac{\varrho}{r} \cdot \lim_{z \to z_0} \frac{\cos\psi + i\sin\psi}{\cos\varphi + i\sin\varphi} \\ &= \lim_{z \to z_0} \frac{\varrho}{r} \frac{\cos\psi_0 + i\sin\psi_0}{\cos\varphi_0 + i\sin\varphi_0} = \lim_{z \to z_0} \frac{\varrho}{r} [\cos(\psi_0 - \varphi_0) + i\sin(\psi_0 - \varphi_0)]. \end{aligned}$$

---

[1]) d. h. mit z_0 als innerem Punkt.

[2]) Diese ergibt sich auch mit Hilfe der Formel (1) von Satz 3, S. 43. Es ist bekanntlich (siehe Fußnote 1, S. 45)

$$x_u' = \frac{v_y'}{D}, \quad x_v' = -\frac{u_y'}{D}, \quad y_u' = -\frac{v_x'}{D}, \quad y_v' = \frac{u_x'}{D}.$$

Damit wird $$\frac{dz}{dw} = x_u' + i\,y_u' = \frac{v_y' - i\,v_x'}{D} = \frac{u_x' - i\,v_x'}{D} = \frac{1}{u_x' + i v_x'} = 1 \Big/ \frac{dw}{dz}.$$

Wenn wir uns auf Winkel zwischen 0 und 2π beschränken, so folgt hieraus, falls $f'(z_0) \neq 0$

$$\text{I.}\quad \psi_0 - \varphi_0 = \operatorname{arc} f'(z_0), \qquad \text{II.}\quad \lim_{z \to z_0} \frac{\varrho}{r} = |f'(z_0)|.$$

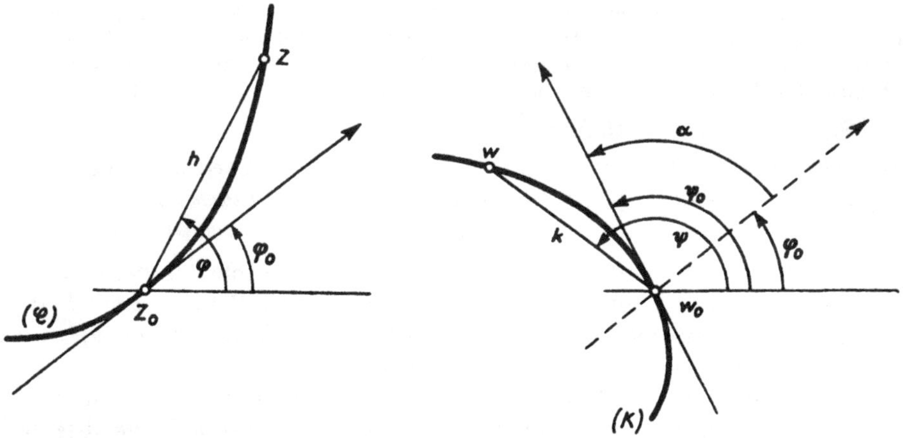

Fig. 20.

I. besagt: Es wird die Tangente im Punkt z_0 durch die Abbildung um den Winkel $\alpha = \operatorname{arc} f'(z_0)$ gedreht, und zwar ist das, da die Ableitung unabhängig von der Art der Annäherung an z_0 existiert, für jede Kurve durch z_0 der Fall. Schneiden sich daher zwei Kurven in z_0 unter einem Winkel ϑ, so schneiden sich auch die Bildkurven im Bildpunkt w_0 unter demselben Winkel ϑ, falls $f'(z_0) \neq 0$ ist. Es bleiben daher bei der Abbildung die Winkel dem Betrag und dem Vorzeichen nach erhalten.

Definition V: Eine Abbildung $w = f(z)$, die eine kleine Umgebung eines Punktes z_0 umkehrbar eindeutig auf ein kleines Gebiet mit $w_0 = f(z_0)$ als inneren Punkt abbildet, so daß die Winkel zweier durch z_0 gehender Kurven bei der Abbildung vorzeichenrichtig erhalten bleiben, heißt im Punkt z_0 „*konform*“. Ein *Gebiet* $\mathfrak{G}$ *heißt* „*konform auf ein Gebiet* $\mathfrak{G}^*$ *abgebildet*“, wenn die Abbildung in jedem Punkt von $\mathfrak{G}$ konform ist.

Statt konform sagt man auch „*winkeltreu*“. Wir haben damit den wichtigen

Satz 10: *Die Abbildung durch eine in* $\mathfrak{G}$ *analytische Funktion* $w = f(z)$ *ist in allen Punkten* z *von* $\mathfrak{G}$, *in denen die Ableitung nicht verschwindet, konform.*

Die Gleichung II bedeutet geometrisch: Das Verhältnis der Abstände eines Punktes z von z_0 und das des Bildpunktes w von w_0 hat in der Grenze $z \to z_0$ unabhängig davon, wie sich z dem Punkt z_0 nähert, immer denselben Wert, nämlich $|f'(z_0)|$. Die Abbildung einer kleinen Umgebung von z_0 auf ein kleines Gebiet um w_0 ist also näherungsweise eine Ähnlichkeitstransformation, und zwar um so genauer, je kleiner die Umgebung gewählt wird. Man sagt daher auch, die Abbildung ist „*in den kleinsten Teilen ähnlich*“. Der absolute Betrag von $f'(z_0)$ gibt den an der Stelle z_0 vorhandenen Abbildungsmaßstab, der Winkel von $f'(z_0)$, $\operatorname{arc} f'(z_0) = \alpha$, gibt den Winkel α, um den jedes Linienelement durch z_0 bei der Abbildung gedreht wird. Es geht damit insbesondere das von den Strahlen durch z_0 und den konzentrischen Kreisen um z_0 gebildete Kurvennetz in der Umgebung von z_0 näherungsweise wieder in ein solches über.

Anmerkung: Man kann zeigen, daß auch umgekehrt jede konforme Abbildung durch eine analytische Funktion geliefert wird, so daß also die Konformität der Abbildung der geometrische Ausdruck der Differenzierbarkeit der Abbildungsfunktion ist, mit der Nebenbedingung, daß die Ableitung nicht verschwindet.

Aus Satz 10 folgt unmittelbar:

Satz 11: *In allen Punkten der $z = x + iy$-Ebene, in denen die Ableitung von $f(z) = u(x; y) + iv(x; y)$ existiert und von Null verschieden ist, schneiden sich die Kurven $u(x; y) = const.$ und $v(x; y) = const.$ unter rechten Winkeln.*

Es schneiden sich nämlich die Linien $u = \text{const.}$ und $v = \text{const.}$ in der $w = u + iv$-Ebene unter rechten Winkeln. Da die Abbildung in allen Punkten z mit $f'(z) \neq 0$ konform ist, müssen sich auch die Kurven $u(x; y) = \text{const.}$ und $v(x; y) = \text{const.}$ in der z-Ebene unter rechten Winkeln schneiden.

Wird ein Gebiet $\mathfrak{G}$ durch eine analytische Funktion $w = f(z) = u(x; y) + iv(x; y)$ in jedem Punkt konform auf ein Gebiet $\mathfrak{G}^*$ einer w-Ebene abgebildet, so ist der Flächeninhalt des Bildgebietes $\mathfrak{G}^*$[1]) gegeben durch $F = \iint\limits_{\mathfrak{G}^*} du\,dv$.

Führen wir hier x, y als neue Integrationsveränderliche ein, $u = u(x; y)$, $v = v(x; y)$, so haben wir, wie aus der Integralrechnung reeller Funktionen bekannt ist[2]), das Flächenelement $du\,dv$ durch das mit dem Absolutbetrag der Funktionaldeterminante $\left|\frac{\partial(u; v)}{\partial(x; y)}\right| = |f'(z)|^2$ multiplizierte Flächenelement $dx\,dy$ zu ersetzen und erhalten demnach für den *Flächeninhalt F des abgebildeten Bereichs* $\mathfrak{G}^*$:

$$F = \iint\limits_{\mathfrak{G}^*} du\,dv = \iint\limits_{\mathfrak{G}} |f'(z)|^2\,dx\,dy. \tag{4}$$

Wir werden auf die praktisch wichtigsten durch elementare Funktionen erzeugten konformen Abbildungen im § 4 dieses Kapitels näher eingehen und dabei auch den bisher ausgeschlossenen Fall, daß die Ableitung verschwindet, behandeln[3]). Bis jetzt kennen wir an analytischen Funktionen nur die rationalen Funktionen. Wir wollen daher zunächst weitere Funktionen einer komplexen Veränderlichen, welche in einem gewissen Bereich analytisch sind, kennen lernen.

Übungsaufgaben.

1. In welchen Gebieten sind die folgenden Funktionen stetig? analytisch? Welches sind gegebenenfalls die Ableitungen?

   a) $|z|$; b) $\operatorname{Arc} z$; c) $\bar{z}$; d) $(z + \bar{z})/2$ und $(z - \bar{z})/(2i)$; e) $\bar{z}/z$; f) $z + 1/z$;

   g) $(z^2 - 1)/(z^3 - 1)$; h) $1/(z^4 + 1)^2$; i) $\sum\limits_{\nu=0}^{n} \frac{1}{1 + 4^\nu z^2}$; j) $\prod\limits_{\nu=1}^{n} (z^2 - \nu^2)$.

---

1) Vorausgesetzt, daß dieser existiert.

2) Vgl. z. B. das in Fußnote 1, S. 45, zitierte Lehrbuch S. 206.

3) Vgl. auch S. 139.

2. Man beweise: Eine analytische Funktion mit konstantem Realteil (oder Imaginärteil) ist eine Konstante, desgleichen eine analytische Funktion mit konstantem Betrag (oder Arcus).
3. Man beweise: Ist die Funktion $u(x\,;y)$ Realteil einer analytischen Funktion $f(z)$, so läßt sich jede beliebige n-te Ableitung von $u(x;y)$ als Realteil der mit einer passenden Potenz von i multiplizierten n-ten Ableitung von $f(z)$ darstellen. Man gebe speziell eine solche Darstellung für u'''_{xyx}.
4. Um welchen Winkel wird die Tangente einer durch $z = 1 + i$ gehenden Kurve in diesem Punkt bei der Abbildung $w = z^3$ gedreht? Welches ist der Abbildungsmaßstab in diesem Punkt?
5. Man beweise direkt aus den Cauchy-Riemannschen Differentialgleichungen, daß in allen Punkten z, in denen die Ableitung von $f(z) = u(x\,;y) + i\,v(x\,;y)$ nicht verschwindet, die Kurven $u(x\,;y) = \text{const.}$ und $v(x\,;y) = \text{const.}$ aufeinander senkrecht stehen.
6. $\mathfrak{s}$ und $\mathfrak{n}$ seien zwei zueinander senkrechte Richtungen. $\mathfrak{s}$ gehe durch Drehung um den Winkel $+\,90^0$ in $\mathfrak{n}$ über.
Man beweise: Realteil u und Imaginärteil v einer analytischen Funktion genügen der Gleichung $\frac{\partial u}{\partial s} = \frac{\partial v}{\partial n}$. Dabei bedeuten $\frac{\partial u}{\partial s}$ und $\frac{\partial v}{\partial n}$ die Ableitungen in den Richtungen $\mathfrak{s}$ bzw. $\mathfrak{n}$.
Welche Folgerungen ergeben sich hieraus, wenn man für $\mathfrak{s}$ nacheinander die Richtungen der positiven x-Achse, der positiven y-Achse und die Tangentenrichtung der Kurve $u(x\,;y) = \text{const.}$ in einem Punkt mit nicht verschwindender Ableitung von $f(z) = u + iv$ wählt?
Welche Gleichungen ergeben sich, wenn man für $\mathfrak{s}$ in einem Polarkoordinatensystem die Richtung wachsender r bzw. wachsender φ-Werte wählt?
7. Man zeige: Ist (C) eine im Regularitätsgebiet einer analytischen Funktion $f(z)$ von a nach b verlaufende rektifizierbare Kurve, so wird (C) durch $w = f(z)$ auf eine Kurve (C^*) der w-Ebene mit der Bogenlänge $s^* = \int\limits_{\substack{s_a\\(C)}}^{s_b} |f'(z)|\, ds$ abgebildet. Dabei ist s die Bogenlänge auf (C).

§ 2. POTENZREIHEN

1. Ableitung einer Potenzreihe

Eine Potenzreihe $\sum\limits_{\nu=0}^{\infty} a_\nu (z-a)^\nu$ ordnet innerhalb ihres Konvergenzbereiches, der nach Satz 11 und 12, S. 34 u. 35, ein Kreis vom Radius $r = 1/(\overline{\lim\limits_{\nu\to\infty}} \sqrt[\nu]{|a_\nu|})$ mit Mittelpunkt a ist, jeder komplexen Zahl z eine komplexe Zahl $w = f(z) = \sum\limits_{\nu=0}^{\infty} a_\nu (z-a)^\nu$ zu, stellt also dort eine Funktion von z dar. Wir zeigen, daß diese Funktion in jedem Punkt im Innern des Konvergenzkreises differenzierbar ist. Dabei können wir uns, indem wir gegebenenfalls $z - a = Z$ als neue Veränderliche einführen, auf Potenzreihen der Gestalt $f(z) = \mathfrak{P}(z) = \sum\limits_{\nu=0}^{\infty} a_\nu z^\nu$ beschränken.

Bei einer endlichen Summe kann man nach den Rechenregeln über die Ableitung Differentiation und Summation vertauschen, also „gliedweise" differenzieren.

Bei einer unendlichen Reihe von Funktionen jedoch ist das im allgemeinen nicht der Fall. Wir werden im Kap. IV § 1 einen allgemeinen Satz (Satz 2, S. 134) über die Differenzierbarkeit von Reihen mit veränderlichen Gliedern beweisen, der auf Potenzreihen angewendet besagt:

Eine Potenzreihe darf man im Innern ihres Konvergenzkreises gliedweise differenzieren.

Man kann die für diesen und die folgenden Paragraphen wichtige Eigenschaft der Potenzreihen auch unabhängig von dem genannten allgemeinen Satz für Potenzreihen direkt beweisen. Der Beweis verläuft dem Beweis des gleichen Satzes im Reellen völlig analog.

Wir zeigen

I. $\sum_{\nu=1}^{\infty} \nu a_\nu z^{\nu-1}$ hat denselben Konvergenzradius wie $\sum_{\nu=0}^{\infty} a_\nu z^\nu$.

Da $\mathfrak{P}_1(z) = \sum_{\nu=0}^{\infty} \nu a_\nu z^\nu = z \sum_{\nu=1}^{\infty} \nu a_\nu z^{\nu-1}$ ist, so hat die differenzierte Reihe denselben Konvergenzradius wie $\mathfrak{P}_1(z)$. Dieser ergibt sich aber nach Satz 12, S. 34 aus $1/r = \overline{\lim\limits_{\nu\to\infty}} \sqrt[\nu]{\nu |a_\nu|} = \lim\limits_{\nu\to\infty} \sqrt[\nu]{\nu}\ \overline{\lim\limits_{\nu\to\infty}} \sqrt[\nu]{|a_\nu|} = \overline{\lim\limits_{\nu\to\infty}} \sqrt[\nu]{|a_\nu|}$, er ist also gleich dem Konvergenzradius der ursprünglichen Reihe.

II. $\sum_{\nu=1}^{\infty} \nu a_\nu z^{\nu-1}$ stellt für die Punkte im Innern des Konvergenzkreises die Ableitung von $f(z) = \sum_{\nu=0}^{\infty} a_\nu z^\nu$ dar.

Hierzu haben wir nach Definition der Ableitung (Def. III, S. 40) zu zeigen, daß $\lim\limits_{h\to 0} \frac{f(z+h)-f(z)}{h} = \sum_{\nu=1}^{\infty} \nu a_\nu z^{\nu-1}$ ist oder nach Definition des Grenzwertes, daß bei beliebig klein aber fest vorgegebenem positivem ε

$\left| \frac{f(z+h)-f(z)}{h} - \sum_{\nu=1}^{\infty} \nu a_\nu z^{\nu-1} \right| < \varepsilon$ gemacht werden kann, sobald $|h|$ genügend klein gewählt wird,

d. h. es ist zu zeigen, daß dann

$$D = \left| \frac{1}{h} \left(\sum_{\nu=0}^{\infty} a_\nu (z+h)^\nu - \sum_{\nu=0}^{\infty} a_\nu z^\nu \right) - \sum_{\nu=0}^{\infty} \nu a_\nu z^{\nu-1} \right| = \left| \sum_{\nu=0}^{\infty} a_\nu \left[\frac{(z+h)^\nu - z^\nu}{h} - \nu z^{\nu-1} \right] \right| =$$

$$= \left| \sum_{\nu=0}^{n} a_\nu \left(\frac{(z+h)^\nu - z^\nu}{h} - \nu z^{\nu-1} \right) + \sum_{\nu=n+1}^{\infty} a_\nu \frac{(z+h)^\nu - z^\nu}{h} - \sum_{\nu=n+1}^{\infty} \nu a_\nu z^{\nu-1} \right| < \varepsilon \text{ ist.}$$

Der Punkt z liegt nach Voraussetzung im Innern des Konvergenzkreises von $\mathfrak{P}(z)$, also auch noch innerhalb eines konzentrischen kleineren Kreises $|z| < \varrho < r$. h geht gegen Null und kann daher für jeden Punkt z dieses Kreises so gewählt werden, daß auch noch $|z+h| \leq \varrho < r$ ist. Unter Benutzung der binomischen Formel folgt hieraus

$$|(z+h)^\nu - z^\nu| \leq |h| (\varrho^{\nu-1} + \varrho^{\nu-1} + \dots + \varrho^{\nu-1}) = |h| \nu \varrho^{\nu-1}.$$

Somit ist der Absolutbetrag der mittleren Reihe sicher $\leq \sum_{\nu=n+1}^{\infty} \nu |a_\nu| \varrho^{\nu-1}$, kann also, ebenso wie der Betrag der letzten Reihe, wenn nur n genügend groß gewählt wird, $n = N(\varepsilon; z)$, sicher $< \varepsilon/3$ gemacht werden. Da nach Definition der Ableitung

$\lim\limits_{h \to 0} \frac{(z+h)^\nu - z^\nu}{h} = \nu z^{\nu-1}$ ist, wird schließlich die erste Summe bei festgewähltem $n = N$ beliebig klein, z. B. ebenfalls $< \varepsilon/3$, wenn nur $|h|$ hinreichend klein, $|h| < \delta(\varepsilon; z)$ gewählt wird. D ist aber von N unabhängig. Daher ist der Absolutbetrag D stets kleiner als die beliebig kleine, fest vorgegebene positive Größe ε, wenn nur $|h| < \delta(\varepsilon; z)$ gewählt wird, w. z. b. w.

Es gilt somit

Satz 1: *Eine durch eine Potenzreihe dargestellte Funktion* $f(z) = \sum_{\nu=0}^{\infty} a_\nu (z-a)^\nu$ *stellt im Innern des Konvergenzkreises eine analytische Funktion von z dar. Ihre Ableitung kann durch gliedweise Ableitung der Potenzreihe gebildet werden:* $f'(z) = \sum_{\nu=1}^{\infty} \nu\, a_\nu (z-a)^{\nu-1}$. *Die abgeleitete Reihe hat denselben Konvergenzkreis.*

Die Ableitung einer Potenzreihe ist also wieder eine Potenzreihe mit demselben Konvergenzkreis. Daher kann man diese wiederum gliedweise differenzieren. Durch wiederholte Anwendung von Satz 1 erhält man also

Satz 2: *Jede durch eine Potenzreihe dargestellte Funktion* $f(z) = \sum_{\nu=0}^{\infty} a_\nu (z-a)^\nu$ *hat im Innern ihres Konvergenzkreises beliebig hohe Ableitungen. Sie lassen sich durch gliedweise Differentiation der Reihe bilden. Die abgeleiteten Potenzreihen haben denselben Konvergenzradius wie die ursprüngliche. Ferner ist* $a_\nu = \frac{f^{\nu}(a)}{\nu!}$.

Wir werden in Kap. IV, § 1, 2. S. 137 sehen, daß auch umgekehrt jede in der Umgebung eines Punktes $z = a$ reguläre Funktion im Innern eines entsprechend kleinen Kreises mit a als Mittelpunkt in eine Potenzreihe nach Potenzen von $(z-a)$ entwickelt werden kann.

2. Exponentialfunktionen und trigonometrische Funktionen

Bei reellen Funktionen einer reellen Veränderlichen x stellen die folgenden Potenzreihen die nebenstehenden Funktionen dar:

$$\sum_{\nu=0}^{\infty} \frac{x^\nu}{\nu!} = 1 + x + \frac{x^2}{2!} + \frac{x^3}{3!} + \cdots = e^x$$

$$\sum_{\nu=0}^{\infty} (-1)^\nu \frac{x^{2\nu+1}}{(2\nu+1)!} = x - \frac{x^3}{3!} + \frac{x^5}{5!} - \cdots = \sin x$$

$$\sum_{\nu=0}^{\infty} (-1)^\nu \frac{x^{2\nu}}{(2\nu)!} = 1 - \frac{x^2}{2!} + \frac{x^4}{4!} - \cdots = \cos x$$

Entsprechend definieren wir die Exponentialfunktion und die Kreisfunktionen im Komplexen durch

Definition I: Unter e^z, $\sin z$, $\cos z$ verstehen wir die folgenden Potenzreihen

$$e^z = \sum_{\nu=0}^{\infty} \frac{z^\nu}{\nu!} \tag{1}$$

$$\text{(2)} \qquad \sin z = \sum_{\nu=0}^{\infty} (-1)^{\nu} \frac{z^{2\nu+1}}{(2\nu+1)!}$$

$$\text{(3)} \qquad \cos z = \sum_{\nu=0}^{\infty} (-1)^{\nu} \frac{z^{2\nu}}{(2\nu)!}$$

Diese Potenzreihen konvergieren für alle z.

Im Reellen kann man die Funktionen $\sin x$, $\cos x$ definieren als die Koordinaten eines Punktes auf dem Einheitskreis um den Nullpunkt eines rechtwinkligen Cartesischen Koordinatensystems. Im Komplexen versagt diese Definition. Hier werden die Kreisfunktionen sin und cos durch die Potenzreihen definiert. Diese Definition liefert für den Fall reeller $z = x$ die im Reellen definierten Kreisfunktionen[1]).

Definition II: $\operatorname{tg} z = \frac{\sin z}{\cos z}$; $\operatorname{ctg} z = \frac{\cos z}{\sin z}$.

Es ist $\sin(-z) = -\sin z$; $\cos(-z) = \cos z$, also $\sin z$ eine „*ungerade*", $\cos z$ eine „*gerade Funktion*" von z. Daher sind auch $\operatorname{tg} z$ und $\operatorname{ctg} z$ ungerade Funktionen von z. Differenzieren wir die Potenzreihen von Def. I, was nach Satz 1, S. 51, gliedweise geschehen kann, so erhalten wir sofort die aus dem Reellen bekannten fundamentalen Regeln:

$$\text{(4)} \qquad \frac{d e^z}{dz} = e^z; \quad \frac{d \sin z}{dz} = \cos z; \quad \frac{d \cos z}{dz} = -\sin z.$$

Ersetzen wir z durch iz, so ergibt sich für die Exponentialfunktion

$$e^{iz} = \sum_{\nu=0}^{\infty} \frac{i^{\nu} z^{\nu}}{\nu!} = 1 + iz - \frac{z^2}{2!} - i\frac{z^3}{3!} + \frac{z^4}{4!} + i\frac{z^5}{5!} - \frac{z^6}{6!} - i\frac{z^7}{7!} + \ldots =$$

$$= 1 - \frac{z^2}{2!} + \frac{z^4}{4!} - \ldots + i\left(z - \frac{z^3}{3!} + \frac{z^5}{5!} - \ldots\right) =$$

$$= \sum_{\mu=0}^{\infty} (-1)^{\mu} \frac{z^{2\mu}}{(2\mu)!} + i \sum_{\mu=0}^{\infty} (-1)^{\mu} \frac{z^{2\mu+1}}{(2\mu+1)!} = \cos z + i \sin z.$$

Damit haben wir allgemein für komplexes z den wichtigen Zusammenhang zwischen Exponential- und Kreisfunktionen

$$\text{(5)} \qquad e^{iz} = \cos z + i \sin z.$$

Hieraus folgt für $z = k\pi$

$$\text{(6)} \qquad e^{k\pi i} = (-1)^k \quad (k \text{ ganze Zahl}).$$

Aus (5) erhält man die einfache, die Kreisfunktionen ganz vermeidende und wegen der Beziehungen (9) und (10) für das Rechnen mit komplexen Zahlen besonders vorteilhafte Darstellung einer komplexen Zahl durch Betrag und Winkel (vgl. Formel (1), S. 15):

$$\text{(5a)} \qquad z = x + iy = re^{i\varphi}.$$

[1]) Wir setzen die Eigenschaften dieser Funktionen im Reellen hier als bekannt voraus.

Ersetzen wir in (5) z durch $-z$, so ergibt sich

$$e^{-iz} = \cos z - i \sin z, \quad \text{also}$$

(7) $$\cos z = \frac{e^{iz} + e^{-iz}}{2} \qquad \text{(7 a)} \quad \sin z = \frac{e^{iz} - e^{-iz}}{2i}.$$

Definieren wir in Analogie zum Reellen:

Definition III[1]):

$$\mathfrak{Cof}\, z = \frac{e^z + e^{-z}}{2}; \qquad \mathfrak{Sin}\, z = \frac{e^z - e^{-z}}{2};$$

$$\mathfrak{Tg}\, z = \frac{\mathfrak{Sin}\, z}{\mathfrak{Cof}\, z}; \qquad \mathfrak{Ctg}\, z = \frac{\mathfrak{Cof}\, z}{\mathfrak{Sin}\, z},$$

so haben wir die Beziehungen

(8)
$\mathfrak{Cof}\, iz = \cos z$	$\mathfrak{Sin}\, iz = i \sin z$	$\mathfrak{Tg}\, iz = i \operatorname{tg} z$	$\mathfrak{Ctg}\, iz = -i \operatorname{ctg} z$
$\cos iz = \mathfrak{Cof}\, z$	$\sin iz = i\, \mathfrak{Sin}\, z$	$\operatorname{tg} iz = i\, \mathfrak{Tg}\, z$	$\operatorname{ctg} iz = -i\, \mathfrak{Ctg}\, z.$

Insbesondere ist daher

$$\mathfrak{Cof}\,(k\pi i) = (-1)^k; \quad \mathfrak{Cof}\,(2k+1)\frac{\pi i}{2} = 0;$$

$$\mathfrak{Sin}\, k\pi i = 0; \quad \mathfrak{Sin}\,(2k+1)\frac{\pi i}{2} = (-1)^k \quad (k \text{ ganze Zahl}).$$

Aus den Def. I und III folgt

$$\mathfrak{Cof}\, z = \sum_{\nu=0}^{\infty} \frac{z^{2\nu}}{(2\nu)!}; \qquad \mathfrak{Sin}\, z = \sum_{\nu=0}^{\infty} \frac{z^{2\nu+1}}{(2\nu+1)!}.$$

Aus der Tatsache, daß man zwei absolut konvergente Reihen in der auf S. 31 angegebenen Weise miteinander multiplizieren darf, folgt

$$e^{z_1} \cdot e^{z_2} = \sum_{\nu=0}^{\infty} \frac{z_1^\nu}{\nu!} \cdot \sum_{\nu=0}^{\infty} \frac{z_2^\nu}{\nu!} = \sum_{\nu=0}^{\infty} \frac{1}{\nu!} \sum_{\lambda=0}^{\nu} \frac{\nu!}{\lambda!(\nu-\lambda)!} z_1^\lambda z_2^{\nu-\lambda} =$$

$$= \sum_{\nu=0}^{\infty} \frac{1}{\nu!} \sum_{\lambda=0}^{\nu} \binom{\nu}{\lambda} z_1^\lambda z_2^{\nu-\lambda} = \sum_{\nu=0}^{\infty} \frac{1}{\nu!}(z_1 + z_2)^\nu = e^{z_1+z_2},$$

also das aus dem Reellen bekannte *Additionstheorem der Exponentialfunktion*

(9) $$e^{z_1+z_2} = e^{z_1} e^{z_2}$$

Setzen wir $z_1 = -z_2$, so ist wegen $e^0 = 1$, $e^{z_1} \cdot e^{-z_1} = 1$,

(10) $$e^{-z_1} = \frac{1}{e^{z_1}}.$$

Diese beiden Beziehungen (9) und (10) erleichtern Multiplikation und Division komplexer Zahlen, wenn man hierfür die Darstellung (5a) wählt, ganz wesentlich. Man vermeidet hiermit die Additionstheoreme der Kreisfunktionen reeller Argumente. Diese sind vielmehr in Gleichung (9) enthalten.

Allgemein folgt aus (9) $e^{z_1} e^{z_2} \dots e^{z_n} = e^{z_1+z_2+\cdots+z_n}$, also

(9 a) $$\prod_{\nu=1}^{n} e^{z_\nu} = e^{\sum_{\nu=1}^{n} z_\nu},$$

---

[1]) In der angelsächsischen Literatur mit $\cosh z$, $\sinh z$, $\tanh z$, $\coth z$ bezeichnet.

und speziell $(e^z)^n = e^{nz}$ für alle ganzzahligen n.
Insbesondere ist $e^z = e^{x+iy} = e^x \cdot e^{iy} = e^x\,(\cos y + i \sin y)$.
Ferner ist zusammen mit (6)

$$e^{z+2k\pi i} = e^z\, e^{2k\pi i} = e^z,$$

daher ist nach Def. III

$$\mathfrak{Cof}\,(z + 2k\pi i) = \mathfrak{Cof}\, z;\quad \mathfrak{Sin}\,(z + 2k\pi i) = \mathfrak{Sin}\, z.$$

Ebenso gilt nach (7)

$$\cos\,(z + 2k\pi) = \cos z;\quad \sin\,(z + 2k\pi) = \sin z.$$

Aus Def. III und aus (7) und (6) folgt weiterhin

$$\mathfrak{Cof}\,(z + \pi i) = -\mathfrak{Cof}\, z;\quad \mathfrak{Sin}\,(z + \pi i) = -\mathfrak{Sin}\, z$$
$$\cos\,(z + \pi) = -\cos z;\quad \sin\,(z + \pi) = -\sin z.$$

Definition IV: Eine Funktion $f(z)$ heißt „*periodisch mit der Periode p*", wenn $f(z + p) = f(z)$ ist.

Wir haben demnach den

Satz 3: e^z, $\mathfrak{Cof}\, z$, $\mathfrak{Sin}\, z$ *und* $\cos z$, $\sin z$ *sind periodische Funktionen mit der Periode* $2\pi i$ *bzw.* 2π, $\mathfrak{Tg}\, z$ *und* $\operatorname{tg} z$ *solche mit der Periode* πi *bzw.* π.

Ist G eine Gerade, die nicht parallel zum Vektor p ist, G' die um p verschobene Gerade, so liefern die Punkte z in dem von G und G' begrenzten Parallelstreifen („*Periodenstreifen*"), zu dem eine der beiden Geraden gehört, bereits den ganzen Wertevorrat der periodischen Funktion. Aus (7), (7a) und den Def. II und III folgen zusammen mit (9) die aus dem Reellen bekannten Relationen für die Kreis- und Hyperbelfunktionen nunmehr für komplexes Argument:

$\cos^2 z + \sin^2 z = 1$	$\mathfrak{Cof}^2 z - \mathfrak{Sin}^2 z = 1$
$\sin\,(z_1 \pm z_2) = \sin z_1 \cos z_2 \pm \cos z_1 \sin z_2$	$\mathfrak{Sin}\,(z_1 \pm z_2) = \mathfrak{Sin}\, z_1\, \mathfrak{Cof}\, z_2 \pm \mathfrak{Cof}\, z_1\, \mathfrak{Sin}\, z_2$
$\cos\,(z_1 \pm z_2) = \cos z_1 \cos z_2 \mp \sin z_1 \sin z_2$	$\mathfrak{Cof}\,(z_1 \pm z_2) = \mathfrak{Cof}\, z_1\, \mathfrak{Cof}\, z_2 \pm \mathfrak{Sin}\, z_1\, \mathfrak{Sin}\, z_2$
$\operatorname{tg}\,(z_1 \pm z_2) = \dfrac{\operatorname{tg} z_1 \pm \operatorname{tg} z_2}{1 \mp \operatorname{tg} z_1 \operatorname{tg} z_2}$	$\mathfrak{Tg}\,(z_1 \pm z_2) = \dfrac{\mathfrak{Tg}\, z_1 \pm \mathfrak{Tg}\, z_2}{1 \pm \mathfrak{Tg}\, z_1\, \mathfrak{Tg}\, z_2}$,

wie man einfach verifiziert, indem man die Formeln (7) und (7a) bzw. bei den Hyperbelfunktionen Def. III in die Gleichungen einsetzt. **Damit gelten auch alle anderen aus dem Reellen bekannten Formeln für Kreis- und Hyperbelfunktionen**[1]**.**

Mit Hilfe der Additionstheoreme ergibt sich sofort die Zerlegung von $\sin z$ in Real- und Imaginärteil:

$$\sin z = \sin\,(x + iy) = \sin x \cos iy + \cos x \sin iy = \sin x\, \mathfrak{Cof}\, y + i \cos x\, \mathfrak{Sin}\, y.$$

Für $z = x + iy = r\,e^{i\varphi}$ ergibt sich,

$$w = f(z) = u\,(x;\,y) + i\,v\,(x;\,y) = R\,(x;\,y)\,e^{i\Phi(x;\,y)} \text{ gesetzt:}$$

[1]) Wir werden im 2. Teil in der analytischen Fortsetzung ein allgemeines Prinzip kennenlernen, das den tieferen Grund für diese Übereinstimmung darstellt.

$$\sin z = \sin x \,\mathfrak{Cof}\, y + i \cos x \,\mathfrak{Sin}\, y$$

$$R(x;y) = \sqrt{\sin^2 x + \mathfrak{Sin}^2 y} = \sqrt{\frac{1}{2}(\mathfrak{Cof}\, 2y - \cos 2x)}; \quad \operatorname{tg} \Phi = \operatorname{ctg} x \,\mathfrak{Tg}\, y$$

$$\cos z = \cos x \,\mathfrak{Cof}\, y - i \sin x \,\mathfrak{Sin}\, y$$

$$R(x;y) = \sqrt{\cos^2 x + \mathfrak{Sin}^2 y} = \sqrt{\frac{1}{2}(\mathfrak{Cof}\, 2y + \cos 2x)}; \quad \operatorname{tg} \Phi = -\operatorname{tg} x \,\mathfrak{Tg}\, y$$

(11)

$$\mathfrak{Sin}\, z = \mathfrak{Sin}\, x \cos y + i \,\mathfrak{Cof}\, x \sin y$$

$$R(x;y) = \sqrt{\mathfrak{Sin}^2 x + \sin^2 y} = \sqrt{\frac{1}{2}(\mathfrak{Cof}\, 2x - \cos 2y)}; \quad \operatorname{tg} \Phi = \mathfrak{Ctg}\, x \operatorname{tg} y$$

$$\mathfrak{Cof}\, z = \mathfrak{Cof}\, x \cos y + i \,\mathfrak{Sin}\, x \sin y$$

$$R(x;y) = \sqrt{\mathfrak{Cof}^2 x - \sin^2 y} = \sqrt{\frac{1}{2}(\mathfrak{Cof}\, 2x + \cos 2y)}; \quad \operatorname{tg} \Phi = \mathfrak{Tg}\, x \operatorname{tg} y.$$

Mit Hilfe dieser Formeln lassen sich die Werte der Kreis- und Hyperbelfunktionen im Komplexen mittels entsprechender Tafeln dieser Funktionen für reelle Argumente berechnen, falls man nicht Tafeln dieser Funktionen für komplexe Argumente zur Verfügung hat, wie sie bei Emde[1]) oder genauer bei Hawelka[2]) zu finden sind.

Entsprechend erhält man für $\operatorname{tg} z$, indem man (11) in $\frac{\sin z}{\cos z}$ einsetzt, den Nenner reell macht und die Additionstheoreme für Kreis- und Hyperbelfunktionen verwendet

$$\operatorname{tg} z = \frac{\sin 2x}{\cos 2x + \mathfrak{Cof}\, 2y} + i \frac{\mathfrak{Sin}\, 2y}{\cos 2x + \mathfrak{Cof}\, 2y}$$

(12) $$R = \sqrt{\frac{\sin^2 x + \mathfrak{Sin}^2 y}{\cos^2 x + \mathfrak{Sin}^2 y}} = \sqrt{\frac{\mathfrak{Cof}\, 2y - \cos 2x}{\mathfrak{Cof}\, 2y + \cos 2x}}; \quad \operatorname{tg} \Phi = \frac{\mathfrak{Sin}\, 2y}{\sin 2x}$$

ebenso

$$\mathfrak{Tg}\, z = \frac{\mathfrak{Sin}\, 2x}{\mathfrak{Cof}\, 2x + \cos 2y} + i \frac{\sin 2y}{\mathfrak{Cof}\, 2x + \cos 2y}$$

(12a) $$R = \sqrt{\frac{\mathfrak{Sin}^2 x + \sin^2 y}{\mathfrak{Sin}^2 x + \cos^2 y}} = \sqrt{\frac{\mathfrak{Cof}\, 2x - \cos 2y}{\mathfrak{Cof}\, 2x + \cos 2y}}; \quad \operatorname{tg} \Phi = \frac{\sin 2y}{\mathfrak{Sin}\, 2x}.$$

Zur anschaulichen Darstellung der trigonometrischen und Hyperbel-Funktionen verwenden wir nach 6., S. 25 die Linien konstanten Betrages und konstanten Winkels in der z-Ebene.

Wir wollen zunächst den Verlauf dieser Kurven für $w = f(z) = \sin z = R(x;y)\, e^{i\Phi(x;y)}$ darstellen. Da $\frac{d}{dz} \sin z = \cos z$ nur für $z = (2k+1)\pi/2$, k ganzzahlig, verschwindet, ist die Abbildung der z-Ebene auf die w-Ebene in jedem anderen Punkt konform. Die Kurven $R = \text{const.}$ und $\Phi = \text{const.}$ schneiden sich in der w-Ebene unter rechten Winkeln. Daher müssen sich auch die entsprechenden Kurven $R(x;y) = \text{const.}$ und $\Phi(x;y) = \text{const.}$ in der z-Ebene in allen von den obigen verschiedenen Punkten

[1]) Fritz Emde, Tafeln elementarer Funktionen, Leipzig und Berlin 1940, S. 138 und 142.
[2]) R. Hawelka, Vierstellige Tafeln der Kreis- und Hyperbelfunktiones sowie ihrer Umkehrfunktionen im Komplexen, Braunschweig 1931.

rechtwinkelig schneiden. Wegen der Periode 2π und der Beziehung $\sin(z \pm \pi) = -\sin z$ gehen die Kurven $R(x; y) = \text{const.}$ bei Parallelverschiebung um π in der x-Richtung in sich und die Kurven $\Phi(x; y) = \text{const.}$ $(-\pi < \Phi \leq \pi)$ in die Kurven $\pm\pi + \Phi = \text{const.}$ über, wobei wir das Vorzeichen von π hier so wählen, daß $-\pi < \pm\pi + \Phi \leq \pi$ ist. Es genügt daher, den Verlauf der Kurven nur im Parallelstreifen $-\pi/2 < x \leq \pi/2$ zu untersuchen. Für kleine Werte von $|z| = r$ ist, wie man aus der Reihendarstellung ersieht, $\sin z \approx z$ und damit $R(x; y) \approx r$, $\Phi(x; y) \approx \varphi$, und zwar um so genauer, je kleiner $|z|$ ist. Also sind in der Nähe von $z = 0$ die Kurven konstanten Betrages und konstanten Winkels näherungsweise konzentrische Kreise um $z = 0$ und Strahlen durch 0 vom Neigungswinkel Φ gegen die reelle Achse. Aus (11) folgt $\mathfrak{Tg}\, y = \operatorname{tg}\Phi \operatorname{tg} x$ als implizite Darstellung der Kurven $\Phi = \text{const.}$ Sie haben für $\Phi \neq 0; \pm\pi$ die Asymptoten $x = \pi/2 - |\Phi|$, denen sie sich vom Nullpunkt unter dem Winkel Φ ausgehend monoton nähern. Für $\Phi = 0$ bzw. $\pm\pi$ arten sie in die Asymptote durch $(\pi/2; 0)$ bzw. $(-\pi/2; 0)$ und den zwischen diesen Punkten und dem Nullpunkt gelegenen Teilen der reellen Achse aus. Die R-Linien verlaufen zu den Φ-Linien senkrecht, sind in der Nähe des Nullpunktes näherungsweise Kreise und gehen, da für große $|y|$ Werte $R = |\sin z| = |e^{ix} e^{-y} - e^{-ix} e^{y}| / 2 \approx e^{|y|}/2$, für große R-Werte angenähert in Parallele zur x-Achse über.

Da $\frac{d}{dz} \operatorname{tg} z = 1/\cos^2 z \neq 0$ ist, so schneiden sich bei $\operatorname{tg} z$ für $z \neq (2k+1)\pi/2$ die Linien $R(x; y) = \text{const.}$ und $\Phi(x; y) = \text{const.}$ überall unter rechten Winkeln. Wegen der Periode π genügt es wieder den Streifen $-\pi/2 < x < \pi/2$ zu betrachten. Da $\operatorname{tg}(z \pm \pi/2) = -\operatorname{ctg} z = -1/\operatorname{tg} z = -e^{-i\Phi}/R = e^{(\pm\pi-\Phi)i}/R$ ist, gehen bei Parallelverschiebung um $\pi/2$ die Kurven $R(x; y) = \text{const.}$ in die Kurven $1/R(x; y) = \text{const.}$ und die Kurven $\Phi(x; y) = \text{const.}$ $(-\pi < \Phi \leq \pi)$ in die Kurven $\pm\pi - \Phi = \text{const.}$ über, wobei wir das Vorzeichen von π hier so wählen, daß $-\pi < \pm\pi - \Phi \leq \pi$ ist. Es genügt also die Kurven im Intervall $-\pi/4 < x \leq \pi/4$ zu untersuchen. Wegen $\operatorname{tg} z \approx z$ haben wir wieder in der Umgebung des Nullpunktes für $R(x; y) = \text{const.}$ näherungsweise konzentrische Kreise um 0 und für $\Phi(x; y) = \text{const.}$ Strahlen durch 0, die unter dem Winkel Φ gegen die x-Achse geneigt sind. Nach (12) ist $\mathfrak{Sin}\, 2y = \operatorname{tg}\Phi \sin 2x$. Hieraus folgt, daß die unter dem Winkel Φ von 0 ausgehenden Kurven für $0 \leq |\Phi| < \pi/2$ im Intervall $0 \leq x \leq \pi/2$ symmetrisch zur Geraden $x = \pi/4$ verlaufen und alle durch den Punkt $(\pi/2; 0)$ gehen, für $\pi/2 < |\Phi| \leq \pi$ im Intervall $-\pi/2 \leq x \leq 0$ symmetrisch zu $x = -\pi/4$ verlaufen und in den Punkt $(-\pi/2; 0)$ einmünden. Für $\Phi = \pi/2$ erhält man die y-Achse. Die Kurven $R(x; y) = \text{const.}$ verlaufen hierzu orthogonal, sind in der Nähe des Nullpunktes näherungsweise Kreise und gehen mit $R \to 1$ wegen $|\operatorname{tg}(\pm\pi/4 + iy)| = 1$ in die Geraden $x = \pm\pi/4$ über.

Man erhält so unter Berücksichtigung der in den Gleichungen der Kurvenscharen enthaltenen Symmetrieen die in Fig. 21 a und b gezeichneten Karten der Höhen- und Fallinien des Sinus- und Tangensreliefs. Umfangreiche Diagramme für den praktischen Gebrauch, aus denen sich Betrag und Winkel genauer entnehmen lassen, findet man (mit einer anderen Einheit) bei Hawelka[1]).

Wegen der Beziehungen $\cos z = \sin(z + \pi/2)$, $\mathfrak{Cos}\, z = \cos iz$, $i\,\mathfrak{Sin}\, z = \sin iz$ stellt das Sinusrelief gleichzeitig das Relief für $\cos z$, $\mathfrak{Cos}\, z$ und $i\,\mathfrak{Sin}\, z$ dar, wenn man in ihm den Nullpunkt und die Richtung der Koordinatenachsen entsprechend wählt. So erhält man z. B. die Karte der Höhen- und Fallinien für $\cos z$, indem man das Koordinatensystem um $\pi/2$ verschiebt, die Karte für $\mathfrak{Cos}\, z$, indem man noch um den Winkel $\pi/2$ dreht. Ebenso läßt sich das Tangensrelief wegen der Beziehungen $\operatorname{ctg} z = -\operatorname{tg}(z + \pi/2)$, $i\,\mathfrak{Tg}\, z = \operatorname{tg} iz$ und $\mathfrak{Ctg}\, z = i \operatorname{ctg} iz$ für $\operatorname{ctg} z$, $i\,\mathfrak{Tg}\, z$ und $\mathfrak{Ctg}\, z$ verwenden.

---

[1]) Vgl. Fußnote 2, S. 55.

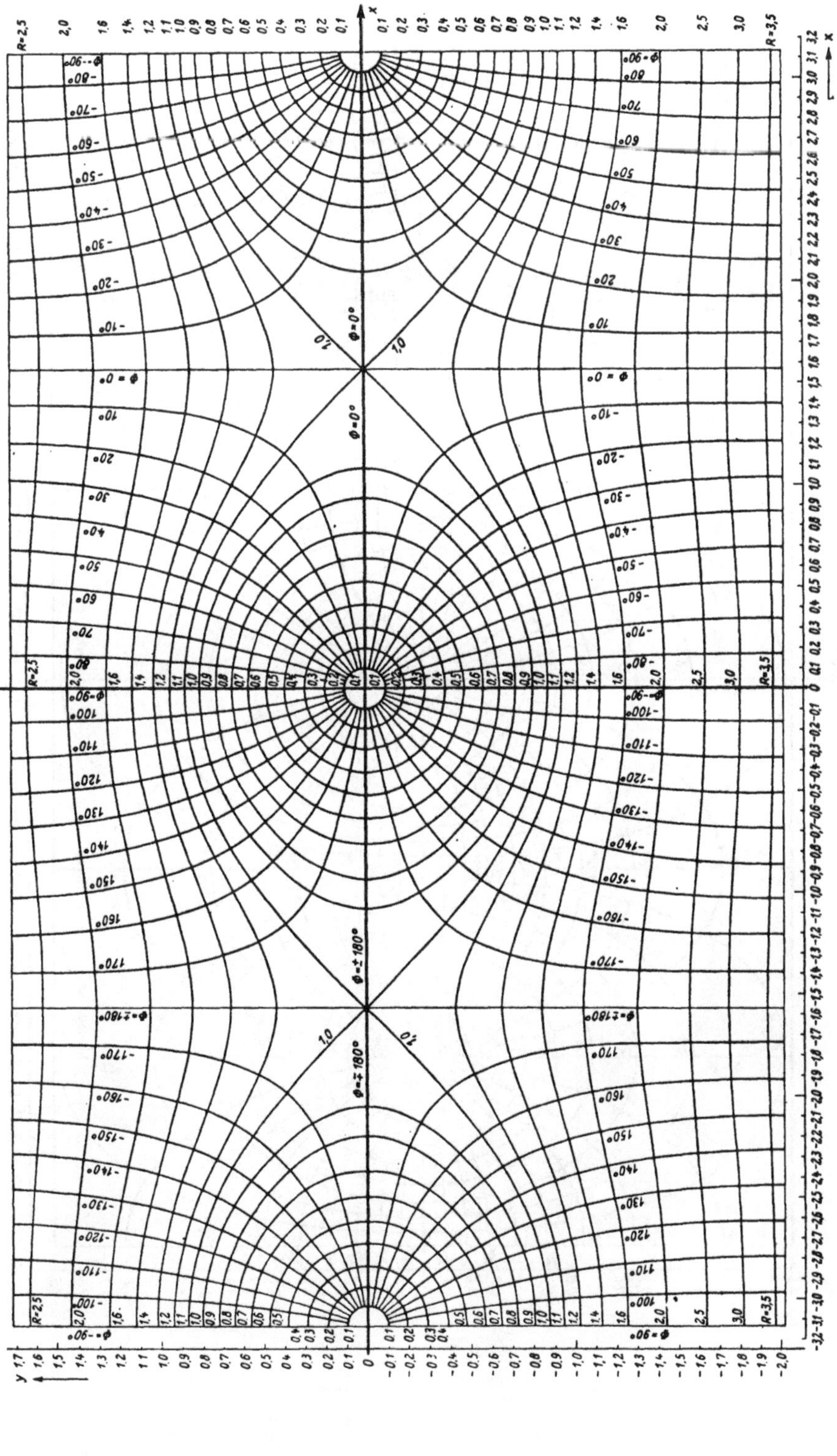

Fig. 21a. sin $(x + iy) = Re^{i\Phi}$,

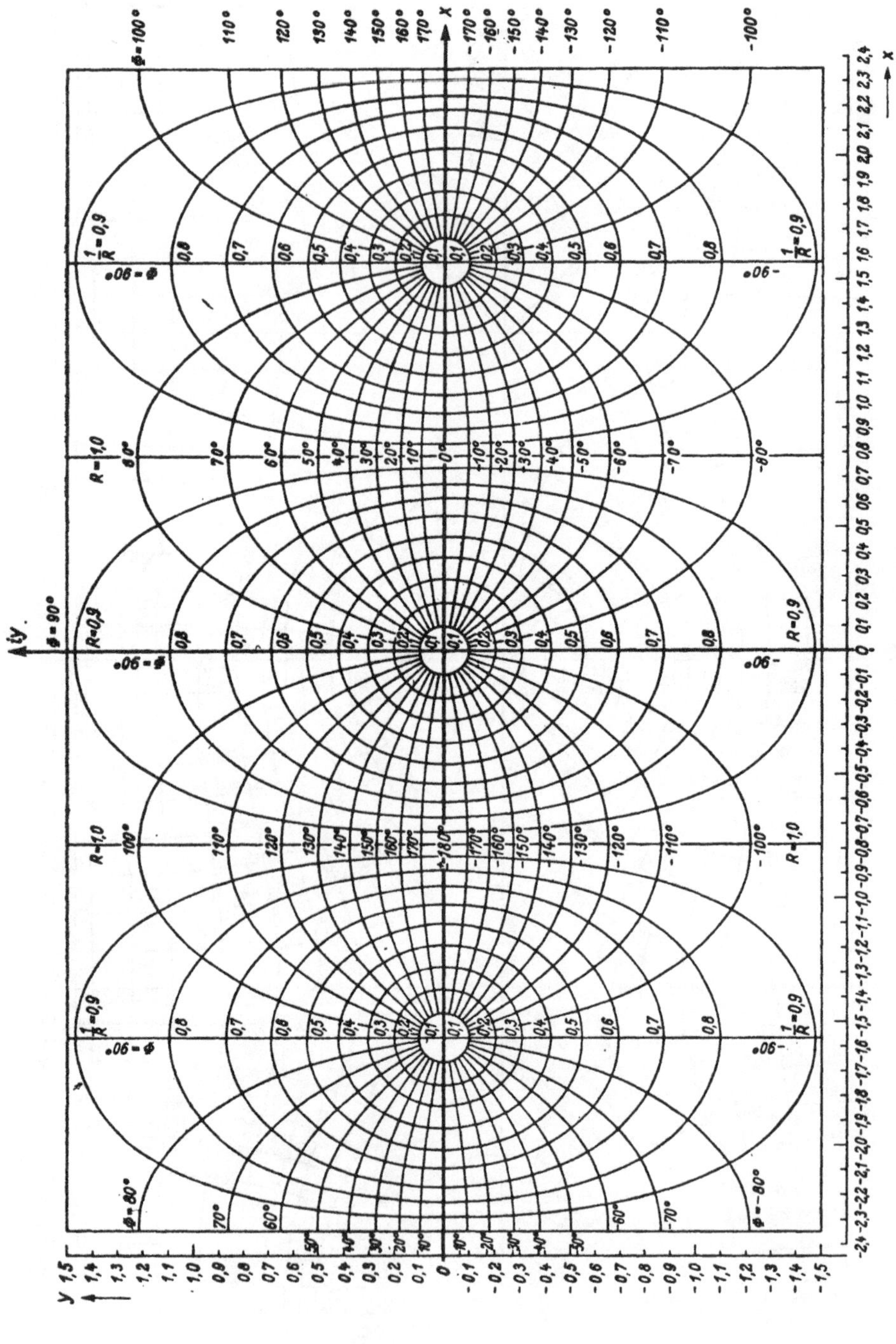

Fig. 21 b. $\operatorname{tg}(x + iy) = Re^{i\Phi}$.

Sinus- und Tangensrelief spielen in der Wechselstromtechnik bei der Fernleitung von Wechselstrom eine wichtige Rolle, worauf wir am Schlusse dieses Paragraphen kurz eingehen werden.

3. Komplexe Behandlung stationärer Wechselstromkreise

Die Benutzung der Ergebnisse von 2. ermöglicht es, die Berechnung harmonischer Schwingungen durch Verwendung der komplexen Darstellung (vgl. § 1, 4., S. 20) besonders einfach und elegant zu gestalten. Wegen 5 S. 52 kann man den Zeiger einer Schwingung $x = A\cos(\omega t + \alpha)$ durch eine Exponentialfunktion $z = A\,e^{i(\omega t+\alpha)}$ darstellen. Der Strom I in einem Stromzweig (Zweipol) von konstantem Ohmschen Widerstand R und konstanter Selbstinduktion L, an den eine Klemmenspannung $E = E_0 \cos\omega t$ angelegt ist, berechnet sich bekanntlich[1]) aus der linearen Differentialgleichung 1. Ordnung

$$L\frac{dI}{dt} + RI = E_0\cos\omega t. \tag{1}$$

Enthält der Stromzweig noch eine konstante Kapazität C, so ergibt sich I aus

$$L\frac{dI}{dt} + RI + \frac{1}{C}\int_0^t I\,dt = E = E_0\cos\omega t$$

oder durch Differentiation nach t aus

$$L\frac{d^2I}{dt^2} + R\frac{dI}{dt} + \frac{I}{C} = \frac{dE}{dt} = -\omega E_0 \sin\omega t. \tag{2}$$

Die allgemeine Lösung dieser Differentialgleichung für die reelle Funktion I der reellen Veränderlichen t ergibt sich z. B. aus der Lösung der verkürzten Differentialgleichung (1) bzw. (2) (verschwindende rechte Seite) plus einem partikulären Integral. Letzteres kann man erhalten, indem man mit dem Ansatz $I = C_1\cos\omega t + C_2\sin\omega t = A\cos(\omega t + \alpha)$ in die Differentialgleichung eingeht und die Koeffizienten C_1, C_2 aus den durch Gleichsetzen der Koeffizienten von cos und sin gewonnenen Gleichungen bestimmt. Ist $R \neq 0$, so klingen die Lösungen der verkürzten Differentialgleichung mit der Zeit nach 0 ab. Es bleibt daher nur das partikuläre Integral. Die etwas umständliche Bestimmung dieses stationären Anteils der Lösung läßt sich durch Verwendung der komplexen Schreibweise für Strom und Spannung vereinfachen.

Wir nehmen zur Differentialgleichung (1) die Differentialgleichung

$$L\frac{dI_1}{dt} + RI_1 = E_0\sin\omega t \tag{1a}$$

hinzu. Multiplizieren wir (1a) mit i und addieren die beiden Seiten der Gleichungen (1) und (1a), so ergibt sich, $I + iI_1 = \mathfrak{J}$ gesetzt, die Differentialgleichung

$$L\frac{d\mathfrak{J}}{dt} + R\mathfrak{J} = E_0\,e^{i\omega t} = \mathfrak{E}. \tag{3}$$

Wegen der Linearität dieser Differentialgleichung liefert der Realteil einer partikulären Lösung eine partikuläre Lösung von (1), der Imaginärteil eine solche von (1a). Gehen wir mit dem Ansatz $\mathfrak{J} = A e^{i\omega t}$ einer zeitunabhängigen Amplitude A in die Differentialgleichung (3) ein, so erhalten wir $Ae^{i\omega t}(iL\omega + R) = E_0 e^{i\omega t}$. Setzen wir ferner die Größe $R + i\omega L = \mathfrak{R}$, gleich einem komplexen Widerstand, dem sogenannten „*Scheinwiderstand*", so folgt für die komplexe Stromstärke $\mathfrak{J}$, die Spannung $\mathfrak{E}$ und den Widerstand $\mathfrak{R}$ eine dem Ohmschen Gesetz völlig analoge Beziehung $\mathfrak{J}\cdot\mathfrak{R} = \mathfrak{E}$, aus der sich die komplexe Stromstärke ergibt:

$$\mathfrak{J} = \frac{\mathfrak{E}}{\mathfrak{R}} = \frac{E_0 e^{i\omega t}}{R + i\omega L} = \frac{E_0}{\sqrt{R^2 + \omega^2 L^2}}\,e^{i(\omega t+\alpha)}.$$

---

[1]) Vgl. z. B. G. Joos, Lehrbuch der theoretischen Physik, Leipzig 1945, S. 280.

Dabei berechnet sich die Phase α aus $\cos\alpha = \frac{R}{\sqrt{R^2+\omega^2 L^2}}$, $\sin\alpha = \frac{-\omega L}{\sqrt{R^2+\omega^2 L^2}}$.
Die Selbstinduktion verursacht also eine Phasenverschiebung des Stromes gegenüber der Spannung. Da $\sin\alpha$, also α negativ ist, läuft der Zeiger der Spannung dem Zeiger der Stromstärke um den Winkel $|\alpha|$ voraus.
In derselben Weise ergänzen wir die Differentialgleichung (2) durch Einführung der komplexen Stromstärke und der komplexen Spannung $\mathfrak{E} = E_0 e^{i\omega t}$ zur Differentialgleichung

(3a) $$L\frac{d^2\mathfrak{J}}{dt^2} + R\frac{d\mathfrak{J}}{dt} + \frac{1}{C}\mathfrak{J} = \frac{d\mathfrak{E}}{dt} = i\omega E_0 e^{i\omega t}.$$

Mit dem Ansatz $\mathfrak{J} = Ae^{i\omega t}$ erhalten wir hier

$$Ae^{i\omega t}\left(-L\omega^2 + i\omega R + \frac{1}{C}\right) = i\omega E_0 e^{i\omega t},$$

also nach Division mit $i\omega$ die Gleichung

$$\mathfrak{J}\left(R + i\omega L + \frac{1}{i\omega C}\right) = \mathfrak{E},$$

daher, indem wir als komplexen Scheinwiderstand $\mathfrak{R} = R + i\omega L + \frac{1}{i\omega C}$ einführen, wiederum die Gültigkeit des Ohmschen Gesetzes für den stationären Anteil: $\mathfrak{J}\cdot\mathfrak{R} = \mathfrak{E}$.
Daraus ergibt sich,

$$\mathfrak{J} = \frac{E_0 e^{i\omega t}}{R + i\omega L + \frac{1}{i\omega C}} = \frac{E_0 e^{i(\omega t+\alpha)}}{\sqrt{R^2 + \left(\omega L - \frac{1}{\omega C}\right)^2}}$$

mit $$\cos\alpha = \frac{R}{\sqrt{R^2 + \left(\omega L - \frac{1}{\omega C}\right)^2}}, \quad \sin\alpha = \frac{-\omega L + \frac{1}{\omega C}}{\sqrt{R^2 + \left(\omega L - \frac{1}{\omega C}\right)^2}}.$$

Bei der **Fernleitung von Wechselströmen** sind Stromstärke und Spannung außer von der Zeit noch von der Koordinate s der Leitung abhängig. Setzt man für Strom und Spannung die Zeitabhängigkeit wie oben an, also

(1') $$\mathfrak{J} = Je^{i\omega t}; \quad \mathfrak{E} = Ee^{i\omega t},$$

so erhält man für die von s abhängigen Amplituden J und E auf Grund physikalischer Überlegungen[1]) das System von gewöhnlichen Differentialgleichungen

$$-\frac{dJ}{ds} = (A + i\omega C)\,E; \quad -\frac{dE}{ds} = (R + i\omega L)\,J$$

mit den Lösungen

(2') $$J = iH\sin k\,(s - c); \quad E = ZH\cos k\,(s - c).$$

Dabei sind H und c (im allgemeinen komplexe) Integrationskonstanten und k und Z durch die Leitungskonstanten Ohmscher Widerstand R, Selbstinduktion L, Kapazität C und Ableitung A gegeben als

$$k = i\sqrt{(R + i\omega L)\,(A + i\omega C)}, \quad Z = \sqrt{\frac{R + i\omega L}{A + i\omega C}}.$$

Aus (2') folgt der sog. „komplexe Scheinleitwert" (3') $\frac{J}{E} = \frac{i}{Z}\operatorname{tg} k\,(s - c)$.

[1]) Vgl. z. B. Müller-Pouillets, Lehrbuch der Physik, 11. Aufl., 4. Bd., II. Teil, Braunschweig 1932, S. 357.

Man erhält dann den Betrag des ortsabhängigen Bestandteils $J/(iH)$ auf einer Leitung mit der Ortskoordinate s als die über der Geraden $z = -kc + ks$ gelegene Höhe des Sinus-Reliefs. Der Betrag von $E/(ZH)$ ergibt sich längs der Leitung in jedem Punkt s, wegen $\cos k(s-c) = \sin\left(k(s-c) + \pi/2\right)$, ebenfalls aus dem Sinus-Relief als die über der Geraden $z = -kc + ks + \pi/2$ auftretende Höhe des Reliefs (sie ist gegenüber der ersten Geraden parallel um $\pi/2$ verschobenen). Ebenso ergibt sich wegen (3′) der Betrag von (ZJ/iE) aus dem Tangensrelief. Hat die Leitung eine endliche Länge l, so hat man auf der Geraden eine entsprechende Strecke der Länge $|k|\, l$, z. B. für $s = 0$ bis $s = l$, herauszugreifen. Die Reliefs liefern so eine anschauliche, übersichtliche Darstellung der Strom- und Spannungsverteilung längs der Leitung[1]).

Übungsaufgaben

1. Im Innern des Einheitskreises gilt $\frac{1}{1-z} = \sum_{\nu=0}^{\infty} z^{\nu}$. Man leite daraus eine Potenzreihe für $\frac{1}{(1-z)^2}$ ab. Konvergenzbereich?
2. Man zerlege $\frac{Re^{it} + re^{i\varphi}}{Re^{it} - re^{i\varphi}}$ in Real- und Imaginärteil.
3. Man berechne die folgenden Funktionswerte, und zwar Real- und Imaginärteil auf 3 Stellen genau:

   a) $\cos i$, b) $\mathfrak{Sin}\,\pi i$, c) $\operatorname{tg} i$, d) $\mathfrak{Tg}\,(1+i)$, e) $\mathfrak{Sin}\frac{1+i}{1-i}$, f) $\sin\sqrt{1-i}$,

   g) $\mathfrak{Cof}\sqrt{i}$, h) $U = \mathfrak{Cof}\, z + a\, \mathfrak{Sin}\, z$ für $z = 1{,}5\, e^{\frac{\pi i}{4}}$, $a = 3\, e^{-\frac{\pi i}{3}}$.
4. In welche Kurven gehen bei der Abbildung $w = \operatorname{tg} z$ die Geraden $\mathfrak{R}(z) = \pm\pi/2$ über? Welches Gebiet der w-Ebene entspricht dem Parallelstreifen $-\pi/2 < \mathfrak{R}(z) < < \pi/2$?

§ 3. ANWENDUNGEN ANALYTISCHER FUNKTIONEN

1. Potentialfunktionen

Real- und Imaginärteil u, v einer in einem Gebiet $\mathfrak{G}$ analytischen Funktion $w = f(z) = u(x; y) + iv(x; y)$ mit stetigen partiellen Ableitungen genügen in jedem Punkt $z = x + iy$ von $\mathfrak{G}$ den Cauchy-Riemannschen Differentialgleichungen

$$(1) \qquad \frac{\partial u}{\partial x} = \frac{\partial v}{\partial y}, \qquad \frac{\partial u}{\partial y} = -\frac{\partial v}{\partial x}.$$

Haben die Funktionen $u(x; y)$ und $v(x; y)$ in $\mathfrak{G}$ noch stetige Ableitungen 2. Ordnung nach x und y, so ist die Reihenfolge der partiellen Ableitungen vertauschbar, also $\frac{\partial^2 v}{\partial x\, \partial y} = \frac{\partial^2 v}{\partial y\, \partial x}$. Differenzieren wir daher die erste der Gleichungen (1) nach x, die zweite nach y, so ergibt sich durch Addition die partielle Differentialgleichung 2. Ordnung

$$\Delta u \equiv \frac{\partial^2 u}{\partial x^2} + \frac{\partial^2 u}{\partial y^2} = 0,$$

ebenso ergibt sich für v

$$\Delta v \equiv \frac{\partial^2 v}{\partial x^2} + \frac{\partial^2 v}{\partial y^2} = 0.$$

[1]) Näheres hierüber z. B. bei F. Emde, Sinus-Relief und Tangens-Relief in der Elektrotechnik, Braunschweig 1924.

u und v genügen also unter den getroffenen Voraussetzungen der *Laplaceschen Differentialgleichung* $\Delta \varphi = 0$, der Grundgleichung der ebenen Potentialtheorie.

Definition I: Die Lösungen der Potentialgleichung werden als „*Potentialfunktionen*" bezeichnet. Eine solche heißt „*in* 𝔊 *regulär*", wenn sie dort stetige Ableitungen 1. und 2. Ordnung besitzt.

Eine in 𝔊 reguläre Potentialfunktion bezeichnet man auch als eine in 𝔊 „*harmonische*" Funktion.

Eine Funktion $v(x; y)$, welche mit einer in 𝔊 regulären Potentialfunktion $u(x; y)$ durch die Cauchy-Riemannschen Differentialgleichungen verbunden ist, hat in 𝔊 ebenfalls stetige Ableitungen 1. und 2. Ordnung und genügt, wie gezeigt, der Potentialgleichung, ist also selbst eine in 𝔊 reguläre Potentialfunktion. Sie ist bei gegebenem $u(x; y)$ durch die Cauchy-Riemannschen Differentialgleichungen bis auf eine additive Konstante bestimmt.

Definition II: Eine Potentialfunktion $v(x; y)$, die mit einer Potentialfunktion $u(x; y)$ durch die Cauchy-Riemannschen Differentialgleichungen verbunden ist, heißt eine zu $u(x; y)$ „*konjugierte Potentialfunktion*".

Ist v zu u konjugiert, also $\frac{\partial u}{\partial x} = \frac{\partial v}{\partial y}$, $\frac{\partial u}{\partial y} = -\frac{\partial v}{\partial x}$, so ist auch,
$\frac{\partial v}{\partial x} = \frac{\partial(-u)}{\partial y}$, $\frac{\partial v}{\partial y} = -\frac{\partial(-u)}{\partial x}$, daher gilt

Satz 1: *Ist v eine zu u konjugierte Potentialfunktion, so ist auch $-u$ eine zu v konjugierte Potentialfunktion.*

Nach Satz 2, S. 62, können zwei konjugierte in 𝔊 reguläre Potentialfunktionen u, v stets als Real- und Imaginärteil einer in 𝔊 analytischen Funktion $f(z) = u(x; y) + i\,v(x; y)$ angesehen werden. Umgekehrt sind Real- und Imaginärteil einer jeden in 𝔊 analytischen Funktion auch in 𝔊 reguläre konjugierte Potentialfunktionen, falls sie dort noch stetige partielle Ableitungen 2. Ordnung besitzen. Das Letztere ist aber immer der Fall.

Wir werden nämlich in Kap. III § 3 unabhängig von diesem Paragraphen beweisen (vgl. Satz 3b, S. 132), daß eine in 𝔊 analytische Funktion dort beliebig oft differenzierbar ist. Da man nach Formel (1), S. 43 jede n-te Ableitung des Real- oder Imaginärteils von $f(z)$ als Real- bzw. Imaginärteil der mit einer passenden Potenz von i multiplizierten n-ten Ableitung von $f(z)$ erhalten kann (vgl. auch Aufgabe 3, S. 49), so haben Real- und Imaginärteil einer in 𝔊 analytischen Funktion dort sogar partielle Ableitungen beliebig hoher Ordnung, also insbesondere stetige Ableitungen 2. Ordnung.

Indem wir diese Eigenschaft der analytischen Funktionen hier schon vorwegnehmen, erhalten wir:

Satz 2: *Real- und Imaginärteil in 𝔊 analytischer Funktionen sind in 𝔊 reguläre konjugierte Potentialfunktionen und umgekehrt.*

Wegen dieses Satzes ist die Theorie der zweidimensionalen regulären Potentialfunktionen mit der Theorie der analytischen Funktionen äquivalent.

Ist $z = h(\zeta)$ eine in einem Gebiet 𝔋 der $\zeta = \xi + i\eta$-Ebene reguläre Funktion, die $\mathfrak{H}$ auf ein Gebiet $\mathfrak{G}$ der $z = x + i\,y$-Ebene umkehrbar eindeutig und konform abbildet, und ist $f(z) = u(x; y) + i\,v(x; y)$ eine in $\mathfrak{G}$ analytische Funktion, so ist nach Satz 8, S. 44

$$F(\zeta) = f(h(\zeta)) = u(x; y) + i\,v(x; y) = U(\xi; \eta) + i\,V(\xi; \eta)$$

eine in $\mathfrak{H}$ analytische Funktion. Daher sind $U(\xi; \eta)$ und $V(\xi; \eta)$ konjugierte in $\mathfrak{H}$ reguläre Potentialfunktionen. Es gilt somit der

Satz 3: *Wird durch eine in $\mathfrak{G}$ analytische Funktion $\zeta = H(z)$ mit der eindeutigen Umkehrfunktion $z = h(\zeta)$ das Gebiet $\mathfrak{G}$ der z-Ebene umkehrbar eindeutig und konform auf das Gebiet $\mathfrak{H}$ der ζ-Ebene abgebildet, so gehen konjugierte in $\mathfrak{G}$ reguläre Potentialfunktionen wieder in konjugierte in $\mathfrak{H}$ reguläre Potentialfunktionen über.*

Man sagt hierfür kurz: Reguläre Potentialfunktionen sind invariant gegenüber konformen Abbildungen.

2. Die ebene Potentialströmung

Bei einer „*stationären*" Strömung im Raum ist der Vektor $\mathfrak{v}$ der Geschwindigkeit unabhängig von der Zeit, also nur von den Ortskoordinaten X, Y, Z abhängig. Die Richtung von $\mathfrak{v}$ gibt die Richtung der Strömung.

Bei einer stationären „*ebenen*" Strömung ist außerdem der Geschwindigkeitsvektor $\mathfrak{v}$ stets parallel einer festen Ebene, die wir als $x; y$-Ebene wählen, und in allen Punkten einer Normalen zu dieser Ebene konstant, also nur von x und y abhängig. $\mathfrak{v}_x$ und $\mathfrak{v}_y$ seien die Komponenten der Geschwindigkeit $\mathfrak{v}$.

Unter einer „*ebenen Potentialströmung*" in einem Bereich $\mathfrak{G}$ verstehen wir eine stationäre ebene Strömung, die in $\mathfrak{G}$ die folgenden beiden Bedingungen erfüllt: Die Strömung sei

A) „*wirbelfrei*", d. h.

$$\frac{\partial \mathfrak{v}_y}{\partial x} - \frac{\partial \mathfrak{v}_x}{\partial y} = 0. \tag{1}$$

B) „*quellenfrei*", d. h.

$$\frac{\partial \mathfrak{v}_x}{\partial x} + \frac{\partial \mathfrak{v}_y}{\partial y} = 0. \tag{2}$$

Aus der Bedingung (1) der Wirbelfreiheit folgt, wie in der Differentialrechnung von Funktionen zweier reeller Veränderlichen bewiesen wird[1]), für jeden einfach-zusammenhängenden Bereich $\mathfrak{G}$ die Existenz einer eindeutigen Funktion $u(x; y)$ mit

$$\mathfrak{v}_x = -\frac{\partial u}{\partial x}, \quad \mathfrak{v}_y = -\frac{\partial u}{\partial y}. \tag{1 a}$$

Setzt man diese Komponenten[2]) in die Bedingung (2) der Quellenfreiheit — die auch die Bedingung dafür darstellt, daß die Flüssigkeit inkompressibel ist — ein, so erhält man

$$\frac{\partial^2 u}{\partial x^2} + \frac{\partial^2 u}{\partial y^2} \equiv \Delta u = 0, \tag{1 b}$$

[1]) Vgl. z. B. R. Courant: Differential- und Integralrechnung Bd. II, Berlin 1948, S. 282 ff.

[2]) Das Minuszeichen ist hier gewählt, da eine Flüssigkeitsströmung in Richtung abnehmenden Gefälles stattfindet.

d. h. $u(x; y)$ ist eine Potentialfunktion. Sie heißt das *„Geschwindigkeitspotential“* der Strömung. Die Kurven $u(x; y) = \text{const.}$ heißen die *„Äquipotentiallinien“* der Strömung.
Aus der Bedingung der Quellenfreiheit folgt andererseits ebenso die Existenz einer Funktion $v(x; y)$ mit

$$\text{(2 a)} \qquad \mathfrak{v}_x = -\frac{\partial v}{\partial y}; \quad \mathfrak{v}_y = \frac{\partial v}{\partial x}.$$

Die Bedingung der Wirbelfreiheit liefert dann für v:

$$\text{(2 b)} \qquad \frac{\partial^2 v}{\partial x^2} + \frac{\partial^2 v}{\partial y^2} \equiv \Delta v = 0.$$

Auch $v(x; y)$ ist also eine Potentialfunktion. Sie wird aus weiter unten ersichtlichen Gründen als *„Stromfunktion“* bezeichnet.
Durch Vergleich von (1a) und (2a) ergeben sich die Gleichungen

$$\frac{\partial u}{\partial x} = \frac{\partial v}{\partial y}; \qquad \frac{\partial u}{\partial y} = -\frac{\partial v}{\partial x},$$

also die Cauchy-Riemannschen Differentialgleichungen, d. h. die beiden Potentialfunktionen $u(x; y)$ und $v(x; y)$ sind konjugierte Potentialfunktionen, können somit als Real- und Imaginärteil einer analytischen Funktion $f(z) = u(x; y) + iv(x; y)$ aufgefaßt werden. $f(z)$ heißt das *„komplexe Strömungspotential“* der Strömung.

Es ist

$$f'(z) = \frac{\partial u}{\partial x} + i\frac{\partial v}{\partial x} = \frac{\partial u}{\partial x} - i\frac{\partial u}{\partial y} = -\mathfrak{v}_x + i\,\mathfrak{v}_y.$$

Der Realteil von $f'(z)$ liefert also bis auf das Minuszeichen die x-Komponente der Geschwindigkeit, der Imaginärteil die y-Komponente.
Schreiben wir den Vektor $\mathfrak{v}$ in der $x; y$-Ebene mit den Komponenten $\mathfrak{v}_x$ und $\mathfrak{v}_y$ als komplexe Zahl mit dem Realteil $\mathfrak{v}_x$ und dem Imaginärteil $\mathfrak{v}_y$, die sog. *„komplexe Geschwindigkeit“* $\mathfrak{v} = \mathfrak{v}_x + i\mathfrak{v}_y$ und $\bar{\mathfrak{v}} = \mathfrak{v}_x - i\,\mathfrak{v}_y$, die sog. *„konjugierte Geschwindigkeit“*, so ist

$$\text{(3)} \qquad \bar{\mathfrak{v}} = -f'(z) \quad \text{oder} \quad \mathfrak{v} = -\overline{f'(z)} \quad \text{und} \quad \text{(4)} \quad |\mathfrak{v}| = |f'(z)|.$$

In den Punkten der z-Ebene, in denen die Ableitung $f'(z)$ verschwindet, ist nach (4) $|\mathfrak{v}| = 0$, also die Geschwindigkeit der Strömung Null. Solche Punkte heißen *„Staupunkte“* der Strömung.
Die Differentialgleichung der Bahnkurven der Punkte des strömenden Mediums, der sog. *„Stromlinien“*, ist

$$\frac{dy}{dx} = \frac{\mathfrak{v}_y}{\mathfrak{v}_x}, \text{ also } \mathfrak{v}_x\,dy - \mathfrak{v}_y\,dx = 0.$$

Hieraus ergibt sich für $v(x; y)$ mit Hilfe von (2a) $\frac{\partial v}{\partial x}dx + \frac{\partial v}{\partial y}dy = 0$, also, da links ein vollständiges Differential steht: $dv = 0$ oder $v(x; y) = \text{const.}$
Auf den Stromlinien ist demnach die Stromfunktion $v(x; y)$ konstant. Mit anderen Worten: $v(x; y) = \text{const.}$ stellt die Gleichung der Stromlinienschar dar.

Stromlinien $v(x;y) = \text{const.}$ und Äquipotentiallinien $u(x;y) = \text{const.}$ schneiden sich nach Satz 11, S. 48, in allen Punkten $z = x + iy$, in denen $f'(z)$ existiert und nicht verschwindet, unter rechtem Winkel, d. h. die Strömung erfolgt senkrecht zu den Äquipotentiallinien $u(x;y) = \text{const.}$

Ist irgendeine in $\mathfrak{G}$ analytische Funktion $f(z) = u(x;y) + iv(x;y)$ gegeben, so können wir $u(x;y)$ stets als Strömungspotential und $v(x;y)$ als Stromfunktion einer stationären ebenen in $\mathfrak{G}$ wirbel- und quellenfreien Strömung deuten; denn wegen der Cauchy-Riemannschen Bedingungen können wir

$$\frac{\partial u}{\partial x} = \frac{\partial v}{\partial y} = -\mathfrak{v}_x; \quad \frac{\partial u}{\partial y} = -\frac{\partial v}{\partial x} = -\mathfrak{v}_y$$

setzen. Mit diesem Ansatz für die Geschwindigkeitskomponenten folgt aus $\Delta u = 0$ und $\Delta v = 0$ die Bedingung (2) der Quellenfreiheit und die Bedingung (1) der Wirbelfreiheit.

Zusammenfassend haben wir daher den für die Anwendungen der analytischen Funktionen wichtigen

Satz 4: *Das Geschwindigkeitspotential $u(x;y)$ und die Stromfunktion $v(x;y)$ einer ebenen Potentialströmung können als Real- bzw. Imaginärteil einer analytischen Funktion von $z = x + iy$, $f(z) = u(x;y) + iv(x;y)$, des komplexen Strömungspotentials der Strömung, dargestellt werden. Umgekehrt kann jede analytische Funktion $f(z)$ als komplexes Strömungspotential einer ebenen Potentialströmung gedeutet werden. Ihre mit dem Minuszeichen versehene Ableitung liefert die konjugierte Geschwindigkeit der Strömung:*

$$\bar{\mathfrak{v}} = \mathfrak{v}_x - i\,\mathfrak{v}_y = -f'(z).$$

Dieser Satz ermöglicht die Behandlung von ebenen Potentialströmungen mit Hilfe analytischer Funktionen. Er gibt uns andererseits die Möglichkeit, eine analytische Funktion durch eine ebene inkompressible Flüssigkeitsströmung zu veranschaulichen[1]), wovon wir im folgenden ausgiebig Gebrauch machen werden. Dabei werden sich Quellen bzw. Senken und Wirbel der Strömung als singuläre Punkte der analytischen Funktion erweisen.

Ist $v(x;y)$ eine zu $u(x;y)$ konjugierte Potentialfunktion, so ist nach Satz 1, S. 62, auch $-u(x;y)$ zu $v(x;y)$ konjugiert. Man kann daher statt u als Strömungspotential und v als Stromfunktion, also an Stelle des komplexen Strömungspotentials $f(z) = u + iv$, auch $v(x;y)$ als Strömungspotential und $-u(x;y)$ als Stromfunktion, also $-i\,f(z) = v(x;y) - i\,u(x;y)$ als komplexes Strömungspotential verwenden. Die Äquipotentiallinien $u(x;y) = \text{const.}$ der 1. Strömung sind bei der 2. Strömung die Stromlinien, die Stromlinien $v(x;y) = \text{const.}$ der 1. Strömung sind in der 2. Strömung die Äquipotentiallinien. Jede analytische Funktion liefert daher zwei mögliche Strömungen, die wir als „*konjugierte Strömungen*" bezeichnen.

Es sei hier noch kurz auf eine für die Strömungstechnik wichtige Eigenschaft der Stromfunktion hingewiesen.

Sind $\mathfrak{s}$ und $\mathfrak{n}$ zwei zueinander senkrechte Richtungen, so daß $\mathfrak{s}$ bei Drehung um den Winkel $+\pi/2$ in $\mathfrak{n}$ übergeht, und ist $v(x;y)$ zu $u(x;y)$ konjugiert, so besteht (vgl.

[1]) die technisch nicht immer realisierbar zu sein braucht.

auch Aufgabe 6, § 1, S. 49) wegen $\frac{\partial u}{\partial s} = \frac{\partial u}{\partial x}\cos(\mathfrak{s}\,x) + \frac{\partial u}{\partial y}\cos(\mathfrak{s}\,y) = \frac{\partial v}{\partial y}\cos(\mathfrak{n}\,y) + $ $+ \frac{\partial v}{\partial x}\cos(\mathfrak{n}\,x) = \frac{\partial v}{\partial n}$ die Beziehung

$$\frac{\partial u}{\partial s} = \frac{\partial v}{\partial n}. \tag{5}$$

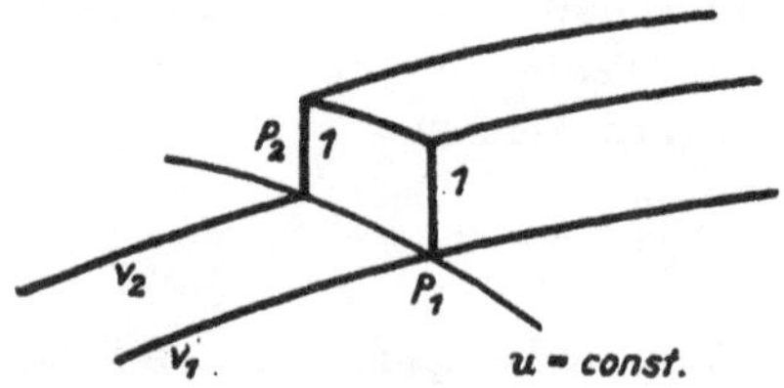

Fig. 22.

Ist $\mathfrak{s}$ die Richtung der Strömungsgeschwindigkeit, also Normale der Äquipotentiallinie in einem Punkt $(x; y)$, so ist $\frac{\partial u}{\partial s} = -|\mathfrak{v}|$ also

$$\frac{\partial u}{\partial s} = \frac{\partial v}{\partial n} = -|\mathfrak{v}|. \tag{5a}$$

Ist ΔM die Flüssigkeitsmenge, die in der Zeit Δt durch eine gewisse Fläche hindurchströmt und wird $Q = \lim\limits_{\Delta t \to 0} \frac{\Delta M}{\Delta t}$ als die „in der Zeiteinheit" durch die Fläche strömende Flüssigkeitsmenge bezeichnet, so ist *die Flüssigkeitsmenge, die „in der Zeiteinheit" in dem von den Stromlinien* $v(x; y) = v_1$ *und* $v(x; y) = v_2$ *begrenzten Kanal der Höhe* 1 (vgl. Fig. 22) *durch eine Potentialfläche hindurchfließt,*

$$Q = \int_{P_1}^{P_2} |\mathfrak{v}|\, d n = -\int_{P_1}^{P_2} \frac{\partial v}{\partial n}\, d n = v_2 - v_1, \tag{6}$$

also gleich der Differenz der Werte der Stromfunktion auf den begrenzenden Stromlinien $v(x; y) = v_1$ *und* $v(x; y) = v_2$.

Ebenso erhält man bei Integration längs einer Stromlinie

$$Z = \int_{Q_1}^{Q_2} |\mathfrak{v}|\, d s = -\int_{Q_1}^{Q_2} \frac{\partial u}{\partial s}\, d s = u_2 - u_1, \tag{7}$$

womit sich längs geschlossenen Stromlinien die „*Zirkulation*" $Z = \oint \mathfrak{v}_s\, ds$ berechnen läßt.

Zeichnet man die Stromlinien für äquidistante Werte der Differenz Δv der Stromfunktion $v(x; y)$, so gehört nach (5a) zu kleinen Abständen Δn dieser Stromlinien ein großer Betrag $|\mathfrak{v}|$ und zu großen Δn ein kleines $|\mathfrak{v}|$. Daher ist an den Stellen, an denen die Stromlinien sehr dicht verlaufen, die Strömungsgeschwindigkeit groß. Wenn wenig Linien vorhanden sind, ist die Strömungsgeschwindigkeit klein.

Dasselbe Verhalten zeigen nach (5a) auch die Äquipotentiallinien an. Zeichnet man diese für äquidistante Werte der Differenz Δu der Potentialfunktion $u(x; y)$, so gehört zu kleinen (großen) Abständen Δs dieser Äquipotentiallinien eine große (kleine) Geschwindigkeit $|\mathfrak{v}|$ und umgekehrt. Man kann sich daher aus der Dichte der für äquidistante u- bzw. v-Werte gezeichneten Äquipotential- bzw. Stromlinien ein Bild von der Größe der Geschwindigkeit der Strömung an den einzelnen Stellen machen. Wir wollen daher im folgenden die Scharen von Strom und Äquipotentiallinien stets für äquidistante Werte der Strom- bzw. Potentialfunktion zeichnen.

Wir betrachten als ein Beispiel zunächst den einfachsten Fall eines komplexen Strömungspotentials, nämlich das

Beispiel: $f(z) = v_0 z$, v_0 reell.

$$f(z) = v_0 x + i v_0 y; \quad u(x; y) = v_0 x; \quad v(x; y) = v_0 y.$$

Die Potentiallinien sind hier die Geraden $x = \text{const.}$, Stromlinien $y = \text{const.}$

$$f'(z) = v_0 = -\mathfrak{v}_x + i\mathfrak{v}_y, \text{ also ist } \mathfrak{v}_x = -v_0;\ \mathfrak{v}_y = 0.$$

$f(z) = v_0\, z$ stellt somit das komplexe Strömungspotential einer Parallelströmung in Richtung der negativen Achse von konstanter Geschwindigkeit $|\mathfrak{v}| = |f'(z)| = v_0$ dar (vgl. Fig. 23). Allgemeiner ist $f(z) = a\, z$ oder, da es auf eine additive Konstante nicht ankommt, $\boldsymbol{f(z) = a\, z + b}$, $a = \alpha_1 + i\,\alpha_2$, wegen $f'(z) = a = \alpha_1 + i\,\alpha_2 = -\mathfrak{v}_x + i\,\mathfrak{v}_y$, also $\mathfrak{v}_x = -\alpha_1$, $\mathfrak{v}_y = \alpha_2$, $|\mathfrak{v}| = |f'(z)| = |a|$, das komplexe Strömungspotential einer Parallelströmung der Geschwindigkeit $|a|$ in Richtung des Vektors $\mathfrak{v} = -\overline{f'(z)} = -\bar{a}$ (siehe Fig. 24). Potentiallinien sind $\alpha_1 x - \alpha_2 y = \text{const.}$, Strömungslinien $\alpha_2 x + \alpha_1 y = \text{const.}$

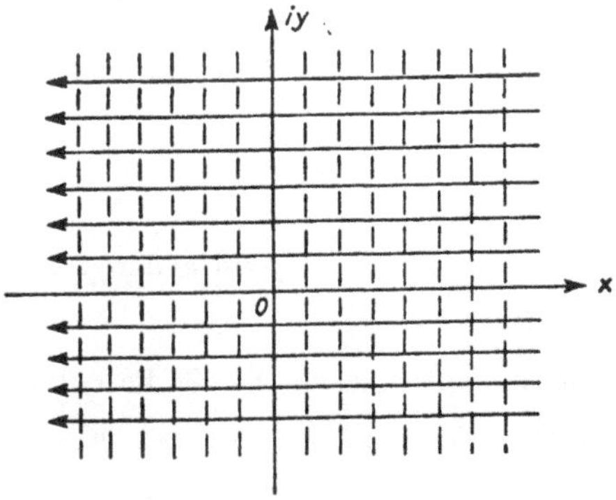

Fig. 23.

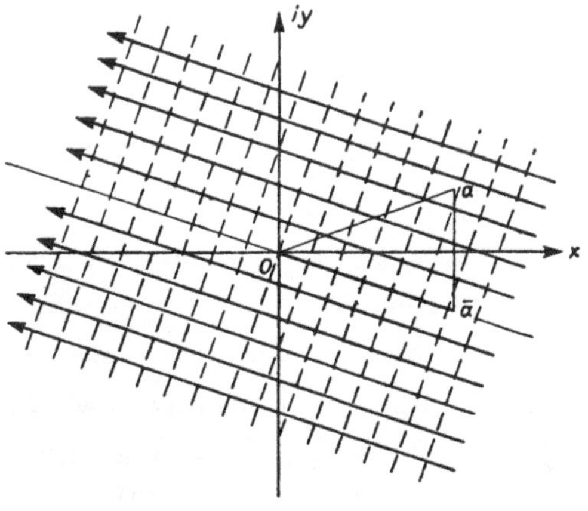

Fig. 24.

Wir werden im nächsten Paragraphen weitere Strömungen, die durch einfache analytische Funktionen erzeugt werden, betrachten.

Es seien $f_1(z)$ und $f_2(z)$ zwei in $\mathfrak{G}$ analytische Funktionen, also komplexe Potentiale zweier Strömungen in $\mathfrak{G}$ der komplexen Geschwindigkeit $\mathfrak{v}_1 = -\overline{f_1'(z)}$ bzw. $\mathfrak{v}_2 = -\overline{f_2'(z)}$. Dann ist $f(z) = f_1(z) + f_2(z)$ wieder eine in $\mathfrak{G}$ analytische Funktion, also komplexes Potential einer Strömung in $\mathfrak{G}$ der Geschwindigkeit $\mathfrak{v} = -\overline{f'(z)}$. Da $-\overline{f'(z)} = -\overline{f_1'(z)} - \overline{f_2'(z)}$, so ist $\mathfrak{v} = \mathfrak{v}_1 + \mathfrak{v}_2$. *Die Summe zweier analytischer Funktionen stellt daher das komplexe Potential derjenigen Strömung dar, die sich* durch Vektoraddition der zu $f_1(z)$ und $f_2(z)$ gehörigen Geschwindigkeiten, also *durch Überlagerung der beiden Strömungen ergibt.* Auf diese Weise kann man kompliziertere Strömungen aus einfacheren aufbauen (vgl. S. 95), eine Methode, die in der Praxis häufig Verwendung findet.

Eine weitere Möglichkeit, das Potential einer Strömung aus dem Potential einer einfacheren Strömung zu ermitteln, bietet die **konforme Abbildung** (vgl. Satz 3 S. 63).

Es sei $f(z) = u(x;y) + iv(x;y)$ eine in $\mathfrak{G}$ analytische Funktion, also komplexes Potential einer Strömung in $\mathfrak{G}$. Ferner sei $z = h(\zeta)$ eine in $\mathfrak{H}$ analytische Funktion von $\zeta = \xi + i\,\eta$, welche das Gebiet $\mathfrak{H}$ umkehrbar eindeutig und konform auf das Gebiet $\mathfrak{G}$ abbildet. Dann ist auch $f(h(\zeta)) = u(x;y) + iv(x;y) = U(\xi;\eta) + i\,V(\xi;\eta)$ eine in $\mathfrak{H}$ analytische Funktion, also wieder Strömungspotential einer ebenen Potentialströmung im Gebiet $\mathfrak{H}$ der ζ-Ebene, deren

Potential- und Stromlinien die Linien $U(\xi;\eta) = u_0 = \text{const.}$ und $V(\xi;\eta) = v_0 = \text{const.}$ sind. Die letzteren gehen bei der Abbildung aus den Potential- und Stromlinien $u(x;y) = u_0$ und $v(x;y) = v_0$ der Strömung in der z-Ebene hervor. Es gilt daher der

Satz 5: *Durch eine analytische Funktion $z = h(\zeta)$ werden Potential- und Stromlinien in Potential- und Stromlinien (vom gleichen Betrag der Potential- bzw. Stromfunktion) abgebildet. Ist $f(z)$ das komplexe Strömungspotential der Strömung in der z-Ebene, so ist $f(h(\zeta))$ das komplexe Strömungspotential der Strömung in der ζ-Ebene.*

Die für die Praxis wichtigsten Aufgaben der Potentialtheorie sind die folgenden: Es ist diejenige Lösung $u(x;y)$ der Differentialgleichung $\Delta u \equiv \frac{\partial^2 u}{\partial x^2} + \frac{\partial^2 u}{\partial y^2} = 0$ gesucht, welche im Innern eines Gebietes $\mathfrak{G}$ regulär ist, auf dem Rand $(\mathfrak{R})$ von $\mathfrak{G}$ stetig ist und dort

1. vorgeschriebene Werte $u(x;y)$ oder
2. vorgeschriebene Werte der Normalableitung $\frac{\partial u}{\partial n}$ oder
3. auf einem Teil von $(\mathfrak{R})$ vorgeschriebene Werte von u und auf dem anderen Teil von $(\mathfrak{R})$ vorgeschriebene Werte von $\frac{\partial u}{\partial n}$ annimmt.

Man bezeichnet diese Aufgaben als die 1., 2. bzw. 3. Randwertaufgabe der Potentialtheorie. Die für die Strömungstheorie wichtigste Randwertaufgabe ist die, bei der $\frac{\partial u}{\partial n}$, also die Normalkomponente der Geschwindigkeit, längs der Randkurve $(\mathfrak{R})$ gegeben ist, und zwar $= 0$, d. h. $(\mathfrak{R})$ eine Strömungslinie ist, oder gleich der Strömungsgeschwindigkeit $|\mathfrak{v}|$, also $(\mathfrak{R})$ eine Potentiallinie ist, oder bei der $(\mathfrak{R})$ zum Teil aus einer Stromlinie zum anderen Teil aus einer Potentiallinie besteht.

Satz 5 gibt die Möglichkeit, Randwertaufgaben der Potentialtheorie mit Hilfe der konformen Abbildung zu lösen. Man sucht durch eine analytische Funktion die Strömung auf eine einfache Strömung abzubilden, für die man die entsprechend transformierte Randwertaufgabe lösen kann. Hat man insbesondere die in der ζ-Ebene gegebene Strömung durch $z = h(\zeta)$ auf die Parallelströmung der Geschwindigkeit 1 in der z-Ebene in Richtung der negativen x-Achse mit dem komplexen Strömungspotential $f(z) = z$ abgebildet, so ist $h(\zeta)$ das komplexe Strömungspotential der Strömung in der ζ-Ebene.

Die durch die elementaren Funktionen vermittelten konformen Abbildungen, die wir im nächsten Paragraphen untersuchen wollen, werden uns die Möglichkeit geben, für eine Reihe einfacher aber technisch wichtiger Strömungen das komplexe Strömungspotential anzugeben.

Analoge Betrachtungen wie für stationäre wirbelfreie Strömungen inkompressibler Flüssigkeiten parallel einer Ebene gelten auch für

3. Ebene Potentialfelder der Elektrostatik

Hier tritt an Stelle von $\mathfrak{v}$ der Vektor der elektrischen Feldstärke $\mathfrak{E}$ mit den Komponenten $\mathfrak{E}_x$, $\mathfrak{E}_y$. Ein elektrisches Feld heißt ein ebenes Potentialfeld, wenn $\mathfrak{E}$ stets parallel einer festen Ebene, der x; y-Ebene, ist und eine in $\mathfrak{G}$ reguläre Potentialfunktion u existiert, so daß

$$(1)\qquad \mathfrak{E}_x = -\frac{\partial u}{\partial x}; \quad \mathfrak{E}_y = -\frac{\partial u}{\partial y}$$

ist. $u(x; y)$ heißt das *„elektrostatische Potential"* des Feldes. Wir betrachten u als Realteil[1]) einer in $\mathfrak{G}$ analytischen Funktion $f(z) = u(x; y) + iv(x; y)$. Den zugehörigen Imaginärteil $v(x; y)$ können wir uns durch Integration der Cauchy-Riemannschen Differentialgleichungen verschaffen. Wir nennen $v(x; y)$ wieder *„Stromfunktion"*. Die Kurven $u(x; y) = \text{const.}$ heißen wieder *„Äquipotentiallinien"*[2]), die Kurven $v(x; y) = \text{const.}$ *„Kraft- oder Feldlinien"*, da sie in jedem Punkt die Richtung der Feldstärke haben.

Die Funktion $w = f(z) = u(x; y) + iv(x; y)$ heißt das *„komplexe Potential"* des Feldes. Schreiben wir ebene Vektoren wieder als komplexe Zahlen, so gilt für die *„komplexe Feldstärke"*

$$(2)\qquad \mathfrak{E} = \mathfrak{E}_x + i\,\mathfrak{E}_y = -\frac{\partial u}{\partial x} - i\frac{\partial u}{\partial y} = -\frac{\partial u}{\partial x} + i\frac{\partial v}{\partial x} = -\left(\frac{\partial u}{\partial x} - i\frac{\partial v}{\partial x}\right) = -\overline{f'(z)}$$

$$(3)\qquad \overline{\mathfrak{E}} = \mathfrak{E}_x - i\,\mathfrak{E}_y = -f'(z).$$

Die *„konjugierte Feldstärke"* ist also der mit -1 multiplizierten Ableitung des komplexen Potentials gleich.

Bekanntlich ist auf einem Leiter das Potential konstant. Bei zweidimensionalen Potentialfeldern ist daher die Begrenzungskurve des Leiters in der x, y-Ebene eine Äquipotentiallinie. Ferner befindet sich bei einem geladenen Leiter die Ladung auf der Begrenzungsfläche. Die Ladungsdichte σ ist[3]) gegeben durch

$$(4)\qquad \sigma = \sqrt{\left(\frac{\partial u}{\partial x}\right)^2 + \left(\frac{\partial u}{\partial y}\right)^2} = |f'(z)| = |\mathfrak{E}|.$$

Ist $\mathfrak{s}$ die Tangentenrichtung der Feldlinien, $\mathfrak{n}$ ihre Normalenrichtung, so gilt wie S. 66

$$(5)\qquad \frac{\partial u}{\partial s} = \frac{\partial v}{\partial n} = -|f'(z)|.$$

Damit ergibt sich für die gesamte Ladung Q auf einem leitenden, zur z-Ebene senkrechten Streifen der Höhe 1 über einer von den Punkten P_1 und P_2 begrenzten Äquipotentiallinie

$$(6)\qquad Q = \int_{P_1}^{P_2} \sigma\, dn = -\int_{P_1}^{P_2} \frac{\partial v}{\partial n}\, dn = v_2 - v_1.$$

Die Differenz der Stromfunktionen auf einer Potentiallinie liefert hier die Ladungsmenge. Zeichnet man die Feldlinien für äquidistante Werte der Stromfunktion, so ist nach (5) der Betrag der Feldstärke an einer Stelle um so größer, je dichter dort die Linien verlaufen. Ebenso ist die Ladung auf einem Leiter groß bzw. klein, wenn von ihm viele bzw. wenige Feldlinien ausgehen.

Wie bei den ebenen Potentialströmungen liefert wieder jede analytische Funktion $f(z) = u(x; y) + iv(x; y)$ in der $z = x + iy$-Ebene ein ebenes Potentialfeld

---

[1]) In manchen Darstellungen wird für das elektrostatische Potential der Imaginärteil verwendet. Es sind dann die Äquipotentiallinien, wenn man, wie üblich, die reelle Achse horizontal wählt, horizontal. In unserem Falle drehen wir das Koordinatensystem um $\pi/2$, falls wir diese Lage haben wollen.

[2]) Da es sich in Wirklichkeit um ein räumliches Feld handelt, liegen die Äquipotentiallinien auf Äquipotentialflächen. Das sind Zylinderflächen, die durch Parallelverschiebung der Äquipotentiallinien in einer zur z-Ebene senkrechten Richtung erzeugt werden. Zwei derartige Flächen können z. B. als Flächen eines nach beiden Seiten unbegrenzten Kondensators angesehen werden.

[3]) Indem wir den dimensionellen Faktor $1/(4\pi)$ weglassen.

der Elektrostatik mit dem elektrischen Potential $u(x; y)$. Zusammenfassend haben wir daher den zu Satz 4, S. 65, analogen

Satz 4a: *Das elektrostatische Potential $u(x; y)$ und die Stromfunktion $v(x; y)$ eines ebenen Potentialfeldes können als Real- und Imaginärteil einer analytischen Funktion von $z = x + iy$, $f(z) = u(x; y) + iv(x; y)$, des komplexen Potentials, dargestellt werden. Umgekehrt kann jede analytische Funktion $f(z)$ als komplexes Potential eines ebenen elektrischen Feldes gedeutet werden. Ihre mit -1 multiplizierte Ableitung liefert die konjugierte Feldstärke*

$$\bar{\mathfrak{E}} = \mathfrak{E}_x - i\,\mathfrak{E}_y = -f'(z).$$

Beispiel: $f(z) = z$ stellt das komplexe Potential eines unendlich ausgedehnten Plattenkondensators mit parallelen Platten dar, bei dem z. B. auf einer durch die imaginäre Achse gehenden Platte das Potential Null, auf der durch die Parallele $x = u_0$ gehenden Platte das Potential u_0 herrscht. Die Äquipotentiallinien sind die Parallelen zur imaginären Achse, die Kraftlinien die Parallelen zur reellen Achse (siehe Fig. 23).

Im übrigen liefert wie bei den Strömungen *jede analytische Funktion wieder zwei mögliche Potentialfelder*, die wir wieder als „konjugiert" bezeichnen, da man entweder den Realteil oder den Imaginärteil der analytischen Funktion als elektrisches Potential wählen kann. Feld- und Potentiallinien vertauschen dann ihre Rolle. Ist $f(z)$ das komplexe Potential des ersten Feldes, so ist $-i\,f(z)$ das des zweiten.

Das komplexe Potential bei Überlagerungen von elektrischen Feldern ergibt sich, wie bei der Überlagerung von Strömungen, durch Addition der zugehörigen komplexen Potentiale.

Wird ein Potentialfeld $\mathfrak{E}$ der z-Ebene mit dem komplexen Potential $f(z)$ durch eine analytische Funktion $z = h(\zeta)$ konform auf ein Potentialfeld der ζ-Ebene abgebildet, so gilt der analoge Sachverhalt wie bei den Strömungen (vgl. Satz 5, S. 68). Die konforme Abbildung wird damit wieder zu einem wichtigen Hilfsmittel, um kompliziertere Feldformen auf einfachere Felder, für die das komplexe Potential bekannt ist, zurückzuführen.

An die Stelle eines zweidimensionalen elektrostatischen Feldes können auch irgendwelche andere Kraftfelder, die ein Potential haben, treten, z. B. zweidimensionale magnetostatische Felder oder Gravitationsfelder.

Nachdem wir in diesem Paragraphen einige wichtige Anwendungsmöglichkeiten analytischer Funktionen kennengelernt haben, wollen wir uns wieder den uns bisher bekannten analytischen Funktionen zuwenden und ihre wesentlichsten Eigenschaften an Hand der durch sie erzeugten konformen Abbildungen untersuchen. Dabei wollen wir gleichzeitig diese Funktionen als komplexe Potentiale von Strömungen und elektrostatischen Feldern anschaulich deuten.

Übungsaufgaben

1. Man zeige, daß $u = x^2 - y^2$ eine Potentialfunktion ist, und bestimme die dazu konjugierte durch Integration der Cauchy-Riemannschen Differentialgleichungen. Schließlich gebe man eine analytische Funktion an, deren Realteil u ist.
2. Dieselbe Aufgabe wie in 1. löse man für $u = (x^3 + x\,y^2 + y)/(x^2 + y^2)$.

3. $\varphi_1(z)$ und $\varphi_2(z)$ seien im Gebiet $\mathfrak{G}$ der $z = x + iy$-Ebene analytisch. Man zeige, daß $U = \bar{z}\,\varphi_1(z) + z\,\bar{\varphi}_1(\bar{z}) + \varphi_2(z) + \bar{\varphi}_2(\bar{z})$ eine reelle Funktion der reellen Veränderlichen $x; y$ ist, die in $\mathfrak{G}$ der Bipotentialgleichung $\Delta\,(\Delta\,u) = 0$ genügt.

Weitere Übungsbeispiele siehe bei den Aufgaben zu den Paragraphen 4 und 5, S. 97 bzw. 108.

§ 4. KONFORME ABBILDUNGEN MITTELS SPEZIELLER FUNKTIONEN

Wir betrachten im folgenden die durch spezielle Funktionen $w = f(z)$ erzeugten Abbildungen eines Gebietes $\mathfrak{G}$ der z-Ebene auf ein Gebiet $\mathfrak{G}^*$ einer w-Ebene. Die einfachsten Abbildungen liefern

1. Ganze lineare Funktionen $w = az + b \quad (a \neq 0)$

Jedem z-Wert wird hier in eindeutiger Weise ein w-Wert zugeordnet. Andererseits entspricht auch wegen $z = (w - b)/a$ jedem Punkt der w-Ebene genau ein Punkt der z-Ebene. Insbesondere entspricht dem Punkt ∞ der z-Ebene wieder der Punkt ∞ der w-Ebene. Durch $w = a\,z + b$ wird unter der Voraussetzung $w'(z) = a \neq 0$ die ganze z-Ebene auf die ganze w-Ebene umkehrbar eindeutig und konform abgebildet.

Definition I: Punkte, die bei der Abbildung der z- auf die w-Ebene ihre Lage bezüglich der Koordinatenachsen beibehalten, heißen „*Fixpunkte*" der Abbildung. Die ganze lineare Transformation hat den Punkt ∞ als einen Fixpunkt. Insbesondere bedeutet

α) $w = z$ die „*identische Abbildung*". Jeder Punkt ist Fixpunkt.

β) $w = z + b$ bedeutet (vgl. Kap. I § 1, 4. S. 18) eine *Parallelverschiebung*. Die Punkte der w-Ebene gehen aus den Punkten der z-Ebene durch Parallelverschiebung um den Vektor b hervor. Es gibt nur den Fixpunkt ∞.

γ) $w = a \cdot z$, $a \neq 1$, bedeutet (nach Kap. I, § 1, 4. S. 19), falls $a = r > 0$ ist, eine *Ähnlichkeitstransformation* im Verhältnis $1 : r$ mit $z = 0$ als Ähnlichkeitszentrum, für $a = e^{i\alpha}$ (α reell) eine *Drehung* um den Nullpunkt um den Winkel α, für $a = re^{i\alpha}$ eine Ähnlichkeitstransformation im Verhältnis $1 : r$ mit $z = 0$ als Ähnlichkeitszentrum und eine Drehung um den Punkt $z = 0$ um den Winkel α („*Drehstreckung*"). Dabei gehen Kreise wieder in Kreise und Geraden in Geraden über. Fixpunkte sind 0 und ∞.

δ) $w = az + b$, $a \neq 1$; $b \neq 0$. Hier kommt noch eine Parallelverschiebung um den Vektor b hinzu. Es gehen also Kreise wieder in Kreise und Geraden wieder in Geraden über. Außer ∞ gibt es noch einen weiteren Fixpunkt, der sich aus der Gleichung $z = a\,z + b$ als $z = b/(1 - a)$ berechnet. Wir können die Abbildung dann auf die Form bringen $w - b/(1 - a) = a(z - b/(1 - a))$, also indem wir in der z- und in der w-Ebene den Punkt $b/(1 - a)$ als neuen Nullpunkt wählen, durch die Transformation $W = w - b/(1 - a)$ und $Z = z - b/(1 - a)$ die Form $W = a \cdot Z$ erhalten. Die Abbildung stellt also eine Drehstreckung um den Punkt $b/(1 - a)$ dar.

Da in der ganzen linearen Funktion zwei Konstanten a, b enthalten sind, ist sie durch Angabe zweier einander entsprechender Punktepaare der z- und w-Ebene vollständig bestimmt. Es gilt also

Satz 1: *Eine ganze lineare Transformation ist durch zwei einander entsprechende Punktepaare eindeutig festgelegt. Sie bildet die ganze z-Ebene umkehrbar eindeutig und konform auf die ganze w-Ebene so ab, daß Kreise der z-Ebene wieder in Kreise und Geraden der z-Ebene wieder in Geraden der w-Ebene übergehen (Ähnlichkeitstransformation). Der Punkt* ∞ *ist Fixpunkt.*

Beispiel: Man ermittle die allgemeinste ganze lineare Transformation, bei der die folgenden Punktepaare einander entsprechen

z	i	$1+i$
w	1	$-i$

Man bestimmt die gesuchte Abbildung, indem man a und b aus den durch Einsetzen der einander entsprechenden Wertepaare erhaltenen Gleichungen $1 = ai + b$, $-i = (1+i)\,a + b$ berechnet, $a = -1 - i$, $b = i$, oder indem man mit dem Ansatz $w - 1 = k\,(z - i)$ die erste Zuordnung erfüllt und die willkürlich gebliebene Konstante k so bestimmt, daß auch die zweite Zuordnung besteht, also $-i - 1 = k \cdot 1$. Hiermit ergibt sich $w - 1 = -(1+i)(z-i)$, also $w = -(1+i)\,z + i$ in Übereinstimmung mit dem ersten Ergebnis.

Wir werden später (vgl. Aufg. 2, S. 167) sehen, daß die ganzen linearen Funktionen die einzigen Funktionen sind, welche die ganze z-Ebene auf die ganze w-Ebene umkehrbar eindeutig und konform so abbilden, daß der Punkt ∞ wieder in den Punkt ∞ übergeht.

Die durch das komplexe Potential $f(z) = a\,z + b$ erzeugte Strömung, und damit auch das entsprechende elektrische Feld, wurde schon in dem Beispiel S. 66 untersucht. Strom- und Feldlinien verlaufen parallel zum Vektor $-\bar{a}$.

2. $w = 1/z$

Die Funktion $w(z)$ ist überall mit Ausnahme des Punktes $z = 0$ definiert und differenzierbar, $w'(z) = -1/z^2$. $w(z)$ ist daher in jedem Bereich $\mathfrak{G}$ der z-Ebene, der den Nullpunkt nicht enthält, regulär und hat dort eine von Null verschiedene Ableitung. Sie vermittelt also eine konforme Abbildung des Gebietes $\mathfrak{G}$ der z-Ebene auf ein Gebiet $\mathfrak{G}^*$ der w-Ebene. Um diese Abbildung zu untersuchen, verwenden wir in der z- und in der w-Ebene Polarkoordinaten $z = re^{i\varphi}$, $w = Re^{i\Phi}$.

Es ist dann $Re^{i\Phi} = \dfrac{1}{r} \cdot e^{-i\varphi}$, also $R = \dfrac{1}{r}$, $\Phi = -\varphi$.

Der Abstand des Punktes w vom Nullpunkt hat also den reziproken Wert des Abstandes des Punktes z vom Nullpunkt, außerdem sind die beiden Winkel bis auf das Vorzeichen gleich.

Definition II: Zwei auf einem von M ausgehenden Strahl gelegene Punkte P_1 und P_2 heißen „*Spiegelpunkte bezüglich des Kreises*" mit dem Mittelpunkt M und dem Radius r, wenn $MP_1 \cdot MP_2 = r^2$.

Nach einem Satz aus der Elementargeometrie ist das Quadrat einer Kathete im rechtwinkeligen Dreieck gleich dem Produkt ihrer Projektion auf die Hypotenuse und der Hypotenuse. Damit ergibt sich die in Fig. 25 angedeutete Konstruktion zur Auffindung zweier Spiegelpunkte.

Wir können nunmehr sagen, der Punkt $w = 1/z$ geht aus dem Punkt z durch Spiegelung am Einheitskreis und Spiegelung an der reellen Achse hervor. Die Punkte des Einheitskreises $|z| = 1$ gehen wieder über in Punkte des Einheitskreises der w-Ebene, dabei ändert sich der Umlaufsinn. Die Punkte $+1$ und -1 sind Fixpunkte der Abbildung, konzentrische Kreise um den Nullpunkt im Inneren (Äußeren) des Einheitskreises gehen unter Änderung des Durchlaufungssinnes in konzentrische Kreise im Äußeren (Inneren) des Einheitskreises über. Strahlen, die vom Nullpunkt unter dem Neigungswinkel φ gegen die positive reelle Achse ausgehen, werden in Strahlen übergeführt, die in den Nullpunkt unter dem Neigungswinkel $-\varphi$ einmünden (vgl. Fig. 26). Kreise und Geraden der z-Ebene lassen sich allgemein durch eine Gleichung darstellen.

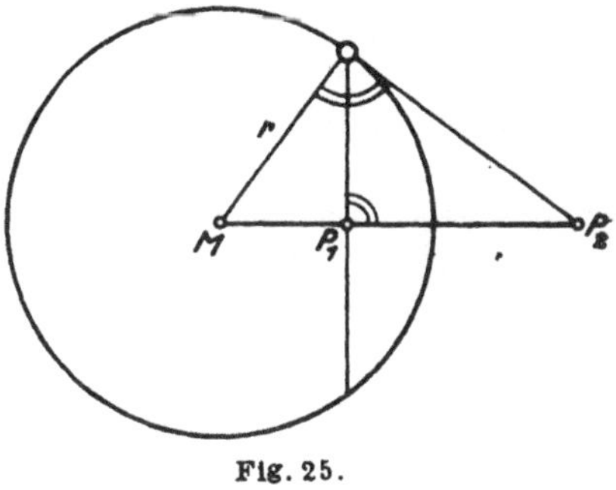

Fig. 25.

$$a(x^2 + y^2) + bx + cy + d = 0. \tag{1}$$

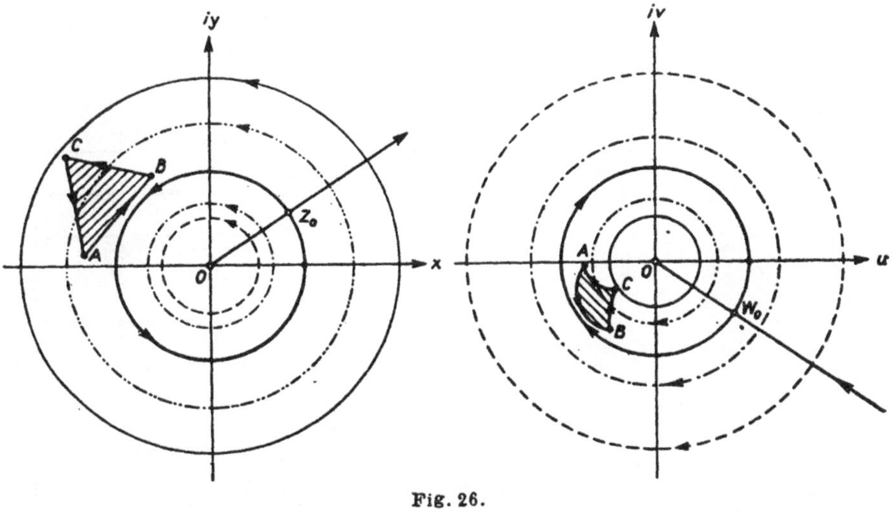

Fig. 26.

Für $a = 0$ haben wir Geraden, $d = 0$ ergibt Kreise durch den Nullpunkt, $a = d = 0$ Geraden durch den Nullpunkt.

Aus $u + iv = w = \frac{1}{z} = \frac{1}{x + iy} = \frac{x - iy}{x^2 + y^2}$ folgt

$$u = \frac{x}{x^2 + y^2}; \qquad v = \frac{-y}{x^2 + y^2};$$

ebenso

$$x = \frac{u}{u^2 + v^2}; \qquad y = \frac{-v}{u^2 + v^2}.$$

Daher geht die Gleichung (1) nach Division durch $x^2 + y^2$ bei der Abbildung über in

$$a + bu - cv + d\,(u^2 + v^2) = 0. \tag{2}$$

Das sind also wiederum Kreise und Geraden, und zwar falls $a = 0$ ist, Kreise durch den Nullpunkt, falls $d = 0$ ist, Geraden und falls $a = d = 0$ ist, Geraden durch den Nullpunkt. Damit haben wir

Satz 2: *Durch die Funktion $w = 1/z$ werden durch den Nullpunkt gehende Kreise der z-Ebene in Geraden der w-Ebene abgebildet, Kreise die nicht durch den Nullpunkt gehen, werden in ebensolche Kreise übergeführt. Geraden der z-Ebene, die nicht durch den Nullpunkt gehen, gehen in der w-Ebene in Kreise durch den Nullpunkt über, Geraden durch den Nullpunkt gehen wieder in solche über.*

Fassen wir eine Gerade als Grenzfall eines Kreises mit unendlich großem Radius auf oder, anders formuliert, als einen Kreis durch den unendlich fernen Punkt, so können wir sagen: Bei der Abbildung $w = 1/z$ geht ein Kreis (von endlich oder unendlich großem Radius) stets wieder in einen solchen über. Man sagt, die Abbildung ist eine „**Kreisverwandtschaft**".

Bei der Abbildung $w = 1/z$ entspricht insbesondere den Geraden $u =$ const. und $v =$ const. jeweils ein Kreisbüschel in der z-Ebene durch den Nullpunkt, dessen Kreise im Nullpunkt die imaginäre bzw. reelle Achse berühren (vgl. Fig. 27).

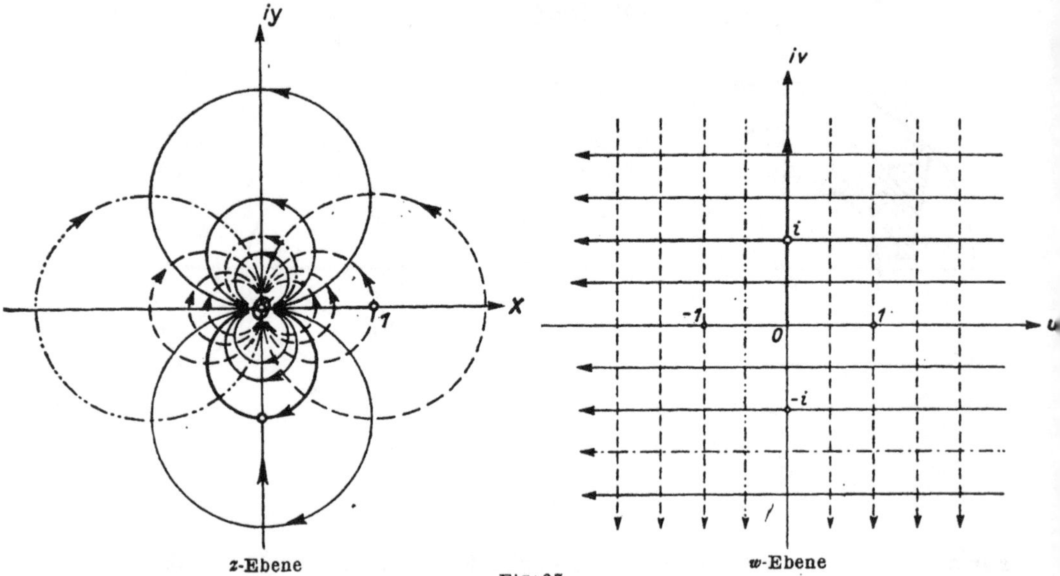

Fig. 27.

Dasselbe Kreisbüschel entspricht, da $z = 1/w$ ist, auch den Geraden $x =$ const. und $y =$ const. in der w-Ebene. Jeder Kreis des einen Büschels schneidet jeden Kreis des anderen Büschels unter rechtem Winkel.

Deuten wir $f(z) = 1/z$ als komplexes Strömungspotential einer stationären ebenen Potentialströmung in der x; y-Ebene (vgl. § 3, 2. S. 63), so wird dadurch die von einer im Nullpunkt befindlichen **Doppelquelle** (Quelle und Senke) gebildete

Strömung geliefert. $v(x; y) = \text{const.}$ gibt die Stromlinien, $u(x; y) = \text{const.}$ die Äquipotentiallinien. Die konjugierte Geschwindigkeit der Strömungen in einem Punkt $(x; y)$ ergibt sich nach Satz 4, Seite 65, als

$$-f'(z) = \frac{1}{z^2} = \left(\frac{x - iy}{x^2 + y^2}\right)^2 = \frac{x^2 - y^2}{(x^2 + y^2)^2} - i\frac{2xy}{(x^2 + y^2)^2} = \mathfrak{v}_x - i\mathfrak{v}_y.$$

Damit ergeben sich die Komponenten der Geschwindigkeit $\mathfrak{v}$ in einem von 0 verschiedenen Punkt $z = x + iy$ als

$$\mathfrak{v}_x = \frac{x^2 - y^2}{(x^2 + y^2)^2}; \quad \mathfrak{v}_y = \frac{2xy}{(x^2 + y^2)^2}.$$

Der Betrag der Geschwindigkeit ist $|\mathfrak{v}| = |f'(z)| = 1/|z|^2 = 1/(x^2 + y^2)$, er wächst daher bei Annäherung an die Doppelquelle $z = 0$ umgekehrt mit dem Quadrate des Abstandes nach unendlich. Im Punkt $z = 0$ ist mit dem Strömungspotential $f(z) = 1/z$ auch die Potential- und Stromfunktion nicht mehr regulär. Nach Satz 4a, S. 70, läßt sich $f(z)$ auch als komplexes Potential eines ebenen elektrostatischen Feldes deuten. Das Bild der Äquipotential- und Feldlinien $u = \text{const.}$ bzw. $v = \text{const.}$ zeigt, daß es sich hier um das Feld eines im Nullpunkt befindlichen ebenen **Dipols** handelt, dessen Achse die Richtung der positiven reellen Achse besitzt. $-f'(z)$ liefert hier die konjugierte Feldstärke $\overline{\mathfrak{E}} = \mathfrak{E}_x - i\mathfrak{E}_y$, also

$$\mathfrak{E}_x = \frac{x^2 - y^2}{(x^2 + y^2)^2}, \quad \mathfrak{E}_y = \frac{2xy}{(x^2 + y^2)^2}.$$

Es gilt also

Satz 3: $f(z) = 1/z$ *stellt das komplexe Potential einer ebenen Strömung (bzw. eines ebenen elektrostatischen Feldes) mit einer im Nullpunkt befindlichen Doppelquelle (Dipol) dar, deren Strömungs-(Feld)-Linien im Nullpunkt die Richtung der positiven reellen Achse besitzen.*

Wir haben im § 1 von Kap. II den Definitionsbereich einer Funktion $f(z)$ als beschränkt vorausgesetzt und damit auch Stetigkeit und Differenzierbarkeit von $f(z)$ nur in einem Punkt $z \neq \infty$ definiert. Andererseits haben wir nun bei den konformen Abbildungen auch den unendlich fernen Punkt mit in unsere Betrachtungen einbezogen und werden das künftig öfters tun. Wir wollen uns daher von der früheren Beschränkung frei machen und zwar indem wir die durch $w = 1/z$ vermittelte Abbildung dazu benützen, um das Verhalten einer Funktion $f(z)$ im Punkt $z = \infty$ zu definieren. Wir sagen:

Definition III: Eine Funktion $f(z)$ heißt „*im unendlich fernen Punkt* $z = \infty$ bzw. „*definiert*", „*stetig*", „*regulär*", wenn die aus $f(z)$ durch die Transformation $z = 1/\zeta$ entstehende Funktion $f(1/\zeta) = F(\zeta)$ im Punkt $\zeta = 0$ bzw. definiert, stetig, regulär ist. Die Abbildung $w = f(z)$ heißt „*im Punkt* $z = \infty$ *konform*", wenn die durch $w = F(\zeta)$ vermittelte Abbildung der ζ-Ebene auf die w-Ebene im Punkt $\zeta = 0$ konform ist. Zwei Kurven der z-Ebene „*schneiden sich im Punkt* $z = \infty$ *unter dem Winkel* α", wenn sich ihre Bilder im Nullpunkt der ζ-Ebene unter dem Winkel α schneiden.

Es wird also durch die Transformation $\zeta = 1/z$ der unendlich ferne Punkt der z-Ebene gleichsam in den Nullpunkt der ζ-Ebene hineinprojiziert und hier werden die Eigenschaften der Funktion untersucht.

Wenden wir diese Definition speziell auf die Funktion $f(z) = 1/z$ an, so ergibt sich $f(z) = f(1/\zeta) = F(\zeta) \equiv \zeta$. Die Funktion $w = F(\zeta) \equiv \zeta$ ist aber im Nullpunkt regulär und vermittelt dort eine konforme Abbildung der ζ-Ebene auf die w-Ebene, nämlich die identische. Es wird also durch $w = 1/z$ die Umgebung von $z = \infty$ umkehrbar eindeutig und konform auf die Umgebung von $w = 0$ abgebildet. Wegen $z = 1/w$ gilt dasselbe für die Abbildung der Umgebung von $w = \infty$ auf die Umgebung von $z = 0$. Wir können damit den Satz aussprechen

Satz 4: *Die Funktion $w = 1/z$ ist im Punkt $z = \infty$ regulär. Sie bildet die volle z-Ebene umkehrbar eindeutig und konform auf die volle w-Ebene ab.*

3. Die allgemeine lineare Funktion $w = \dfrac{az+b}{cz+d}$; $ad - bc \neq 0$.

$c = 0$ liefert als Spezialfall die ganze lineare Abbildung, die wir in 2. behandelt haben. Wir nehmen daher $c \neq 0$ an und können dann die lineare Funktion auf die Gestalt bringen

$$w = \frac{az+b}{cz+d} = \frac{a}{c} + \frac{bc-ad}{c(cz+d)} = \frac{a}{c} + \frac{bc-ad}{c^2} \frac{1}{z+\frac{d}{c}}.$$

Ist $ad - bc \neq 0$, sind also Zähler und Nenner nicht proportional, so können wir diese Abbildung der z- auf die w-Ebene erhalten, indem wir die vorher betrachteten einfachen Abbildungen ausführen, nämlich:

I. $Z = z + \dfrac{d}{c}$, also eine Parallelverschiebung,

II. $W = \dfrac{1}{Z}$, Spiegelung am Einheitskreis und an der reellen Achse,

III. $w = \dfrac{a}{c} + \dfrac{bc-ad}{c^2} \cdot W$, Drehstreckung.

Bei jeder dieser Abbildungen gehen Kreise und Geraden wieder in Kreise oder Geraden über. Die Abbildung durch die allgemeine lineare Funktion ist wieder eine Kreisverwandtschaft. Die Kreise durch $Z = 0$, also $z = -d/c$, gehen in Kreise durch $w = \infty$, also in Geraden der w-Ebene über. Geraden der z-Ebene, also Kreise durch $z = \infty$, gehen in der w-Ebene über in Kreise oder Geraden durch $w = a/c$.

Die lineare Transformation enthält vier Konstanten, von denen nur drei wesentlich sind, denn man kann mit $c \neq 0$ Zähler und Nenner dividieren und hat damit nur mehr drei Konstanten a/c, b/c, d/c zu bestimmen. Hierzu sind drei Paare einander entsprechende Punkte notwendig. Bei der linearen ganzen Transformation sind zwei Punktepaare nötig, außerdem entsprechen sich dort noch die unendlich fernen Punkte. Wir haben daher ganz allgemein für lineare Transformationen zusammenfassend den

Satz 5: *Eine lineare Transformation ist durch drei einander entsprechende Punktepaare eindeutig festgelegt. Sie bildet die volle z-Ebene in jedem ihrer Punkte umkehrbar eindeutig und konform auf die volle w-Ebene ab. Dabei **gehen Kreise und Geraden in Kreise oder Geraden über.***

Beispiel: Man bestimme die lineare Transformation, bei der die folgenden Punktepaare einander entsprechen:

$$\begin{array}{c|c|c|c} z & 1 & 1+i & -i \\ \hline w & i & 0 & -1 \end{array}.$$

Wir lösen die Aufgabe auf zwei verschiedene Weisen.

I. Wir bestimmen in

$$w = \frac{a\,z+b}{c\,z+d} = \frac{\alpha\,z+\beta}{z+\gamma}$$

unter der Annahme, daß $c \neq 0$ ist, so daß der Bruch mit c gekürzt werden kann, die drei Konstanten α, β, γ, indem wir die einander entsprechenden Punktepaare einsetzen. Das liefert das Gleichungssystem

$$\begin{aligned} \alpha + \beta - i\gamma &= i \\ \alpha\,(1+i) + \beta &= 0 \\ -i\alpha + \beta + \gamma &= i \end{aligned}$$

mit der Lösung $\alpha = -1/2$, $\beta = (1+i)/2$, $\gamma = -1/2$ und damit die gesuchte lineare Transformation

$$w = \frac{-z+1+i}{2z-1}.$$

II. Wir setzen eine lineare Abhängigkeit zwischen w und z an, die zunächst nur die beiden letzten Zuordnungen berücksichtigt, außerdem aber noch eine willkürliche Konstante k enthält, nämlich

$$\frac{w+1}{w} = k\,\frac{z+i}{z-(1+i)}.$$

Die noch willkürlich gebliebene Konstante wird durch das erste Punktepaar bestimmt. Setzt man $z = 1$, $w = i$ in den Ansatz ein, so berechnet sich hieraus $k = -1$ und damit

$$\frac{w+1}{w} = -\frac{z+i}{z-(1+i)}.$$

Nach w aufgelöst erhält man eine lineare Transformation, bei der die vorgeschriebenen Punktepaare einander entsprechen, also, da durch 3 Punktepaare eine lineare Transformation eindeutig bestimmt ist, die gesuchte Transformation

$$w = \frac{-z+1+i}{2z-1}.$$

Entsprechen einander im allgemeinen Fall die Punktepaare

$$\begin{array}{c|c|c|c} z & z_1 & z_2 & z_3 \\ \hline w & w_1 & w_2 & w_3 \end{array},$$

so führt der Ansatz

$$\frac{w-w_2}{w-w_3} = k\,\frac{z-z_2}{z-z_3},$$

bei dem die beiden letzten Punktepaare einander entsprechen, bei Bestimmung von k mit Hilfe des 1. Punktepaares auf

$$\frac{w_1 - w_2}{w_1 - w_3} = k \frac{z_1 - z_2}{z_1 - z_3}$$

und damit auf die Gleichung

$$\frac{w - w_2}{w - w_3} : \frac{w_1 - w_2}{w_1 - w_3} = \frac{z - z_2}{z - z_3} : \frac{z_1 - z_2}{z_1 - z_3}. \tag{3}$$

Hieraus ergibt sich, nach w aufgelöst, w als die gesuchte lineare Funktion von z.

Definition IV: Unter dem „*Doppelverhältnis*" $(z; z_1; z_2; z_3)$ von vier komplexen Zahlen z, z_1, z_2, z_3 versteht man

$$(z; z_1; z_2; z_3) = \frac{z - z_2}{z - z_3} : \frac{z_1 - z_2}{z_1 - z_3}.$$

Aus Gleichung (3) folgt demnach

Satz 6: *Bei einer linearen Transformation behält das Doppelverhältnis von vier Punkten seinen Wert.*

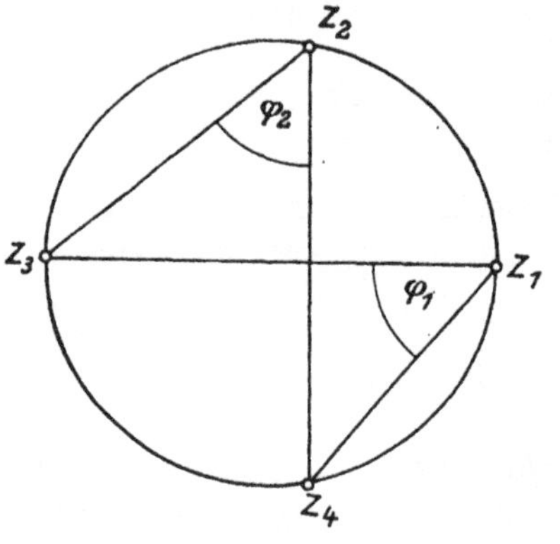

Fig. 28.

Liegen vier Punkte z_1, z_2, z_3, z_4 auf einem Kreis, wobei wir die Bezeichnung so wählen, daß die Punkte beim Durchlaufen des Kreises in der angegebenen Reihenfolge aufeinanderfolgen, so ist nach dem Satz über die Peripheriewinkel (vgl. Fig. 28)

$$\operatorname{arc} \frac{z_1 - z_3}{z_1 - z_4} = \varphi_1 = \varphi_2 = \operatorname{arc} \frac{z_2 - z_3}{z_2 - z_4}$$

und daher

$$(z_1; z_2; z_3; z_4) = \frac{z_1 - z_3}{z_1 - z_4} : \frac{z_2 - z_3}{z_2 - z_4}$$

reell.

Ist umgekehrt das Doppelverhältnis reell, so liegen die vier Punkte auf einem Kreis. Das gilt offensichtlich auch, wenn die Punkte auf einer Geraden, also auf einem Kreis von unendlich großem Radius gelegen sind. Da, wie der Leser als Übung nachrechnen möge (vgl. 19. S. 198), das Doppelverhältnis $(z_1, z_2, z_3, z_4) = \lambda$ bei allen möglichen Permutationen der Indizes 1, 2, 3, 4 nur die sechs Werte λ, $1/\lambda$, $1 - \lambda$, $1/(1 - \lambda)$, $(\lambda - 1)/\lambda$, $\lambda/(\lambda - 1)$ annehmen kann, so ist $(z_1; z_2; z_3; z_4)$ reell, wenn das Doppelverhältnis irgend einer Permutation der 4 Zahlen reell ist. Wir erhalten somit

Satz 7: *Vier Punkte liegen dann und nur dann auf einem Kreis (von endlichem oder unendlichem Radius), wenn ihr Doppelverhältnis reell ist.*

Mit Hilfe von Satz 6 lösen wir die folgende

Aufgabe: Man bilde durch eine lineare Transformation das Kreisringgebiet $1 \leq |z|$; $|z - 1| \leq 3$ auf das Kreisringgebiet $1 \leq |w| \leq \varrho$ ab. Welches ist der Radius ϱ des äußeren Kreises?

Die reelle Achse schneidet beide Kreise in der z-Ebene senkrecht. Durch eine lineare Transformation kann sie in einen Kreis oder eine Gerade übergehen. Da aber das Bild der reellen Achse in der w-Ebene die beiden konzentrischen Kreise unter rechtem Winkel schneiden muß, so kann es nur eine Gerade durch $w = 0$ sein. Wir führen sie z. B. wieder in die reelle Achse über und treffen damit folgende Zuordnungen

z	-2	-1	1	4
w	$-\varrho$	-1	1	ϱ

Da das Doppelverhältnis von vier Punkten bei der linearen Transformation konstant bleibt, so ist

$$\frac{3}{6} : \frac{2}{5} = \frac{1+\varrho}{2\varrho} : \frac{2}{1+\varrho} \quad \text{oder} \quad \varrho^2 - 3\varrho + 1 = 0, \quad \text{somit} \quad \varrho = \frac{3+\sqrt{5}}{2}.$$

Wir hatten in Def. II, S. 72, den Begriff der Spiegelpunkte bezüglich eines Kreises eingeführt. Sind P_1 und P_2 Spiegelpunkte bezüglich eines Kreises (K) vom Mittelpunkt M und vom Radius r, so besteht die Beziehung $MP_1 \cdot MP_2 = r^2$. Andererseits besteht nach dem Sehnen-Tangentensatz der Elementargeometrie für die Länge t der von M aus an einen Kreis durch P_1 und P_2 gelegten Tangente die Beziehung $t^2 = MP_1 \cdot MP_2$. Es ist also $t = r$. Die von M aus an die Kreise durch P_1 und P_2 gelegten Tangenten sind also Radien des Kreises (K) (vgl. Fig. 29). Daher schneidet jeder Kreis durch zwei bezüglich des Kreises (K) spiegelbildlich gelegene Punkte P_1 und P_2 den Kreis (K) unter rechtem Winkel. *Die Spiegelpunkte sind also Träger eines den Kreis (K) senkrecht schneidenden Kreisbüschels.* Sind umgekehrt P_1 und P_2 zwei Punkte auf einem vom Mittelpunkt M eines Kreises (K) ausgehenden Strahl, durch die ein Kreis von endlichem Radius geht, der (K) senkrecht schneidet, so sind P_1 und P_2 Spiegelpunkte bezüglich (K).

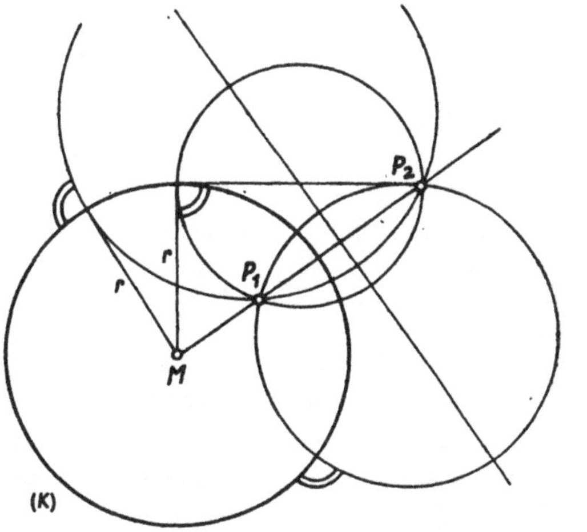

Fig. 29.

Wird durch eine lineare Transformation der Kreis (K) in einen Kreis oder eine Gerade transformiert, so geht das zu (K) orthogonale Kreisbüschel durch zwei Spiegelpunkte P_1, P_2 von (K) wegen der Konformität der Abbildung wieder in ein orthogonales Kreisbüschel bezüglich des Bildes (K_1) von (K) über. Ist (K_1) ein Kreis, so gehen damit Spiegelpunkte P_1, P_2 bezüglich (K) wieder in Spiegelpunkte bezüglich (K_1) über. Ist (K_1) eine Gerade, so schneiden die Kreise des Büschels die Gerade senkrecht und P_1, P_2 gehen daher in Spiegelpunkte bezüglich der Geraden über (vgl. Fig. 30).

Zusammenfassend haben wir den

Satz 8: *Bei einer linearen Transformation gehen Spiegelpunkte bezüglich eines Kreises oder einer Geraden wieder in Spiegelpunkte über.*

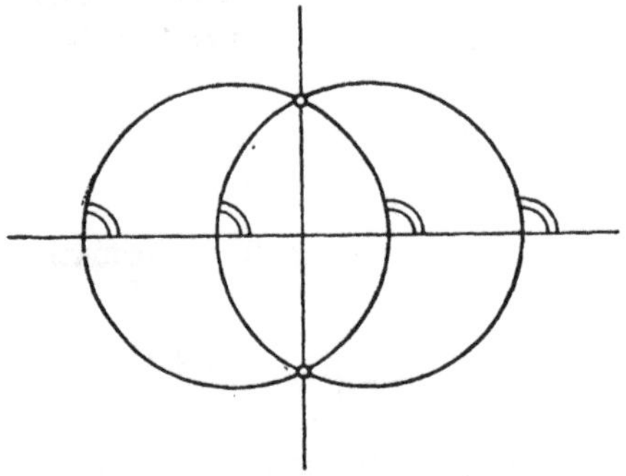

Fig. 30.

Für die Anwendung dieses Satzes bringen wir einige Beispiele.

1. Beispiel: Wie lautet die lineare Transformation, welche den Einheitskreis $|z| = 1$ so in sich überführt, daß der Punkt $z = 0{,}5$ in den Kreismittelpunkt und der Punkt $z = -1$ in den Punkt $w = 1$ übergeht? Wenn der Punkt $z = 0{,}5$ in den Punkt $w = 0$ übergehen soll, so muß der Spiegelpunkt $z = 2$ in den Spiegelpunkt zu $w = 0$, also in den Punkt ∞ der w-Ebene übergehen. Wir haben damit die Zuordnung

z	$0{,}5$	2	-1
w	0	∞	1

Die beiden ersten Zuordnungen sind erfüllt durch den Ansatz

$$w = k\,\frac{z - 0{,}5}{z - 2},$$

die letzte Zuordnung bestimmt $k = 2$. Somit ist die gesuchte Transformation

$$w = \frac{2z - 1}{z - 2}.$$

2. Beispiel: Wie lautet die allgemeinste lineare Funktion, welche den Einheitskreis in sich und den Punkt a in den Nullpunkt überführt?

Der Spiegelpunkt von a bezüglich des Einheitskreises ist $1/\bar{a}$. Soll a in dem Nullpunkt abgebildet werden, so geht $1/\bar{a}$ in den Punkt ∞ über. Wir haben also die Zuordnung

z	a	$1/\bar{a}$
w	0	∞

Diese wird durch den Ansatz

$$w = k\,\frac{z - a}{z - (1/\bar{a})} = k_1\,\frac{z - a}{\bar{a}z - 1}$$

berücksichtigt. Da wir bisher nur die Tatsache benutzt haben, daß Spiegelpunkte in Spiegelpunkte übergehen, so geht durch diese Abbildung der Einheitskreis in einen Kreis um $w = 0$ über. Soll dieser Kreis speziell der Einheitskreis sein, so muß z. B. dem Punkt $z = 1$ ein Punkt auf dem Einheitskreis der w-Ebene, $|w| = 1$, entsprechen. Daher ist

$$1 = |k_1|\cdot\left|\frac{1 - a}{\bar{a} - 1}\right| = |k_1|.$$

Daraus folgt $k_1 = e^{i\alpha}$, wobei α eine reelle Zahl ist. Demnach ist

$$(4) \qquad w = e^{i\alpha} \frac{z - a}{\bar{a} z - 1}, \quad \alpha \text{ reell.}$$

die allgemeinste lineare Abbildung, die den Einheitskreis in sich so überführt, daß der Punkt a in den Mittelpunkt des Einheitskreises der w-Ebene übergeht. Liegt dabei a im Innern (Äußern) des Einheitskreises, so geht das Innere (Äußere) des Einheitskreises in das Innere des Einheitskreises über.

3. Beispiel: Wie lautet die allgemeinste lineare Abbildung der oberen Halbebene auf das Innere des Einheitskreises, die den Punkt a der oberen Halbebene in den Nullpunkt überführt?

Geht der Punkt a der oberen Halbebene in den Mittelpunkt $w = 0$ des Einheitskreises über, so geht $\bar{a}$ nach Satz 8 in den Punkt ∞ über. Diese Zuordnung läßt sich durch den Ansatz $w = k \frac{z - a}{z - \bar{a}}$ erreichen.

Ferner soll für $z = x$ der Betrag $|w| = 1$ sein. Da $\left| \frac{x - a}{x - \bar{a}} \right| = 1$ ist, erhält man $k = e^{i\alpha}$ (α reell).

Somit lautet die gesuchte Funktion

$$(5) \qquad w = e^{i\alpha} \frac{z - a}{z - \bar{a}} \quad (\alpha \text{ reell}).$$

Das Ergebnis zweier nacheinander ausgeführter linearer Abbildungen ist wieder eine solche. Ebenso liefern zwei nacheinander ausgeführte lineare Abbildungen des Innern des Einheitskreises auf sich wieder eine Abbildung derselben Art. Das nämliche gilt für die linearen Abbildungen der oberen Halbebene auf sich[1]). Die beiden letzteren Gruppen von Abbildungen können auch als „nichteuklidische Bewegungen" gedeutet werden. Wir verwenden hierzu das folgende **Modell einer nichteuklidischen Geometrie:** Als *„Punkte"* nehmen wir nur die Punkte im Innern des Einheitskreises. *„Geraden"* seien die zum Einheitskreis orthogonalen Kreisbögen im Innern des Einheitskreises. — Damit ist offensichtlich die Grundforderung (Axiom) erfüllt: Durch zwei „Punkte" P und Q gibt es stets eine und nur eine „Gerade". — Der Bogen PQ des die „Gerade" durch P, Q darstellenden Kreisbogens heißt *„Strecke PQ"*. Schneiden die zum Einheitskreis orthogonalen Kreise durch P_1, Q_1 und P_2, Q_2 den Einheitskreis in den Randpunkten R_1, S_1 bzw. R_2, S_2 und sind die Doppelverhältnisse $(P_1; Q_1; R_1; S_1)$ und $(P_2; Q_2; R_2; S_2)$ gleich oder zueinander reziprok, so heißen die beiden „Strecken" P_1Q_1 und P_2Q_2 *„kongruent"*. Unter dem *„Winkel"* zweier sich in P schneidender „Geraden" verstehen wir den gewöhnlichen (d. h. euklidischen) Winkel der beiden die „Geraden" darstellenden euklidischen Kreisbögen. Unter einer *„Parallelen"* zu einer „Geraden" g durch den nicht auf der Geraden liegenden „Punkt" P versteht man eine „Gerade" durch P, welche mit g keinen „Punkt" gemein hat. Man kann dann zeigen, daß bei dieser Deutung der

[1]) Man sagt, ein System von verschiedenen Elementen „bildet eine Gruppe", wenn es folgende vier Eigenschaften besitzt:

I. Zu zwei Elementen $\mathfrak{A}$ und $\mathfrak{B}$ des Systems gehört in eindeutiger Weise ein Element des Systems, das mit $\mathfrak{A}\mathfrak{B}$ bezeichnet werde.

II. Für drei Elemente $\mathfrak{A}, \mathfrak{B}, \mathfrak{C}$ gilt das assoziative Gesetz $\mathfrak{A}(\mathfrak{B}\mathfrak{C}) = (\mathfrak{A}\mathfrak{B})\mathfrak{C}$.

III. Es gibt ein Einheitselement $\mathfrak{E}$, so daß für jedes Element $\mathfrak{A}$ des Systems $\mathfrak{A}\mathfrak{E} = \mathfrak{E}\mathfrak{A} = \mathfrak{A}$ gilt.

IV. Zu jedem Element $\mathfrak{A}$ gibt es ein inverses Element $\mathfrak{A}^{-1}$, so daß $\mathfrak{A}\mathfrak{A}^{-1} = \mathfrak{A}^{-1}\mathfrak{A} = \mathfrak{E}$ ist.

In diesem Sinne bilden offenbar die linearen Abbildungen für sich, ferner die linearen Abbildungen des Einheitskreises auf sich und ebenso die der oberen Halbebene auf sich jeweils eine Gruppe. Dabei ist unter $\mathfrak{A}\mathfrak{B}$ die Abbildung zu verstehen, die man erhält, wenn man auf die Abbildung $\mathfrak{A}$ noch die Abbildung $\mathfrak{B}$ folgen läßt. $\mathfrak{E}$ ist die identische Abbildung, $\mathfrak{A}^{-1}$ die durch die Umkehrfunktion erzeugte, zu $\mathfrak{A}$ inverse Abbildung.

geometrischen Grundbegriffe und der der euklidischen Bedeutung analogen Übertragung der noch fehlenden, wie des Begriffes „*zwischen*", alle Axiome der gewöhnlichen euklidischen Geometrie mit Ausnahme des Parallelenaxioms (durch einen Punkt gibt es stets eine und nur eine Parallele zu einer nicht durch den Punkt gehenden Geraden) sich erfüllen lassen. Dieses Axiom jedoch gilt hier nicht mehr. Statt dessen ist hier das Axiom erfüllt: Durch jeden „Punkt" P gibt es zu jeder nicht durch P gehenden „Geraden" mindestens zwei „Parallelen"; offensichtlich gibt es sogar unendlich viele. Es gelten dann alle Sätze der euklidischen Geometrie, die sich ohne das Parallelenaxiom beweisen lassen, auch hier, z. B. der 2. Kongruenzsatz für Dreiecke ($w\,s\,w$) oder daß sich die „Winkelhalbierenden" eines „Dreiecks" in einem „Punkte" schneiden. Man kann somit im Einheitskreis „*nichteuklidische Geometrie*" treiben, sog. „*hyperbolische Geometrie*"[1]). Bei den Transformationen des Einheitskreises in sich bleiben „Strecken" und „Winkel" „kongruent". Wir können daher diese Transformationen als „*Bewegungen*" in dieser nichteuklidischen „*Ebene*" — dem Innern des Einheitskreises — bezeichnen. An Stelle des Einheitskreises können wir auch die reelle Achse verwenden und eine nichteuklidische „Geometrie" in der oberen Halbebene treiben. Die linearen Abbildungen der oberen Halbebene auf sich stellen dann die „Bewegungen" in dieser nichteuklidischen „Ebene" dar.

Die Fixpunkte z_1 und z_2 einer linearen Transformation bestimmen sich aus $z = \frac{a z + b}{c z + d}$ oder $c z^2 + (d - a) z - b = 0$. Es gibt also zwei Fixpunkte einer linearen Transformation, die gegebenenfalls zusammenfallen. Falls $c \neq 0$ ist, liegen beide im Endlichen. Ist $c = 0$, also die Transformation eine ganze lineare, so ist bekanntlich der Punkt ∞ ein Fixpunkt. Ist außerdem $d = a$, so fallen beide Fixpunkte in den Punkt ∞. Einem Kreis durch die Fixpunkte in der z-Ebene entspricht in der w-Ebene wieder ein Kreis (im allgemeinen Sinne) durch dieselben Punkte. *Die Gesamtheit der Kreise durch zwei verschiedene Fixpunkte*, also das (hyberbolische) Kreisbüschel durch diese Punkte, *geht* dann wieder *in dasselbe Kreisbüschel über*. Dabei geht im allgemeinen ein Kreis des Büschels nicht wieder in denselben Kreis über. Ein zum Büschel orthogonaler Kreis in der z-Ebene wird auch in der w-Ebene wegen der Konformität der Abbildung wieder auf einen bezüglich des hyperbolischen Kreisbüschels orthogonalen Kreis abgebildet. Daher *geht auch das zum ersten Bü-*

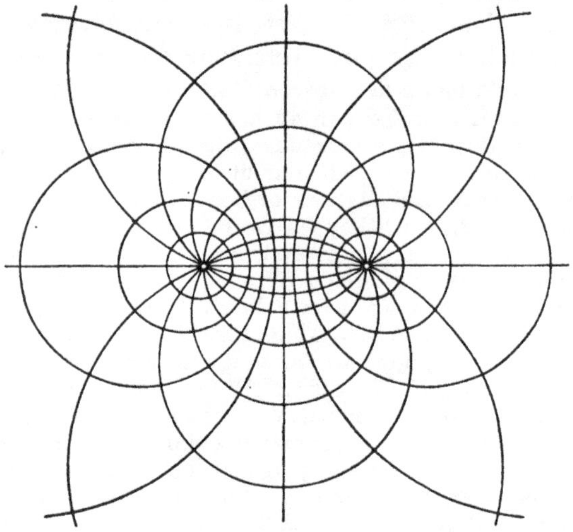

Fig. 31.

[1]) Eine gut lesbare Einführung in diese Gedankengänge gibt z. B. das Göschenbändchen Nr. 970, R. Baldus, Nichteuklidische Geometrie, Leipzig 1944. Die Einführung der „Geraden" und „Winkel" geschieht dort in etwas anderer Weise. Siehe auch C. Carathéodory, Conformal Representations, Cambridge 1932, S. 18 ff.

schel orthogonale Kreisbüschel (elliptische Kreisbüschel, vgl. Fig. 31) *in sich über.* Auch hier wird ein Kreis des Büschels im allgemeinen in einen anderen Kreis des Büschels übergeführt. Hat die quadratische Bestimmungsgleichung für die Fixpunkte eine Doppelwurzel, so fallen die Punkte in einen zusammen, die beiden orthogonalen Kreisbüschel, die in sich übergehen, sind hier zwei parabolische Kreisbüschel durch den Fixpunkt (vgl. Fig. 27, S. 74).

Die Kreisbögen des Büschels durch die Punkte z_1 und z_2 sind nach dem Peripheriewinkelsatz gegeben durch $\operatorname{arc} \frac{z - z_1}{z - z_2} = \text{const.}$; $\left| \frac{z - z_1}{z - z_2} \right| = \text{const.}$ ist dann die Gleichung des dazu orthogonalen Büschels, denn $w = \frac{z - z_1}{z - z_2}$ bildet die z-Ebene umkehrbar eindeutig und konform auf die w-Ebene ab. Daher entsprechen den orthogonalen Kurvenscharen $|w| = \text{const.}$ und $\operatorname{arc} w = \text{const.}$ auch in der z-Ebene solche. z_1 und z_2 teilen einen auf der Geraden z_1, z_2 gelegenen Durchmesser a, b eines Kreises des elliptischen Büschels innen und außen im gleichen Verhältnis, es ist daher auf der orientierten Geraden $(z_1; z_2; a; b) = -1$, die vier Punkte z_1, z_2, a, b sind „*harmonische Punkte*".

Wir werden später (vgl. Aufgabe 2, S. 167) sehen, daß die in Satz 5, S. 76, erwähnte Eigenschaft der linearen Funktionen, die ganze z-Ebene umkehrbar eindeutig und konform auf die ganze w-Ebene abzubilden, die linearen Funktionen vollständig charakterisiert.

Als komplexes Potential liefert die gebrochen rationale Funktion im wesentlichen dasselbe Bild wie die Funktion $f(z) = 1/z$, aus der sie durch eine Drehstreckung (vgl. III, S. 76) hervorgeht. Man bekommt das Bild einer im Punkt $z = -d/c$ befindlichen Doppelquelle (bzw. Dipols), deren Richtung gegenüber der reellen Achse gedreht ist. Die Kreise der durch die Fixpunkte gegebenen Büschel sind jedoch keine Äquipotential- und Stromlinien dieser Strömung, sondern werden durch eine andere analytische Funktion geliefert (vgl S. 102).

4. $w = z^2$

Es ist $w'(z) = 2z$. Die Ableitung verschwindet also an der Stelle $z = 0$, daher wird die durch $w = z^2$ erzeugte Abbildung im Nullpunkt nicht mehr konform sein. Um die Abbildung zu untersuchen, führen wir in der z- und in der w-Ebene Polarkoordinaten ein,

$$z = r\,e^{i\varphi}; \qquad w = R\,e^{i\Phi},$$

dann ist

$$R = r^2; \qquad \Phi = 2\varphi,$$

die Abstände der Punkte vom Nullpunkt werden also quadriert, die Winkel verdoppelt. Daher entspricht bei beliebigem r den Punkten mit $0 \leqq \operatorname{arc} z < \pi$ der z-Ebene bereits ein volles Exemplar der w-Ebene. Die Punkte der reellen z-Achse gehen in die Punkte der doppelt durchlaufenen positiven reellen Achse der w-Ebene über. Den Punkten der z-Ebene mit $\pi \leqq \operatorname{arc} z < 2\pi$ und beliebigem r entspricht wieder ein volles Exemplar der w-Ebene. Daher entsprechen der ganzen z-Ebene zwei Exemplare von w-Ebenen. Es gehört dann zwar zu jedem z-Wert genau ein w-Wert, also ein Punkt der w-Ebene, aber umgekehrt gehören zu einem Punkt w zwei Punkte in der z-Ebene. Um hier trotzdem Eindeutigkeit in der Zuordnung der Punkte der z- und der w-Ebene zu erhalten, hilft man sich anschaulich folgendermaßen: Man denkt sich zwei Exemplare der w-Ebene, die übereinanderliegen — wir bezeichnen sie als das „*obere*" und das „*untere Blatt der w-Ebene*" — und ordnet den Punkten der oberen z-Halbebene z. B. die Punkte des oberen Blattes der w-Ebene, den Punkten der unteren z-Halbebene die Punkte des unteren Blattes zu. Nun kommt man in der z-Ebene nach einem vollen Umlauf längs eines Kreises $|z| = r$, um den Nullpunkt wieder zu demselben Punkt der z-Ebene zurück. Diesem Kreis entspricht in der w-Ebene der Kreis $|w| = r^2$, und zwar wird dieser Kreis, wenn wir den entsprechenden Kreis in der z-Ebene einmal durchlaufen, in der w-Ebene zweimal durchlaufen. Nach diesem zweiten Umlauf müssen wir, da jedem Punkt der z-Ebene in eindeutiger Weise ein Punkt der w-Ebene durch $w = z^2$ zugeordnet wird, wieder an den Ausgangspunkt zurückgekehrt sein. Damit dies möglich ist, denken wir uns die beiden übereinanderliegenden Exemplare der w-Ebene, z. B. längs der positiven reellen Achse, von 0 nach ∞ aufgeschnitten. Jeder Schnitt liefert dann in dem betreffenden Blatt zwei „*Ufer*", wir bezeichnen sie als das „*obere*" bzw. „*untere Ufer*" des Schnittes. Nunmehr denken wir uns (vgl. Fig. 32, in der ein Schnitt durch beide Blätter senkrecht zu der vorher erwähnten Schnittkurve gezeichnet ist, und Fig. 33) das untere Ufer des oberen Blattes mit dem oberen Ufer des unteren Blattes verbunden und das obere Ufer im oberen Blatt mit dem unteren Ufer im unteren Blatt, so daß wir, wenn wir den Schnitt überschreiten, aus dem oberen Blatt kommend, in das untere gelangen und umgekehrt. (Eine solche Verbindung ist, da sich die beiden Ebenen materiell durchdringen müßten, nur gedanklich, aber nicht praktisch möglich). Zwei in den beiden Blättern übereinanderliegende Punkte unterscheiden sich um den Winkel 2π, daher unterscheiden sich die zugehörigen z-Werte um den Faktor $e^{\pi i} = -1$, liegen also spiegelbildlich zum Nullpunkt. Dem einmal durchlaufenen Einheitskreis in der z-Ebene entspricht dann in der w-Ebene der doppelt durchlaufene Einheitskreis, dessen beide Blätter der Deutlichkeit halber

Fig. 32.

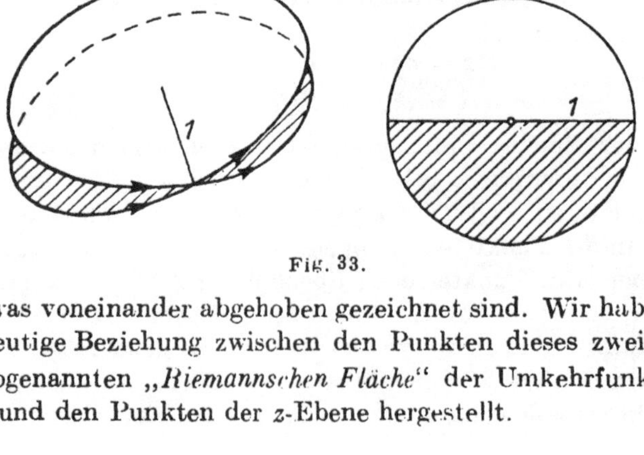

Fig. 33.

in Fig. 33 etwas voneinander abgehoben gezeichnet sind. Wir haben so eine umkehrbar eindeutige Beziehung zwischen den Punkten dieses zweiblättrigen Gebildes, der sogenannten „*Riemannschen Fläche*" der Umkehrfunktion $z = \sqrt{w}$ von $w = z^2$, und den Punkten der z-Ebene hergestellt.

Wir dachten uns die w-Ebene aus zwei Blättern bestehend, die wir in der angegebenen Weise längs der positiv reellen Achse „kreuzweise" zusammenhefteten. Man kann aber eine umkehrbar eindeutige Zuordnung zwischen den Punkten der z-Ebene und den Punkten einer zweiblättrigen w-Ebene auch herstellen, indem man die beiden Blätter längs irgendeiner von $w = 0$ nach $w = \infty$ verlaufenden doppelpunktfreien stetigen Kurve aufschneidet und die beiden Blätter kreuzweise zusammenheftet. Wir bezeichnen einen solchen Schnitt als „*Verzweigungsschnitt*" der Riemannschen Fläche. Die Punkte $w = 0$ und $w = \infty$ heißen „*Verzweigungspunkte*" der Fläche. Den beiden Ufern des Verzweigungsschnittes entspricht in der z-Ebene eine symmetrisch zum Nullpunkt verlaufende Kurve, die diese Ebene in zwei Gebiete („*Fundamentalbereiche*") teilt, denen die beiden Blätter der Riemannschen Fläche entsprechen. In jedem Blatt einer solchen Riemannschen Fläche stellt $\sqrt{w}$ eine eindeutige Funktion von w (wir sagen einen „*eindeutigen Zweig*" der zweiwertigen Funktion $\sqrt{w}$) dar, die jedoch längs des Verzweigungsschnittes nicht mehr stetig ist, denn auf beiden Ufern des Schnittes unterscheiden sich die Funktionswerte durch ihr Vorzeichen. Andererseits kann man zu jedem einfach zusammenhängenden Gebiet $\mathfrak{G}$, das die Punkte 0 und ∞ nicht als innere Punkte enthält, eine Riemannsche Fläche so angeben, daß $\mathfrak{G}$ ganz innerhalb eines Blattes dieser Fläche gelegen ist. Zu diesem Zweck verbinden wir den Nullpunkt mit dem Punkt ∞ durch eine stetige doppelpunktfreie Kurve, welche keinen inneren Punkt von $\mathfrak{G}$ enthält, und heftet beide Blätter längs dieser Kurve kreuzweise zusammen. Wählen wir in einem inneren Punkt von $\mathfrak{G}$ noch einen der beiden möglichen Werte aus, so ist damit eine im Innern von $\mathfrak{G}$ eindeutige stetige und analytische Funktion von w, $z = \sqrt{w}$, festgelegt. Sie ist sogar auf dem Rande von $\mathfrak{G}$ noch stetig und bis auf $w = 0$ und $w = \infty$ differenzierbar (vgl. hierzu das auf S. 41 Bemerkte).

Ihre Ableitung ist nach der Regel über die Ableitung der Umkehrfunktion gegeben durch $\frac{dz}{dw} = 1 \Big/ \frac{dw}{dz} = \frac{1}{2z} = \frac{1}{2\sqrt{w}}$, also formal wie im Reellen.

In Übereinstimmung mit dem auf S. 26 Vereinbarten denken wir uns im folgenden, wenn die Quadratwurzel auftritt und die Vieldeutigkeit nicht besonders erwähnt wird, *immer einen zur betreffenden Aufgabe passenden eindeutigen Zweig der Funktion ausgewählt*, z. B. indem wir die w-Ebene längs der negativen reellen Achse[1]) oder, wie in Fig. 34, längs der positiven reellen Achse aufschneiden. Da $u + iv = w = z^2 = (x + iy)^2 = x^2 - y^2 + i\,2\,xy$, also

$$u = x^2 - y^2, \qquad v = 2\,xy \tag{1}$$

ist, so entsprechen den Geraden $u = \text{const.}$ in einem Blatt der w-Ebene in der x; y-Ebene Hyperbeläste *gleichseitiger Hyperbeln* (vgl. Fig. 34), ebenso den Geraden $v = \text{const.}$ Zu den Geraden $u = \text{const.}$ und $v = \text{const.}$ im anderen Blatt der w-Ebene gehören die entsprechenden Hyperbeläste in der unteren z-Halbebene. Den Geraden $x = x_0 = \text{const.}$ der z-Ebene hingegen entsprechen in der w-Ebene

[1]) Wir bezeichnen den in einem Blatt dieser Fläche eindeutigen Zweig von $\sqrt{w}$, der sich für den Hauptwert von arc w ergibt, als „*Hauptwert*" von $\sqrt{w}$.

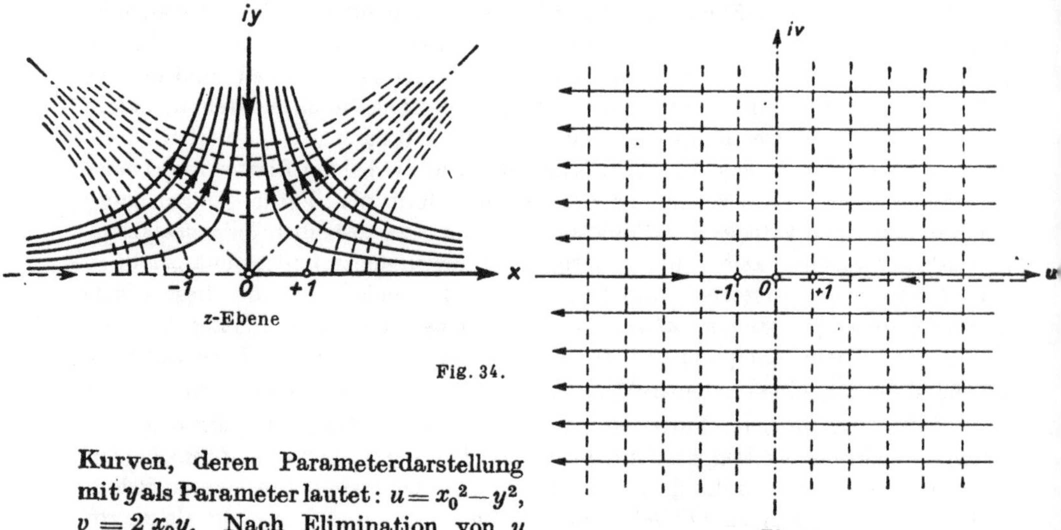

Fig. 34.

Kurven, deren Parameterdarstellung mit y als Parameter lautet: $u = x_0^2 - y^2$, $v = 2\,x_0 y$. Nach Elimination von y ergibt sich die Gleichung

$$v^2 = -4\,x_0^2\,(u - x_0^2), \tag{2}$$

das sind *konfokale Parabeln* mit dem Brennpunkt im Nullpunkt und der u-Achse als Hauptachse. Ebenso liefert $y = y_0 = \text{const.}$ nach Elimination des Parameters x aus $u = x^2 - y_0^2$, $v = 2\,x y_0$ konfokale Parabeln

$$v^2 = 4\,y_0^2\,(u + y_0^2) \tag{2a}$$

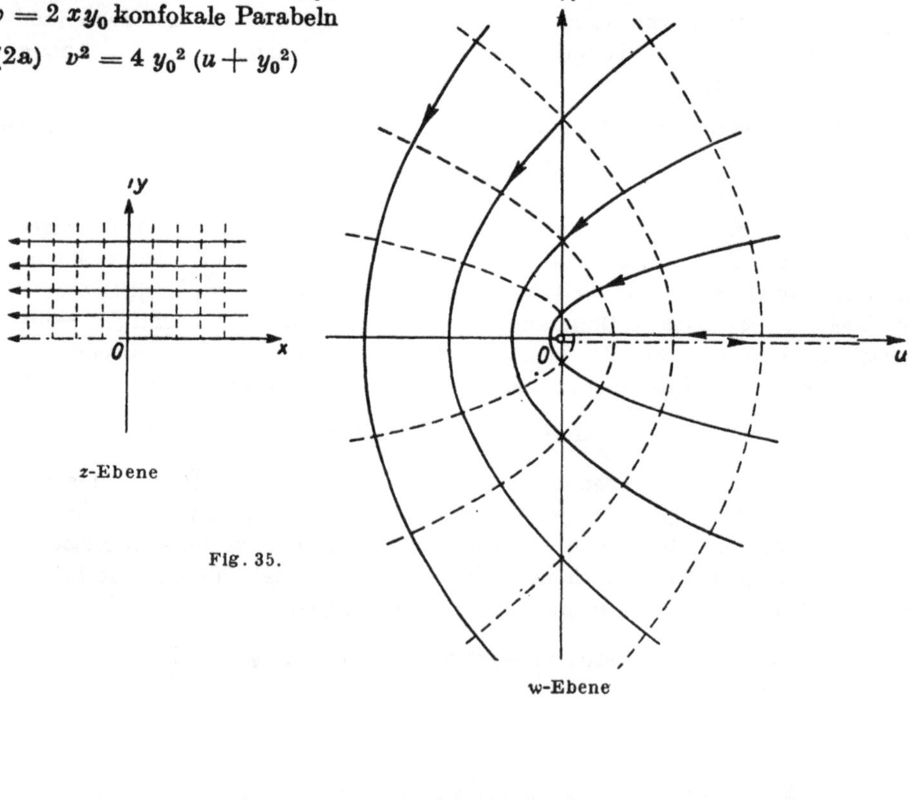

Fig. 35.

mit $w = 0$ als Brennpunkt. Für positive x_0-Werte ergeben sich dieselben Parabelgleichungen wie für negative x_0-Werte, desgleichen für die y_0-Werte. Die Parallelen zu den Koordinatenachsen in der oberen z-Halbebene liefern die in Fig. 35 eingezeichneten Parabeln der w-Ebene. Die Spiegelbilder dieser Parallelen an der reellen Achse der z-Ebene liefern dasselbe Bild im unteren Blatt der w-Ebene unter Umkehrung des eingezeichneten Durchlaufsinnes. Dabei wurde der Verzweigungsschnitt längs der positiv reellen Achse angenommen.

Zusammenfassend ergibt sich

Satz 9: *Durch $w = z^2$ wird die ganze z-Ebene auf eine zweiblättrige Riemannsche Fläche der w-Ebene abgebildet. Die Abbildung ist in jedem endlichen Punkt $z \neq 0$ konform, Winkel mit dem Scheitel im Nullpunkt werden verdoppelt. Die Geraden $\Re(z) = const.$ und $\Im(z) = const.$ gehen in Scharen konfokaler Parabeln mit dem Nullpunkt als Brennpunkt über, deren Achsen die Richtung der negativen bzw. positiven reellen Achse haben. Umgekehrt wird durch die zweiwertige Umkehrfunktion $z = \sqrt{w}$ die zweiblättrige Riemannsche Fläche auf die volle z-Ebene abgebildet. Die Abbildung ist in jedem endlichen Punkt $w \neq 0$ konform. Winkel mit dem Scheitel im Nullpunkt werden halbiert. Bei der Abbildung entsprechen den Geraden $\Re(w) = const.$ und $\Im(w) = const.$ Scharen gleichseitiger Hyperbeln, deren Asymptoten die Winkelhalbierenden der Quadranten bzw. die reelle und imaginäre Achse sind.*

Angewendet auf die ebene Potentialströmung können wir nach § 3, 2, S. 63, wie die Fig. 34 zeigt, $f(z) = z^2$ deuten als komplexes Strömungspotential einer ebenen Potentialströmung in einem rechten Winkel, die z. B. aus dem Unendlichen in Richtung der negativen reellen Achse strömt und in Richtung der imaginären Achse nach oben abgelenkt wird. Die konjugierte Geschwindigkeit der Strömung ist (vgl. Satz 4, S. 65)

$$-f'(z) = -2z = -2x - i2y = \mathfrak{v}_x - i\mathfrak{v}_y,$$

also

$$\mathfrak{v}_x = -2x, \qquad \mathfrak{v}_y = 2y, \qquad |\mathfrak{v}| = 2r.$$

Die Geschwindigkeit in der Ecke selbst ist also Null, die Ecke demnach ein Staupunkt der Strömung.

Elektrostatisch gedeutet haben wir in $f(z) = z^2$ das komplexe Potential eines Feldes in einem z. B. von den Winkelhalbierenden des 1. und 4. Quadranten gebildeten rechten Winkel, wobei die Schenkel des Winkels auf dem Potential 0 gehalten werden bzw. bei $f(z) = z^2 + u_0$ auf dem Potential u_0. Für $f(z) = -iz^2$ bzw. $-iz^2 + u_0$ erhält man den in der Fig. 34 hervorgehobenen Winkel mit Schenkeln vom Potential 0 bzw. u_0.

Schließlich liefert $f(z) = \sqrt{z}$ als Strömungspotential eine Umströmung der positiven reellen Achse. Als elektrisches Potential liefert jeder Zweig von $f(z) = \sqrt{z}$ bzw. $\sqrt{z} + u_0$ ein ebenes elektrisches Feld mit einer auf konstantem Potential 0 bzw. u_0 gehaltenen negativ reellen Achse. $f(z) = -i\sqrt{z}$ liefert ein Feld mit konstantem Potential 0 längs der positiv reellen Achse.

Dabei haben wir uns natürlich in jedem Falle die Strömungen und Felder durch entsprechende Randbedingungen erzeugt zu denken. Bei einer Flüssigkeitsströmung etwa durch Wände, die Stromlinien der bezeichneten Art sind, oder bei einem elektrischen Feld etwa durch einen aufgeladenen Kondensator, dessen Flächen mit Äquipotentiallinien der in Frage kommenden Art zusammenfallen.

Die Dichte der in den Fig. 34 und 35 für äquidistante Werte von u und v gezeichneten Linien ergibt nach S. 66 und 69 ein Bild von der Größe des Betrages der Strömungsgeschwindigkeit bzw. der Feldstärke und damit ein Bild von der Verteilung der Ladung auf einer Kondensatorfläche.

Mit Hilfe der Funktion $f(z) = z^2$ bzw. ihrer Umkehrfunktion lassen sich in Verbindung mit der linearen Abbildung nun kompliziertere Abbildungen durchführen.

Beispiel: Man bilde das durch $|z| \leqq 1$, $\mathfrak{J}(z) \geqq 0$ beschriebene Gebiet der z-Ebene konform auf die obere w-Halbebene so ab, daß der Punkt $z = -1$ in den Punkt $w = 0$ und der Punkt $z = 0$ in den Punkt $w = 1$ übergeht.

Wir lösen die Aufgabe durch Einschaltung einer Hilfsebene Z, indem wir die z-Ebene auf die Z-Ebene so abbilden, daß die Zuordnung besteht

z	-1	1	0
Z	0	∞	1

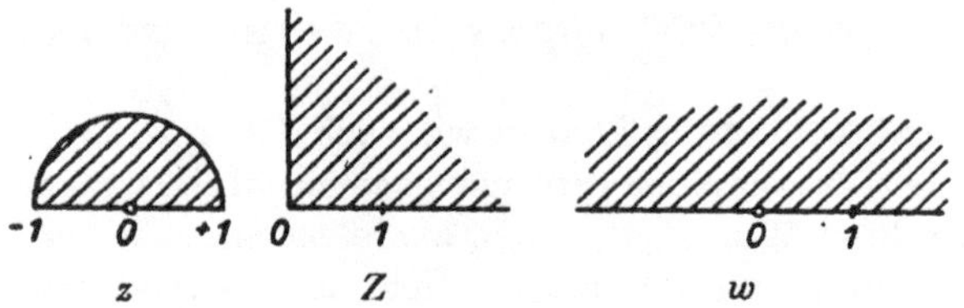

Fig. 36.

und daher der Halbkreis in den ersten Quadranten der Z-Ebene übergeht (vgl. Fig. 36). Diese Abbildung leistet offensichtlich

$$Z = -\frac{z+1}{z-1}.$$

Nun bilden wir die Z-Ebene durch $Z^2 = w$ auf die w-Ebene ab. Dabei geht der erste Quadrant der Z-Ebene in die obere Z-Halbebene über und die Punkte 0 und 1 bleiben erhalten. $w = \left(\frac{z+1}{z-1}\right)^2$ leistet die verlangte Abbildung.

Will man das Innere des halben Einheitskreises auf das Innere des ganzen Einheitskreises einer w-Ebene abbilden, so kann man diese Abbildung nicht einfach durch $w = z^2$ erhalten. Denn bei dieser Abbildung gehen die auf der Strecke von 0 nach 1 gelegenen Randpunkte des Halbkreises über in Punkte, die im Innern des Einheitskreises der w-Ebene auf der Strecke von 0 nach 1 gelegen sind, ebenso die auf der Strecke von 0 bis -1 gelegenen Randpunkte. Den inneren Punkten des Halbkreises der z-Ebene entspricht dann das Innere des Einheitskreises der w-Ebene abzüglich der Strecke von 0 nach 1, deren Punkte zu den Randpunkten zu zählen sind. Damit das Innere des halben Einheitskreises auf das Innere des ganzen Einheitskreises abgebildet wird, hat man daher ersteren zunächst auf die obere Halbebene und diese dann auf das Innere des Einheitskreises abzubilden. Zur Übung führe man diese Rechnung für die Zuordnung

z	0	1	-1
w	1	i	$-i$

durch.

5. $w = z^n$ (n natürliche Zahl >2)

Die Ableitung verschwindet nur im Nullpunkt, sie wird ∞ im unendlich fernen Punkt. Daher ist die Abbildung in jedem Punkt $z \neq 0, \infty$ konform. Sie zeigt ein der Abbildung $w = z^2$ analoges Verhalten. Aus $z = r\,e^{i\varphi}$ folgt $w = R\,e^{i\Phi}$ mit $R = r^n$ und $\Phi = n\varphi$. Winkel mit dem Scheitel im Nullpunkt werden demnach mit n multipliziert und der Winkelraum $0 \leqq \operatorname{arc} z < \dfrac{2\pi}{n}$ geht in eine volle w-Ebene, die ganze z-Ebene in eine n-blättrige Riemannsche Fläche der w-Ebene über. Das den Geraden $u = \text{const.}$, $v = \text{const.}$ eines Blattes der Riemannschen Fläche in der z-Ebene entsprechende orthogonale Kurvennetz ist in Fig. 37 für $n = 3$ gezeichnet. Es ergibt sich so in der z-Ebene das Bild einer ebenen Potentialströmung mit einem „*Staupunkt* 2. *Ordnung*" (bzw. $(n-1)$. Ordnung) im Nullpunkt.

Die durch $w = 1/z^n$ ($n \geqq 2$) vermittelte konforme Abbildung erhalten wir, indem wir in 4. bzw. in dem eben behandelten Fall auf die z-Ebene noch die Transformation $Z = 1/z$ ausüben. Es ergibt sich so für die Linien $u = \text{const.}$ und $v = \text{const.}$ eines z. B. längs der positiven Achse aufgeschnittenen Blattes der w-Ebene, z. B. für $n = 3$ das in Fig. 38 gezeichnete Bild, also das Bild einer dreifachen Doppelquelle (Quelle und

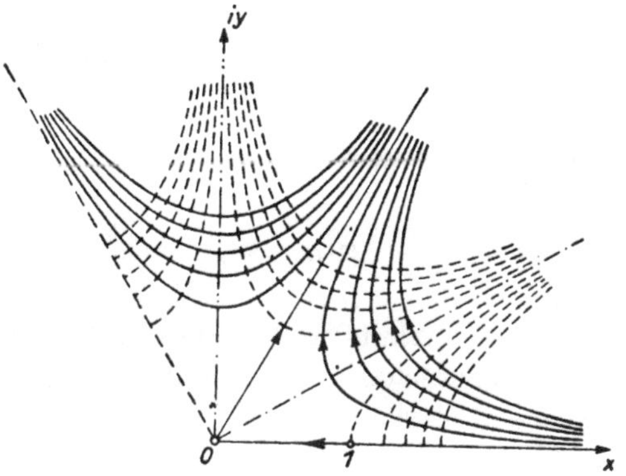

Fig. 37. z-Ebene

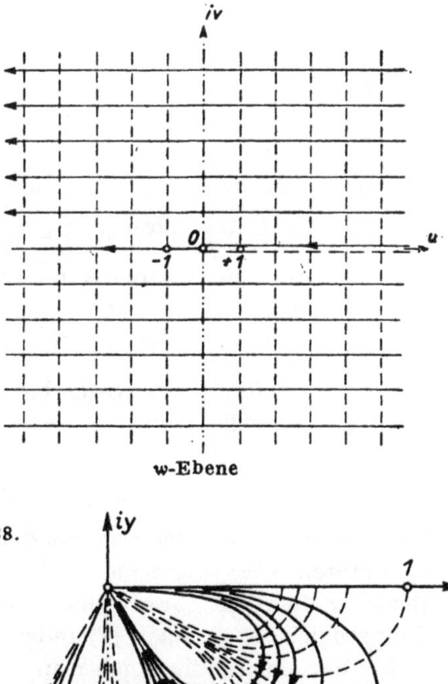

w-Ebene

Fig. 38.

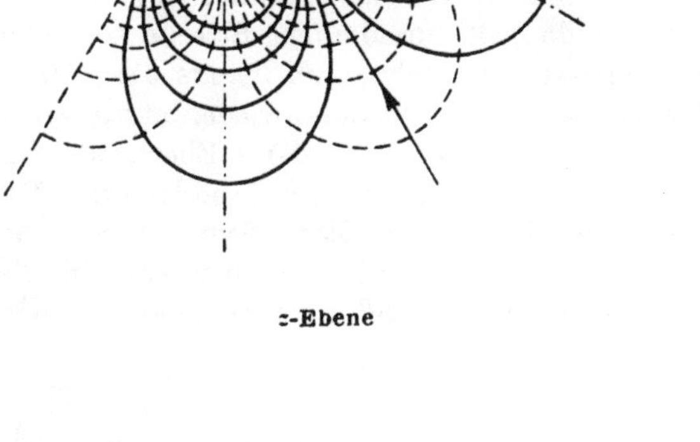

z-Ebene

Senke) bzw. eines ebensolchen Dipols im Nullpunkt, im allgemeinen Fall das einer n-fachen Doppelquelle bzw. eines n-fachen Dipols.

Für die Praxis wichtig ist die durch

6. $w = \frac{1}{2}\left(z + \frac{1}{z}\right)$

gelieferte Abbildung. Hier ist $w'(z) = (1 - 1/z^2)/2$ an allen von $z = \pm 1$ verschiedenen Punkten von Null verschieden, daher liefert die Funktion eine Abbildung, die mit Ausnahme der Punkte $z = \pm 1$ überall konform ist. Um die charakteristischen Eigenschaften dieser Abbildung zu untersuchen, verwenden wir in der z-Ebene Polarkoordinaten $z = r e^{i\varphi}$ oder, indem wir $r = e^{\psi}$ setzen, $z = e^{\psi + i\varphi}$, und erhalten

$$w = u + iv = \frac{1}{2}\left(r + \frac{1}{r}\right)\cos\varphi + i\frac{1}{2}\left(r - \frac{1}{r}\right)\sin\varphi,$$

also

$$(1)\quad \begin{cases} u = \dfrac{1}{2}\left(r + \dfrac{1}{r}\right)\cos\varphi \\ v = \dfrac{1}{2}\left(r - \dfrac{1}{r}\right)\sin\varphi \end{cases} \quad \text{oder} \quad (1\,a)\quad \begin{cases} u = \mathfrak{Cof}\,\psi\cos\varphi \\ v = \mathfrak{Sin}\,\psi\sin\varphi \end{cases}.$$

Für $r = const.$, also $\psi =$ const. ergeben sich demnach Ellipsen mit den Halbachsen $a = \frac{1}{2}\left(r + \frac{1}{r}\right) = \mathfrak{Cof}\,\psi$, $b = \frac{1}{2}\left(r - \frac{1}{r}\right) = \mathfrak{Sin}\,\psi$ und $a^2 - b^2 = 1$, also *konfokale Ellipsen* mit den gemeinsamen Brennpunkten ± 1,

$$(2)\qquad \frac{u^2}{\mathfrak{Cof}^2\,\psi} + \frac{v^2}{\mathfrak{Sin}^2\,\psi} = 1.$$

Für $\varphi = const.$ erhalten wir hingegen bei veränderlichem r, also veränderlichem ψ Hyperbeln mit der Gleichung

$$(3)\qquad \frac{u^2}{\cos^2\varphi} - \frac{v^2}{\sin^2\varphi} = 1,$$

also ebenfalls *konfokale Hyperbeln* mit den gemeinsamen Brennpunkten ± 1 und den Asymptoten $v = \pm \operatorname{tg}\varphi \cdot u$.

Ersetzt man r durch $1/r$, also ψ durch $-\psi$, so erhält man in der w-Ebene dieselbe Ellipsengleichung. Nach (1) ändert sich dabei aber das Vorzeichen von v. Die Punkte der einen Ellipse gehen in die der anderen durch Spiegelung an der reellen Achse über. Beide Ellipsen werden also in dem entgegengesetzten Sinne durchlaufen. Dem Einheitskreis $r = 1$, also $\psi = 0$ entspricht $u = \cos\varphi$, $v = 0$, also die doppelt durchlaufene Strecke von 1 nach -1. Dem Äußeren des Einheitskreises entspricht dann bereits die ganze w-Ebene. Dem Innern des Einheitskreises entspricht dann wiederum die ganze w-Ebene. Um Eindeutigkeit in der Zuordnung der Punkte der w-Ebene zu den Punkten der z-Ebene herzustellen, werden wir uns wieder einer zweiblättrigen Riemannschen Fläche der w-Ebene bedienen. Dem einen Blatt, dem „oberen", können wir dann das Äußere des Einheitskreises der z-Ebene, dem zweiten Blatt, dem „unteren", das Innere des Einheitskreises der z-Ebene zuordnen. Überschreiten wir die Strecke von

$+1$ nach -1 in der w-Ebene, so überschreiten wir den Einheitskreis in der z-Ebene und müssen daher in der w-Ebene in ein anderes Blatt der Riemannschen Fläche gelangen. Wir haben daher die zwei Blätter der Riemannschen Fläche längs der Strecke von 1 nach -1 aufzuschneiden und in der bekannten Weise (vgl. 4. S. 83) kreuzweise zusammenzuheften.

Ersetzt man φ durch $-\varphi$, so erhält man in der w-Ebene wieder dieselbe Hyperbelgleichung. Nach (1a) ändert sich dabei das Vorzeichen von v. Die Punkte der Hyperbel für die Werte $-\varphi$ gehen aus den den Werten φ entsprechenden Hyperbelpunkten durch Spiegelung an der reellen Achse hervor. Wir erhalten damit den in Fig. 39 dargestellten Zusammenhang.

Eine volle w-Ebene bekommen wir auch, wenn wir die Punkte der oberen z-Halbebene abbilden. Dabei geht, wie in Fig. 39 angedeutet, die reelle Achse der z-Ebene in den von ± 1 nach ∞ führenden Teil der reellen Achse der w-Ebene über. Dieser

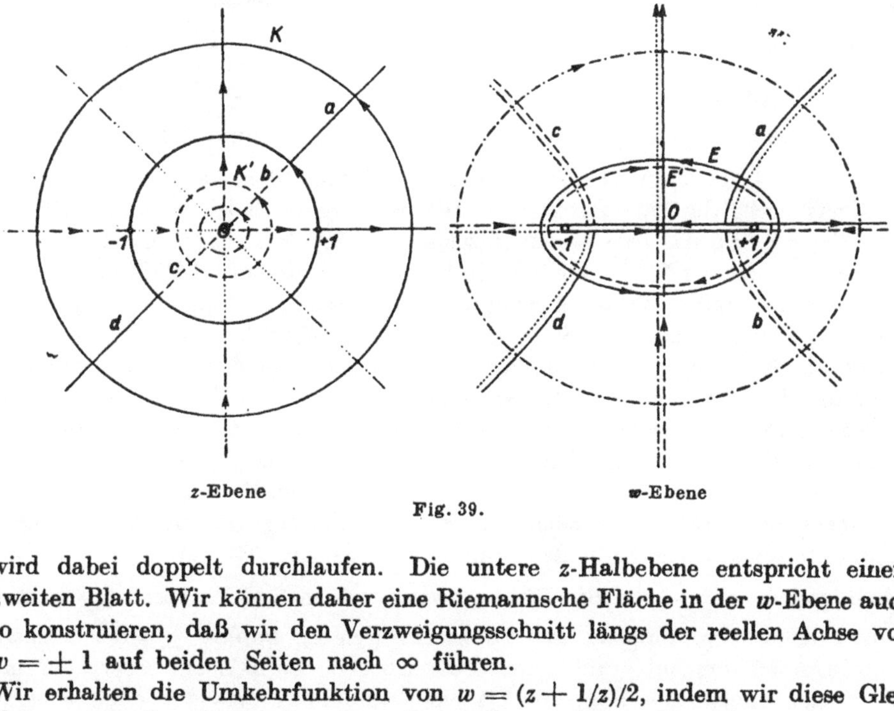

Fig. 39.

wird dabei doppelt durchlaufen. Die untere z-Halbebene entspricht einem zweiten Blatt. Wir können daher eine Riemannsche Fläche in der w-Ebene auch so konstruieren, daß wir den Verzweigungsschnitt längs der reellen Achse von $w = \pm 1$ auf beiden Seiten nach ∞ führen.

Wir erhalten die Umkehrfunktion von $w = (z + 1/z)/2$, indem wir diese Gleichung, also $z^2 - 2wz + 1 = 0$, nach z auflösen. Es ergibt sich

$$z = w + \sqrt{w^2 - 1}. \tag{4}$$

Auf den oben angegebenen Riemannschen Flächen ist die Umkehrfunktion eindeutig, wenn wir in einem Punkt eines Blattes der Fläche einen der möglichen Werte auswählen. Jedes Blatt liefert dann einen eindeutigen Zweig der Umkehrfunktion (4). Von den beiden zu einem w-Wert gehörenden z-Werten z_1, z_2 liegt wegen $z_1 \cdot z_2 = 1$ einer innerhalb und einer außerhalb des Einheitskreises. Wir fassen den Sachverhalt zusammen in

Satz 10: *Durch* $w = \frac{1}{2}\left(z + \frac{1}{z}\right)$ *wird die z-Ebene auf eine zweiblättrige Riemannsche Fläche der w-Ebene abgebildet. Dabei entspricht dem Einheitskreis bzw. der reellen Achse der z-Ebene die doppelt durchlaufene Strecke von* $+1$ *nach* -1 *bzw. der von* ± 1 *nach beiden Seiten über* ∞ *doppelt durchlaufene Teil der reellen Achse. Dem durch die konzentrischen Kreise um 0 und die Geraden durch 0 gebildeten Kurvennetz der z-Ebene entspricht in der w-Ebene das* ***Netz konfokaler Ellipsen und Hyperbeln*** *mit den Brennpunkten* ± 1. *Dem Innern und dem Äußeren des Einheitskreises bzw. der oberen und der unteren z-Halbebene entspricht jeweils ein Blatt der zweiblättrigen Riemannschen Fläche mit dem von* -1 *über 0 bzw. über* ∞ *nach 1 führenden geradlinigen Verzweigungsschnitt. In jedem von* $z = \pm 1$ *verschiedenen Punkt ist die Abbildung konform.*

An den Stellen $z = \pm 1$ ist die Konformität der Abbildung gestört. Um das Verhalten der Abbildung an diesen Stellen zu untersuchen, schreiben wir die Abbildung $w = \frac{1}{2}\left(z + \frac{1}{z}\right)$ in der Form $\frac{w-1}{w+1} = \left(\frac{z-1}{z+1}\right)^2$ Löst man hiernach w auf, so erhält man die bisher benutzte Beziehung. Damit läßt sich die Abbildung auf die linearen Abbildungen $\frac{z-1}{z+1} = Z$, $\frac{w-1}{w+1} = W$ und auf die Abbildung $W = Z^2$ von 4., S. 83, zurückführen. Bei der Abbildung der z- auf die Z-Ebene geht das Kreisbüschel durch die Punkte ± 1 in das Geradenbüschel durch den Nullpunkt (vgl. Fig. 40) und das zum ersten Büschel orthogonale Kreisbüschel in das Büschel konzentrischer Kreise um den Nullpunkt über. Bei der Abbildung $W = Z^2$ werden in bekannter Weise im Nullpunkt die Winkel verdoppelt. Eine Gerade durch 0 in der Z-Ebene geht dann in einen doppelt durchlaufenen Strahl der W-Ebene, ein Kreis um den Nullpunkt der Z-Ebene in einen doppelt durchlaufenen Kreis der W-Ebene über. Die Transformation $(w-1)/(w+1) = W$ führt wieder Geraden durch $W = 0$ und konzentrische Kreise um $W = 0$ in das hyperbolische Kreisbüschel durch $w = \pm 1$ bzw. in das dazu orthogonale elliptische Kreisbüschel über, also die doppelt durchlaufenen Strahlen durch den Nullpunkt der W-Ebene in doppelt durchlaufene Kreisbögen durch $w = \pm 1$ (vgl. Fig. 40) bzw. in einen doppelt durchlaufenen Kreis des elliptischen Büschels. Es werden also bei der Abbildung $w = \left(z + \frac{1}{z}\right)/2$ die Winkel zweier sich in den Punkten ± 1 schneidender Kurven verdoppelt. Ein Vollkreis durch die Punkte ± 1 der z-Ebene geht in einen doppelt durchlaufenen Kreisbogen der w-Ebene über, der mit der reellen Achse den doppelten Winkel einschließt, wie der entsprechende Kreis der z-Ebene. *Dem Äußeren eines solchen Kreises entspricht dann wieder die ganze w-Ebene und ebenso dem Inneren dieses Kreises.* Wir können uns daher die Riemannsche Fläche über der w-Ebene auch aus zwei Exemplaren aufgebaut denken, die längs eines doppelt durchlaufenen Kreisbogens, der dem ersten Kreis entspricht, kreuzweise zusammengeheftet sind. Betrachten wir dann neben einem Kreis (K) durch die Punkte ± 1, dessen Mittelpunkt M auf der positiven imaginären Achse liegt, einen zweiten Kreis (K_1) mit dem Mittelpunkt M_1, der den ersten Kreis im Punkt 1 von außen berührt (vgl. Fig. 41), so erhalten wir in der w-Ebene als Bild von (K_1) eine Kurve (C), die ungefähr die Gestalt eines Tragflügelprofils hat und die ganz in einem Blatt der Riemannschen Fläche verläuft. Sie berührt den doppelt durchlaufenen Kreisbogen in Punkt 1. Das Äußere von (K_1) geht dann über in das Äußere der Kurve (C). Je nach der Größe der Parameter s und d (vgl. Fig. 41) ergeben sich Profile verschieden starker Krümmungen

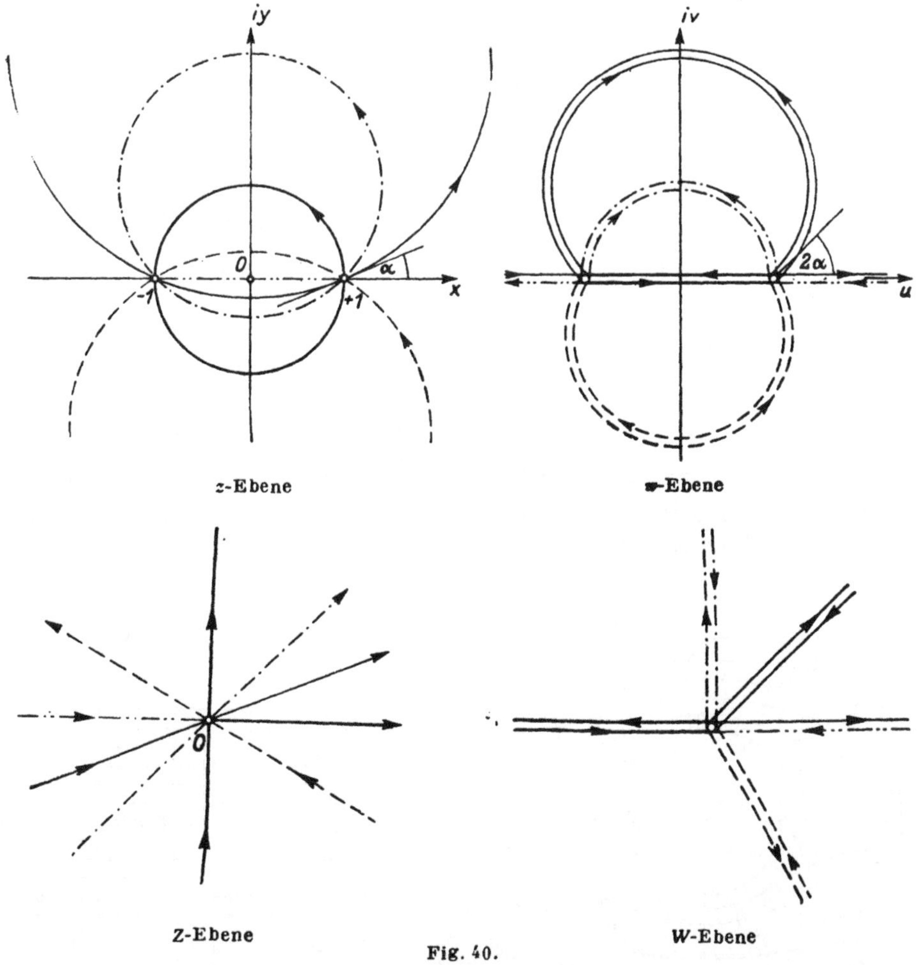

Fig. 40.

bzw. verschiedener Dicke (sog. Joukowskische Profile) [1]). Für $s = 0$ geht der doppelt durchlaufene Kreisbogen in die doppelt durchlaufene Strecke von -1 nach $+1$ über und die Profilkurve ist symmetrisch zur reellen Achse.

Bei der allgemeineren Abbildung $w = \frac{1}{2}\left(z + \frac{a^2}{z}\right)$ $(a > 0)$ erhält man mit $z = a\,e^{\psi + i\varphi}$ die Größen $u = a \operatorname{Cof} \psi \cos \varphi$, $v = a \operatorname{Sin} \psi \sin \varphi$. Es gehen also die Kreise mit dem Mittelpunkt $z = 0$ und die Strahlen durch diesen Punkt in das Netz konfokaler Ellipsen und Hyperbeln der w-Ebene mit den Brennpunkten $\pm a$

[1]) Siehe Harry Schmidt, Aerodynamik des Fluges, Berlin u. Leipzig 1929, S. 166.

über, der Kreis $|z| = a$ in die doppelt durchlaufene Strecke von a nach $-a$. Insbesondere geht die Kurve (C_0), welche aus dem zwischen $-\infty$ und $-a$ gelegenen Teil der reellen Achse, dem in der oberen Halbebene gelegenen Halbkreisbogen des Kreises $|z| = a$ und dem zwischen a und ∞ gelegenen Teil der reellen

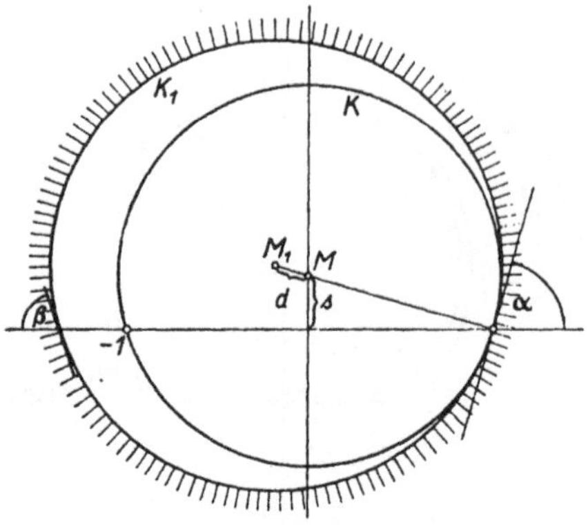

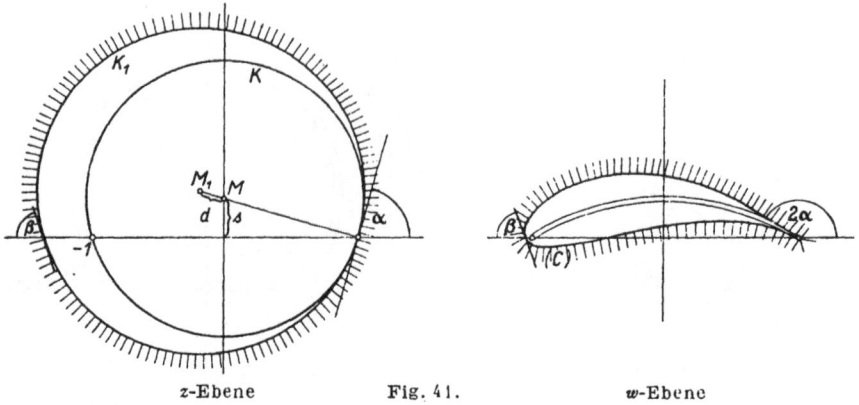

z-Ebene Fig. 41. w-Ebene

Achse besteht, über in die ganze reelle Achse der w-Ebene. Wir können daher die Funktion $w = \frac{1}{2}\left(z + \frac{a^2}{z}\right)$ als **komplexes Strömungspotential einer ebenen Potentialsströmung um den Kreis** $|z| = a$, d. h. also als räumliche Parallelströmung um einen unendlich langen Kreiszylinder vom Radius a senkrecht zur Zylinder-

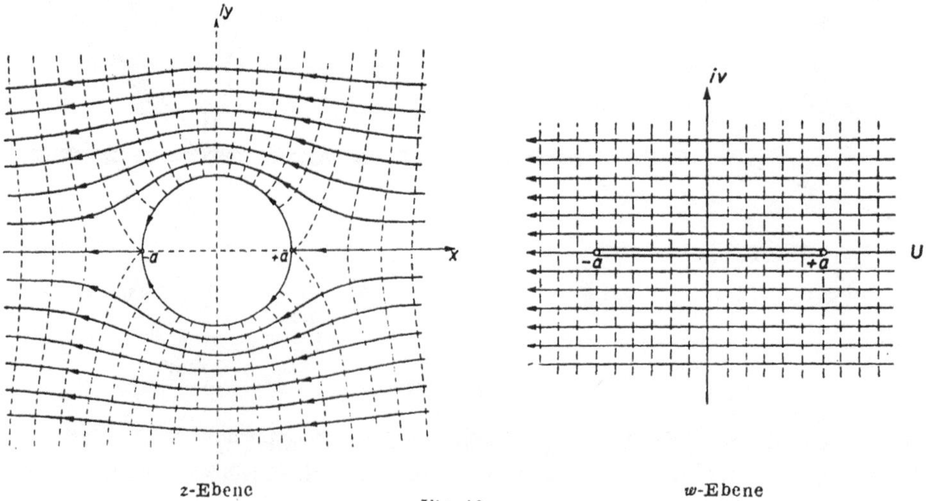

z-Ebene w-Ebene
Fig. 42.

achse auffassen (vgl. Fig. 42). Die Stromlinien ergeben sich als die Bilder der Geraden $v = \text{const.}$, die Potentiallinien als die Bilder der Geraden $u = \text{const.}$ der $w = u + iv$-Ebene. Es ist

$$w = u + iv = \frac{1}{2}\left(x + iy + a^2 \frac{x - iy}{x^2 + y^2}\right) = \frac{1}{2}\left(x + \frac{a^2 x}{x^2 + y^2}\right) + i\,\frac{1}{2}\left(y - \frac{a^2 y}{x^2 + y^2}\right)$$

Demnach ist das Geschwindigkeitspotential

$$u = \frac{1}{2}\left(x + \frac{a^2 x}{x^2 + y^2}\right),$$

die Stromfunktion

$$v = \frac{1}{2}\left(y - \frac{a^2 y}{x^2 + y^2}\right).$$

Die Strömung läßt sich als Überlagerung einer Parallelströmung vom Potential $f(z) = z/2$ und einer Dipolströmung $f(z) = a^2/(2z)$ auffassen (vgl. S. 67). Für die konjugierte Geschwindigkeit ergibt sich

$$\bar{\mathfrak{v}} = \mathfrak{v}_x - i\,\mathfrak{v}_y = -w'(z) = -\frac{1}{2}\left(1 - \frac{a^2}{z^2}\right).$$

Im Unendlichen ist also $\mathfrak{v}_x = -1/2$, $\mathfrak{v}_y = 0$, daher ist dort die Geschwindigkeit parallel der negativ orientierten reellen Achse gerichtet und hat den Betrag 1/2. In den Punkten $z = \pm a$ ist die Geschwindigkeit 0, diese Punkte sind die Staupunkte der Strömung. Auf dem Kreis $z = a\,e^{i\varphi}$ ist $w'(z) = (1 - e^{-2i\varphi})/2$. Da der Kreis eine Stromlinie ist, so hat die Geschwindigkeit dort die Richtung der Kreistangente und ihre Größe ist gleich dem Betrag der Geschwindigkeit, also

$$|\mathfrak{v}| = |w'(z)| = \left|\frac{e^{i\varphi} - e^{-i\varphi}}{2\,e^{i\varphi}}\right| = |\sin\varphi|.$$

Soll die Geschwindigkeit der Strömung im Unendlichen gleich $-c$ sein, so hat man als komplexes Strömungspotential die Funktion $w(z) = c\,(z + a^2/z)$ zu verwenden.

Ist (C_0) die Begrenzungslinie eines auf konstantem Potential k gehaltenen Leiters, also räumlich betrachtet eines ebenen mit zylindrischer Ausbuchtung versehenen Leiters, so ist $w(z) = -i\,(z + a^2/z)/2 + k$ das komplexe Potential des elektrostatischen Feldes, also $u(x; y) = (y - a^2 y/(x^2 + y^2))/2 + k$ die Potentialfunktion, $v(x; y) = -(x + a^2 x/(x^2 + y^2))/2$ die Stromfunktion.

7. $w = e^z$

ist periodisch mit der Periode $2\pi i$. Jeder zur reellen Achse parallele Streifen der Breite 2π liefert daher schon den ganzen Wertevorrat der Funktion. $z = x + iy$ ergibt $w = R\,e^{i\Phi} = e^x e^{iy}$, also $R = e^x$, $\Phi = y$. Daher gehen die Geraden $x =$ const. in Kreise um den Nullpunkt über, die, wenn y beliebig veränderlich ist, unendlich oft durchlaufen werden. Einer Parallelen zur reellen Achse, $y =$ const., entspricht der vom Nullpunkt ausgehende Strahl, welcher mit der positiven reellen Achse den Winkel y einschließt. Wird die Parallele in Richtung der positiven orientierten reellen Achse durchlaufen, so wandert der Bildpunkt auf dem Strahl von 0 nach ∞ (vgl. Fig. 43). Den Geraden $\mathfrak{J}(z) = 2k\pi$ (k ganzzahlig) entspricht die positive reelle Achse, den Geraden $\mathfrak{J}(z) = (2k+1)\pi$ die negative reelle Achse der w-Ebene. Den Punkten des Parallelstreifens $0 \leqq \mathfrak{J}(z) < 2\pi$ entspricht bereits ein volles Blatt der w-Ebene, ebenso jedem Parallelstreifen der Breite 2π, z.B. auch dem Streifen $-\pi < \mathfrak{J}(z) \leqq \pi$. Dabei ist das Entsprechen ein umkehrbar eindeutiges, wenn nur jeweils eine Begrenzungslinie des Streifens zu den Punkten des Streifens hinzugerechnet

wird. Der in Parallelstreifen der Breite 2π unterteilten z-Ebene entsprechen dann unendlich viele Blätter einer Riemannschen Fläche der w-Ebene. Durchlaufen wir in der z-Ebene eine Parallele zur imaginären Achse, so gelangen wir jedesmal, wenn wir dort eine Begrenzungsgerade eines Streifens überschreiten, in der w-Ebene in ein anderes Blatt der Riemannschen Fläche. Wir haben daher die unendlich vielen Blätter der Riemannschen Fläche der w-Ebene längs der Kurven,

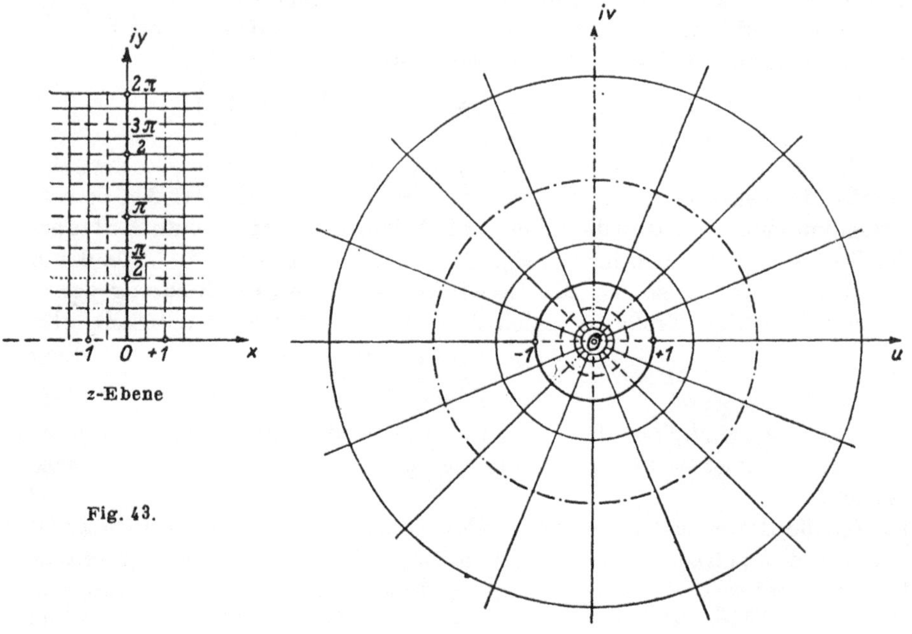

z-Ebene

Fig. 43.

w-Ebene

die den Begrenzungsgeraden der Streifen in der z-Ebene entsprechen, aufzuschneiden und die Ufer der Schnitte so aneinander zu heften, daß wir bei einem vollen Umlauf des Nullpunktes aus einem Blatt in das nächste Blatt gelangen, also etwa bei einem positiven Umlauf in das darüberliegende, bei einem negativen Umlauf in das darunterliegende. Gehen wir z. B. von dem Streifen $0 \leqq \mathfrak{I}(z) < 2\pi$ aus, so haben wir den Verzweigungsschnitt längs der positiven reellen Achse zu führen, gehen wir von dem Streifen $-\pi < \mathfrak{I}(z) \leqq \pi$ aus, so verläuft der Verzweigungsschnitt längs der negativen reellen Achse. Wir erhalten so eine Riemannsche Fläche, welche aus einer Schraubenfläche mit unendlich vielen Windungen (in den beiden Richtungen der Schraubenachse) hervorgeht, wenn ihre Ganghöhe gegen 0 abnimmt. Wir sagen hierfür kurz: „Eine Schraubenfläche der Ganghöhe 0“. Im Nullpunkt hängen die unendlich vielen Blätter der Fläche zusammen. Er wird daher als „*Verzweigungspunkt unendlich hoher Ordnung*“ bezeichnet, desgleichen der Punkt ∞.

Zusammenfassend haben wir daher

Satz 11: *Durch $w = e^z$ wird die ganze $z = x + iy$-Ebene auf eine unendlich vielblättrige Riemannsche Fläche der w-Ebene abgebildet, welche die Gestalt einer „Schrau-*

benfläche der Ganghöhe 0" hat. Dabei entspricht jedem zur x-Achse parallelen Streifen der Breite 2π ein ganzes Blatt der w-Ebene. Die im Streifen gelegenen Parallelen zur x-Achse gehen in Strahlen durch $w = 0$, die zur y-Achse parallelen Strecken der Länge 2π in Kreise um $w = 0$ über.

Übungsaufgaben

1. Wie lautet die ganze lineare Transformation, bei der die Punkte $\dfrac{z}{w}\left|\dfrac{2-4i}{4+2i}\right|\dfrac{3-i}{2-2i}$ einander entsprechen? In welchen Punkt geht dabei $3-2i$ über?
2. Man bilde die z-Ebene durch eine möglichst einfache analytische Funktion konform auf eine w-Ebene so ab, daß das Innere des Kreises um $-2+2i$ durch den Nullpunkt a) in das Innere, b) in das Äußere des Einheitskreises und der Nullpunkt in den Punkt 1 übergeht.
3. Die ganze lineare Transformation $w = (z-a)\,e^{i\alpha}$, in der $a = a(t)$ eine komplexe und $\alpha = \alpha(t)$ eine reelle, vorgegebene Funktion des reellen Parameters t (Zeit) ist, läßt sich deuten als eine Verschiebung (Parallelverschiebung und Drehung) einer w-Ebene auf einer z-Ebene. Welche Kurve in der w-Ebene beschreibt bei dieser Bewegung der Punkt $z = 0$?
   In jedem Zeitpunkt $t = \tau$ gibt es einen Punkt in der z-Ebene (das Momentanzentrum), der in der w-Ebene die Geschwindigkeit 0 hat. Welches ist dieser Punkt? Wo liegt er in der w-Ebene?
   Mit veränderlichem τ beschreibt dieser Punkt in der z-Ebene eine Kurve (R), die „Rastpolkurve", und in der w-Ebene eine Kurve (G), die „Gangpolkurve". Man zeige, daß beide Kurven aufeinander ohne Gleiten abrollen.
4. In welche Figuren gehen die folgenden Kurven bei Spiegelung am Einheitskreis über? a) $|z-1| = 1$, b) $|z-1/2| = 1/4$, c) die Gerade $\Re(z) = 1$, d) die Parallelen zur Winkelhalbierenden des 1. Quadranten.
5. In der z-Ebene ist das Dreieck mit den Ecken 1; i; $1+i$ gegeben. Was entspricht bei der Abbildung $1/z$ a) den Eckpunkten, b) den Seiten, c) der Dreiecksfläche, d) dem umbeschriebenen Kreis, e) dem Inneren dieses Kreises?
6. a) Wie lautet die lineare Abbildung mit der Zuordnung $\dfrac{z}{w}\left|\dfrac{1}{0}\right|\dfrac{-1}{\infty}\left|\dfrac{\infty}{1}\right.$?
   b) Welches ist dabei in der w-Ebene das Bild des in der z-Ebene gelegenen Quadrates mit den Ecken -1; $-1+i$; i; 0?
7. Durch die Abbildung $w = (iz+2)/(4z+i)$ wird die reelle Achse der z-Ebene in einen Kreis der w-Ebene übergeführt.
   a) Welches ist der Mittelpunkt und Halbmesser dieses Kreises?
   b) Was entspricht seinem Inneren in der z-Ebene und welcher Punkt der z-Ebene entspricht seinem Mittelpunkt?
8. Welches sind die Potential- und Strömungslinien des komplexen Strömungspotentials $w = (z-1)/(z-i)$?
9. Wie lautet die allgemeinste lineare Abbildung der oberen Halbebene in sich, so daß der Punkt a der oberen Halbebene in den Punkt b übergeht?
   Dieselbe Aufgabe löse man für den Einheitskreis.
10. Man bestimme die lineare Abbildung, bei der die Punkte $1+i$ und $-1+i$ Fixpunkte sind und $z = i$ in $w = 0$ übergeht.
    Welche zwei Büschel von Kreisen gehen bei der Transformation in sich über? Bei welchem dieser Büschel geht jeder Kreis einzeln in sich über?
11. Man bilde den Kreisring (R_1): $|z| \leqq 4$, $|z-1| \geqq 1$ konform auf einen konzentrischen Kreisring (R) der w-Ebene, dessen äußerer Kreis $|w| = 4$ ist, so ab, daß die reelle Achse in die reelle Achse übergeht und $z = -4$ Fixpunkt ist.
    R_1 sei der Querschnitt eines exzentrischen Zylinderkondensators, der nach beiden

Seiten senkrecht zur z-Ebene unbegrenzt ist. Der äußere Zylinder sei geerdet, der innere habe das Potential V_0. Welches sind die Äquipotentiallinien, welches die Feldlinien des Kondensators?

12. Man bilde die obere z-Halbebene konform auf das Innere des Einheitskreises so ab, daß der Kreis $|z - 3i/2| = 1/2$ in einen zum Einheitskreis konzentrischen Kreis in dessen Innerem übergeht.
    a) Wie lautet die Abbildungsfunktion?
    b) Wie groß ist der Radius des Kreises?
    c) Man zeichne Feld- und Potentiallinien für den Fall, daß der Kreis und die reelle Achse sich auf verschiedenem konstanten Potential befinden.
13. Wie lautet die analytische Funktion $w = f(z)$, die das durch $x^2 + 4y \geq 0$ gegebene Gebiet einer $z = x + iy$-Ebene auf die obere w-Halbebene umkehrbar eindeutig und konform so abbildet, daß der Punkt $z = 0$ in $w = -1$ übergeht?
14. Man bilde den Bereich $x^2 - y^2 \geqq 1$, $x > 0$ einer z-Ebene konform auf die obere w-Halbebene so ab, daß der Punkt $z = 1$ in $w = 0$ übergeht.
15. Man bilde das durch $|z - 5i| \leqq 2\sqrt{5}$, $|z| \geqq \sqrt{5}$ gegebene Kreissichelgebiet auf die obere Halbebene konform ab.
16. Man bilde das Innere der Kreissichel $|z| < 1$, $|z + i| > \sqrt{2}$ konform auf das Innere des Einheitskreises so ab, daß die Punkte ± 1, i Fixpunkte sind.
17. Ein elliptischer Zylinder mit der Profilkurve $x = 3\cos\varphi$, $y = 2\sin\varphi$, $0 \leqq \varphi < 2\pi$, dessen Erzeugende senkrecht zur x; y-Ebene sind, wird in eine parallele Strömung der Geschwindigkeit v_∞, welche die Richtung der Ellipsen-Hauptachse hat, gebracht.
    a) Welches ist das komplexe Strömungspotential der zugehörigen Potentialströmung?
    b) Wie groß ist die Geschwindigkeit in einem Punkt $z = x + iy$?
    c) Wie groß ist die Geschwindigkeit auf der Ellipse?
    d) Wie lautet das komplexe Strömungspotential, wenn dieselbe Strömung parallel zur kleinen Achse stattfindet?
18. Man bilde konform das durch $|2z - i| > 1$, $|z| < 1$ gegebene Gebiet auf die obere Halbebene so ab, daß $z = 0$ in den Punkt $w = 1$ übergeht.

§ 5. LOGARITHMUS UND VERWANDTE FUNKTIONEN

1. Der Logarithmus

Betrachten wir im Vorhergehenden z. B. den Streifen $-\pi i < \mathfrak{J}(z) \leqq \pi i$, so gehört zu jedem z-Wert dieses Streifens genau ein Wert $w = e^z$. Es entspricht aber auch umgekehrt jedem von 0 und ∞ verschiedenen Wert w genau ein Punkt z dieses Streifens. Bei der Beschränkung der Funktionswerte auf diesen Streifen hat also die Funktion $w = e^z$ in dem diesem Streifen entsprechenden Blatt der w-Ebene eine eindeutige Umkehrfunktion. Im allgemeinen aber gehören zu einem w-Wert unendlich viele z-Werte, die sich um ganzzahlige Vielfache von $2\pi i$ unterscheiden. $w = e^z$ hat daher, wenn wir keine Einschränkung treffen, eine unendlich vieldeutige Umkehrfunktion. Diese Umkehrfunktion bezeichnen wir als Logarithmus von w, definieren also, indem wir noch w und z vertauschen:

Definition I: Unter dem „*Logarithmus*" einer komplexen Zahl $z \neq 0; \infty$, in Zeichen: $w = \log z$, verstehen wir die unendlich vieldeutige Umkehrfunktion von $z = e^w$, d. h. **aus $z = e^w$ folgt $w = \log z$.** Insbesondere ist

(1) $$e^{\log z} = z.$$

Ferner gilt

Satz 1: *Die zu einem z-Wert* ($\neq 0; \infty$) *gehörigen Funktionswerte von* $\log z$ *unterscheiden sich um ganzzahlige Vielfache von* $2\pi i$.

Mit Hilfe der unendlich vielblättrigen Riemannschen Fläche des vorigen Paragraphen läßt sich wieder eine eindeutige Zuordnung zwischen den Punkten dieser Fläche und den Punkten der w-Ebene herstellen. Zerlegen wir die w-Werte in Real- und Imaginärteil, $w = \log z = u(x; y) + i v(x; y)$, so ist der Imaginärteil nur bis auf Vielfache von $2\pi i$ bestimmt. Aus $z = e^w$, also $r e^{i\varphi} = e^u e^{iv}$, folgt einerseits $e^u = r$, oder $u = \ln r$ (wenn wir unter ln den aus dem Reellen bekannten natürlichen Logarithmus verstehen), andererseits $e^{iv} = e^{i\varphi}$, also wegen der Periodizität von e^z (vgl. Satz 3, S. 54) $v = \varphi + 2k\pi$, d. h.

(2) $$\log z = \ln r + i\varphi + 2k\pi i \quad (k \text{ ganzzahlig}).$$

Da arc z eine unendlich vieldeutige Funktion ist, (vgl. S. 26), deren Werte sich um ganzzahlige Vielfache von 2π unterscheiden, können wir schreiben

(3) $$\mathbf{\log z = \ln |z| + i \operatorname{arc} z.}$$

Unsere Rechenregeln über Grenzwert und Ableitungen bezogen sich stets auf eindeutige Funktionen. Daher wählen wir, ebenso wie bei der Funktion $\sqrt{z}$, einen eindeutigen Zweig der unendlich vieldeutigen Funktion $\log z$ aus, z. B. die Funktionswerte im Streifen $-\pi < \mathfrak{J}(w) \leqq \pi$ und definieren entsprechend der Bedeutung von Arc z (vgl. Def. VII, S. 26)

Definition II: Unter dem *„Hauptwert" des Logarithmus* einer komplexen Zahl z verstehen wir den Wert $\operatorname{Log} z = \ln |z| + i \operatorname{Arc} z$.

Alle anderen Werte $\log z$ unterscheiden sich dann vom Hauptwert um Vielfache von $2\pi i$. $\operatorname{Log} z$ ist eine für alle $z \neq 0, \infty$ eindeutige und bis auf die Punkte der negativ reellen Achse stetige Funktion von z. Beim Überschreiten der negativ reellen Achse ist $\operatorname{Log} z$ nicht mehr stetig, denn die Funktionswerte auf beiden Ufern unterscheiden sich ja um $2\pi i$. Betrachten wir hingegen die beiden Ufer der negativen Achse als Rand des Definitionsbereichs von $\operatorname{Log} z$, so ist diese Funktion offenbar bis auf die Punkte 0 und ∞ auch auf dem Rande noch stetig (vgl. die Definition der Stetigkeit auf dem Rande S. 39 oben). Auf der positiv reellen Achse ist $\operatorname{Log} x = \ln x$.

Ebenso wie bei der Quadratwurzel (vgl. S. 84) hätten wir auch hier auf irgendeine andere Weise aus der unendlich vieldeutigen Funktion $\log z$ einen eindeutigen Zweig auswählen können, so z. B., daß ein vorgegebenes einfach zusammenhängendes Gebiet, welches die Punkte 0 und ∞ nicht als innere Punkte enthält, ganz in einem Blatt der Riemannschen Fläche gelegen ist, indem wir einen passenden Schnitt von 0 nach ∞ führen. Die Funktionswerte dieses Blattes liegen dann in der w-Ebene in einem Parallelstreifen, dessen Begrenzungslinien durch Verschiebung um 2π in Richtung der v-Achse auseinander hervorgehen und den beiden Ufern des Schnittes in einem betrachteten Blatt entsprechen. Wenn wir uns so auf einen eindeutigen Zweig beschränken, erhalten wir in dem betrachteten Blatte Unstetigkeit längs des Verzweigungsschnittes, falls wir dessen beide Ufer nicht als Rand betrachten. Im Innern der von 0 nach ∞ längs einer stetigen doppelpunktfreien Kurve aufgeschnittenen z-Ebene ist $\log z$ nicht nur eine eindeutige und stetige Funktion, sondern auch überall differenzierbar. Dasselbe gilt, wenn wir die beiden Ufer des Verzweigungsschnittes als Randpunkte des Definitionsbereiches ansehen, für alle Randpunkte $z \neq 0, \infty$ (vgl. S. 41). Die Ableitung ergibt sich aus der Regel über die Ableitung der Umkehrfunktion. Aus $w = \log z$ folgt $z = e^w$ und daher $\frac{dw}{dz} = 1\Big/\frac{dz}{dw} = 1/e^w = 1/z$. Also gilt für jeden eindeutigen Zweig im Innern (und bis auf $z = 0, \infty$ auch auf dem Rande) des Definitionsbereichs

$$\frac{d}{dz}\log z = 1/z. \tag{4}$$

Die Ableitung im Punkt z ist in jedem Blatt der Riemannschen Fläche dieselbe. Eine der wichtigsten Eigenschaften der Funktion $\log z$ ist das **Additionstheorem.** Setzen wir $z_1 = e^{w_1}$, $z_2 = e^{w_2}$, so ist $w_1 = \log z_1$, $w_2 = \log z_2$. Aus (9) S. 53 folgt $z_1 z_2 = e^{w_1 + w_2} = e^{\log z_1 + \log z_2}$. Andererseits ist nach (1) $z_1 z_2 = e^{\log (z_1 z_2)}$. Somit ergibt sich durch Gleichsetzen der Exponenten unter Berücksichtigung der Vieldeutigkeit der Logarithmen:

$$\log (z_1 z_2) = \log z_1 + \log z_2, \text{ allgemeiner} \tag{5}$$

$$\log \prod_{\nu=1}^{n} z_\nu = \sum_{\nu=1}^{n} \log z_\nu, \tag{6}$$

d. h. die Gesamtheit der Werte der linken Seite ist gleich der Gesamtheit der Werte auf der rechten Seite. Wählen wir aber in (5) und (6) für jeden Logarithmus einen der möglichen Werte, z. B. die Hauptwerte, so haben wir stets ein passendes ganzzahliges Vielfaches von $2\pi i$ hinzuzunehmen. Daher ist z. B.

$$\operatorname{Log} (z_1 z_2) = \operatorname{Log} z_1 + \operatorname{Log} z_2 + 2k\pi i, \tag{7}$$

wobei die ganze Zahl k so zu wählen ist, daß beide Seiten in den Imaginärteilen übereinstimmen. Z. B. ist

$$\operatorname{Log} i(-1 + i) = \operatorname{Log} i + \operatorname{Log} (-1 + i) - 2\pi i.$$

Ebenso gilt, indem wir in (5) $z_1 z_2 = Z_1$, $z_2 = Z_2$ setzen und wieder zu kleinen Buchstaben übergehen,

$$\log (z_1/z_2) = \log z_1 - \log z_2, \tag{8}$$

im Gegensatz zu

$$\operatorname{Log} (z_1/z_2) = \operatorname{Log} z_1 - \operatorname{Log} z_2 + 2k\pi i. \tag{9}$$

Aus (6) und (1) folgt dann $\prod_{\nu=1}^{n} z_\nu = e^{\sum_{\nu=1}^{n} \log z_\nu}$ Damit läßt sich die Berechnung von unendlichen Produkten auf die Berechnung unendlicher Reihen zurückführen. Es gilt der

Satz 2: *Notwendig und hinreichend für die Konvergenz des unendlichen Produktes $P = \prod_{\nu=1}^{\infty} a_\nu$ ist, daß die Reihe $S = \sum_{\nu=1}^{\infty} \log a_\nu$ bei passender Wahl der Zweige der Logarithmen konvergiert. Es ist dann $P = e^S$.*

Dabei müssen natürlich von einem gewissen Index an, wenn die Reihe konvergieren soll, die Logarithmen Hauptwerte sein, denn eine Reihe kann nur dann konvergieren, wenn ihr allgemeines Glied mit wachsendem Index nach Null wandert. Es muß also auch der Imaginärteil des allgemeinen Gliedes nach Null gehen, also sicher im Intervall $-\pi < \mathfrak{J} \leqq \pi$ gelegen sein.

2. Anwendung auf die Potentialtheorie

Ein in der von 0 nach ∞ geradlinig aufgeschnittenen z-Ebene eindeutiger Zweig von $f(z) = \log z$ kann als komplexes Potential gedeutet werden. $u\,(x; y) = \ln |z|$ ist das Potential der Strömung bzw. des elektrischen Feldes, $v\,(x; y) = \operatorname{arc} z$ die Stromfunktion. Äquipotentiallinien $u\,(x; y) = u_0 = \text{const.}$ sind hier die konzentrischen Kreise $|z| = e^{u_0}$ um den Nullpunkt, Strom- bzw. Feldlinien sind Strahlen durch den Nullpunkt, die nach den Vereinbarungen in § 3, 2 und 3, S. 63 bzw. 68, in den Nullpunkt einmünden. Wir erhalten somit das von einer im Nullpunkt befindlichen „Senke“ bzw. ebenen „Punktladung“ hervorgerufene Strömungs- bzw. elektrische Feld. Die *„Ergiebigkeit“* der Senke, d. h. die gesamte „in der Zeiteinheit“ in die Senke strömende Flüssigkeitsmenge ist nach (6) S. 66 gleich -2π. Ebenso groß ist (bei der S. 69 gewählten Dimensionierung) die „Ladung“.

$f(z) = c \log z$ (c reell) liefert dasselbe Bild mit der Ergiebigkeit bzw. Ladung $-2\pi c$. Bei $f(z) = i c \log z$ (c reell) sind die konzentrischen Kreise um 0 Stromlinien, die von 0 ausgehenden Strahlen Äquipotentiallinien. Wir erhalten so das Bild eines ebenen *„Wirbels“* um den Punkt 0. Der Betrag der Zirkulation längs einer Stromlinie (vgl. (7), S. 66) ist $2\pi c$. Die elektrostatische Deutung liefert das Feld zwischen zwei vom Nullpunkt ausgehenden Strahlen, die auf verschiedenem

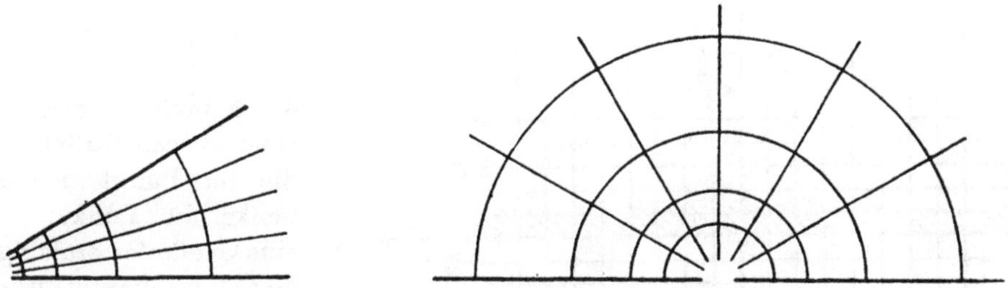

Fig. 44.

konstanten Potential gehalten werden. Der Nullpunkt ist als singulärer Punkt dabei auszunehmen (vgl. Fig. 44). Wir fassen die **physikalische Bedeutung der logarithmischen Singularität** noch einmal zusammen in

Satz 3: *$f(z) = c \log z$, c reell, stellt das komplexe Potential einer ebenen Strömung (bzw. eines ebenen elektrostatischen Feldes) mit einer im Nullpunkt befindlichen „Senke“ ($c > 0$) oder „Quelle“ ($c < 0$) der Ergiebigkeit $-2\pi c$ (bzw. „Ladung“ der*

Größe $-2\pi c$) *dar.* $f(z) \equiv i c \log z$, *c reell, stellt das komplexe Potential einer ebenen Strömung mit einem im Nullpunkt befindlichen „Wirbel" dar*[1]).

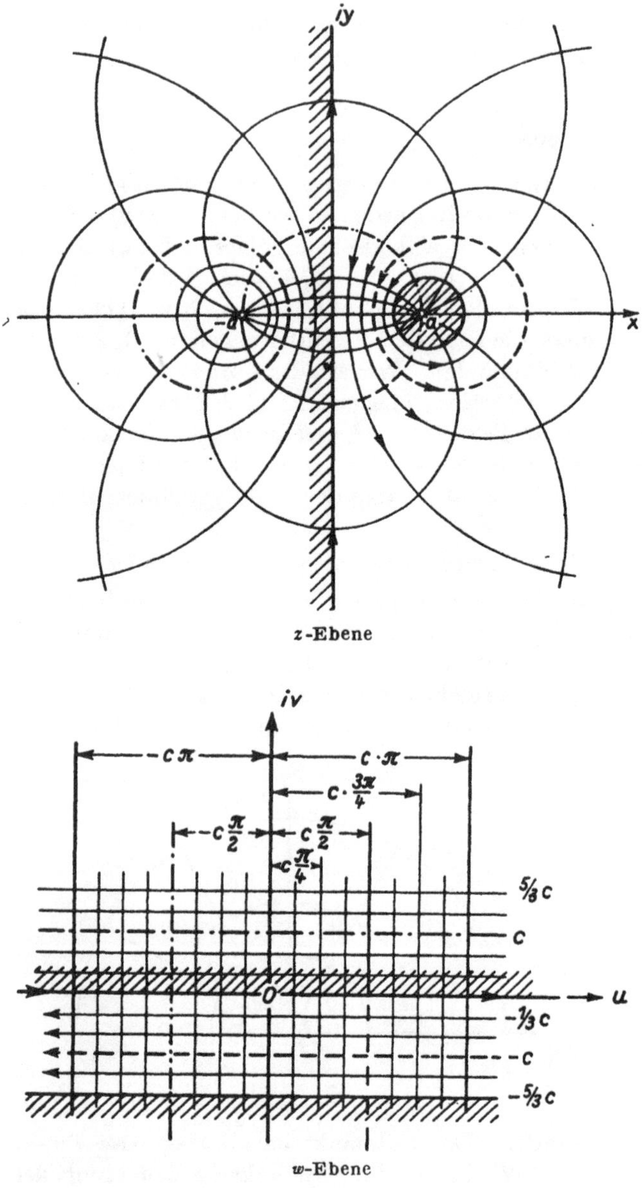

Fig. 45.

Bilden wir durch eine lineare Funktion die z-Ebene auf eine ζ-Ebene so ab, daß die Punkte $z = 0$ in $\zeta = a$, $z = \infty$ in $\zeta = -a$ übergeht, $z = \frac{\zeta - a}{\zeta + a}$, so ist nach Satz 5, S. 68,

$$F(\zeta) \equiv c \log \frac{\zeta - a}{\zeta + a}$$

das komplexe Potential der Strömung in der ζ-Ebene. Dabei gehen Strom- und Äquipotentiallinien wieder in solche über, und zwar nach Abschnitt 2 dieses Paragraphen in das Kreisbüschel durch die Punkte $\pm a$ bzw. in das dazu orthogonale. Damit haben wir, indem wir wieder ζ durch z ersetzen, in

$$f(z) \equiv c \log \frac{z - a}{z + a}$$

das komplexe Potential einer ebenen Strömung, die im Punkt a eine Senke, im Punkt $-a$ eine Quelle der Ergiebigkeit $2\pi c$ besitzt bzw. das Potential eines Feldes, welches in $\pm a$ zwei entgegengesetzt gleiche ebene Punktladungen besitzt.

[1]) Da es sich in Wirklichkeit um räumliche Felder handelt, stellt eine „Quelle" oder „Senke" eine *Linie* von Quellen („Quellinie") oder Senken dar; ebenso ist eine „Ladung" eine Linienladung auf einer durch den betreffenden Punkt senkrecht zur z-Ebene verlaufenden Geraden der Ladungsdichte $-2\pi c$ und ein „Wirbel" eine Wirbellinie. Die Zirkulation längs einer geschlossenen Stromlinie ist im letzteren Fall bei einmaligem Umlauf gleich $2\pi c$.

$$f(z) \equiv i c \log \frac{z-a}{z+a}$$

liefert das Potential eines ebenen Doppelwirbels mit den Wirbelpunkten $\pm a$ (vgl. Fig. 45[1])).

$w = f(z) \equiv c \log \sin z$ bzw. $f(z) \equiv c \log \operatorname{tg} z$, c reell, bildet die Linien konstanten Betrags und konstanten Winkels von $\sin z$ bzw. $\operatorname{tg} z$, also die in den Figuren 21a und b gezeichneten Kurven auf die Geraden $u = \text{const.}$, $v = \text{const.}$ der w-Ebene ab. Daher stellt die erste Funktion das komplexe Potential eines Strömungs- (bzw. elektrischen) Feldes gleichartiger Senken ($c > 0$) oder Quellen ($c < 0$) (bzw. gleichartiger ebener Punktladungen) in den Punkten $k\pi$ dar (k ganzzahlig). Bei der zweiten Funktion haben wir abwechselnd Quellen und Senken bzw. Ladungen abwechselnden Vorzeichens in den Punkten $k\pi$[2]).

3. Die Potenz

Die Potenz von z mit beliebigem komplexen Exponenten α definieren wir durch

Definition III: $z^\alpha \equiv e^{\alpha \log z}$ *für alle* $z \neq e, \neq 0, \neq \infty$ *und alle* α.

Da $\log z$ unendlich vieldeutig ist, ist auch z^α, wenn α keine rationale Zahl ist, unendlich vieldeutig. Die einzelnen Werte gehen aus einem beliebig herausgegriffenen durch Multiplikation mit $e^{\alpha 2 k \pi i}$ (k ganzzahlig) hervor. Den Fall $z = e$ haben wir hier auszuschließen, denn unter e^α verstanden wir die durch die Potenzreihe (1) von S. 51 eindeutig definierte Funktion. Hier jedoch ergäben sich wegen $e^z = e^{\alpha \log e}$ und $\log e = 1 + 2k\pi i$ unendlich viele Werte[3]).

Verwenden wir die unendlich vielblättrige Fläche des Logarithmus, so ist auch für $w = z^\alpha$ eine eindeutige Zuordnung zwischen den Punkten z dieser Riemannschen Fläche und den Funktionswerten w möglich. Bei rationalem α, $\alpha = \pm p/q$ (p, q teilerfremde natürliche Zahlen), können nur q verschiedene Faktoren $e^{\alpha 2 k \pi i}$ auftreten, nämlich für $k = 0, 1, 2, \ldots, q-1$. Setzt man $z = r e^{i\varphi}$, so ergibt sich $w^{\pm 1} = r^{p/q} e^{i \varphi p/q}$, also kommt man nach einem q-maligen Umlauf um den Nullpunkt der z-Ebene in der w-Ebene wieder zum Ausgangswert zurück. *Die Riemannsche Fläche für* $z^{p/q}$ *besteht daher nur aus* q *Blättern.* Dabei sind die einzelnen Ufer wie in der unendlich vielblättrigen Riemannschen Fläche von $\log z$ zusammenzuheften, jedoch das freie Ufer des q-ten Blattes mit dem freien Ufer des ersten Blattes zu verbinden, wie in Fig. 46 für $q = 3$ angedeutet ist. Speziell erhält man für $\alpha = 1/2$ die Funktion $\sqrt{z}$ mit der zweiblättrigen Riemannschen Fläche, die wir schon S. 84 betrachtet haben. Für ganzzahliges α, also $q = 1$, ist z^α eine eindeutige Funktion. Wir legen auch bei der allgemeinen Potenz, wie beim Logarithmus, einen ganz bestimmten Zweig der vieldeutigen Funktion fest durch

Fig. 46.

Definition IV: Unter dem „*Hauptwert von* z^α" verstehen wir die eindeutige Funktion $e^{\alpha \operatorname{Log} z}$.

1) In der für positives a und c gezeichneten Figur entspricht z. B. der von $-a$ nach $+a$ geradlinig aufgeschnittenen z-Ebene der Parallelstreifen $-c\pi < u < c\pi$.

2) Räumlich gesehen haben wir hier ein sog. „*Gitter*" von aufgeladenen parallelen Linien.

3) Bei z^m mit ganzzahligem (und sogar mit rationalem) m liefert Def. III dieselben Funktionen, die wir früher schon eingeführt haben.

Beispiele: 1. Es ist der Hauptwert von $i^i = e^{i \operatorname{Log} i} = e^{i\pi i/2} = e^{-\pi/2}$, hingegen ist allgemein

$$i^i = e^{i \log i} = e^{i(\pi i/2 + 2k\pi i)} = e^{-\pi/2}\, e^{-2k\pi} \quad (k \text{ ganzzahlig}).$$

2. Hauptwert von $1^{1/q} = e^{(1/q)\operatorname{Log} 1} = e^{0/q} = 1$, allgemein jedoch erhalten wir $1^{1/q} = e^{(1/q)\log 1} = e^{2k\pi i/q}$, also die Werte $1;\ e^{2\pi i/q};\ e^{4\pi i/q};\ \ldots;\ e^{2(q-1)\pi i/q}$, die sog. „*q-ten Einheitswurzeln*".

Während die Regeln (5) und (8) den aus dem Reellen bekannten Regeln analog sind, lassen sich andere Regeln nicht einfach übertragen. So gilt z. B. nicht allgemein $\log e^z = z$, denn links stehen bei einem festen z unendlich viele Werte, rechts nur ein Wert. Sie gilt aber noch in einem anderen Sinne: Aus $w = e^z$ folgt nach Def. I, S. 98, $z = \log w$, dabei nimmt $\log w$ bei einem vorgeschriebenen w unendlich viele Werte an. Greifen wir einen, nämlich z, davon heraus, so ist dadurch auf einer von 0 nach ∞ aufgeschlitzten w-Ebene ein eindeutiger Zweig des Logarithmus festgelegt. Die Gleichung $\log e^z = z$ gilt dann nur für diesen Zweig. Wir können also sagen: *Unter den unendlich vielen Werten der linken Seite gibt es einen, für den die Gleichung gilt.* Wählen wir irgendeinen der unendlich vielen Werte von $\log e^z$ aus, z. B. $\operatorname{Log} e^z$, so können wir nur schreiben $\operatorname{Log} e^z = z + 2k\pi i$, wobei k eine passend zu wählende ganze Zahl ist, die noch dazu von z abhängt. Ebenso gilt die aus dem Reellen bekannte Regel $\log z^\alpha = \alpha \log z$ nicht allgemein, sondern für ein vorgegebenes z nur bei passender Wahl der in den Logarithmen enthaltenen willkürlichen Größen.

Für die Ableitung eines eindeutigen Zweiges von a^z gilt dann wegen Def. III

$$\frac{d a^z}{dz} = a^z \log a \tag{10}$$

ebenso für den Hauptwert:

$$\frac{d a^z}{dz} = a^z \operatorname{Log} a. \tag{11}$$

Ein eindeutiger Zweig von z^α liefert eine Abbildung, die in allen Punkten $z \neq 0, \infty$ konform ist. *Ist $\alpha > 0$, so geht $z = 0$ in $w = 0$ über und Winkel mit dem Scheitel im Nullpunkt werden mit α multipliziert.*

4. Riemannsche Flächen von $\log \dfrac{z-a}{z-b}$; $\left(\dfrac{z-a}{z-b}\right)^\alpha$, α reell; $\sqrt{(z-a)(z-b)}$.

Die unendlich vielblättrige Fläche für $\log Z$ geht durch die Transformation $Z = (z-a)/(z-b)$ in eine unendlich vielblättrige Riemannsche Fläche der z-Ebene über. In den Punkten $z = a$ und $z = b$ hängen die unendlich vielen Blätter zusammen, sie sind (vgl. S. 96) Verzweigungspunkte unendlich hoher Ordnung oder logarithmische Verzweigungspunkte. (Analog bezeichnen wir bei der Riemannschen Fläche für $\log z$ neben dem Nullpunkt auch den Punkt ∞ als logarithmischen Verzweigungspunkt. Bei der linearen Abbildung geht der Punkt $Z = -1$ in den Punkt $z = (a+b)/2$, also in den Mittelpunkt der Strecke $\overline{ab}$ über. Daher entspricht der von 0 nach ∞ längs der negativ reellen Achse aufgeschnittenen Z-Ebene die längs der Strecke von a nach b aufgeschnittene z-Ebene. Ordnen wir einem Punkt dieser Ebene einen der möglichen Werte zu, z. B. den Hauptwert, so haben wir eine in dieser Ebene eindeutige Funktion von z, z. B. $w = \operatorname{Log} \frac{z-a}{z-b}$ [1]). Letztere bildet also die längs der Strecke von a nach b aufgeschlitzte z-Ebene auf den Parallelstreifen $-\pi < \mathfrak{J}(w) \leqq \pi$ ab. $\left(\frac{z-a}{z-b}\right)^{\alpha}$ (α irrational) hat dieselbe Riemannsche Fläche und dasselbe Regularitätsgebiet für den Hauptwert.

Ist α rational, $\alpha = p/q$ (p, q teilerfremd), so bekommen wir eine q-blättrige Riemannsche Fläche mit einem von a nach b führenden Verzweigungsschnitt. Speziell ist daher $\sqrt{\frac{z-a}{z-b}}$ auf einer zweiblättrigen Riemannschen Fläche mit einem von a nach b führenden Verzweigungsschnitt eindeutig. Auf dieser Fläche ist auch $\sqrt{(z-a)(z-b)}$ eine eindeutige Funktion. Das folgt nach dem Vorhergehenden sofort aus $\sqrt{(z-a)(z-b)} = (z-b)\sqrt{\frac{z-a}{z-b}}$ oder direkt aus $\sqrt{(z-a)(z-b)} = \sqrt{z-a}\,\sqrt{z-b}$. (Beide Gleichungen gelten für jeden Zweig der mehrdeutigen Funktionen auf der rechten Seite bei passender Wahl der Zweige für die auf der linken Seite stehenden Funktionen[2])). Umläuft man vom Punkt z ausgehend und nach z zurückkehrend den Punkt a oder den Punkt b, so ändert $\sqrt{z-a}$ bzw. $\sqrt{z-b}$ das Vorzeichen. Man muß daher die Riemannsche Fläche der Funktion $\sqrt{(z-a)(z-b)}$ so konstruieren, daß man bei einmaligem Umlauf um einen der beiden Punkte a oder b in ein anderes Blatt der Riemannschen Fläche gelangt, bei gleichzeitigem einmaligen Umlauf um a und b und ebenso bei zweimaligem Umlauf um einen der beiden Punkte a oder b wieder in das ursprüngliche Blatt kommt. Das kann geschehen, indem man eine zweiblättrige z-Ebene von a nach b längs einer endlichen oder über den Punkt ∞ führenden Kurve aufschneidet und die beiden Blätter in der bekannten Weise „kreuzweise" zusammenheftet. Das haben wir schon bei der Funktion $\sqrt{z^2-1}$, die bei der Umkehrung von $w = (z + 1/z)/2$ auftrat, kennengelernt (s. auch S. 91).

5. $\mathfrak{Cos}\, z$ und $\mathfrak{Ar}\,\mathfrak{Cos}\, z$.

Bilden wir die z-Ebene durch $Z = e^z$ auf eine (unendlich vielblättrige) Z-Ebene und diese wieder durch $w = (Z + 1/Z)/2$ auf eine w-Ebene ab, so erhalten die von $w = \mathfrak{Cos}\, z$ erzeugte Abbildung. Bei der ersten Abbildung geht der Parallelstreifen $-\pi < \mathfrak{J}(z) \leqq \pi$ in die längs der negativen reellen Achse aufgeschnittene Z-Ebene über. Bei der zweiten Abbildung geht bereits die obere Halbebene in die volle w-Ebene über, die von ± 1 auf beiden Seiten nach unendlich längs der reellen Achse aufgeschnitten ist. (Vgl. 6., S. 90). Jedes der unendlich vielen Blätter der Z-Ebene, also jeder Periodenstreifen (vgl. S. 54) $\mathfrak{S}_k$ $(-\pi + 2k\pi < \mathfrak{J}(z) \leqq \leqq \pi + 2k\pi)$ der z-Ebene liefert daher in der w-Ebene zwei Blätter, und zwar $\mathfrak{S}_k'$ $(-\pi + 2k\pi < \mathfrak{J}(z) < 2k\pi)$ ein Blatt und $\mathfrak{S}_k''$ $(2k\pi < \mathfrak{J}(z) < \pi + 2k\pi)$ ein solches; wir bezeichnen sie als das zu $\mathfrak{S}_k$ gehörige „untere" bzw. „obere Blatt". Der Geraden $\mathfrak{J}(z) = (2k+1)\pi$ entspricht dabei (vgl. Fig. 47 a, b, c) in der $w = u + iv$-Ebene der doppelt durchlaufene Strahl S_1 $(u \leqq -1,\ v = 0)$, der

[1]) Siehe auch Aufgabe 4 j von § 1 S. 26 und Fig. 45 S. 102.
[2]) Die Hauptwerte der auf der rechten Seite der Gleichung stehenden Faktoren liefern im allgemeinen jedoch nicht die Hauptwerte der linken Seite.

Geraden $\mathfrak{J}(z) = 2k\pi$ der doppelt durchlaufene Strahl S_2 ($u \geqq 1, v = 0$). Gehen wir daher von dem Blatt der Riemannschen Fläche der w-Ebene aus, welches dem Streifen $\mathfrak{S}_k'$ entspricht, so gelangen wir bei Überschreitung des Schnittes S_2 in das obere Blatt des Streifens $\mathfrak{S}_k$, bei Überschreitung des Schnittes S_1 in das untere Blatt des benachbarten Streifens $\mathfrak{S}_{k+1}$. Wir haben daher in der w-Ebene eine unendlich vielblättrige Riemannsche Fläche, deren einzelne Blätter, wie in Fig. 47 d schematisch dargestellt ist, kreuzweise zusammenhängen. (In dieser

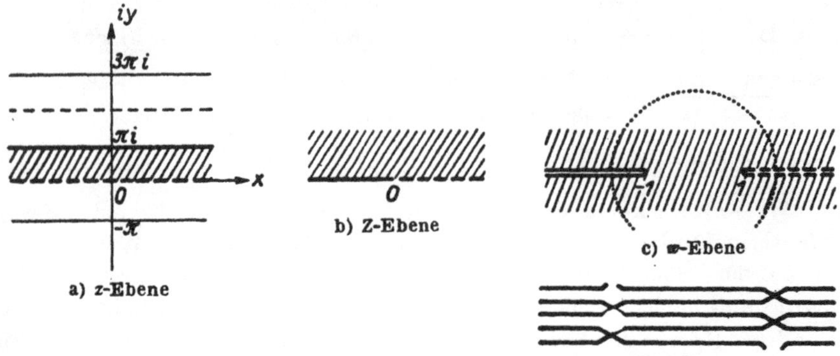

Fig. 47.

Figur ist ein Schnitt z. B. längs eines Kreises um $w = 0$ durch S_1 und S_2 gezeichnet.) Nach 6., S. 90 und 7., S. 95, führt daher $w = \mathfrak{Cof}\, z$ die *Parallelen zur reellen Achse der* z-Ebene *in der* w-Ebene *in konfokale Hyperbeln mit den Brennpunkten* ± 1 *und die Parallelen zur imaginären Achse jedes Streifens* $\mathfrak{S}_k'$ *bzw.* $\mathfrak{S}_k''$ in *konfokale Ellipsen mit den Brennpunkten* ± 1 *über.*

Auf der so konstruierten Riemannschen Fläche der w-Ebene ist dann die Umkehrfunktion von $w = \mathfrak{Cof}\, z$, wir schreiben $z = \mathfrak{Ar}\mathfrak{Cof}\, w$ eindeutig, wenn wir einem Blatt die inneren Punkte des Streifens $\mathfrak{S}_k''$ zusammen mit den Randpunkten $\mathfrak{R}(z) \geqq 0$, $\mathfrak{J}(z) = 2k\pi$ und $\mathfrak{R}(z) < 0$, $\mathfrak{J}(z) = (2k+1)\pi$ als Fundamentalbereich (vgl. S. 85) in der z-Ebene zuordnen. Speziell definieren wir unter Vertauschung von z und w:

Definition V: Unter dem „*Hauptwert*" der unendlich vieldeutigen Funktion $w = \mathfrak{Ar}\mathfrak{Cof}\, z$ verstehen wir die Werte $0 < \mathfrak{J}(w) < \pi$, sowie $w \geqq 0$ und $\mathfrak{J}(w) = \pi$, $\mathfrak{R}(w) < 0$.

Für $z = x \geqq 1$ erhalten wir dann für den Hauptwert die aus dem Reellen bekannte Funktion $\mathfrak{Ar}\mathfrak{Cof}\, x$, und zwar den positiven Zweig dieser im Reellen zweiwertigen Funktion.

Wegen $\mathfrak{Cof}\, iz = \cos z$, $\sin z = -\cos(z + \pi/2)$, $i\,\mathfrak{Sin}\, z = \sin iz$ (vgl. (8) S. 53) erhält man aus dem Obigen sofort durch entsprechende Drehung oder Parallelverschiebung der z-, bzw. w-Ebene die Riemannschen Flächen der unendlich vieldeutigen Umkehrfunktionen von $w = \cos z$, $\sin z$, $\mathfrak{Sin}\, z$, also $z = \operatorname{arc}\cos w$, $\operatorname{arc}\sin w$, $\mathfrak{Ar}\,\mathfrak{Sin}\, w$ und die den verschiedenen Blättern entsprechenden Fundamentalbereiche. Als „Hauptwert" einer dieser Umkehrfunktionen können wir die Werte in dem entsprechend transformierten Fundamentalbereich von $\mathfrak{Ar}\mathfrak{Cof}\, w$ definieren. Nach den Regeln über die Ableitung der Umkehrfunktion ergeben

sich für jeden eindeutigen Zweig formal dieselben Formeln für die Ableitung wie im Reellen.
Figur 21 a, S. 57, zeigt gegebenenfalls nach entsprechender Drehung und Parallelverschiebung das orthogonale Kurvennetz, in das bei den Abbildungen durch diese Umkehrfunktionen die von 0 ausgehenden Strahlen und die dazu senkrechten Kreise übergehen.

6. tg z und arc tg z

tg z ist eine periodische Funktion mit der Periode π. Daher wird die z-Ebene durch $w = \operatorname{tg} z$ jedenfalls auf eine unendlich vielblättrige w-Ebene abgebildet. Nach Aufgabe 4, § 2, S. 61, geht der Periodenstreifen $-\pi/2 < \Re(z) \leqq \pi/2$ bereits in die volle w-Ebene umkehrbar eindeutig über. Dabei entspricht den Begrenzungslinien $\Re(z) = \pm\pi/2$ der von i über ∞ nach $-i$ führende Teil der imaginären Achse. Der Geraden $\Re(z) = \pi/2$ entspricht das rechte Ufer, $\Re(z) = -\pi/2$ das linke Ufer eines längs dieser Kurve geführten Schnittes. Überschreiten wir daher den Schnitt von rechts kommend, so gelangen wir in das, dem Parallelstreifen $\pi/2 < \Re(z) \leqq 3\pi/2$ entsprechende, darüberliegende Blatt einer Riemannschen Fläche, beim Überschreiten des Schnittes von links in das darunterliegende, dem Streifen $-3\pi/2 < \Re(z) \leqq -\pi/2$ entsprechende Blatt. Wir haben also wieder eine *Riemannsche Fläche mit unendlich vielen Blättern und logarithmischer Verzweigung in den Punkten* $\pm i$, analog wie bei $\log(w-a)/(w-b)$, nur dachten wir uns hier den Verzweigungsschnitt längs der von a nach b führenden Strecke gelegt. Auf jedem Blatt einer solchen Riemannschen Fläche ist die Umkehrfunktion von $w = \operatorname{tg} z$, $z = \operatorname{arc\,tg} w$, eine eindeutige Funktion, wenn wir einem Blatt einen gewissen Streifen der z-Ebene zuordnen, z. B. den Hauptwert.

Definition VI: Unter dem „*Hauptwert*" der unendlich vieldeutigen Funktion arc tg z, in Zeichen Arc tg z, verstehen wir die Funktionswerte in dem Streifen $-\pi/2 < \Re(w) \leqq \pi/2$.

Insbesondere ist daher Arc tg $0 = 0$. Da $\operatorname{tg} iz = i\,\mathfrak{Tg}\, z$, $-\operatorname{tg}(z-\pi/2) = \operatorname{ctg} z$, $i \operatorname{ctg} iz = \mathfrak{Ctg}\, z$ ist (vgl. (8), S. 53), erhält man durch entsprechende Drehung und Parallelverschiebung um $\pi/2$ in der z- bzw. w-Ebene die Riemannschen Flächen für die zugehörigen Umkehrfunktionen von $w = \mathfrak{Tg}\, z$, ctg z, $\mathfrak{Ctg}\, z$ also $z = \mathfrak{Ar\,Tg}\, w$, arc ctg w, $\mathfrak{Ar\,Ctg}\, w$. Als Hauptwerte dieser Umkehrfunktionen definieren wir diejenigen Funktionswerte, die in dem entsprechend transformierten Fundamentalbereich des Arc tg gelegen sind. Für die Ableitung jedes eindeutigen Zweiges dieser unendlich vieldeutigen Umkehrfunktionen gelten nach der Regel über die Ableitung einer eindeutigen Umkehrfunktion die analogen Formeln wie im Reellen.
Substituiert man $z = 1/Z$, so erhält man aus der Riemannschen Fläche für $\log(z+i)/(z-i)$ die Riemannsche Fläche für arc tg Z. Beide Funktionen sind (vgl. Aufg. 7, S. 109) bis auf eine multiplikative Konstante identisch.
Fig. 21 b zeigt gegebenenfalls nach einer entsprechenden Drehung und Parallelverschiebung das orthogonale Kurvennetz, das in der z-Ebene bei den Abbildungen durch die Umkehrfunktionen $z = \operatorname{arctg} w$ usw. den von 0 ausgehenden Strahlen und den dazu orthogonalen Kreisen der w-Ebene entspricht.

Wir haben damit die wichtigsten elementaren Funktionen und ihre wesentlichsten Eigenschaften mit Hilfe ihrer Abbildungen kennengelernt. Gleichzeitig haben wir damit die Möglichkeit erhalten, eine große Klasse von konformen Abbildungen mit Hilfe dieser Funktionen durchzuführen. Weitere Abbildungen lassen sich durch Funktionen erzeugen, die sich aus mehreren solchen Funktionen aufbauen. *Dabei führt man die verlangte Abbildung zweckmäßig in einzelnen Schritten durch* und verwendet für jeden Abbildungsschritt eine Hilfsebene, wie das in dem Beispiel S. 88 und in den Lösungen der Übungsaufgaben dieses und des vorhergehenden Paragraphen dargelegt wird. Zu entscheiden, ob eine vorliegende Abbildungsaufgabe mit Hilfe der bisher betrachteten Funktionen gelöst werden kann, ist Sache der Übung (Übungsbeispiele!). Weitere Funktionen und damit neue Möglichkeiten der konformen Abbildung, z. B. die technisch wichtige Abbildung des Inneren und Äußeren eines geradlinigen geschlossenen Polygons, werden wir im 2. Teil kennenlernen.

Es erhebt sich hier schon die Frage: Ist es stets möglich, ein vorgegebenes Gebiet $\mathfrak{G}$ der z-Ebene auf ein beliebig vorgegebenes Gebiet $\mathfrak{H}$ einer w-Ebene umkehrbar eindeutig und konform mit Hilfe einer analytischen Funktion abzubilden? Da man die Abbildungsaufgabe stets so abändern kann, daß man das abzubildende Gebiet $\mathfrak{G}$ erst auf den Einheitskreis und diesen auf das vorgegebene Gebiet $\mathfrak{H}$ abzubilden hat, so genügt es zu wissen, welche Gebiete man auf den Einheitskreis abbilden kann. Hierüber gibt Aufschluß der **Riemannsche Abbildungssatz:** Jedes einfach zusammenhängende, von der vollen z-Ebene verschiedene Gebiet $\mathfrak{G}$ mit mindestens zwei Randpunkten läßt sich durch eine in $\mathfrak{G}$ analytische Funktion umkehrbar eindeutig und konform auf das Innere des Einheitskreises abbilden. Dabei kann man noch einen inneren Punkt von $\mathfrak{G}$ mit einer Richtung in einen Punkt im Innern des Einheitskreises mit einer dort vorgegebenen Richtung überführen. Wir werden auf den Beweis dieses Satzes und auf die Frage, wie man in einem vorliegenden Falle die Abbildungsfunktion finden kann, im 2. Teil dieses Buches Antwort geben.

Wir haben uns bisher mit der Ableitung der Funktionen komplexer Veränderlicher befaßt. Dabei haben wir als geometrischen Ausdruck der Differenzierbarkeit die Konformität der Abbildung an allen Stellen mit nicht verschwindender Ableitung kennengelernt. Wir wollen jetzt zum Integral übergehen. Dabei setzen wir wieder durchwegs eindeutige Funktionen voraus.

Übungsaufgaben

1. Wie erklärt sich das folgende Paradoxon:
$$-\pi i = \log(-1) = (1/2)\log(-1)^2 = (1/2)\log 1 = 0?$$
2. Gilt die Gleichung $\log z^3 = 3 \log z$ allgemein?
3. Gegeben ist eine z-Ebene, welche längs der reellen Achse von $+a$ über ∞ nach $-a$ aufgeschnitten ist. Welche analytische Funktion bildet diesen Schlitzbereich auf den Parallelstreifen $0 \leqq \mathfrak{J}(w) \leqq 1$ so ab, daß die Strecke von $-a$ nach $+a$ in die Strecke von 0 nach i und die Punkte $\mathfrak{J}(z) > 0$ in die Punkte $\mathfrak{R}(w) > 0$ des Parallelstreifens übergehen?
Die Abbildungsfunktion kann als komplexes Strömungspotential einer ebenen Potentialströmung aus der oberen Halbebene durch die Öffnung von $-a$ nach $+a$ in die untere gedeutet werden. Die Ufer der Schlitze sind dabei Stromlinien. Welches sind die Strom- und Potentiallinien?
4. Man bilde das von der imaginären Achse und dem Hyperbelast $x = 2\,\mathfrak{Cos}\,\varphi$; $y = 3\,\mathfrak{Sin}\,\varphi$ begrenzte Gebiet der z-Ebene konform auf einen Parallelstreifen $0 \leqq \mathfrak{J}(w) \leqq 1$ einer w-Ebene so ab, daß dem Hyperbelast die reelle Achse und dem Punkt $z = 2$ der Punkt $w = 0$ entspricht.

a) Wie lautet die Abbildungsfunktion $f(z)$? $f(z)$ läßt sich deuten als komplexes Potential eines ebenen elektrostatischen Feldes zwischen einer Ebene vom Potential 1 und einem hyperbolischen Zylinder vom Potential 0. Die imaginäre Achse und der Hyperbelast sind dabei als Schnittfiguren der z-Ebene mit den senkrecht dazu verlaufenden Potentialflächen (Kondensatorflächen) aufzufassen.

b) Welches sind die Potential-, welches die Kraftlinien?

c) Wie groß ist die Feldstärke?

d) Welche Ladung sitzt auf einem Parallelstreifen der Höhe 1 der ebenen Kondensatorfläche, der durch die Strecke $x = 0$, $|y| \leqq 1$ nach unten begrenzt wird?

5. Man bilde das Äußere der Kreissichel $|z| < 1$, $|z + i| > \sqrt{2}$ konform auf das Äußere des Einheitskreises so ab, daß ± 1 und i Fixpunkte sind.

6. Man berechne Real- und Imaginärteil von $\operatorname{Log}(1 - i)^{1/2}$.

7. Man zeige, daß $\frac{1}{2i} \operatorname{Log} \frac{1 + iz}{1 - iz} = \operatorname{Arctg} z$ ist.

8. Welche Strömung liefert ein eindeutiger Zweig von $f(z) = a \log z$ bei komplexem $a = s + it$?

9. Gegeben ist in der oberen Halbebene das Kreisbogenzweieck mit den Ecken ± 1, dessen größerer Kreisbogen durch id $(d > 0)$ geht und mit dem kleineren Kreisbogen den Winkel α einschließt. Man gebe eine analytische Funktion an, die das Äußere (ferner eine solche, die das Innere) des Zweiecks auf das Äußere (bzw. auf das Innere) des Kreises durch ± 1, id umkehrbar eindeutig und konform so abbildet, daß die Punkte ± 1, id Fixpunkte sind.

KAPITEL III

Das Integral

§ 1. DAS INTEGRAL

1. Das bestimmte Integral

Unter dem bestimmten Integral $\int_a^b f(x)\,dx$ einer reellen Funktion $f(x)$ einer *reellen* Veränderlichen x versteht man bekanntlich den Grenzwert $\lim_{n\to\infty} \sum_{\nu=1}^{n} f(\xi_\nu)\,\Delta x_\nu$, wobei das Intervall $a \ldots x \ldots b$ durch die Punkte $a = x_0, x_1, x_2, \ldots, x_\nu, \ldots, x_{n-1}, x_n = b$ in n-Teilintervalle[1]) $I_\nu\,(x_{\nu-1} \ldots x \ldots x_\nu)$ von der Länge $|\Delta x_\nu| = |x_\nu - x_{\nu-1}|$ zerlegt wird, so daß $\sum_{\nu=1}^{n} \Delta x_\nu = b - a$, $x_{\nu-1} \ldots \xi_\nu \ldots x_\nu$, und $\lim_{n\to\infty} \operatorname{Max} |\Delta x_\nu| = 0$ ist. Wir übertragen diesen Integralbegriff ins Komplexe: a und b sind dann Zahlen der komplexen Zahlenebene. Diese verbinden wir durch eine stetige Kurve (C): $z = \varphi(t) + i\psi(t) = z(t)$, $\alpha \leqq t \leqq \beta$, $z(\alpha) = a$, $z(\beta) = b$, wobei[2]) wir zunächst voraussetzen, daß (C) überall glatt ist (vgl. I., § 1, 5, S. 23), also $\varphi(t)$, $\psi(t)$ in $\alpha \leqq t \leqq \beta$ überall Ableitungen besitzen, für die $\varphi'(t)^2 + \psi'(t)^2 \neq 0$ ist. Die Kurve (C) unterteilen wir durch die Punkte $z_\nu = \varphi(t_\nu) + i\psi(t_\nu)$, $(\alpha \leqq t_\nu \leqq \beta,\ t_0 = \alpha,\ t_n = \beta)$ in n-Teilstücke T_ν, greifen aus jedem Teilstück T_ν einen Punkt $\zeta_\nu = \varphi(\tau_\nu) + i\psi(\tau_\nu)$, $t_{\nu-1} \leqq \tau_\nu \leqq t_\nu$, heraus (vgl. Fig. 48) und bilden mit $z_\nu - z_{\nu-1} = \Delta z_\nu$ die Summe

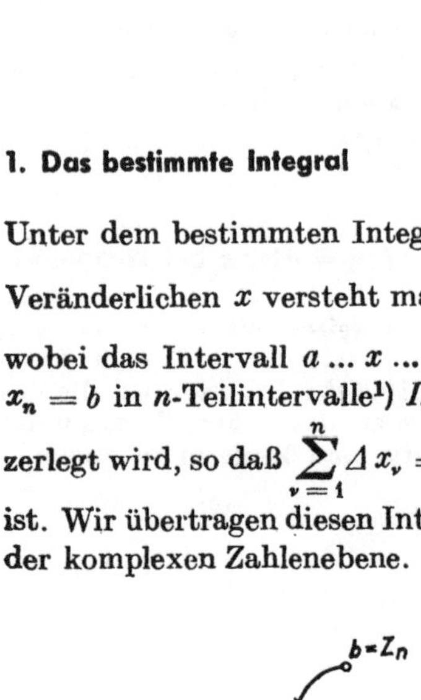

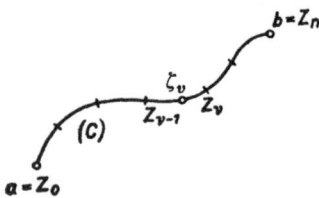

Fig. 48.

$$S_n = \sum_{\nu=1}^{n} f(\zeta_\nu)\,\Delta z_\nu. \tag{1}$$

Strebt diese Summe, falls wir die Einteilung z_ν so wählen, daß $\operatorname{Max} |\Delta z_\nu|$ mit wachsendem n gegen 0 geht, gegen einen Grenzwert, so werden wir diesen Grenzwert wieder als das Integral von $f(z)$ bezeichnen, und zwar als das Integral von a nach b längs der Kurve (C). Allgemein definieren wir

Definition I: Unter dem „*längs einer stückweise glatten Kurve* (C) *von* a *nach* b *erstreckten Integral*" einer Funktion $f(z)$ der komplexen Veränderlichen z, in Zeichen $\int_{a\,(C)}^{b} f(z)\,dz$, verstehen wir den Grenzwert

[1]) Die Schreibweise $a \ldots x \ldots b$ schließt die beiden Fälle $a \leqq x \leqq b$ und $a \geqq x \geqq b$ ein.

[2]) Wir können ohne Beschränkung der Allgemeinheit stets annehmen, daß der Kurvenparameter t beim Durchlaufen der Kurve von $z = a$ nach $z = b$ wächst, indem wir im anderen Falle t durch $-t$ ersetzen.

(2) $$\lim_{n\to\infty} \sum_{\nu=1}^{n} f(\zeta_\nu)\, \Delta z_\nu,$$

falls dieser, unabhängig von der Wahl der Teilpunkte z_ν und der Wahl der Zwischenpunkte ζ_ν in dem von den Punkten z_ν und $z_{\nu-1}$ begrenzten Kurvenstück T_ν vorhanden ist, wenn der maximale Abstand $|\Delta z_\nu| = |z_\nu - z_{\nu-1}|$ zweier benachbarter Teilpunkte mit wachsendem n verschwindet. Ist (C) eine geschlossene Kurve, so schreiben wir auch $\oint\limits_{(C)} f(z)\,dz$, oder $\oint\limits_{(C)} f(z)\,dz$ bzw. $\oint\limits_{(C)} f(z)\,dz$, falls (C) im positiven bzw. negativen Sinne durchlaufen wird.

Das Integral ist also ein Linienintegral. Bei Funktionen einer reellen Veränderlichen genügt bereits die Stetigkeit des Integranden, um die Existenz des Integrals zu sichern. Dasselbe ist auch hier der Fall. Es gilt

Satz 1: *Ist $f(z)$ längs der stückweise glatten, die Punkte a und b verbindenden Kurve (C), $z(t) = \varphi(t) + i\psi(t)$,* mit $\alpha \leqq t \leqq \beta$, $z(\alpha) = a$, $z(\beta) = b$, *stetig*[1]), *so existiert das Integral $\int\limits_{a\,(C)}^{b} f(z)\,dz$ und ist, wenn $f(z(t)) = u(t) + iv(t)$ gesetzt wird, gleich $\int\limits_{\alpha}^{\beta} [u(t) + iv(t)]\,[\varphi'(t) + i\psi'(t)]\,dt$.*

Beweis:
$$S_n = \sum_{\nu=1}^{n} f(\zeta_\nu)(z_\nu - z_{\nu-1}) =$$
$$= \sum_{\nu=1}^{n} [u(\tau_\nu) + iv(\tau_\nu)]\,[\varphi(t_\nu) + i\psi(t_\nu) - \varphi(t_{\nu-1}) - i\psi(t_{\nu-1})] =$$
$$= \sum_{\nu=1}^{n} u(\tau_\nu)[\varphi(t_\nu) - \varphi(t_{\nu-1})] - \sum_{\nu=1}^{n} v(\tau_\nu)[\psi(t_\nu) - \psi(t_{\nu-1})] +$$
$$+ i\sum_{\nu=1}^{n} v(\tau_\nu)[\varphi(t_\nu) - \varphi(t_{\nu-1})] + i\sum_{\nu=1}^{n} u(\tau_\nu)[\psi(t_\nu) - \psi(t_{\nu-1})].$$

I. *Wir setzen zunächst voraus, daß (C) glatt ist.* Dann sind $\varphi(t)$ und $\psi(t)$ differenzierbare, somit auch stetige Funktionen von t, ebenso ist $f(z)$ längs (C) stetig, also sind auch $u(t)$ und $v(t)$ stetige Funktionen von t.

Um nachzuweisen, daß $\lim\limits_{n\to\infty} S_n$ existiert, genügt es, die Existenz des Grenzwertes für diese vier Summen nachzuweisen. Wir führen den Nachweis für eine dieser Summen, z. B. für die erste. Für die anderen drei Summen läßt sich der Beweis genau so führen, da hier die Voraussetzungen dieselben sind wie für die erste Summe. Unter Verwendung des Mittelwertsatzes der Integralrechnung erhält man

$$\sum_{\nu=1}^{n} u(\tau_\nu)[\varphi(t_\nu) - \varphi(t_{\nu-1})] = \sum_{\nu=1}^{n} u(\tau_\nu)\,\varphi'(\tau_\nu')\,(t_\nu - t_{\nu-1}),$$

wobei $t_{\nu-1} < \tau_\nu' < t_\nu$ ist. Wäre $\tau_\nu' = \tau_\nu$, so würde diese Summe mit wachsendem n gegen $\int\limits_{\alpha}^{\beta} u(t)\,\varphi'(t)\,dt$ konvergieren, nach Definition des bestimmten Integrals bei reellen Funktionen einer reellen Veränderlichen. Nun ist aber

[1]) Siehe S. 39.

$$\sum_{\nu=1}^{n} u(\tau_\nu)\,\varphi'(\tau_\nu')\,(t_\nu - t_{\nu-1}) =$$

$$= \sum_{\nu=1}^{n} u(\tau_\nu')\,\varphi'(\tau_\nu')\,(t_\nu - t_{\nu-1}) + \sum_{\nu=1}^{n} [u(\tau_\nu) - u(\tau_\nu')]\,\varphi'(\tau_\nu')\,(t_\nu - t_{\nu-1}).$$

Es ist $|\tau_\nu - \tau_\nu'| < t_\nu - t_{\nu-1}$. Da eine stetige Funktion in einem abgeschlossenen Intervall $\alpha \leqq t_\nu \leqq \beta$ gleichmäßig stetig ist, gilt für alle Zwischenwerte des t-Intervalles bei beliebig klein aber fest vorgegebenem positiven ε: $|u(\tau_\nu) - u(\tau_\nu')| < \varepsilon$, wenn nur $t_\nu - t_{\nu-1} < \delta(\varepsilon)$, also hinreichend klein ist. Das ist aber immer der Fall, wenn nur n groß genug gewählt wird, $n > N(\varepsilon)$. Ferner ist $\varphi'(t)$ in $\alpha \leqq t \leqq \beta$ beschränkt, also ist auch $|\varphi'(\tau_\nu')| < A$ und daher

$$\left|\sum_{\nu=1}^{n} [u(\tau_\nu) - u(\tau_\nu')]\,\varphi'(\tau_\nu')\,(t_\nu - t_{\nu-1})\right| \leqq \sum_{\nu=1}^{n} |u(\tau_\nu) - u(\tau_\nu')|\,|\varphi'(\tau_\nu')|\,(t_\nu - t_{\nu-1}) <$$

$$< \sum_{\nu=1}^{n} \varepsilon A\,(t_\nu - t_{\nu-1}) = \varepsilon A\,(\beta - \alpha) = \varepsilon_1,$$

d. h. der Betrag des Fehlers, den man begeht, wenn man $\tau_\nu = \tau_\nu'$ setzt, ist kleiner als jede noch so kleine Zahl ε_1, wenn nur $n > N(\varepsilon) = N\left(\frac{\varepsilon_1}{A(\beta - \alpha)}\right) = N_1(\varepsilon_1)$ gewählt wird. Der Fehler geht also mit wachsendem n gegen 0. Somit ist

$$\lim_{n\to\infty} \sum_{\nu=1}^{n} u(\tau_\nu)\,\varphi'(\tau_\nu')\,(t_\nu - t_{\nu-1}) = \lim_{n\to\infty} \sum_{\nu=1}^{n} u(\tau_\nu')\,\varphi'(\tau_\nu')\,(t_\nu - t_{\nu-1}) =$$

$$= \int_\alpha^\beta u(t)\,\varphi'(t)\,dt.$$

Entsprechendes gilt für die anderen vier Summen. Also haben wir nach Def. I

$$\int_{a\,(C)}^{b} f(z)\,dz = \int_\alpha^\beta u(t)\,\varphi'(t)\,dt - \int_\alpha^\beta v(t)\,\psi'(t)\,dt + i\int_\alpha^\beta v(t)\,\varphi'(t)\,dt + \tag{3}$$

$$+ i\int_\alpha^\beta u(t)\,\psi'(t)\,dt.$$

II. Wir haben vorausgesetzt, daß die a und b verbindende Kurve (C) glatt ist. Das Integral existiert aber, wie wir noch zeigen wollen, auch für *stückweise glatte Kurven* (C). In diesem Falle besteht (C) aus einer endlichen Anzahl von glatten Kurvenbögen $(C_1), (C_2), \ldots, (C_r)$. Werden die Ecken c_ν dieser Kurvenstücke bei jeder Unterteilung der Kurve (C) als Teilpunkte verwendet, so ist

$$\sum_{\nu=1}^{n} f(\zeta_\nu)\,\Delta z_\nu = \sum_{\nu=1}^{p_1} f(\zeta_\nu)\,\Delta z_\nu + \sum_{\nu=p_1+1}^{p_2} f(\zeta_\nu)\,\Delta z_\nu + \ldots + \sum_{\nu=p_{r-1}+1}^{n} f(\zeta_\nu)\,\Delta z_\nu$$

und in der Grenze

$$\int_{a\,(C)}^{b} f(z)\,dz = \int_{a\,(C)}^{c_1} f(z)\,dz + \int_{c_1\,(C)}^{c_2} f(z)\,dz + \ldots + \int_{c_{r-1}\,(C)}^{b} f(z)\,dz. \tag{4}$$

Da aber der Grenzwert von S_n unabhängig von der Wahl der Teilpunkte z_ν existieren soll, so haben wir noch nachzuweisen, daß sich dieser Grenzwert (4) auch ergibt, wenn die Eckpunkte c_ν nicht unter den Teilpunkten z_ν sind. Nehmen wir in der Summe S_n die Ecken c_ν hinzu, so kommen von den Eckpunkten in dieser Summe Glieder mit c_ν vor:

$$S_n' = \ldots + (c_\nu - z_{\mu-1})\, f(\zeta_\nu) + (z_\mu - c_\lambda)\, f(\zeta_\nu^{\bullet}) + \ldots .$$

Dagegen wird ohne Berücksichtigung der Ecken

$$S_n = \ldots + (z_\mu - z_{\mu-1})\, f(\zeta_\mu) + \ldots .$$

Für die Differenz beider Summen erhalten wir daher von den insgesamt $r-1$ Ecken

$$|S_n' - S_n| \leqq \sum_{\nu=1}^{r-1} |(c_\nu - z_{\mu-1})|\, |f(\zeta_\nu)| + |(z_\mu - c_\nu)|\, |f(\zeta_\nu^{\bullet})| + |(z_\mu - z_{\mu-1})|\, |f(\zeta_\mu)|.$$

Da $f(z)$ längs (C) stetig ist, ist es insbesondere beschränkt, $|f(z)| < B$. Andererseits wird die Unterteilung mit wachsendem n beliebig fein, also wenn nur $n > N(\varepsilon)$, wird Max $(|c_\nu - z_{\mu-1}|;\ |z_\mu - c_\nu|;\ |z_\mu - z_{\mu-1}|) < \varepsilon$. Daher ist

$$|S_n' - S_n| < 3\,\varepsilon\,(r-1)\, B < \varepsilon_1.$$

Die Differenz kann also, wenn nur n groß genug gewählt wird, kleiner als jede beliebig klein aber fest vorgegebene Zahl ε_1 gemacht werden, d. h. sie verschwindet in der Grenze für $n \to \infty$. Daher haben beide Summen gleichen Grenzwert.

Vereinbarung: Die in diesem und in den folgenden Paragraphen auftretenden Kurven seien, wenn nichts anderes vermerkt ist, *stets als stückweise glatte Kurven vorausgesetzt.*

(3) können wir, indem wir die aus der Integraldefinition I unmittelbar folgenden Regeln

$$\underset{(C)}{\int_a^b} k\, f(z)\, dz = k \underset{(C)}{\int_a^b} f(z)\, dz, \qquad \underset{(C)}{\int_a^b} [f(z) + g(z)]\, dz = \underset{(C)}{\int_a^b} f(z)\, dz + \underset{(C)}{\int_a^b} g(z)\, dz$$

für den Fall, daß (C) die auf der reellen Achse von α nach β führende Strecke ist, verwenden, auf die Form bringen

$$\int_\alpha^\beta [u(t) + i\, v(t)]\, [\varphi'(t) + i\, \psi'(t)]\, dt, \text{ w. z. b. w.}$$

Der Satz 1 gibt die Möglichkeit, *komplexe Integrale auf die Berechnung von Integralen reeller Funktionen einer reellen Veränderlichen zurückzuführen.* Wegen $u(t) + iv(t) = f(z(t))$ und $\varphi(t) + i\,\psi(t) = z(t)$ erhalten wir, indem wir noch $(\varphi'(t) + i\,\psi'(t))\, dt = dz(t)$ setzen, für das Integral längs des Kurvenbogen von a nach b

$$\text{(3 a)} \qquad \underset{(C)}{\int_a^b} \boldsymbol{f(z)\, dz} = \int_\alpha^\beta \boldsymbol{f(z(t))\, dz(t)}.$$

Wir haben damit die einfache

Regel: Das Integral von $a = z(\alpha)$ nach $b = z(\beta)$ längs einer Kurve (C), $z(t) = \varphi(t) + i\,\psi(t)$ erhält man, indem man die Parameterdarstellung $z(t)$ der Kurve einsetzt, den Integranden in Real- und Imaginärteil zerlegt und die entstehenden reellen Integrale über die Parameterwerte von α nach β berechnet.

1. Beispiel: Wir berechnen $\int\limits_{(C)} \frac{1}{z}\, dz$, und zwar

a) falls (C) die Strecke von 1 nach i ist,

b) falls (C) der Einheitskreisbogen von 1 nach i ist, der den Nullpunkt im negativen Sinne umläuft,

c) falls (C) der ganze im positiven Sinn durchlaufene Einheitskreis ist.

Im Falle a) läßt sich (C) darstellen durch $x = 1 - t$, $y = t$ mit $0 \leqq t \leqq 1$, also $z(t) = 1 - t + it$ und damit $dz(t) = (i - 1)\, dt$, ferner

$$f(z(t)) = \frac{1}{(1-t)+it} = \frac{1-t}{2t^2-2t+1} - i\frac{t}{2t^2-2t+1},$$

also

$$\int\limits_{\substack{1\\(C)}}^{i} \frac{1}{z}\, dz = \int\limits_0^1 \left(\frac{1-t}{2t^2-2t+1} - i\frac{t}{2t^2-2t+1}\right)(i-1)\, dt =$$

$$= \int\limits_0^1 \frac{2t-1}{2t^2-2t+1}\, dt + i\int\limits_0^1 \frac{1}{2t^2-2t+1}\, dt =$$

$$= \frac{1}{2}\ln|2t^2-2t+1|\Big|_0^1 + i\,\mathrm{arctg}\,(2t-1)\Big|_0^1 = i\pi/2.$$

b) Hier ist $z(t) = e^{-it}$, $0 \leqq t \leqq 3\pi/2$, $dz = -i e^{-it}\, dt$, also

$$\int\limits_{\substack{1\\(C)}}^{i} \frac{dz}{z} = -\int\limits_0^{3\pi/2} \frac{i e^{-it}}{e^{-it}}\, dt = -i\int\limits_0^{3\pi/2} dt = -3\pi i/2.$$

c) Nun ist $z(t) = e^{it}$, $0 \leqq t \leqq 2\pi$, somit

$$\oint\limits_{(C)} \frac{dz}{z} = \int\limits_0^{2\pi} \frac{i e^{it}}{e^{it}}\, dt = i\int\limits_0^{2\pi} dt = 2\pi i.$$

Denselben Wert erhalten wir, wenn wir $\oint \frac{dz}{z-a}$ auf dem im positiven Sinne durchlaufenen Kreis vom Radius R und vom Mittelpunkt a bilden, denn es ist hier $z(t) = a + Re^{it}$, $dz = R\, i e^{it}\, dt$, also

(5) $$\oint \frac{dz}{z-a} = i\int\limits_0^{2\pi} dt = 2\pi i.$$

2. Beispiel: (C) sei der im positiven Sinne durchlaufene Kreis $z = a + Re^{it}$, dann ist für $n \neq -1$

$$\oint\limits_{(C)} (z-a)^n\, dz = i\int\limits_0^{2\pi} R^n e^{int}\, Re^{it}\, dt = i R^{n+1}\int\limits_0^{2\pi} e^{i(n+1)t}\, dt = i R^{n+1}\int\limits_0^{2\pi} [\cos(n+1)t +$$

$$+ i\sin(n+1)t]\, dt = i R^{n+1} \frac{\sin(n+1)t - i\cos(n+1)t}{n+1}\Big|_0^{2\pi} = 0.$$

2. Rechenregeln und Integralabschätzungen

Aus der Definition I des Integrals als Grenzwert einer Summe ergeben sich wie im Reellen die folgenden Rechenregeln:

(I) $$\int_{a\,(C)}^{b} k f(z)\,dz = k \int_{a\,(C)}^{b} f(z)\,dz$$

(II) $$\int_{a\,(C)}^{b} [f(z) + g(z)]\,dz = \int_{a\,(C)}^{b} f(z)\,dz + \int_{a\,(C)}^{b} g(z)\,dz, \textit{ allgemein}$$

(II a) $$\int_{a\,(C)}^{b} \left[\sum_{\nu=1}^{n} f_\nu(z)\right] dz = \sum_{\nu=1}^{n} \left[\int_{a\,(C)}^{b} f_\nu(z)\,dz\right]$$

(III) $$\int_{a\,(C)}^{b} f(z)\,dz = -\int_{b\,(C)}^{a} f(z)\,dz$$

(IV) $$\int_{a\,(C)}^{b} f(z)\,dz + \int_{b\,(C)}^{c} f(z)\,dz = \int_{a\,(C)}^{c} f(z)\,dz.$$

Die Beweise für die drei ersten Regeln folgen unmittelbar aus der Def. I. Der Beweis von (IV) ist formal derselbe wie der S. 112 geführte Beweis bei den stückweise glatten Kurven.

Ferner ergibt sich wegen

$$|S_n| = \left|\sum_{\nu=1}^{n} f(\zeta_\nu)(z_\nu - z_{\nu-1})\right| \leqq \sum_{\nu=1}^{n} |f(\zeta_\nu)|\,|z_\nu - z_{\nu-1}| \leqq$$
$$\leqq \sum_{\nu=1}^{n} M\,|z_\nu - z_{\nu-1}| = M \sum_{\nu=1}^{n} |z_\nu - z_{\nu-1}| \leqq M \sum_{\nu=1}^{n} (s_\nu - s_{\nu-1}) = M L,$$

wenn M das Maximum von $|f(z)|$ auf der Kurve (C) und L die Länge des von a nach b führenden Kurvenbogens ist; denn die Strecke $|z - z_{\nu-1}|$ ist sicher nicht größer als die Länge $s_\nu - s_{\nu-1}$ des die Punkte z_ν und $z_{\nu-1}$ verbindenden Kurvenbogens. Wir haben damit die folgende für das Arbeiten mit Integralen wichtige

I. Integralabschätzung: $\left|\int_{a\,(C)}^{b} f(z)\,dz\right| \leqq ML,$

d. h. der Absolutbetrag des von a nach b längs (C) gebildeten Integrales ist kleiner oder höchstens gleich dem Produkt aus dem Maximum des Absolutbetrages von f (z) auf (C) und der Länge des von a nach b führenden Kurvenbogens.

Für manche Zwecke braucht man eine etwas genauere Integralabschätzung. Es ist

$$|S_n| = \left|\sum_{\nu=1}^{n} f(\zeta_\nu)(z_\nu - z_{\nu-1})\right| \leqq \sum_{\nu=1}^{n} |f(\zeta_\nu)|\,|z_\nu - z_{\nu-1}|,$$
$$|z_\nu - z_{\nu-1}| = \sqrt{[\varphi(t_\nu) - \varphi(t_{\nu-1})]^2 + [\psi(t_\nu) - \psi(t_{\nu-1})]^2},$$

also unter zweimaliger Verwendung des Mittelwertsatzes der Differentialrechnung reeller Funktionen:

$$= \sqrt{\varphi'(\tau_\nu')^2 + \psi'(\tau_\nu'')^2}\,(t_\nu - t_{\nu-1}),$$
$$|S_n| \leqq \sum_{\nu=1}^{n} |f(\zeta_\nu)|\sqrt{\varphi'(\tau_\nu')^2 + \psi'(\tau_\nu'')^2}\,(t_\nu - t_{\nu-1}).$$

Wenn das Integral $\int\limits_{a\,(C)}^{b} f(z)\,dz$ existiert, so ist sein Wert unabhängig von der Art und Weise, wie wir die Zwischenpunkte ζ_ν auf dem von den Punkten z_ν, $z_{\nu-1}$ begrenzten Kurvenstück gewählt haben. Wir können insbesondere $\zeta_\nu = z(\tau_\nu')$ nehmen. Stünde dann auch τ_ν' an Stelle von τ_ν'', so würde nach Definition des bestimmten Integrals reeller Funktionen die rechte Seite der Ungleichung mit wachsendem n gegen

$$\int\limits_\alpha^\beta |f(z(t))|\sqrt{\varphi'(t)^2+\psi'(t)^2}\,dt = \int\limits_\alpha^\beta |f(z(t))|\,s'(t)\,dt = \int\limits_\alpha^\beta |f(z(t))|\,d\,s(t)$$

konvergieren. Nun ist

$$\sum_{\nu=1}^{n} |f(\zeta_\nu)|\sqrt{\varphi'(\tau_\nu')^2+\psi'(\tau_\nu'')^2}(t_\nu-t_{\nu-1}) =$$

$$= \sum_{\nu=1}^{n} |f(\zeta_\nu)|\sqrt{\varphi'(\tau_\nu')^2+\psi'(\tau_\nu')^2}(t_\nu-t_{\nu-1}) +$$

$$+ \sum_{\nu=1}^{n} |f(\zeta_\nu)|\left\{\sqrt{\varphi'(\tau_\nu')^2+\psi'(\tau_\nu'')^2}-\sqrt{\varphi'(\tau_\nu')^2+\psi'(\tau_\nu')^2}\right\}(t_\nu-t_{\nu-1}).$$

Wegen $$\left|\sqrt{a^2+b^2}-\sqrt{a^2+c^2}\right| = \frac{|b+c|\,|b-c|}{\sqrt{a^2+b^2}+\sqrt{a^2+c^2}} \leqq$$

$$\leqq \frac{|b|+|c|}{\sqrt{a^2+b^2}+\sqrt{a^2+c^2}}\,|b-c| \leqq |b-c|$$

gilt für den Fehler F, den man in der Summe S_n begeht, wenn man τ'' gleich τ' setzt:

$$|F| \leqq \sum_{\nu=1}^{n} |f(\zeta_\nu)|\,|\psi'(\tau_\nu')-\psi'(\tau_\nu'')|\,(t_\nu-t_{\nu-1}).$$

Da aber $|\psi'(\tau_\nu')-\psi'(\tau_\nu'')| < \varepsilon$ ist, wenn nur $n > N(\varepsilon)$ und damit $|\tau_\nu'-\tau_\nu''| < \delta(\varepsilon)$ gewählt wird, so ist $|F| \leqq \varepsilon\cdot M \sum\limits_{\nu=1}^{n}(t_\nu-t_{\nu-1}) = \varepsilon\cdot M(\beta-\alpha)$.
Daher geht der Fehler mit wachsendem n gegen 0 und wir erhalten in der Grenze $n\to\infty$ die

II. Integralabschätzung:

$$\left|\int\limits_{a\,(C)}^{b} f(z)\,dz\right| \leqq \int\limits_\alpha^\beta |f(z(t))|\,s'(t)\,dt = \int\limits_{a\,(C)}^{b} |f(z)|\,|dz|,$$

wobei $s(t)$ die Bogenlänge auf (C) und $|dz| = ds$ ist.

Hieraus folgt insbesondere wieder die I. Abschätzung. Wir werden von diesen Integralabschätzungen im folgenden häufig Gebrauch machen.

Schließlich kann man auch Integrale $\int\limits_{a\,(C)}^{b} f(z)\,dz$ durch Einführung einer neuen komplexen Veränderlichen ζ transformieren. Ist $\zeta = \varphi(z)$ eine analytische Funktion, welche die Kurve (C) in ihrem Regularitätsgebiet enthält und die eindeutige Umkehrung $z = \psi(\zeta)$ besitzt, so wird das Integral in ein Kurvenintegral über eine eindeutige Funktion längs der in der ζ-Ebene verlaufenden Bildkurve (C^*) von (C) übergeführt. Aus Def. I und Satz 1 S. 110 und 111 folgt also die

Transformationsformel:

$$\int_{a\,(C)}^{b} f(z)\,dz = \int_{\varphi(a)\,(C^*)}^{\varphi(b)} f(\psi(\zeta))\,\psi'(\zeta)\,d\zeta. \tag{6}$$

Es ist also außer den Grenzen im allgemeinen auch der Integrationsweg zu transformieren.

§ 2. DER CAUCHYSCHE INTEGRALSATZ

1. Der Cauchysche Integralsatz

Das Integral im Komplexen ist ein Linienintegral, also noch abhängig von dem die Punkte a und b verbindenden Integrationsweg. Es gibt aber eine große Klasse von Funktionen $f(z)$, für die das Integral von a nach b unabhängig von der a und b verbindenden Kurve (C) ist. Einige derartige elementare Beispiele ergeben sich sofort aus der Definition des Integrals.

1. Beispiel: $f(z) = k = \text{const.}$ Es ist dann

$$S_n = \sum_{\nu=1}^{n} k\,(z_\nu - z_{\nu-1}) = k\,(z_n - z_0) = k\,(b-a).$$

Also ist $\int_{a\,(C)}^{b} k\,dz = k\,(b-a)$ unabhängig vom Weg (C).

2. Beispiel: $f(z) = z.$ $S_n = \sum_{\nu=1}^{n} \zeta_\nu\,(z_\nu - z_{\nu-1}).$

Nach Def. I ist der Grenzwert unabhängig davon vorhanden, wie wir ζ_ν im ν. Teilbogen wählen. Nehmen wir einmal $\zeta_\nu = z_\nu$, so ist $S_n = \sum_{\nu=1}^{n} (z_\nu^2 - z_\nu z_{\nu-1})$.

Wählen wir andererseits $\zeta_\nu = z_{\nu-1}$, so erhalten wir $S_n' = \sum_{\nu=1}^{n} (z_\nu z_{\nu-1} - z_{\nu-1}^2)$.

Beide Summen streben für $n \to \infty$ gegen denselben Grenzwert. Dieser ist infolgedessen gleich dem Grenzwert des Mittels

$$\frac{S_n + S_n'}{2} = \frac{1}{2}\sum_{\nu=1}^{n} (z_\nu^2 - z_{\nu-1}^2) = \frac{z_n^2 - z_0^2}{2} = \frac{b^2 - a^2}{2}.$$

Daher ist

$$\int_{a\,(C)}^{b} z\,dz = \frac{b^2 - a^2}{2},$$

also unabhängig vom Weg (C).

3. Beispiel: $\int_{1\,(C)}^{i} \frac{1}{z}\,dz$ hatten wir bereits im Beispiel 1, S. 114, berechnet, und zwar längs der Geraden von 1 nach i. Hierfür ergab sich der Wert $\pi i/2$. Denselben Wert erhalten wir, wenn wir für (C) den von 1 nach i führenden Viertelkreisbogen wählen. Dagegen ergab sich der Wert $-3\pi i/2$ auf dem Dreiviertelkreisbogen von 1 nach i. Man bekommt daher zwei verschiedene Ergebnisse. Das Integral hängt also vom Wege ab.

Es erhebt sich nun die Frage: Wann ist das Integral vom Weg abhängig und wann ist es davon unabhängig? Hierüber gibt uns Aufschluß der wegen seiner Wichtigkeit als **Hauptsatz der Funktionentheorie** bezeichnete

Satz 1 (Integralsatz von Cauchy): *Ist $\mathfrak{G}$ ein einfach zusammenhängendes, beschränktes Gebiet, (C) ein die Punkte a und b verbindender, ganz in $\mathfrak{G}$ verlaufender, stückweise glatter Kurvenbogen und ist $f(z)$ überall in $\mathfrak{G}$ regulär, so ist das Integral $\underset{(C)}{\int_a^b} f(z)\,dz$ unabhängig vom Integrationsweg (C).*

Anders formuliert:

Satz 1 a: *Ist $\mathfrak{G}$ ein einfach zusammenhängendes, beschränktes Gebiet, (C) eine ganz in $\mathfrak{G}$ verlaufende, geschlossene, stückweise glatte Kurve und ist $f(z)$ überall in $\mathfrak{G}$ regulär, so hat das Integral längs des geschlossenen Integrationsweges (C) den Wert 0,*

$$\oint_{(C)} f(z)\,dz = 0.$$

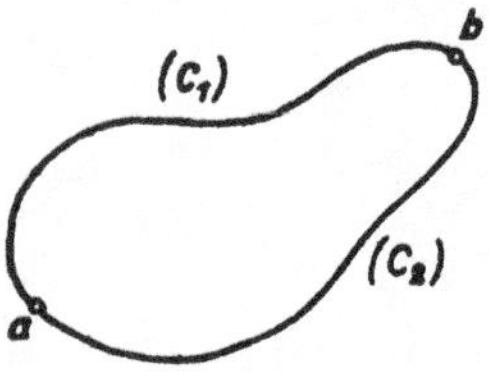

Fig. 49.

Die beiden Formulierungen Satz 1 und 1a sind äquivalent. Aus Satz 1 folgt Satz 1a. Hat man nämlich eine geschlossene in $\mathfrak{G}$ verlaufende stückweise glatte Kurve (C), so kann man auf ihr zwei Punkte a und b wählen, wodurch (C) in zwei Kurvenbögen (C_1) und (C_2) zerlegt wird (vgl. Fig. 49). Da nach Satz 1

$$\underset{(C_1)}{\int_a^b} f(z)\,dz = \underset{(C_2)}{\int_a^b} f(z)\,dz$$

ist, so ist nach (III), S. 115

$$\underset{(C_1)}{\int_a^b} f(z)\,dz + \underset{(C_2)}{\int_b^a} f(z)\,dz = 0,$$

also $\oint_{(C)} f(z)\,dz = 0$. Das ist aber die Aussage von Satz 1a.

Umgekehrt folgt auch aus Satz 1a der Satz 1. Sind nämlich (C_1) und (C_2) zwei in $\mathfrak{G}$ von a nach b führende Kurven, so bilden sie zusammen eine in $\mathfrak{G}$ verlaufende geschlossene Kurve (C), für die nach (IV), S. 115

$$\oint_{(C)} f(z)\,dz = \underset{(C_1)}{\int_a^b} f(z)\,dz + \underset{(C_2)}{\int_b^a} f(z)\,dz = 0,$$

ist, also nach (III), S. 115

$$\underset{(C_1)}{\int_a^b} f(z)\,dz = \underset{(C_2)}{\int_a^b} f(z)\,dz.$$

Das ist die Aussage von Satz 1.

Wir beweisen den Cauchyschen Integralsatz in der Form von Satz 1a.

A. *Wir setzen zunächst voraus, daß (C) ein Dreieck ist.*

𝔊 sei ein einfach zusammenhängender Bereich, Δ_0 ein im Innern von 𝔊 gelegenes Dreieck. U_0 sei der Umfang des Dreiecks. Verbinden wir die Seitenmitten dieses Dreiecks Δ_0 miteinander, so haben wir das Dreieck in vier kongruente Teildreiecke $\delta, \delta', \delta'', \delta'''$ vom Umfang $U_0/2$ zerlegt (vgl. Fig. 50). Umlaufen wir jedes Teildreieck im positiven Sinn, so wird das Dreieck Δ_0 im positiven Sinn, die Verbindungsstrecken der Seitenmittelpunkte aber zweimal, und zwar in zwei entgegengesetzten Richtungen durchlaufen. Daher ist nach 2., S. 115

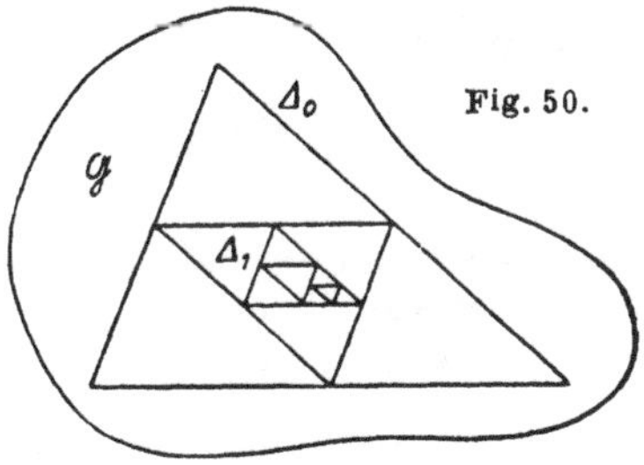

Fig. 50.

$$\oint_{(\Delta_0)} f(z)\,dz = \oint_{(\delta)} f(z)\,dz + \oint_{(\delta')} f(z)\,dz + \oint_{(\delta'')} f(z)\,dz + \oint_{(\delta''')} f(z)\,dz$$

und

$$\mathfrak{J}_0 = \left|\oint_{(\Delta_0)} f(z)\,dz\right| \leqq \left|\oint_{(\delta)}\right| + \left|\oint_{(\delta')}\right| + \left|\oint_{(\delta'')}\right| + \left|\oint_{(\delta''')}\right|.$$

Eines der vier Teildreiecke, welches den größten Absolutbetrag des Integrals liefert, bezeichenen wir mit Δ_1, den Absolutbetrag mit $\mathfrak{J}_1$. Es ist dann $\mathfrak{J}_0 \leqq 4\,\mathfrak{J}_1$. Das Dreieck Δ_1 unterteilen wir in gleicher Weise wie vorher Δ_0 in vier kongruente Teildreiecke und integrieren über die Berandung der Teildreiecke. Ist Δ_2 dasjenige, das wieder den größten Betrag des Integrals, den wir mit $\mathfrak{J}_2$ bezeichnen, liefert, so gilt $\mathfrak{J}_1 \leqq 4\,\mathfrak{J}_2$.

Setzen wir diese Unterteilung fort und unterteilen bei jeder Unterteilung dasjenige Teildreieck, welches den größten Betrag $\mathfrak{J}_\nu$ des Integrales über den Dreiecksrand liefert, weiter, so erhalten wir eine Folge von Dreiecken, $\Delta_0, \Delta_1, \Delta_2, \ldots, \Delta_{n-1}, \Delta_n$ vom Umfang U_0, $U_0/2$, $U_0/2^2, \ldots, U_0/2^n$, so daß

(1) $$\mathfrak{J}_n = \left|\oint_{(\Delta_n)} f(z)\,dz\right| \geqq \frac{1}{4}\,\mathfrak{J}_{n-1} \geqq \mathfrak{J}_0/4^n, \text{ also } \mathfrak{J}_0 \leqq 4^n\,\mathfrak{J}_n.$$

Die Dreiecke Δ_n konvergieren mit wachsendem n, da ihre Durchmesser beliebig klein werden, gegen einen allen Dreiecken gemeinsamen Punkt ζ des Dreiecks Δ_0. Da Δ_0 nach Voraussetzung im Inneren des Regularitätsgebietes 𝔊 von $f(z)$ liegt, so hat $f(z)$ im Punkt ζ auch eine Ableitung,

$$\lim_{z\to\zeta} \frac{f(z)-f(\zeta)}{z-\zeta} = f'(\zeta)$$

oder $\dfrac{f(z)-f(\zeta)}{z-\zeta} = f'(\zeta) + r(z)$, wobei $\lim\limits_{z\to\zeta} r(z) = 0$ ist, also $|r(z)| < \varepsilon$ gemacht werden kann, wenn nur $|z-\zeta|$ hinreichend klein, $|z-\zeta| < \delta(\varepsilon)$ gewählt wird. Es ist daher $f(z) = f(\zeta) + (z-\zeta)\,f'(\zeta) + (z-\zeta)\,r(z)$ und demnach

$$\oint_{(\Delta_n)} f(z)\,dz = [f(\zeta) - \zeta f'(\zeta)] \oint_{(\Delta_n)} dz + f'(\zeta) \oint_{(\Delta_n)} z\,dz + \oint_{(\Delta_n)} (z-\zeta)\,r(z)\,dz.$$

Nach Beispiel 1 und 2, S. 117, sind die beiden ersten Integrale für jeden geschlossenen Weg 0. Das letzte Integral läßt sich mit Hilfe der Integralabschätzung I., S. 115, leicht abschätzen: $|z-\zeta|$ ist sicher kleiner als der Umfang $U_0/2^n$ des Dreiecks Δ_n. Ist daher n groß genug, so ist $|z-\zeta| < \delta(\varepsilon)$ und damit auch $|r(z)| < \varepsilon$. Also ist

$$\mathfrak{J}_n = \left|\oint\limits_{(\Delta_n)} f(z)\,dz\right| = \left|\oint\limits_{(\Delta_n)} (z-\zeta)\,r(z)\,dz\right| < \frac{1}{2^n} U_0 \cdot \varepsilon \cdot \frac{1}{2^n} U_0.$$

Demnach ist $\mathfrak{J}_0 \leq 4^n \mathfrak{J}_n < U_0^2 \cdot \varepsilon$. Es ist $\mathfrak{J}_0$ also beliebig klein zu machen, wenn nur n genügend groß ist. Nun hängt aber $\mathfrak{J}_0$ gar nicht von n ab. Daher ist $\mathfrak{J}_0 = 0$. W. z. b. w.

B. *Jetzt beweisen wir den Satz für den Fall, daß (C) ein im Innern von $\mathfrak{G}$ verlaufender geradliniger, doppelpunktfreier, geschlossener Polygonzug (P_n) ist.*

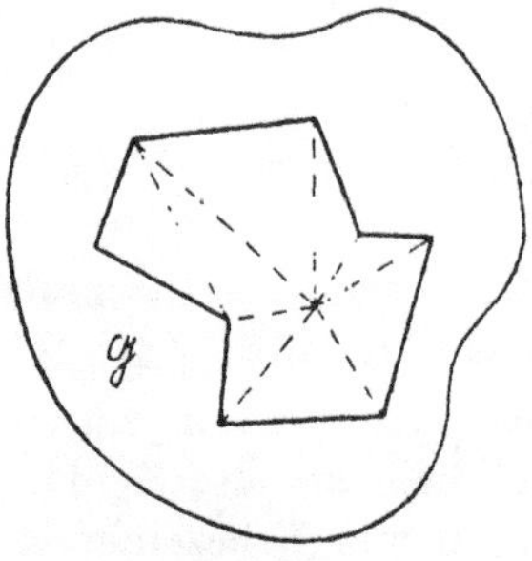

Fig. 51.

Man kann bekanntlich ein solches Polygon durch Einführung von Hilfsstrecken in Dreiecke zerlegen (vgl. Fig. 51). Umläuft man jedes Teildreieck im positiven Sinne, so werden die Hilfslinien zweimal, und zwar in entgegengesetztem Sinne, der Rand (P_n) einmal im positiven Sinne durchlaufen. Integrieren wir über den Rand eines jeden Teildreiecks im positiven Sinne, so heben sich demnach die Integrale über die doppelt durchlaufenen Hilfsstrecken weg und es bleibt nur das Integral über den im positiven Sinne durchlaufenen Polygonzug (P_n). Da aber das Integral über jedes Teildreieck wie unter A. bewiesen wurde, verschwindet, so ist das Integral über (P_n) ebenfalls Null.

C. *Nun sei (C) eine geschlossene, doppelpunktfreie stückweise glatte Kurve.* Eine solche Kurve können wir stets durch einen Polygonzug (P_n), dessen Ecken z_ν auf der Kurve gelegen sind, beliebig genau annähern. Es ist dann

$$\text{(a)}\qquad 0 = \oint\limits_{(P_n)} f(z)\,dz = \underset{(s_1)}{\int_{z_0}^{z_1}} f(z)\,dz + \underset{(s_2)}{\int_{z_1}^{z_2}} f(z)\,dz + \dots + \underset{(s_n)}{\int_{z_{n-1}}^{z_n}} f(z)\,dz =$$
$$= \sum_{\nu=1}^{n} \underset{(s_\nu)}{\int_{z_{\nu-1}}^{z_\nu}} f(z)\,dz,$$

wobei die Integrale längs der Polygonseiten s_ν erstreckt sind und $z_n = z_0$ ist. Das Integral über die Kurve (C) aber ist, wenn wir $\zeta_\nu = z_\nu$ wählen, gleich dem Grenzwert der Summe $S_n = \sum_{\nu=1}^{n} f(z_\nu)(z_\nu - z_{\nu-1})$. Da $\int_{z_{\nu-1}}^{z_\nu} dz = z_\nu - z_{\nu-1}$ unabhängig vom Weg ist, so können wir dieses Integral speziell auf der νten Polygonseite s_ν erstrecken und damit für

$$f(z_\nu)(z_\nu - z_{\nu-1}) = \underset{(s_\nu)}{\int_{z_{\nu-1}}^{z_\nu}} f(z_\nu)\,dz$$

setzen; also wird

(b) $$S_n = \sum_{\nu=1}^{n} \int_{\substack{z_{\nu-1}\\(s_\nu)}}^{z_\nu} f(z_\nu)\, dz.$$

Es ist dann

$$|S_n| \leq \sum_{\nu=1}^{n} \left| \int_{\substack{z_{\nu-1}\\(s_\nu)}}^{z_\nu} [f(z_\nu) - f(z)]\, dz \right|.$$

Wenn nur n groß genug ist, sind die Punkte z der Polygonseite s_ν vom Punkt z_ν beliebig wenig entfernt, so daß wegen der Stetigkeit von $f(z)$ auch $|f(z_\nu) - f(z)| < \varepsilon$ ist. Demnach gilt:

$$|S_n| \leq \varepsilon \sum_{\nu=1}^{n} |z_\nu - z_{\nu-1}| < \varepsilon L,$$

wo L die Länge des Kurvenbogens ist. Es ist also $|S_n| < \varepsilon L = \varepsilon_1$, wenn nur $n > N(\varepsilon_1)$ ist, d. h. $\lim\limits_{n\to\infty} S_n = 0$. Andererseits aber ist $\lim\limits_{n\to\infty} S_n = \oint\limits_{(C)} f(z)\, dz$, also $\oint\limits_{(C)} f(z)\, dz = 0$.

D. Schließlich können wir die Voraussetzung, daß (C) doppelpunktfrei sei, fallen lassen. Denn nach dem soeben Bewiesenen verschwinden Integrale über geschlossene, doppelpunktfreie Teilkurvenbögen. Eine stückweise glatte Kurve mit Doppelpunkten läßt sich aber durch Weglassen solcher Teilkurvenbögen in eine doppelpunktfreie, stückweise glatte Kurve überführen. Da das Integral über eine geschlossene derartige Kurve verschwindet, gilt dasselbe auch für die ursprüngliche Kurve.
W. z. b. w.

Wir beachten besonders: *Beim Beweise des Cauchyschen Integralsatzes wurde nur die Existenz der Ableitung in $\mathfrak{G}$, hingegen nicht die Stetigkeit der Ableitung benutzt.*

Satz 1a sagt mit anderen Worten:

Das Integral $\oint\limits_{(C)} f(z)\, dz$ längs jeder geschlossenen, stückweise glatten Kurve (C), die im Innern des Regularitätsgebietes $\mathfrak{G}$ einer Funktion $f(z)$ verläuft und keinen Randpunkt von $\mathfrak{G}$ umschließt, hat den Wert Null.
Es ist aber gar nicht notwendig, daß (C) nur aus inneren Punkten von $\mathfrak{G}$ besteht. Es gilt nämlich

Satz 1b: *Das Integral längs jeder stückweise glatten, geschlossenen Kurve (C), die in einem einfach zusammenhängenden, beschränken Regularitätsgebiet $\mathfrak{G}$ verläuft, hat den Wert Null. (C) kann dabei ganz oder teilweise mit dem Rand von $\mathfrak{G}$ zusammenfallen, falls $f(z)$ in diesen Randpunkten noch stetig ist*[1]).

Zum Beweis setzen wir zunächst voraus, daß die Kurve (C) glatt ist. $z(t) = \varphi(t) + i\psi(t)$ sei ihre Parameterdarstellung. Die Kurve werde genau einmal durchlaufen, wenn der Parameter das Intervall $\alpha \leq t \leq \beta$ durchläuft. Wir nähern die Kurve (C) durch glatte Kurven (C_λ), $\lambda > 0$, $z_\lambda(t) = \varphi_\lambda(t) + i\psi_\lambda(t)$ an, welche folgende Eigenschaften besitzen: Wenn t das Intervall $\alpha \leq t \leq \beta$

[1]) Bezüglich der Stetigkeit auf dem Rande vgl. S. 39.

durchläuft, soll jede Kurve (C_λ) gerade einmal durchlaufen werden. Ferner soll für jedes t, und zwar gleichmäßig in t gelten: $\lim\limits_{\lambda \to 0} z_\lambda(t) = z(t)$, $\lim\limits_{\lambda \to 0} \dot{z}_\lambda(t) = \dot{z}(t)$, so daß, wenn nur λ genügend klein ist, $\lambda < \delta(\varepsilon)$, für alle t die Ungleichungen $|\dot{z}_\lambda(t) - \dot{z}(t)| < \varepsilon$, $|z_\lambda(t) - z(t)| < \varepsilon$ folgen und wegen der im Innern und auf dem Rande von $\mathfrak{G}$ vorausgesetzten Stetigkeit $|f(z_\lambda(t)) - f(z(t))| < \varepsilon$ wird. Für die Kurven (C_λ) können wir z. B. die Schar der Parallelkurven verwenden, die wir erhalten, wenn wir auf jeder — nach Voraussetzung vorhandenen — Kurvennormalen ein hinreichend kleines Stück der Länge λ nach innen abtragen. Für diese Parallelkurven gilt aber nach Satz 1a $\oint\limits_{(C_\lambda)} f(z)\,dz = 0$. Somit ist, $f(z(t)) = f(z_\lambda(t)) + r_\lambda(t)$ und $\dot{z}(t) = \dot{z}_\lambda(t) + s_\lambda(t)$ gesetzt,

$$\Big|\oint\limits_{(C)} f(z)\,dz\Big| = \Big|\oint\limits_{(C)} f(z)\,dz - \oint\limits_{(C_\lambda)} f(z)\,dz\Big| = \Big|\int\limits_\alpha^\beta [f(z(t))\,\dot{z}(t) - f(z_\lambda(t))\,\dot{z}_\lambda(t)]\,dt\Big| =$$

$$= \Big|\int\limits_\alpha^\beta [f(z_\lambda(t))\,s_\lambda(t) + r_\lambda(t)\,\dot{z}_\lambda(t) + r_\lambda(t)\,s_\lambda(t)]\,dt\Big| < \varepsilon \cdot C(\beta - \alpha),\ C = \text{const.},$$

also beliebig klein, wenn nur λ genügend klein ist, $\lambda < \delta(\varepsilon)$. Da aber das Integral über (C) von λ unabhängig ist, verschwindet das Integral über den Rand.

Ist (C) stückweise glatt, so können wir zunächst die Ecken durch kleine glatte Kurvenbogen nach innen glatt abrunden. Dann hat nach dem eben Bewiesenen das Integral über den abgerundeten Rand den Wert 0. Lassen wir die Bogenlänge der Abrundungen gegen Null gehen, und damit auch die Bogenlänge der Ecken, so verschwinden wegen der Stetigkeit der Funktion im Innern und auf dem Rande nach Integralabschätzung I die Integrale über die endlich vielen Ecken und Abrundungen, also auch die Differenz beider. Das Integral über den gesamten Rand hat daher wieder den Wert 0. W. z. b. w.

Man kann den Beweis des Cauchyschen Integralsatzes noch auf eine andere Weise führen, wenn man in $\mathfrak{G}$ die *Stetigkeit der Ableitung* von $f(z) = u(x; y) + i\,v(x; y)$ *voraussetzt* und den folgenden Satz über Linienintegrale aus der Integralrechnung von Funktionen zweier Veränderlicher zugrunde legt[1]): Ist $\mathfrak{G}$ ein einfach zusammenhängender, beschränkter Bereich, so ist das Kurvenintegral über jede geschlossene in $\mathfrak{G}$ verlaufende Kurve (C) $\oint\limits_{(C)} [A(x; y)\,dx + B(x; y)\,dy]$ dann und nur dann gleich Null, wenn $\frac{\partial A}{\partial y}$ und $\frac{\partial B}{\partial x}$ in $\mathfrak{G}$ stetig sind und dort der Bedingung $\frac{\partial A}{\partial y} = \frac{\partial B}{\partial x}$ genügen.

Nun ist $\oint\limits_{(C)} f(z)\,dz = \oint\limits_{(C)} (u(x; y)\,dx - v(x; y)\,dy) + i \oint\limits_{(C)} (v(x; y)\,dx + u(x; y)\,dy)$. Da $f(z) = u(x; y) + i\,v(x; y)$ in $\mathfrak{G}$ den Cauchy-Riemannschen Differentialgleichungen genügt, also $\frac{\partial u}{\partial y} = -\frac{\partial v}{\partial x}$ und $\frac{\partial v}{\partial y} = \frac{\partial u}{\partial x}$, so hat nach diesem Satz sowohl das erste Integral, als auch das zweite Integral längs jeder in $\mathfrak{G}$ verlaufenden geschlossenen Kurve (C) den Wert 0. Somit ist

$$\oint\limits_{(C)} f(z)\,dz = 0.$$

2. Das unbestimmte Integral

Ist $f(z)$ im einfach zusammenhängenden, beschränkten Bereich $\mathfrak{G}$ überall regulär, so ist, wie wir soeben bewiesen haben, das Integral von a nach b für jede

[1]) Vgl. z. B. R. Courant, Differential- und Integralrechnung Bd. II, Berlin 1948, S. 282.

in $\mathfrak{G}$ verlaufende Kurve (C) unabhängig vom Weg, also, falls wir die untere Grenze konstant $= a$, die obere Grenze veränderlich $= z$ setzen, das Integral nur eine Funktion der oberen Grenze.

$$F(z) = \int_a^z f(\zeta)\, d\zeta. \tag{1}$$

Wir wollen versuchen, die Ableitung dieser Funktion $F(z)$ an einer inneren Stelle z von $\mathfrak{G}$ zu bilden. Da z innerer Punkt ist, gehören auch die Punkte $z + h$ einer kleinen Umgebung von z zu $\mathfrak{G}$. Es ist

$$\frac{F(z+h) - F(z)}{h} = \frac{1}{h} \left(\int_a^{z+h} f(\zeta)\, d\zeta - \int_a^z f(\zeta)\, d\zeta\right) = \frac{1}{h} \int_z^{z+h} f(\zeta)\, d\zeta =$$

$$= \frac{1}{h} \left\{ \int_z^{z+h} f(z)\, d\zeta + \left(\int_z^{z+h} [f(\zeta) - f(z)]\, d\zeta\right) \right\} = \frac{1}{h} \left\{ f(z) \int_z^{z+h} d\zeta + \int_z^{z+h} [f(\zeta) - f(z)]\, d\zeta \right\} =$$

$$= f(z) + \frac{1}{h} \int_z^{z+h} [f(\zeta) - f(z)]\, d\zeta.$$

$$\left| \frac{F(z+h) - F(z)}{h} - f(z) \right| = \left| \frac{1}{h} \int_z^{z+h} [f(\zeta) - f(z)]\, d\zeta \right| \cdot$$

Da das Integral unabhängig vom Weg ist, können wir es längs der geradlinigen Strecke von z nach $z + h$ bilden. Wird dann $|h| < \delta(\varepsilon)$ klein genug, so ist wegen der Stetigkeit von $f(z)$ diese Funktion nach Satz 1, S. 39, in einer abgeschlossenen Umgebung von z gleichmäßig stetig und daher $|f(\zeta) - f(z)| < \varepsilon$, also nach der Integralabschätzung I, S. 115

$$\left| \frac{F(z+h) - F(z)}{h} - f(z) \right| < \varepsilon, \quad \text{d. h.} \quad F'(z) = \lim_{h \to 0} \frac{F(z+h) - F(z)}{h} = f(z).$$

Wir haben damit die dem Reellen analoge Beziehung

$$\frac{d}{dz} \int_a^z f(\zeta)\, d\zeta = f(z). \tag{2}$$

Damit können wir die Differentialgleichung

$$\frac{d\Phi(z)}{dz} = f(z) \tag{3}$$

für eine in $\mathfrak{G}$ reguläre Funktion $f(z)$ lösen. Eine Lösung ist

$$\Phi(z) = \int_a^z f(\zeta)\, d\zeta. \tag{4}$$

Ist $\Phi_1(z)$ eine andere Lösung, so ist $\dfrac{d(\Phi_1 - \Phi)}{dz} = 0$, also nach S. 44 die Größe $\Phi_1 - \Phi$ eine komplexe Konstante C, so daß wir die allgemeinste Lösung der Differentialgleichung (3) in $\Phi_1 = \int_a^z f(\zeta)\, d\zeta + C$ besitzen. Wie im Reellen definieren wir dann:

Definition I: Unter dem „*unbestimmten Integral*" einer im einfach zusammenhängenden, beschränkten Gebiet $\mathfrak{G}$ regulären Funktion $f(z)$ verstehen wir die allgemeinste Lösung Φ der Differentialgleichung $\frac{d\Phi}{dz} = f(z)$. Wir bezeichnen sie mit $\int f(z)\,dz$. Es ist dann

$$\Phi(z) = \int f(z)\,dz = \int_a^z f(\zeta)\,d\zeta + C$$

und daher für eine in $\mathfrak{G}$ reguläre Funktion $f(z)$

$$\int_a^b f(z)\,dz = \Phi(z)\Big|_a^b = \Phi(b) - \Phi(a).$$

NB.! Nur für eine in einem einfach zusammenhängenden (beschränkten) Gebiet $\mathfrak{G}$ reguläre Funktion $f(z)$ ist das unbestimmte Integral definiert.

3. Beispiele

1. $f(z) = z^n$ (n natürliche Zahl) ist für alle endlichen z regulär. Es ist daher

$$\int z^n\,dz = \frac{z^{n+1}}{n+1} + C \text{ und}$$

$$\int_a^b z^n\,dz = \frac{b^{n+1} - a^{n+1}}{n+1}.$$

2. $f(z) = 1/z$ ist überall mit Ausnahme der Stelle $z = 0$ regulär.

Nach Beispiel 1, S. 114 bzw. Beispiel 3, S. 117, ergibt sich bei Integration von 1 nach i längs einer Geraden und ebenso bei Integration längs des Viertelkreisbogens der Wert $\pi i/2$, dagegen bei Integration längs des Dreiviertelkreisbogens von 1 nach i der Wert $-3\pi i/2$. Dieselben Werte erhält man längs jeder Kurve, welche in einem einfach zusammenhängenden Gebiet verläuft, das die Punkte

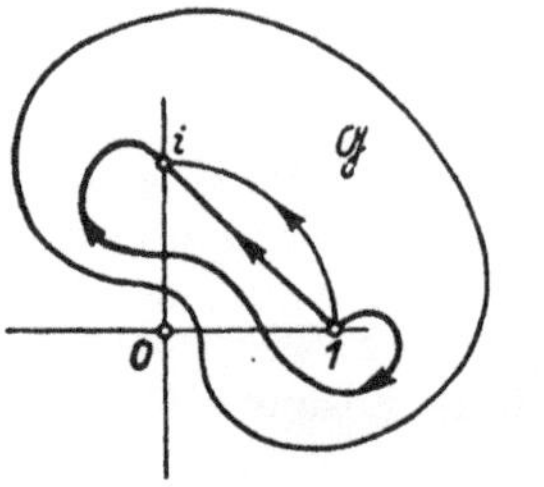

Fig. 52.

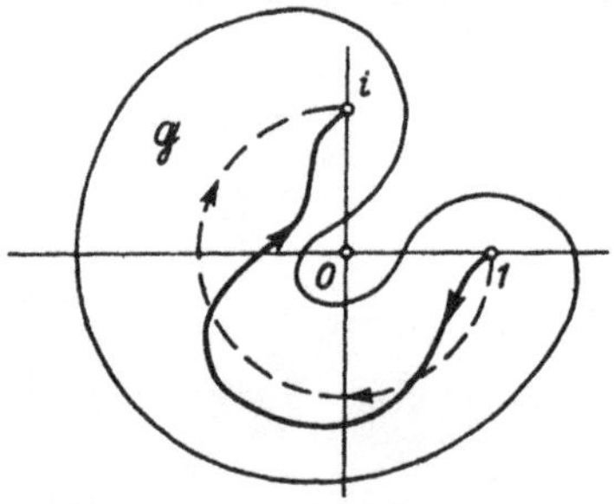

Fig. 53.

1 und i und z. B. den Viertelkreisbogen bzw. den Dreiviertelkreisbogen von 1 nach i, aber nicht den Nullpunkt, der ein singulärer Punkt der Funktion ist, als inneren Punkt enthält (vgl. Fig. 52 und 53). Integrale längs Kurvenbögen in diesen einfach zusammenhängenden Gebieten können wir wieder erhalten mittels unbestimmter Integration, wenn wir dabei berücksichtigen, wie sich der log z, also wegen $\log z = \ln|z| + i \operatorname{arc} z$, der arc z beim Durchlaufen des Integrationsweges ändert. Z. B. im Fall

a) $\int\limits_{1\,(C)}^{i} \frac{dz}{z} = \log z \Big|_1^i = \log i - \log 1 = \frac{\pi i}{2} + 2k\pi i - 2k\pi i = \frac{\pi i}{2}$, im Fall

b) $\int\limits_{1\,(C)}^{i} \frac{dz}{z} = \log z \Big|_1^i = \log i - \log 1 = -\frac{3\pi i}{2} + 2k\pi i - 2k\pi i = -\frac{3\pi i}{2}.$

Das einfach zusammenhängende Gebiet $\mathfrak{G}$, innerhalb dessen wir unbestimmt integrieren können, kann z. B. für die Funktion $f(z) = 1/z$ sogar die ganze längs eines von 0 ausgehenden Strahles aufgeschnittene z-Ebene sein.

In diesem Gebiet $\mathfrak{G}$ ist dann $\int\limits_1^z \frac{d\zeta}{\zeta}$ eine eindeutige Funktion von z, stellt also einen gewissen Zweig des Logarithmus dar. Z. B. erhalten wir bei Integration in der längs der negativen reellen Achse aufgeschnittenen z-Ebene den Wert $\operatorname{Log} z$. Integriert man von 1 nach z und auf einem in $\mathfrak{G}$ verlaufenden Weg wieder nach z zurück, so liefert das Integral über den geschlossenen Weg den Zuwachs 0. Man erhält also wieder $\operatorname{Log} z$. Wird aber bei diesem Umlauf der Nullpunkt im positiven Sinne umlaufen, so erhält man, wenn man nach z zurückkehrt, den Wert $\operatorname{Log} z + 2\pi i$. Man kommt also beim Überschreiten des Schnittes in einen anderen Zweig des Logarithmus, also in ein anderes Blatt der Riemannschen Fläche.

3. Ebenso ist das Integral über die Funktion $f(z) = 1/(1 + z^2)$ in dem einfach zusammenhängenden Gebiet $\mathfrak{G}_1$, welches aus der von $+i$ über ∞ nach $-i$ längs der imaginären Achse aufgeschnittenen z-Ebene besteht, eine eindeutige Funktion von z, nämlich

$$\int\limits_0^z \frac{d\zeta}{1+\zeta^2} = \operatorname{Arc\,tg} z,$$

denn beide Seiten der Gleichung haben (vgl. S. 107) in $\mathfrak{G}$ dieselbe Ableitung und stimmen im Nullpunkt überein. Umläuft der Integrationsweg von einem Punkt z ausgehend z. B. den Punkt i auf einem geschlossenen Weg, wobei er den Schnitt überschreiten muß, so erhält man, wie man durch Partialbruchzerlegung des Integranden sofort berechnet, einen von dem ursprünglichen Wert um π verschiedenen Wert, also einen anderen Zweig des $\operatorname{arc\,tg} z$. Überschreitung des Schnittes bei der Integration führt also in ein anderes Blatt der Riemannschen Fläche.

Man kann diese Integrale daher zur Definition von $\log z$ *bzw.* $\operatorname{arc\,tg} z$ *verwenden.*

4. Im Innern eines einfach zusammenhängenden Gebietes $\mathfrak{G}$, welches durch Aufschneiden der z-Ebene längs eines von 0 ausgehenden Strahles entsteht, ist $f(z) = \sqrt{z}$, wenn wir noch das Vorzeichen der Wurzel in einem Punkt festlegen, z. B. $\sqrt{1} = 1$, eindeutig und regulär. Es ist dann z. B. das Integral längs eines in der oberen Halbebene verlaufenden, die Punkte 1 und -1 verbindenden Kurvenbogens (wobei wir uns den Schnitt längs eines von 0 ausgehenden Strahles in der unteren Halbebene geführt denken)

$$\int_1^{-1} \sqrt{z}\, dz = \frac{2}{3} z^{3/2} \Big|_1^{-1} = \frac{2}{3} [(-1)^{3/2} - 1] = \frac{2}{3} [e^{3\pi i/2} - 1] = -\frac{2}{3} (i + 1).$$

Dagegen ist das Integral längs eines z. B. in der unteren Halbebene von 1 nach -1 verlaufenden Kurvenbogens (wobei wir uns den Schnitt in der oberen Halbebene gelegt denken)

$$\int_1^{-1} \sqrt{z}\, dz = \frac{2}{3} z^{3/2} \Big|_1^{-1} = \frac{2}{3} [(-1)^{3/2} - 1] = \frac{2}{3} [e^{-3\pi i/2} - 1] = \frac{2}{3} (i - 1).$$

5. Der Hauptwert von $f(z) = 1/\sqrt{1 + z^2}$ ist eine in dem einfach zusammenhängenden Gebiet $\mathfrak{G}_1$ von 3. eindeutige analytische Funktion (vgl. auch Aufgabe 4 c von § 1, S. 26 und 4., S. 104). Daher ist auch das Integral $\int_0^z \frac{d\zeta}{\sqrt{1+\zeta^2}}$ eine in $\mathfrak{G}_1$ analytische Funktion, nämlich

$$\int_0^z \frac{d\zeta}{\sqrt{1+\zeta^2}} = \text{Hauptwert von } \mathfrak{Ar}\,\mathfrak{Sin}\, z.$$

(Beide Seiten stimmen wieder in ihrer ersten Ableitung und dem Funktionswert am Nullpunkt überein. Vgl. S. 106).

6. Ebenso ist das Integral über den Hauptwert von $f(z) = 1/\sqrt{1 - z^2}$ in dem einfach zusammenhängenden Gebiet $\mathfrak{G}_2$, das durch Aufschneiden der z-Ebene längs des von 1 über ∞ nach -1 führenden Teiles der reellen Achse entsteht, eine eindeutige Funktion von z, und zwar

$$\int_0^z \frac{d\zeta}{\sqrt{1-\zeta^2}} = \text{Arc sin } z \text{ (Hauptwert von arc sin } z).$$

Entsprechende Integraldarstellungen ergeben sich für die anderen Umkehrfunktionen der trigonometrischen Funktionen.

7. Aus der Regel über die Ableitung eines Produktes

$$\frac{d}{dz} f(z)\, g(z) = f(z)\, g'(z) + f'(z)\, g(z)$$

ergibt sich nach Def. I wie im Reellen die

Regel der Partiellen Integration:

Verläuft (C) *in einem einfach zusammenhängenden, beschränkten Gebiet* $\mathfrak{G}$, *in dem* $f(z)$ *und* $g(z)$ *eindeutig und regulär sind, so ist*

$$\underset{(C)}{\int_a^b} f(z)\, g'(z)\, dz = f(z)\, g(z) \Big|_a^b - \underset{(C)}{\int_a^b} g(z)\, f'(z)\, dz.$$

Die obigen Beispiele sollten die Verwendung der unbestimmten Integration im Komplexen erläutern. Es lassen sich zwar alle Kurvenintegrale direkt nach Formel (3) S. 112, berechnen. In den meisten Fällen, insbesondere wenn nicht geeignete Integrationswege gegeben sind, würde die Rechnung jedoch sehr kompliziert, während bei unbestimmter Integration der Integrationsweg nicht in die Rechnung hereinkommt.

4. Mehrfach zusammenhängende Bereiche

Bisher war $\mathfrak{G}$ ein einfach zusammenhängendes, beschränktes Gebiet, in dessen Innern $f(z)$ regulär und auf dessen Rande $f(z)$ wenigstens noch stetig sein sollte. Das Integral über eine geschlossene Kurve, die im Innern von $\mathfrak{G}$ verläuft oder ganz oder teilweise mit dem Rand von $\mathfrak{G}$ zusammenfällt, ist dann gleich Null. Betrachten wir jetzt einen zweifach zusammenhängenden, endlichen Bereich $\mathfrak{G}$, in dessen Innern $f(z)$ überall eindeutig und regulär und auf dessen Rande $f(z)$ noch stetig ist. Der Rand von $\mathfrak{G}$ besteht dann aus 2 Kontinuen (R) und (R_1). Verbinden wir einen Punkt des einen Kontinuums mit einem des anderen durch eine stückweise glatte, ganz innerhalb von $\mathfrak{G}$ verlaufende Kurve (Q), einen sog. „*Querschnitt*", so geht $\mathfrak{G}$ in ein einfach zusammenhängendes Gebiet $\mathfrak{G}_1$ über (vgl. Fig. 54), falls wir die beiden Ufer des Querschnittes nunmehr als Randpunkte betrachten. Das Integral über jede geschlossene Kurve (C^*) innerhalb dieses Gebietes $\mathfrak{G}_1$ und das über den Rand von $\mathfrak{G}_1$, also über (R) und (R_1) und den in verschiedenen Richtungen doppelt durchlaufenen Querschnitt (Q) verschwindet. Da $f(z)$ in $\mathfrak{G}$ einschließlich des Randes eindeutig und stetig ist, heben sich die Integrale über den in verschiedenen Richtungen zweimal durchlaufenen Querschnitt (Q) weg und es bleibt

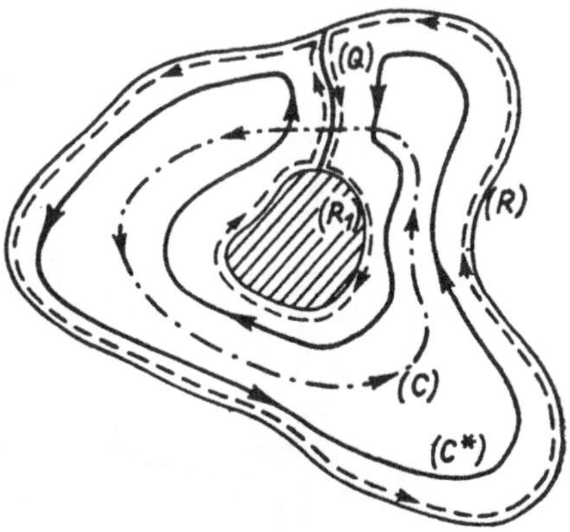

Fig. 54.

$$(1) \qquad \oint_{(R)} f(z)\,dz + \oint_{(R_1)} f(z)\,dz = 0,$$

d. h. es ist wieder das Integral über den gesamten Rand von $\mathfrak{G}$ gleich Null, wenn dieser so durchlaufen wird, daß das Innere von $\mathfrak{G}$ dabei stets auf derselben Seite der Durchlaufungsrichtung, z. B. links, gelegen ist, $\mathfrak{G}$ also im positiven Sinne (vgl. S. 24) umlaufen wird. Statt (1) können wir auch schreiben

$$(2) \qquad \oint_{(R)} f(z)\,dz = \oint_{(R_1)} f(z)\,dz.$$

Allgemein können wir statt (R_1) jede in $\mathfrak{G}$ verlaufende geschlossene, stückweise glatte Kurve (C), welche (R_1) umschließt, nehmen. Es ist somit

$$(3) \qquad \oint_{(C)} f(z)\,dz = \oint_{(R)} f(z)\,dz = \oint_{(R_1)} f(z)\,dz.$$

Haben wir ein n-fach zusammenhängendes, beschränktes Gebiet $\mathfrak{G}$, so kann man die n-Kontinuen des Randes durch $n - 1$ Querschnitte zu einem Kontinuum, also das Gebiet $\mathfrak{G}$ zu einem einfach zusammenhängenden Gebiet $\mathfrak{G}_1$ machen (vgl. Fig. 55). Unter entsprechenden Voraussetzungen wie bei zweifach zusammenhängenden Gebieten gilt dann wieder

$$\oint_{(R)} + \oint_{(R_1)} + \oint_{(R_2)} + \cdots + \oint_{(R_{n-1})} f(z)\,dz = 0, \tag{4}$$

da sich die Integrale über die in verschiedenen Richtungen doppelt durchlaufenen Querschnitte wieder aufheben.

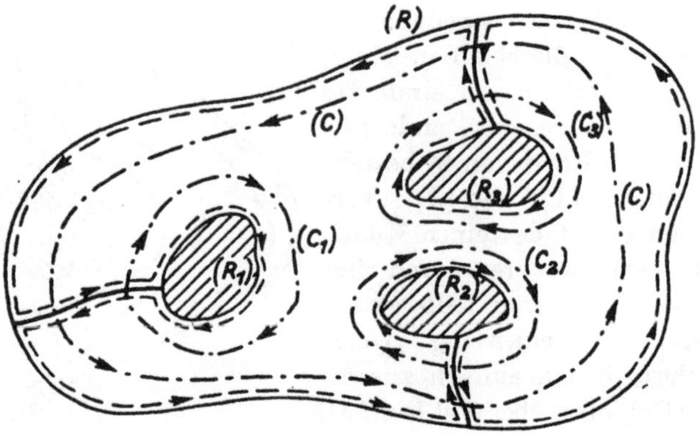

Fig. 55.

Zusammenfassend haben wir daher den

Satz 2: *Ist $\mathfrak{G}$ ein mehrfach zusammenhängender, beschränkter Bereich, der von geschlossenen, stückweise glatten Randkurven begrenzt ist, und ist $f(z)$ im Innern von $\mathfrak{G}$ regulär und auf dem Rande von $\mathfrak{G}$ stetig, so ist das Integral über die sämtlichen Randkurven gleich 0, wenn beim Durchlaufen des Randes das Innere von $\mathfrak{G}$ stets auf derselben Seite*[1]) *der Integrationsrichtung gelegen ist.*

Gleichzeitig ergibt sich aus dem Vorhergehenden (vgl. Fig. 55) der

Satz 3: *Das Integral über eine im Regularitätsbereich $\mathfrak{G}$ von $f(z)$ verlaufende geschlossene, stückweise glatte Kurve (C), welche die Ränder (R_1), (R_2), ..., (R_m), aber keine weiteren Randpunkte von $\mathfrak{G}$ im positiven Sinne umläuft, ist gleich der Summe der Integrale über die stückweise glatten Kurven (C_1), (C_2), ..., (C_m), wenn (C_ν) den Rand (R_ν), aber keine anderen Randpunkte im positiven Sinne umläuft. Die Kurven (C) und (C_ν) können ganz oder teilweise aus Randpunkten von $\mathfrak{G}$ bestehen, falls in den betreffenden Punkten $f(z)$ stetig ist.*

Wir werden von diesem Satze künftig bei der Berechnung von Integralen über geschlossene Kurven ausgiebig Gebrauch machen.

Übungsaufgaben

1. Unter Benutzung der Beispiele 1c und 2, S. 114, des Cauchyschen Integralsatzes und des Satzes 3, berechne man

$$\oint_{(C)} \frac{z^7+1}{z^2(z^4+1)}\,dz$$

[1]) Vgl. hierzu die Festsetzungen S. 24.

auf folgenden Integrationswegen (C) a) $|z-2|=1$; b) $|z-1|=1{,}5$.

2. Man zeige, daß jede in dem einfach zusammenhängenden, beschränkten Gebiet $\mathfrak{G}$ viermal stetig differenzierbare Lösung der Bipotentialgleichung $\Delta(\Delta u)=0$ sich durch zwei in $\mathfrak{G}$ analytische Funktionen $\varphi_1(z)$ und $\varphi_2(z)$ darstellen läßt in der Form

$$U(x;y)=\bar{z}\,\varphi_1(z)+z\,\bar{\varphi}_1(\bar{z})+\varphi_2(z)+\bar{\varphi}_2(\bar{z}).$$

Weitere Übungsaufgaben am Ende des § 2, Kap. IV, S. 167.

§ 3. DIE CAUCHYSCHE INTEGRALFORMEL[1])

1. Die Cauchysche Integralformel

Ist $\alpha \neq \infty$ ein innerer Punkt des Regularitätsgebietes $\mathfrak{G}$ von $f(z)$, so ist $\frac{f(z)}{z-\alpha}$ überall in $\mathfrak{G}$ mit Ausnahme des Punktes $z=\alpha$ regulär. Nach (3) von S. 127 ist dann das Integral längs einer den Punkt α im positiven Sinne umlaufenden doppelpunktfreien geschlossenen Kurve (C) im Innern von $\mathfrak{G}$, welche keinen Randpunkt von $\mathfrak{G}$ umschließt, gleich dem Integral über den Kreis (K), $|z-\alpha|=k$, wenn k klein genug ist. Es ist dann

$$\oint\limits_{(C)}\frac{f(z)}{z-\alpha}\,dz=\oint\limits_{(K)}\frac{f(z)}{z-\alpha}\,dz=\oint\limits_{(K)}\left[\frac{f(\alpha)}{z-\alpha}+\frac{f(z)-f(\alpha)}{z-\alpha}\right]dz=$$

$$=f(\alpha)\oint\limits_{(K)}\frac{dz}{z-\alpha}+\oint\limits_{(K)}\frac{f(z)-f(\alpha)}{z-\alpha}\,dz.$$

$f(z)$ ist in $\mathfrak{G}$ regulär, also auch stetig. Damit ist, wenn nur k klein genug ist, $|f(z)-f(\alpha)|<\varepsilon$, also kleiner als jede beliebig kleine, fest vorgegebene positive Zahl ε. Somit ist

$$\left|\oint\limits_{(K)}\frac{f(z)-f(\alpha)}{z-\alpha}\,dz\right|\leqq\frac{\varepsilon}{k}\,2\pi k=2\pi\varepsilon.$$

Da einerseits k beliebig klein gewählt werden kann, andererseits das Integral über (C) von k unabhängig ist, ergibt sich zusammen mit (5) S. 114 $\oint\limits_{(C)}\frac{f(z)}{z-\alpha}\,dz=$ $=2\pi i\,f(\alpha)$ oder, indem wir die Integrationsveränderliche mit ζ bezeichnen:

$$f(\alpha)=\frac{1}{2\pi i}\oint\limits_{(C)}\frac{f(\zeta)}{\zeta-\alpha}\,d\zeta.$$

Diese Formel gilt also für jede ganz im Innern von $\mathfrak{G}$ verlaufende Kurve (C), welche den Punkt α, aber keinen Randpunkt von $\mathfrak{G}$ umläuft. Indem wir (C) festhalten und den Punkt α im Innern von (C) variieren lassen, erhalten wir den wichtigen

Satz 1 (Cauchysche Integralformel): *Ist (C) eine im Regularitätsgebiet $\mathfrak{G}$ von $f(z)$ verlaufende, geschlossene, doppelpunktfreie, stückweise glatte Kurve, die keinen Randpunkt von $\mathfrak{G}$ umschließt, so gilt für jeden Punkt z im Innern von (C) die Cauchysche Integralformel*

$$f(z)=\frac{1}{2\pi i}\oint\limits_{(C)}\frac{f(\zeta)}{\zeta-z}\,d\zeta. \tag{1}$$

---

[1]) Es sei hier nochmals auf die Vereinbarung von S. 113 hingewiesen.

(C) kann ganz oder teilweise mit dem Rand von 𝔊 zusammenfallen, falls dort $f(z)$ noch stetig ist.

Der letzte Zusatz folgt aus Satz 1b, S. 121.

Nach Satz 2, S. 128, verschwindet das Integral über eine analytische Funktion $f(z)$, wenn es längs des gesamten Randes eines endlichen Regularitätsgebietes von $f(z)$ erstreckt wird, sofern $f(z)$ auf dem Rande noch stetig ist und 𝔊 beim Durchlaufen der Randkurven stets auf derselben Seite liegt. Unter diesen Voraussetzungen ist daher in der obigen Herleitung das Integral über den kleinen Kreis (K) mit Mittelpunkt α gleich der Summe der über die sämtlichen Randkurven von 𝔊 erstreckten Integrale. Es gilt somit

Satz 1a: *Ist $f(z)$ im Innern eines beschränkten Gebietes 𝔊 regulär und auf seinem Rande (R) noch stetig, dann gilt für jeden inneren Punkt z von 𝔊 die Cauchysche Integralformel*

(1a) $$f(z) = \frac{1}{2\pi i} \oint_{(R)} \frac{f(\zeta)}{\zeta - z}\, d\zeta;$$

dabei ist das Integral über die sämtlichen (stückweise glatten) Kurven des Randes (R) so zu erstrecken, daß das Innere von 𝔊 stets links liegt.

Die Cauchysche Integralformel besagt, daß die Werte einer analytischen Funktion *im Innern* des Regularitätsgebietes durch die Werte der Funktion *auf dem Rand* des Gebietes schon vollständig bestimmt sind.

2. Verallgemeinerungen

Setzt man im Cauchyschen Integral statt $f(\zeta)$ irgendeine Funktion $\varphi(\zeta)$ ein, die nur für die Punkte einer offenen oder geschlossenen Kurve (C), $\zeta = \zeta(t) + z$ definiert und stetig zu sein braucht, so existiert nach Satz 1, S. 111, das Integral und stellt, da z als Parameter unter dem Integral auftritt, eine Funktion von z dar:

(2) $$g(z) = \frac{1}{2\pi i} \int_{(C)} \frac{\varphi(\zeta)}{\zeta - z}\, d\zeta.$$

Wir wollen nachweisen, daß $g(z)$ für alle nicht auf (C) gelegenen Punkte eine analytische Funktion ist. Hierzu haben wir nachzuweisen, daß der Grenzwert

$$g'(z) = \lim_{Z \to z} \frac{g(Z) - g(z)}{Z - z}$$

existiert. Es ist

$$\frac{g(Z) - g(z)}{Z - z} = \frac{1}{2\pi i (Z - z)} \int_{(C)} \left(\frac{\varphi(\zeta)}{\zeta - Z} - \frac{\varphi(\zeta)}{\zeta - z} \right) d\zeta =$$

$$= \frac{1}{2\pi i} \int_{(C)} \frac{\varphi(\zeta)}{Z - z} \left(\frac{1}{\zeta - Z} - \frac{1}{\zeta - z} \right) d\zeta = \frac{1}{2\pi i} \int_{(C)} \frac{\varphi(\zeta)\, d\zeta}{(\zeta - Z)(\zeta - z)} =$$

$$= \frac{1}{2\pi i} \int_{(C)} \frac{\varphi(\zeta)}{(\zeta - z)^2}\, d\zeta + \frac{1}{2\pi i} \int_{(C)} \varphi(\zeta) \left(\frac{1}{(\zeta - Z)(\zeta - z)} - \frac{1}{(\zeta - z)^2} \right) d\zeta =$$

$$= \frac{1}{2\pi i} \int_{(C)} \frac{\varphi(\zeta)}{(\zeta - z)^2}\, d\zeta + \frac{Z - z}{2\pi i} \int_{(C)} \frac{\varphi(\zeta)}{(\zeta - Z)(\zeta - z)^2}\, d\zeta.$$

z liegt nicht auf (C), also hat z von den Punkten ζ einen Minimalabstand ϱ. Da $Z \to z$ wandert, können wir $|Z - \zeta| \geqq \varrho/2$ und, da $\varphi(\zeta)$ auf (C) stetig, also beschränkt ist, $|\varphi(\zeta)| < S$ voraussetzen. Bedeutet L die Bogenlänge von (C), so ergibt sich nach der Integralabschätzung I

$\left| \oint\limits_{(C)} \frac{\varphi(\zeta)\, d\zeta}{(\zeta - Z)(\zeta - z)^2} \right| < 2\, S L/\varrho^3$, also für $Z \to z$ die Ableitung

$$g'(z) = \frac{1}{2\pi i} \int\limits_{(C)} \frac{\varphi(\zeta)}{(\zeta - z)^2}\, d\zeta.$$

Man erhält also die Ableitung formal, indem man unter dem Integralzeichen nach z differenziert. Man wird daher vermuten, daß $g(z)$ nicht nur einmal, sondern beliebig oft differenzierbar ist und daß man die Ableitung bilden kann, indem man unter dem Integralzeichen nach z differenziert. Es ergibt sich dann

$$g^{(n)}(z) = \frac{n!}{2\pi i} \int\limits_{(C)} \frac{\varphi(\zeta)}{(\zeta - z)^{n+1}}\, d\zeta. \tag{3}$$

Für $n = 1$ ist das sicher richtig, wie wir soeben bewiesen haben. Allgemein beweisen wir die Formel durch vollständige Induktion. Es ist

$$g^{(n+1)}(z) = \lim_{Z \to z} \frac{g^{(n)}(Z) - g^{(n)}(z)}{Z - z}.$$

Die Formel (3) soll bereits für n richtig sein, daher ist

$$\frac{g^{(n)}(Z) - g^{(n)}(z)}{Z - z} - \frac{(n+1)!}{2\pi i} \int \frac{\varphi(\zeta)}{(\zeta - z)^{n+2}}\, d\zeta =$$

$$= \frac{n!}{2\pi i} \int\limits_{(C)} \varphi(\zeta) \left[\frac{(\zeta - z)^{n+1} - (\zeta - Z)^{n+1}}{(Z - z)(\zeta - z)^{n+1}(\zeta - Z)^{n+1}} - (n+1) \frac{1}{(\zeta - z)^{n+2}} \right] d\zeta =$$

$$= \frac{n!}{2\pi i} \int\limits_{(C)} \varphi(\zeta) \left[\frac{(\zeta - z)^n + (\zeta - z)^{n-1}(\zeta - Z) + \ldots + (\zeta - Z)^n}{(\zeta - z)^{n+1}(\zeta - Z)^{n+1}} - \frac{n+1}{(\zeta - z)^{n+2}} \right] d\zeta =$$

$$= \frac{n!}{2\pi i} \int\limits_{(C)} \varphi(\zeta) \sum_{\nu=0}^{n} \left[\frac{(\zeta - z)^{n-\nu}(\zeta - Z)^{\nu}}{(\zeta - z)^{n+1}(\zeta - Z)^{n+1}} - \frac{1}{(\zeta - z)^{n+2}} \right] d\zeta =$$

$$= \frac{n!}{2\pi i} \int\limits_{(C)} \varphi(\zeta) \sum_{\nu=0}^{n} \frac{(\zeta - z)^{n+1-\nu} - (\zeta - Z)^{n+1-\nu}}{(\zeta - z)^{n+2}(\zeta - Z)^{n+1-\nu}}\, d\zeta =$$

$$= (Z - z) \frac{n!}{2\pi i} \int\limits_{(C)} \varphi(\zeta) \sum_{\nu=0}^{n} \frac{P_\nu(\zeta - z,\ \zeta - Z)}{(\zeta - z)^{n+2}(\zeta - Z)^{n+1-\nu}}\, d\zeta,$$

wobei P_ν ein Polynom ist. Für jeden nicht auf (C) gelegenen Punkt ist wiederum der Integrand beschränkt. Da $Z \to z$ geht, so ist

$$\lim_{Z \to z} \frac{g^{(n)}(Z) - g^{(n)}(z)}{Z - z} - \frac{(n+1)!}{2\pi i} \oint\limits_{(C)} \frac{\varphi(\zeta)}{(\zeta - z)^{n+2}}\, d\zeta = 0.$$

W. z. b. w.

Wir haben damit den

Satz 2: *Ist $\varphi(\zeta)$ eine längs der stückweise glatten Kurve (C) stetige Funktion von ζ, so wird durch*

$$g(z) = \frac{1}{2\pi i} \int_{(C)} \frac{\varphi(\zeta)}{\zeta - z} d\zeta \tag{2}$$

***eine für alle nicht auf (C) gelegenen Punkte reguläre Funktion** $g(z)$ definiert, deren sämtliche Ableitungen existieren und durch*

$$g^{(n)}(z) = \frac{n!}{2\pi i} \int_{(C)} \frac{\varphi(\zeta)}{(\zeta - z)^{n+1}} d\zeta \tag{3}$$

gegeben sind, also durch Differentiation nach z unter dem Integralzeichen gebildet werden können.

Für die Punkte z auf der Kurve (C) versagt die Formel (2). Es wird im allgemeinen der Wert von $g(z)$ bei Annäherung an die Kurve (C) nicht gegen den dort vorgeschriebenen Wert $\varphi(\zeta)$ konvergieren.

Ist (C) eine geschlossene, doppelpunktfreie, stückweise glatte Kurve, so wird im Innern von (C) durch (2) eine analytische Funktion definiert, die dort Ableitungen beliebig hoher Ordnung hat. Für eine im Innern von (C) reguläre und auf (C) noch stetige Funktion $f(z)$ gilt nach Satz 1:

$$f(z) = \frac{1}{2\pi i} \oint_{(C)} \frac{f(\zeta)}{\zeta - z} d\zeta.$$

Nach Satz 2 ist daher auch

$$f^{(n)}(z) = \frac{n!}{2\pi i} \oint_{(C)} \frac{f(\zeta)}{(\zeta - z)^{n+1}} d\zeta.$$

Es gilt daher die folgende **Verallgemeinerung der Cauchyschen Integralformel:**

Satz 3: *Ist (C) eine im Regularitätsgebiet $\mathfrak{G}$ von $f(z)$ verlaufende, geschlossene, doppelpunktfreie, stückweise glatte Kurve, die keinen Randpunkt von $\mathfrak{G}$ umschließt, so gilt für jeden Punkt z im Innern von (C)*

$$f^{(n)}(z) = \frac{n!}{2\pi i} \oint_{(C)} \frac{f(\zeta)}{(\zeta - z)^{n+1}} d\zeta, \quad (n = 0; 1; 2; \ldots). \tag{4}$$

(C) kann ganz oder teilweise mit dem Rand von $\mathfrak{G}$ zusammenfallen, wenn dort $f(z)$ noch stetig ist.

Dieselben Tatsachen, die zu Satz 1a, S. 130, führten, liefern

Satz 3a: *Die Integralformeln (4) gelten unter den Voraussetzungen von Satz 1a auch für den Fall, daß an die Stelle von (C) der Rand (R) des Regularitätsgebietes $\mathfrak{G}$ tritt.*

Satz 3a enthält zwei **besonders wichtige und merkwürdige Eigenschaften analytischer Funktionen.** Er besagt nämlich mit anderen Worten:

Satz 3b: *Eine im Gebiet $\mathfrak{G}$ einmal differenzierbare und auf dem Rand (C) von $\mathfrak{G}$ stetige Funktion ist in $\mathfrak{G}$ beliebig oft differenzierbar. Die Werte von $f(z)$ und die der sämtlichen Ableitungen im Innern von $\mathfrak{G}$ sind allein durch die Funktionswerte auf dem Rande nach Formel (4) vollständig bestimmt.*

Beim Beweis des Cauchyschen Integralsatzes und damit auch beim Beweis des Satzes 3 bzw. 3a wurde nur die Tatsache der *Existenz* der Ableitung von $f(z)$, also die Existenz des Grenzwertes $\lim\limits_{h \to 0} \dfrac{f(z+h) - f(z)}{h}$ benutzt, dagegen *nicht die Stetigkeit der Ableitung*. Es war daher die Einschränkung, die wir beim Beweis von Satz 6, S. 42, trafen, daß die erste Ableitung, oder, was dasselbe ist, die partiellen Ableitungen erster Ordnung von u, v in $f(z) = u(x; y) + iv(x; y)$ stetig sein sollen, in Wirklichkeit keine Einschränkung, sondern von selbst erfüllt (vgl. auch S. 62 vor Satz 2).

Aus dem Satz 3 ergibt sich als Umkehrung des Cauchyschen Integralsatzes

Satz 4 (Satz von Morera): *Ist $f(z)$ in einem einfach zusammenhängenden, beschränkten Gebiet $\mathfrak{G}$ stetig und ist für jeden in $\mathfrak{G}$ verlaufenden geschlossenen, stückweise glatten Weg (C)*

$$\oint_{(C)} f(z)\, dz = 0,$$

so ist $f(z)$ in $\mathfrak{G}$ regulär.

Beweis: Da $\oint_{(C)} f(z)\, dz = 0$ längs jeder geschlossenen Kurve (C), so ist wiederum wie S. 123 $F(z) = \int_a^z f(\zeta)\, d\zeta$ nur von z abhängig. $F(z)$ ist aber sogar eine differenzierbare Funktion. Es ist nämlich (vgl. S. 123)

$$\frac{F(z+h) - F(z)}{h} - f(z) = \frac{1}{h} \int_z^{z+h} (f(\zeta) - f(z))\, d\zeta,$$

also wie dort wegen der Stetigkeit von $f(z)$

$$|(F(z+h) - F(z))/h - f(z)| < \varepsilon$$

für $|h| < \delta(\varepsilon)$, d. h.

$$F'(z) = \lim_{h \to 0} \frac{F(z+h) - F(z)}{h} = f(z).$$

$F(z)$ ist also in $\mathfrak{G}$ überall regulär. Daher ist es nach Satz 3 beliebig oft differenzierbar, d. h. es existiert auch nach Satz 3 $F''(z) = f'(z)$, d. h. $f(z)$ ist in $\mathfrak{G}$ regulär, w. z. b. w.

Übungsaufgabe

Man zeige: Ist $F(z)$ im Innern eines Kreises (K), $|z| < R$, regulär und $f(z) = F(z) + a_1/z + a_2/z^2 + \dots + a_n/z^n$, so gilt für jeden Punkt $z \neq 0$ einer im Innern von (K) verlaufenden doppelpunktfreien geschlossenen Kurve (C), welche den Punkt $z = 0$ im Innern enthält,

$$\frac{1}{2\pi i} \oint_{(C)} \frac{f(\zeta)}{\zeta - z}\, d\zeta = f(z) - a_1/z - a_2/z^2 - \dots - a_n/z^n.$$

KAPITEL IV

Folgerungen aus dem Cauchyschen Integralsatz und der Cauchyschen Integralformel

§ 1. REIHENENTWICKLUNGEN

1. Integration und Differentiation von Reihen mit veränderlichen Gliedern

Die Grundlage für diesen Paragraphen bilden die folgenden beiden Sätze über Stetigkeit, Integration und Differentiation von Reihen mit veränderlichen Gliedern, nämlich

Satz 1: *Eine in einem abgeschlossenen Gebiet $\mathfrak{G}$ gleichmäßig konvergente Reihe von in $\mathfrak{G}$ stetigen Funktionen $f_\nu(z)$ stellt in $\mathfrak{G}$ eine stetige Funktion $F(z) = \sum_{\nu=0}^{\infty} f_\nu(z)$ dar, deren Integral längs einer in $\mathfrak{G}$ verlaufenden endlichen, stückweise glatten Kurve (C) durch gliedweise Integration der Reihe gebildet werden kann,*

$$\int_{(C)} F(z)\, dz = \sum_{\nu=0}^{\infty} \int_{(C)} f_\nu(z)\, dz.$$

Mit anderen Worten: Man darf bei gleichmäßig konvergenten Reihen stetiger Funktionen das Integral- und das Summenzeichen vertauschen,

$$\int_{(C)} \Big(\sum_{\nu=0}^{\infty} f_\nu(z)\Big)\, dz = \sum_{\nu=0}^{\infty} \Big(\int_{(C)} f_\nu(z)\, dz\Big).$$

Diese Tatsache gilt auch im Reellen für Integration gleichmäßig konvergenter Reihen. Dagegen ist die Bedingung der gleichmäßigen Konvergenz einer Reihe von differenzierbaren Funktionen im Reellen keineswegs hinreichend für die Vertauschbarkeit von Differentiation und Integration. Für Funktionen einer komplexen Veränderlichen jedoch ist das der Fall. Es gilt der wichtige

Satz 2 (Weierstraßscher Reihensatz): *Ist $\mathfrak{G}$ gemeinsames Regularitätsgebiet der Funktionen $f_\nu(z)$ und konvergiert $\sum_{\nu=0}^{\infty} f_\nu(z)$ in jedem abgeschlossenen beschränkten Teilbereich $\mathfrak{T}$ von $\mathfrak{G}$ gleichmäßig, so ist $F(z) = \sum_{\nu=0}^{\infty} f_\nu(z)$ eine im Innern von $\mathfrak{G}$ analytische Funktion, deren p-te Ableitung durch gliedweise Differentiation der Reihe gebildet werden kann. Die resultierende Reihe*

$$F^{(p)}(z) = \sum_{\nu=0}^{\infty} f_\nu^{(p)}(z)$$

konvergiert wieder gleichmäßig in jedem ganz im Innern von $\mathfrak{G}$ gelegenen abgeschlossenen beschränkten Teilbereich[1]).

D. h.: Man darf bei gleichmäßig konvergenten Reihen analytischer Funktionen Differentiation und Summation vertauschen.

$$\frac{d^p}{dz^p}\sum_{\nu=0}^{\infty} f_\nu(z) = \sum_{\nu=0}^{\infty} \frac{d^p f_\nu(z)}{dz^p}.$$

Der Beweis von Satz 1 ist dem Beweis des entsprechenden Satzes über Reihen reeller Funktionen analog: Nach Voraussetzung konvergiert $F(z) = \sum_{\nu=0}^{\infty} f_\nu(z) = \sum_{\nu=0}^{n} f_\nu(z) + r_n(z)$ in $\mathfrak{G}$ gleichmäßig. Also gilt nach Satz 7, S. 31, bei beliebig klein aber fest vorgegebenem ε die Ungleichung $|r_n(z)| < \varepsilon/3$ für alle z von $\mathfrak{G}$, wenn nur $n > N(\varepsilon/3)$ ist, somit auch für irgendeinen Punkt z_0 von $\mathfrak{G}$.

Ferner ist $s_n = \sum_{\nu=0}^{n} f_\nu(z)$ als Summe von endlich vielen in $\mathfrak{G}$ stetigen Funktionen (als Folge von Satz 4, S. 40) wieder eine in $\mathfrak{G}$ stetige Funktion, also $|s_n(z) - s_n(z_0)| < \varepsilon/3$, wenn nur $|z - z_0| < \delta(\varepsilon)$ ist. Daher ist $|F(z) - F(z_0)| \leqq |s_n(z) - s_n(z_0)| + |r_n(z)| + |r_n(z_0)| < \varepsilon/3 + \varepsilon/3 + \varepsilon/3 = \varepsilon$, also $|F(z) - F(z_0)| < \varepsilon$, wenn nur $|z - z_0| < \delta(\varepsilon)$ ist.

$F(z)$ ist also stetig in jedem Punkt z_0 von $\mathfrak{G}$. Daher existiert auch das Integral über jede stückweise glatte, in $\mathfrak{G}$ verlaufende Kurve (C). Dabei ist

$$\underset{(C)}{\int_a^b} f(z)\,dz = \underset{(C)}{\int_a^b} s_n(z)\,dz + \underset{(C)}{\int_a^b} r_n(z)\,dz = \sum_{\nu=0}^{n}\Big(\underset{(C)}{\int_a^b} f_\nu(z)\,dz\Big) + R_n,$$

denn das Integral über die endliche Summe kann (als Folge von II, S. 115) gliedweise gebildet werden. Wegen der gleichmäßigen Konvergenz der Reihe wird wieder längs (C) $|r_n(z)| < \varepsilon/3$, wenn $n > N(\varepsilon/3)$ ist.

Daher ist nach der Integralabschätzung I, S. 115

$$|R_n| = \Big|\underset{(C)}{\int_a^b} r_n(z)\,dz\Big| < \varepsilon/3\,L < \varepsilon_1,$$

wenn nur $n > N_1(\varepsilon_1)$, also n hinreichend groß ist, d. h.

$$\underset{(C)}{\int_a^b} F(z)\,dz = \sum_{\nu=0}^{\infty} \underset{(C)}{\int_a^b} f_\nu(z)\,dz.$$

Aus dem Beweis folgt ferner

Zusatz 1 a: *Für die Vertauschung von Integral- und Summenzeichen bei Integration längs einer festen Kurve (C) genügt es, wenn die Reihe $\sum_{\nu=0}^{\infty} f_\nu(z)$ nur für die Punkte von (C) gleichmäßig konvergiert.*

Der Beweis von Satz 2 läßt sich mit Hilfe von Satz 1 und den Cauchyschen Integralformeln (4), S. 132, führen.

[1]) Der Satz gilt auch noch unter wesentlich allgemeineren Voraussetzungen, vgl. S. 170.

In jedem abgeschlossenen, beschränkten, inneren Teilbereich $\mathfrak{T}$ von $\mathfrak{G}$ konvergiert die Reihe gleichmäßig. Nach Satz 1 stellt daher $F(z)$ eine in $\mathfrak{T}$ und insbesondere für die Punkte ζ des Randes (R) von $\mathfrak{T}$ stetige Funktion $F(\zeta) = \sum_{\nu=0}^{\infty} f_\nu(\zeta)$ dar. Nach Satz 2, S. 132, ist durch $\frac{1}{2\pi i}\oint\limits_{(R)} \frac{F(\zeta)}{\zeta - z}\,d\zeta$ eine im Innern von $\mathfrak{T}$ differenzierbare Funktion von z gegeben. Diese Funktion ist aber $F(z)$. Denn mit der obigen Reihe konvergiert auch die Reihe

$$\frac{1}{2\pi i}\oint\limits_{(R)} \frac{F(\zeta)}{\zeta - z}\,d\zeta = \sum_{\nu=0}^{\infty} \frac{1}{2\pi i}\oint\limits_{(R)} \frac{f_\nu(\zeta)}{\zeta - z}\,d\zeta$$

für jeden inneren Punkt z von $\mathfrak{T}$ auf (R) gleichmäßig. Nach Satz 1 kann man sie daher längs (R) gliedweise integrieren und erhält, da die Funktionen $f_\nu(z)$ in $\mathfrak{G}$ sämtlich regulär sind, mit Hilfe der Cauchyschen Integralformel (Satz 1a, S. 130)

$$\frac{1}{2\pi i}\oint\limits_{(R)} \frac{F(\zeta)}{\zeta - z}\,d\zeta = \sum_{\nu=0}^{\infty} \frac{1}{2\pi i}\oint\limits_{(R)} \frac{f_\nu(\zeta)}{\zeta - z}\,d\zeta = \sum_{\nu=0}^{\infty} f_\nu(z) = F(z).$$

Nach (4) existiert dann im Innern von $\mathfrak{T}$ auch die p-te Ableitung von $F(z)$, nämlich

$$F^{(p)}(z) = \frac{p!}{2\pi i}\oint\limits_{(R)} \frac{F(\zeta)}{(\zeta - z)^{p+1}}\,d\zeta.$$

Da aber für jeden inneren Punkt z von $\mathfrak{T}$ auch die Reihe

$$\frac{p!}{2\pi i}\oint\limits_{(R)} \frac{F(\zeta)}{(\zeta - z)^{p+1}}\,d\zeta = \sum_{\nu=0}^{\infty} \frac{p!}{2\pi i}\oint\limits_{(R)} \frac{f_\nu(\zeta)}{(\zeta - z)^{p+1}}\,d\zeta$$

auf (R) gleichmäßig konvergiert, so kann man sie längs (R) gliedweise integrieren und erhält mit Hilfe von Satz 3a, S. 132, für alle Punkte z im Innern von $\mathfrak{T}$

$$F^{(p)}(z) = \sum_{\nu=0}^{\infty} \frac{p!}{2\pi i}\oint\limits_{(R)} \frac{f_\nu(\zeta)}{(\zeta - z)^{p+1}}\,d\zeta = \sum_{\nu=0}^{\infty} f_\nu^{(p)}(z),$$

also die gliedweise differenzierte Reihe. Um schließlich noch zu zeigen, daß die differenzierte Reihe im abgeschlossenen Teilbereich $\mathfrak{T}$ gleichmäßig konvergiert, schließen wir $\mathfrak{T}$ durch einen ebenfalls ganz innerhalb $\mathfrak{G}$ gelegenen abgeschlossenen Teilbereich $\mathfrak{T}^*$ mit dem Rand (R^*) ein, der $\mathfrak{T}$ ganz in seinem Innern enthält. L sei die Bogenlänge von (R^*). Die Punkte z von $\mathfrak{T}$ haben von (R^*) einen Minimalabstand $\varrho > 0$. Da die gegebene Reihe auf (R^*) gleichmäßig konvergiert, gilt für den Reihenrest der differenzierten Reihe

$$|r_n(z)| = \left|\sum_{\nu=n}^{\infty} f_\nu^{(p)}(z)\right| = \left|\frac{p!}{2\pi i}\oint\limits_{(R^*)} \frac{\sum\limits_{\nu=n}^{\infty} f_\nu(\zeta)}{(\zeta - z)^{p+1}}\,d\zeta\right| < \frac{p!\,L}{2\pi\varrho^{p+1}}\cdot\varepsilon,$$

wenn nur $n > N(\varepsilon)$ ist. W. z. b. w.

Die analogen Sätze gelten für gleichmäßig konvergente Folgen (S_n) von Funktionen, wie man dem Beweis sofort entnimmt, wenn man die obige Reihe als Grenzwert der Partialsummen schreibt, also (vgl. auch S. 29 Fußnote 1)

$$F(z) = \sum_{\nu=0}^{\infty} f_\nu(z) = \lim_{n \to \infty} s_n, \text{ mit } s_n = \sum_{\nu=0}^{n} f_\nu(z), \; r_n = F - s_n.$$

An die Stelle der unendlichen Summe tritt beim Beweis der entsprechenden Sätze über gleichmäßig konvergente Folgen das Limes-Zeichen. Die Sätze gelten unter entsprechenden Voraussetzungen auch noch für Grenzwerte von Funktionen bei kontinuierlich veränderlichem komplexen Index λ.

2. Taylorsche Reihen

$f(z)$ sei eine in einem Gebiet $\mathfrak{G}$ analytische Funktion, α ein innerer Punkt von $\mathfrak{G}$ und (K) ein ganz im Innern von $\mathfrak{G}$ verlaufender Kreis mit dem Mittelpunkt α in dessen Innerm $f(z)$ überall regulär ist. Nach dem Cauchyschen Integralsatz (Satz 1, S. 118) gilt für jeden Punkt z im Innern von (K)

$$(1) \qquad f(z) = \frac{1}{2\pi i} \oint_{(K)} \frac{f(\zeta)}{\zeta - z}\, d\zeta.$$

Ferner gilt im Innern von (K), also für $|z - \alpha| < |\zeta - \alpha|$, die Entwicklung

$$\frac{1}{\zeta - z} = \frac{1}{\zeta - \alpha - (z - \alpha)} = \frac{1}{\zeta - \alpha} \, \frac{1}{1 - (z - \alpha)/(\zeta - \alpha)} = \frac{1}{\zeta - \alpha} \sum_{\nu=0}^{\infty} \left(\frac{z - \alpha}{\zeta - \alpha}\right)^{\nu}.$$

Diese Potenzreihe konvergiert gleichmäßig im Innern eines jeden zu (K) konzentrischen kleineren Kreises mit dem Mittelpunkt α, also für $|z - \alpha|/|\zeta - \alpha| \leqq \varrho < 1$. Wir können daher, wenn wir diese Reihe in die Formel (1) einsetzen, Integration und Summation vertauschen und erhalten

$$(2) \qquad f(z) = \sum_{\nu=0}^{\infty} \left(\frac{1}{2\pi i} \oint_{(K)} \frac{f(\zeta)}{(\zeta - \alpha)^{\nu+1}}\, d\zeta \right) (z - \alpha)^{\nu} = \sum_{\nu=0}^{\infty} a_\nu (z - \alpha)^{\nu}$$

mit

$$(3) \qquad a_\nu = \frac{1}{2\pi i} \oint_{(K)} \frac{f(\zeta)}{(\zeta - \alpha)^{\nu+1}}\, d\zeta = \frac{1}{\nu!} f^{(\nu)}(\alpha).$$

Wir haben damit eine im Innern des Kreises (K) konvergente Entwicklung von $f(z)$ in eine Potenzreihe, deren Koeffizienten sich durch die Ableitungen von $f(z)$ im Punkt α in gleicher Weise berechnen lassen, wie bei der aus der Differentialrechnung reeller Funktionen bekannten Taylorreihe. Wir nennen daher auch hier diese Reihe eine „*Taylorreihe nach Potenzen von* $z - \alpha$“ oder eine „*Taylorentwicklung von* $f(z)$ *in der Umgebung von* α“. Neben der Darstellung der Koeffizienten durch die Ableitungen von $f(z)$ im Punkt α haben wir hier noch eine Darstellung der Koeffizienten durch Integrale. An Stelle des Kreises (K) kann in der Integralformel der Koeffizienten, da der Integrand überall in $\mathfrak{G}$ bis auf $z = \alpha$ regulär ist, nach Satz 3, S. 128, irgendeine andere in $\mathfrak{G}$ verlaufende geschlossene doppelpunktfreie Kurve treten, die den Punkt α, aber keinen Randpunkt von $\mathfrak{G}$, umläuft. Die Koeffizienten hängen also nicht von (K) ab, sondern sind, wie die Differentialform zeigt, durch die Werte der Funktion und ihrer Ableitungen im Punkt α gegeben. Daher konvergiert die Taylorreihe in jedem Kreis um den Punkt α, der noch ganz im Innern von $\mathfrak{G}$ gelegen ist, und zwar sogar gleichmäßig. Sie konvergiert somit gegen $f(z)$ im größten Kreis (R^*) mit dem Mittelpunkt α, in dessen Innerem $f(z)$ überall regulär ist, also — falls eine solche Stelle existiert — im Kreis durch die α am nächsten gelegene singuläre Stelle von $f(z)$. Wählen wir als Integrationsweg in der Integralformel (3) der Koeffizienten einen im Innern von (R^*) verlaufenden Kreis $|z - \alpha| = \varrho$, so ergeben sich, wenn wir mit M das Maximum von $|f(z)|$ auf diesem Kreise bezeichnen, mit Hilfe der Integralabschätzung I, S. 115, die **Cauchyschen Ungleichungen**

$$(4) \qquad |a_\nu| \leqq \frac{M}{\varrho^\nu} \qquad (\nu = 0, 1, 2, \ldots).$$

Hieraus folgt u. a., daß sich die Funktion $f(z)$ nur auf eine Weise in eine Potenzreihe nach Potenzen von $z - \alpha$ entwickeln läßt.
Gäbe es nämlich zwei solche Entwicklungen

$$f(z) = \sum_{\nu=0}^{\infty} a_\nu (z - \alpha)^\nu \text{ und } f(z) = \sum_{\nu=0}^{\infty} b_\nu (z - \alpha)^\nu,$$

so wäre auch

$$0 = \sum_{\nu=0}^{\infty} (a_\nu - b_\nu)(z - \alpha)^\nu$$

eine in dem größten Kreis um α konvergente Potenzreihe. Da hier $M = 0$ ist, ergibt sich aus (4): $a_\nu = b_\nu$ für alle ν. Das folgt auch unmittelbar aus der Differentialform der Koeffizienten.

Zusammenfassend haben wir daher den wichtigen

Satz 3: *Eine in einem Gebiet $\mathfrak{G}$ reguläre Funktion $f(z)$ läßt sich in jedem endlichen inneren Punkt α auf eine und nur eine Weise in eine Taylorsche Reihe nach Potenzen von $z - \alpha$ entwickeln,*

$$f(z) = \sum_{\nu=0}^{\infty} a_\nu (z - \alpha)^\nu.$$

Dabei ist

$$a_\nu = \frac{1}{2\pi i} \oint_{(k)} \frac{f(\zeta)}{(\zeta - \alpha)^{\nu+1}} d\zeta = \frac{1}{\nu!} f^{(\nu)}(\alpha),$$

(wobei k z. B. einen hinreichend kleinen Kreis um α bedeutet). Die Reihe konvergiert (absolut) gegen $f(z)$ für alle inneren Punkte z des größten Kreises mit dem Mittelpunkt α, in dessen Innerm $f(z)$ überall regulär ist.

Wie wir schon in Kap. 2, § 2, S. 51, bewiesen haben, stellt eine Potenzreihe im Innern ihres Konvergenzkreises eine analytische Funktion dar. Zusammen mit Satz 3 ist daher die Tatsache, daß eine Funktion $f(z)$ in einem gewissen Bereich analytisch ist, äquivalent mit der Tatsache, daß $f(z)$ sich in der Umgebung jedes inneren Punktes α, also in einem Kreis $|z - \alpha| < r$, in eine Potenzreihe nach Potenzen von $z - \alpha$ entwickeln läßt.
Ist der Punkt ∞ im Regularitätsgebiet $\mathfrak{G}$ von $f(z)$ gelegen, d. h. nach Def. III, S. 75, daß der Punkt $\zeta = 0$ im Regularitätsgebiet von $f(1/\zeta) = F(\zeta)$ liegt, so läßt sich $F(\zeta)$ in eine Taylorreihe nach Potenzen von ζ, also $f(z)$ in eine Reihe nach Potenzen von $1/z$ entwickeln, eine Potenzreihe, welche nur Potenzen mit negativen Exponenten enthält und außerhalb eines gewissen Kreises $|z| > R$

konvergiert. Wir bezeichnen eine solche Entwicklung als eine „*Taylorentwicklung um den Punkt* ∞“.

Definition I: Ein im Regularitätsgebiet von $f(z)$ gelegener endlicher Punkt α heißt eine „*Nullstelle k. Ordnung*“ oder eine „*k-fache Nullstelle*“, wenn $(z-\alpha)^k$ die niedrigste Potenz mit nicht verschwindendem Koeffizienten in der Taylorentwicklung nach $z-\alpha$ ist.

Die Taylorreihe hat dann das Aussehen

$$f(z) = a_k (z-\alpha)^k + a_{k+1} (z-\alpha)^{k+1} + \ldots = (z-\alpha)^k \sum_{\nu=0}^{\infty} a_{k+\nu} (z-\alpha)^{\nu} = (z-\alpha)^k f_1(z),$$

wobei $f_1(z)$ eine im Konvergenzkreis reguläre Funktion mit $f_1(\alpha) \neq 0$ ist. Umgekehrt liegt in diesem Falle stets eine Nullstelle k. Ordnung von $f(z)$ vor.

Aus Def. I und Satz 3 folgt unmittelbar

Satz 4: *Eine notwendige und hinreichende Bedingung für das Vorhandensein einer Nullstelle k. Ordnung in einem endlichen Punkt* α *ist das Verschwinden der ersten* $k-1$ *Ableitungen von* $f(z)$ *an der Stelle* α, $f^{(\nu)}(\alpha) = 0$ $(\nu = 0, 1, 2, \ldots, k-1)$, *und das Nichtverschwinden der k. Ableitung an dieser Stelle.*

Ist α eine k-fache Nullstelle von $f(z)$, so ist $f(z) = (z-\alpha)^k [a_k + r(z)]$, wobei $r(z) \to 0$ geht, wenn $(z-\alpha) \to 0$ wandert. Es wird sich daher an dieser Stelle die Abbildung durch $w = f(z)$ näherungsweise so verhalten wie die Abbildung durch $w = (z-\alpha)^k$ oder wie die Abbildung durch $w = z^k$ am Nullpunkt. Ein kleiner Kreis um den Punkt $z = \alpha$ wird näherungsweise in einen k-fach überdeckten kleinen Kreis um $w = 0$ abgebildet. Im Punkt $w = 0$ hängen daher k Blätter der Riemannschen Fläche der Umkehrfunktion zusammen, er ist ein „$k-1$-*facher Verzweigungspunkt*“.

Gemäß Def. III, S. 75, über das Verhalten einer Funktion im Unendlichen definieren wir

Definition II: Liegt der Punkt ∞ im Regularitätsgebiet von $f(z)$, so hat $f(z)$ *im Unendlichen eine „Nullstelle k. Ordnung“*, wenn $f(1/\zeta) = F(\zeta)$ an der Stelle $\zeta = 0$ eine Nullstelle k. Ordnung hat. Die Funktion hat dann eine für $|z| > R$ konvergente Entwicklung

$$f(z) = a_{-k} z^{-k} + a_{-k-1} z^{-k-1} + \ldots = z^{-k} \sum_{\nu=0}^{\infty} a_{-k-\nu} z^{-\nu} = z^{-k} f_1(z),$$

wobei $f_1(z)$ im Konvergenzgebiet von $f(z)$ regulär und $f_1(\infty) \neq 0$ ist. Umgekehrt hat $f(z)$, falls eine solche Darstellung möglich ist, im Unendlichen eine Nullstelle k. Ordnung.

Beispiele: $f(z) = 1 - \cos z$ hat an der Stelle $z = 0$ eine Nullstelle 2. Ordnung, $f(z) = 1 - \cos z^2$ dort eine Nullstelle 4. Ordnung. $f(z) = (z^2+1)/(4z^4+1)$ hat im Unendlichen eine Nullstelle 2. Ordnung.

Ist α eine im Innern des Regularitätsgebietes $\mathfrak{G}$ gelegene endliche Nullstelle von $f(z)$, so sind die Koeffizienten der in einem gewissen Kreis $|z-\alpha| < r$ konvergenten Taylorreihe von $f(z)$ entweder alle 0 oder mindestens einer von 0 verschieden. Der kleinste Exponent der Potenz mit nicht verschwindendem Koeffizienten sei k. Im ersten Fall verschwindet $f(z)$ im ganzen Konvergenzkreis identisch. Im zweiten Fall hat $f(z)$ an der Stelle α eine Nullstelle k. Ordnung und daher die Taylorentwicklung

$$f(z) = (z-\alpha)^k [a_k + a_{k+1}(z-\alpha) + a_{k+2}(z-\alpha)^2 + \ldots] = (z-\alpha)^k [a_k + s(z)]$$

mit $a_k \neq 0$. Für hinreichend kleine Werte von $|z-\alpha| = \delta > 0$ ist sicher

$$|s(z)| = |a_{k+1}(z-\alpha) + a_{k+2}(z-\alpha)^2 + \ldots| \leqq |a_{k+1}|\,|z-\alpha| + |a_{k+2}|\,|z-\alpha|^2 + \\ + \ldots < |a_k|/2, \text{ daher ist mit } |z-\alpha| = \delta$$

$$|f(z)| = \delta^n |a_k + s(z)| \geqq \delta^n \,||a_k| - |s(z)|| > \delta^n (|a_k| - |a_k|/2) = \delta^n |a_k|/2 > 0,$$

d.h.: für alle Punkte einer hinreichend kleinen Umgebung von α ist $f(z) \neq 0$. α kann in diesem zweiten Falle also kein Häufungspunkt von Nullstellen von $f(z)$, also nur eine isolierte Nullstelle (vgl. S. 22) sein. Es zeigt sich nun, daß im ersten Falle $f(z)$ nicht nur im Konvergenzkreis (K), $|z-\alpha| < r$, der Taylorentwicklung um α identisch verschwindet, sondern im ganzen Regularitätsgebiet $\mathfrak{G}$ von $f(z)$. Ist nämlich β ein innerer Punkt von $\mathfrak{G}$ außerhalb des Kreises (K), in dem $f(z)$ identisch verschwindet, und wäre $f(\beta) \neq 0$, so verbinden wir β mit α durch eine ganz im Innern von $\mathfrak{G}$ verlaufende stetige Kurve (C). Für die Punkte von (C), die innerhalb (K) liegen, ist $f(z) = 0$, im Punkt β hingegen $f(z) \neq 0$. Wir kommen daher, wenn wir auf (C) von α nach β wandern, zu einem Punkt ζ_0, sodaß für alle Kurvenpunkte zwischen α und ζ_0 $f(z)$ verschwindet, also ζ_0 Häufungspunkt von Nullstellen ist, andererseits aber im Innern einer ganz in $\mathfrak{G}$ liegenden Kreisscheibe mit ζ_0 als Mittelpunkt Punkte ζ liegen, für die $f(\zeta) \neq 0$ ist. Das kann nach dem Obigen nicht der Fall sein. Daher ist die Annahme $f(\beta) \neq 0$ falsch. Somit ist $f(\beta) = 0$, also ist $f(z)$ in jedem Punkt von $\mathfrak{G}$ Null, $f(z)$ verschwindet daher im ganzen Regularitätsbereich identisch. Da nach Def. II eine Nullstelle von $f(z)$ im Unendlichen einer Nullstelle von $f(1/\zeta) = F(\zeta)$ im Punkt $\zeta = 0$ äquivalent ist, gelten die obigen Überlegungen auch noch für den Fall, daß $f(z)$ im Unendlichen regulär ist und dort eine Nullstelle besitzt. Es gilt somit allgemein:

Satz 5: *Eine im Innern des Regularitätsgebietes von $f(z)$ gelegene Nullstelle ist entweder eine isolierte Nullstelle oder $f(z)$ verschwindet im ganzen Regularitätsgebiet identisch.*

Hat demnach eine in $\mathfrak{G}$ reguläre Funktion $f(z)$ im Innern von $\mathfrak{G}$ unendlich viele Nullstellen, die einen inneren Punkt von $\mathfrak{G}$ als Häufungspunkt haben, so verschwindet $f(z)$ in $\mathfrak{G}$ identisch. Hieraus folgt unmittelbar der wichtige

Satz 6 (Identitätssatz für analytische Funktionen): *Stimmen zwei in $\mathfrak{G}$ analytische Funktionen $f_1(z)$ und $f_2(z)$ im Innern von $\mathfrak{G}$ in unendlich vielen Punkten z_ν, die sich in einem inneren Punkt z_0 von $\mathfrak{G}$ häufen, überein, so sind beide Funktionen in $\mathfrak{G}$ identisch.*

$f_1(z) - f_2(z)$ hat dann unendlich viele Nullstellen z_ν, die sich im inneren Punkt z_0 von $\mathfrak{G}$ häufen. $f_1(z) - f_2(z)$ muß daher nach Satz 5 in $\mathfrak{G}$ identisch verschwinden.

Dieser Satz 6 ist für die Theorie der analytischen Funktionen von großer Bedeutung, insbesondere für die sog. „*analytische Fortsetzung*“. Darunter versteht man folgendes: Ist eine analytische Funktion $f(z)$ in einem gewissen Bereich $\mathfrak{B}$ gegeben, z. B. eine

Potenzreihe innerhalb ihres Konvergenzkreises, so kann es mitunter vorkommen, daß man in einem den gegebenen Bereich $\mathfrak{B}$ umfassenden Bereich $\mathfrak{B}^*$ eine analytische Funktion definieren kann, welche in dem gegebenen Bereich $\mathfrak{B}$ mit der gegebenen Funktion übereinstimmt. Der Identitätssatz besagt nun: Eine solche Erweiterung der gegebenen Funktion zu einer im größeren Bereich $\mathfrak{B}^*$ analytischen Funktion ist, wenn überhaupt, nur auf eine Weise möglich. Es kann die Funktion, wie man sagt, nur auf eine Weise über ihren ursprünglichen Regularitätsbereich hinaus „analytisch fortgesetzt" werden. Wir werden auf die Theorie der analytischen Fortsetzung im zweiten Teil näher eingehen und sie dort zum Ausgangspunkt eines allgemeineren Funktionsbegriffes machen.

Nach Satz 2, S. 134, stellt eine in jedem Teilbereich von $\mathfrak{G}$ gleichmäßig konvergente Reihe von in $\mathfrak{G}$ analytischen Funktionen $f_\nu(z)$ in $\mathfrak{G}$ eine analytische Funktion $F(z) = \sum_{\nu=0}^{\infty} f_\nu(z)$ dar. $F(z)$ läßt sich daher (ebenso wie die Funktion $f_\nu(z)$) an einer Stelle α im Innern von $\mathfrak{G}$ in eine Taylorreihe entwickeln, mit den Koeffizienten $c_n = F^{(n)}(\alpha)/n!$ (bzw. $a_{n,\nu} = f_\nu^{(n)}(\alpha)/n!$). Da man wegen der gleichmäßigen Konvergenz die Reihe an der Stelle α gliedweise differenzieren kann, ergibt sich

$$c_n = \sum_{\nu=0}^{\infty} \frac{f_\nu^{(n)}(\alpha)}{n!} = \sum_{\nu=0}^{\infty} a_{n,\nu}.$$

Man kann daher die Taylorentwicklung von $F(z)$ erhalten, indem man die Reihenglieder $f_\nu(z)$ entwickelt und gleiche Potenzen zusammenfaßt. Als Spezialfall von Satz 2, S. 134, ergibt sich demnach der

Satz 7 (Weierstraßscher Doppelreihensatz): *Sind die Reihen* $f_\nu(z) = \sum_{n=0}^{\infty} a_{n,\nu}(z-\alpha)^n$ *sämtlich im Kreis* $|z-\alpha| < r$ *konvergent und konvergiert* $F(z) = \sum_{\nu=0}^{\infty} f_\nu(z)$ *für* $|z-\alpha| \leq \varrho < r$ *gleichmäßig, dann ist für* $|z-\alpha| < r$

$$F(z) = \sum_{n=0}^{\infty} c_n (z-\alpha)^n \quad \textit{mit} \quad c_n = \sum_{\nu=0}^{\infty} a_{n,\nu}.$$

Für die **praktische Berechnung der Koeffizienten der Taylorreihe** hat man wie im Reellen die Formel $a_\nu = f^{(\nu)}(\alpha)/\nu!$. Die Integralformel, die hier außerdem zur Verfügung steht, ist für die Berechnung der Koeffizienten nicht geeignet. In sehr vielen Fällen wird auch die Berechnung der Koeffizienten mit Hilfe der Ableitungen sehr umständlich. Daher verwendet man wie im Reellen zur Aufstellung der Taylorreihe nach Möglichkeit *bekannte Reihenentwicklungen*, z. B. die geometrische Reihe, die Reihen für e^z usw., gegebenenfalls nach entsprechender *Umformung der Funktionen*, z. B. mittels Partialbruchzerlegung oder indem man die zu entwickelnde Funktion als Integral einer Funktion mit bekannter Taylorreihe oder als Ableitung einer solchen Funktion darstellt. Da die Taylorentwicklung nach Potenzen von $z - \alpha$ eindeutig ist, so kann man auch, insbesondere bei komplizierten Funktionen, die Methode des *Ansatzes mit unbestimmten Koeffizienten* verwenden. Eine weitere Möglichkeit bietet der *Weierstraßsche Doppelreihensatz*. Der Bereich, in dem die Entwicklung gilt, ergibt sich in jedem Falle nach Satz 3 unmittelbar.

Beispiele:

1. $f(z) = \operatorname{Log}(1+z)$ ist in der von -1 längs der negativen Achse nach ∞ aufgeschnittenen z-Ebene eine (eindeutige) analytische Funktion von z. Sie läßt sich daher in eine Taylorreihe nach Potenzen von z entwickeln. Der dem Nullpunkt am nächsten gelegene singuläre Punkt ist $z = -1$, somit gilt die Entwicklung im Einheitskreis $|z| < 1$. Die Koeffizienten ermittelt man mit Hilfe der Ableitungen und erhält wie im Reellen

$$\operatorname{Log}(1+z) = z - \frac{z^2}{2} + \frac{z^3}{3} - \frac{z^4}{4} + \dots = \sum_{\nu=1}^{\infty} (-1)^{\nu+1} \frac{z^\nu}{\nu}.$$

In derselben Weise erhält man mit Hilfe der Ableitungen für den Hauptwert von $(1+z)^\alpha$ die aus dem Reellen bekannte binomische Reihe $(1+z)^\alpha = \sum_{\nu=0}^{\infty} \binom{\alpha}{\nu} z^\nu$, die, da $z = -1$ nächster singulärer Punkt ist, für $|z| < 1$ konvergiert.

2. $f(z) = 1/(1+z^4)$ läßt sich um den Nullpunkt in eine Taylorreihe entwickeln. Die Berechnung der Koeffizienten durch die Ableitungen wäre hier zu umständlich. Mit Hilfe der geometrischen Reihe ergibt sich die gesuchte Reihenentwicklung sofort als

$f(z) = \sum_{\nu=0}^{\infty} (-1)^\nu z^{4\nu}$. Konvergenzbereich $|z| < 1$.

Die Funktion ist auch noch im Punkt ∞ regulär und hat dort eine Nullstelle 4. Ordnung. Ihre Taylorentwicklung im Punkt ∞ ergibt sich, indem man $z = 1/\zeta$ setzt und diese Funktion von ζ mit Hilfe der geometrischen Reihe nach Potenzen von ζ entwickelt.

$$f(z) = \frac{1}{z^4+1} = \frac{\zeta^4}{1+\zeta^4} = \zeta^4 \sum_{\nu=0}^{\infty} (-1)^\nu \zeta^{4\nu} = \frac{1}{z^4} \sum_{\nu=0}^{\infty} \frac{(-1)^\nu}{z^{4\nu}}. \text{ Konvergenzbereich: } |z| > 1.$$

3. $$f(z) = \frac{3z-1}{(2z+1)(z^2+1)} = \frac{z+1}{z^2+1} - \frac{2}{2z+1} = (z+1) \sum_{\nu=0}^{\infty} (-1)^\nu z^{2\nu} - 2 \sum_{\nu=0}^{\infty} (-2)^\nu z^\nu$$

$$= \sum_{\nu=0}^{\infty} (-1)^\nu z^{2\nu} + \sum_{\nu=0}^{\infty} (-1)^\nu z^{2\nu+1} - 2 \sum_{\nu=0}^{\infty} (-2)^{2\nu} z^{2\nu} - 2 \sum_{\nu=0}^{\infty} (-2)^{2\nu+1} z^{2\nu+1}$$

$$= \sum_{\nu=0}^{\infty} [(-1)^\nu - 2^{2\nu+1}] z^{2\nu} + [(-1)^\nu + 2^{2\nu+2}] z^{2\nu+1}. \text{ Konvergenzbereich: } |z| < 1/2.$$

4. $f(z) = z/(e^z - 1)$ läßt sich in eine Taylorreihe nach Potenzen von z entwickeln. Um diese Entwicklung zu erhalten, verwenden wir den Ansatz mit unbestimmten Koeffizienten in der Form:

$$\frac{z}{e^z - 1} = \sum_{\nu=0}^{\infty} a_\nu z^\nu, \text{ oder, aus weiter unten ersichtlichen Gründen,}$$

a) $\dfrac{z}{e^z - 1} = \sum_{\nu=0}^{\infty} \dfrac{B_\nu}{\nu!} z^\nu$. Benutzen wir die Potenzreihe für e^z und multiplizieren wir die Gleichung mit dem Nenner $e^z - 1$, so ergibt sich, $\nu + \mu = n$ gesetzt:

$$z = \left(\sum_{\mu=1}^{\infty} \frac{z^\mu}{\mu!}\right) \left(\sum_{\nu=0}^{\infty} \frac{B_\nu}{\nu!} z^\nu\right) = \sum_{n=1}^{\infty} \left(\sum_{\nu=0}^{n-1} \frac{B_\nu}{\nu!\,(n-\nu)!}\right) z^n,$$

also durch Koeffizientenvergleich $B_0 = 1$ und allgemein für $n \geqq 2$ die Rekursionsformel zur Berechnung der Koeffizienten B_ν:

$$\sum_{\nu=0}^{n-1} \frac{B_\nu}{\nu!\,(n-\nu)!} = 0, \text{ oder, nach Multiplikation mit } n!, \ \sum_{\nu=0}^{n-1} \binom{n}{\nu} B_\nu = 0.$$

Aus dieser Rekursionsformel bestimmen sich die Koeffizienten B_ν als rationale Zahlen, die sog. „***Bernoullischen Zahlen***". Die ersten Zahlen sind $B_0 = 1$, $B_1 = -1/2$, $B_2 = 1/6$. Es ist also

$$\frac{z}{e^z - 1} = 1 - \frac{z}{2} + \frac{z^2}{6} + \ldots = \sum_{\nu=0}^{\infty} \frac{B_\nu}{\nu!} z^\nu. \text{ Da } \frac{z}{e^z - 1} + \frac{z}{2} = \frac{z}{2}\,\frac{e^z + 1}{e^z - 1} = \frac{z}{2}\,\mathfrak{Ctg}\,\frac{z}{2}$$

eine gerade Funktion ist, so sind **alle** $B_{2\nu+1} = 0$ (für $\nu = 1, 2, \ldots$). Weitere $B_{2\nu}$ bestimmen sich aus der Rekursionsformel zu $B_4 = -1/30$; $B_6 = 1/42$; $B_8 = -1/30$; $B_{10} = 5/66$; ..., sie folgen jedoch keinem einfachen Bildungsgesetz[1]).

Die Entwicklung gilt nach Satz 3, S. 138, im Kreis um den Nullpunkt durch den nächsten singulären Punkt, also durch die dem Nullpunkt am nächsten gelegene Nullstelle des Nenners, d. h. durch $z = \pm 2\pi i$. Somit ist

$$\frac{z}{2}\,\mathfrak{Ctg}\,\frac{z}{2} = \sum_{n=0}^{\infty} \frac{B_{2n}}{(2n)!} z^{2n} \text{ für } |z| < 2\pi \text{ oder}$$

b) $z\,\mathfrak{Ctg}\,z = \sum_{n=0}^{\infty} 2^{2n} \frac{B_{2n}}{(2n)!} z^{2n}$ konvergent für $|z| < \pi$. Ersetzen wir z durch iz, so ergibt sich nach (8) S. 53 die Entwicklung

c) $z \operatorname{ctg} z = \sum_{n=0}^{\infty} (-1)^n \frac{2^{2n} B_{2n}}{(2n)!} z^{2n}$ für $|z| < \pi$. Wegen der Beziehung

$2 \operatorname{ctg} 2z = \frac{\cos^2 z - \sin^2 z}{\sin z \cos z} = \operatorname{ctg} z - \operatorname{tg} z$ erhält man hieraus die Taylorreihe

d) $\operatorname{tg} z = \sum_{n=1}^{\infty} (-1)^{n-1} \frac{2^{2n}(2^{2n} - 1) B_{2n}}{(2n)!} z^{2n-1}$ für $|z| < \pi/2$. Wegen $1/\sin z = \operatorname{ctg} z + \operatorname{tg}(z/2)$ bekommt man aus dem Vorhergehenden

e) $\frac{z}{\sin z} = \sum_{n=0}^{\infty} (-1)^{n+1} \frac{(2^{2n} - 2) B_{2n}}{(2n)!} z^{2n}$ für $|z| < \pi$.

5. $f(z) = \sqrt{1 + z + z^2}$ mit $f(0) = 1$ ist in der längs $z = -1/2 + it$, $t^2 \geqq 3/4$ aufgeschnittenen z-Ebene eindeutig und regulär, läßt sich also in eine Taylorreihe nach Potenzen von z entwickeln. Die dem Punkt $z = 0$ nächsten singulären Stellen der Funktion sind die Nullstellen des Radikanden, also $z_{1,2} = -1/2 \pm i\sqrt{3}/2$. Daher gilt die Entwicklung für $|z| < 1$. Die Taylorreihe verschaffen wir uns mit Hilfe des Weierstraßschen Doppelreihensatzes S. 141 und der binomischen Reihe:

$$f(z) = \sqrt{1 + (z + z^2)} = \sum_{\nu=0}^{\infty} \binom{1/2}{\nu} (z + z^2)^\nu.$$

Die einzelnen Reihenglieder können mit Hilfe der binomischen Formel als Polynome von z geschrieben werden,

$$f(z) = \sum_{\nu=0}^{\infty} \left[\binom{1/2}{\nu} z^\nu \sum_{\lambda=0}^{\nu} \binom{\nu}{\lambda} z^\lambda\right].$$

Setzen wir $\lambda + \nu = n$, so ist $\binom{\nu}{\lambda} = \binom{n - \lambda}{\lambda}$ nur für $\lambda \leqq n - \lambda$, also $2\lambda \leqq n$ oder, da λ eine ganze Zahl ist, für $\lambda \leqq [n/2]$ von 0 verschieden[2]). Es ergibt sich demnach die Taylorreihe

$$f(z) = \sum_{n=0}^{\infty} \left[\sum_{\lambda=0}^{[n/2]} \binom{1/2}{n - \lambda} \binom{n - \lambda}{\lambda}\right] z^n.$$

[1]) Vielfach werden nur die von Null verschiedenen Zahlen als Bernoullische Zahlen bezeichnet und statt $B_{2\nu}$ wird $(-1)^\nu B_\nu$ gesetzt.

[2]) Das Zeichen $[n/2]$ bedeutet die größte ganze Zahl, die $\leqq n/2$ ist.

6. $$\operatorname{Arctg} z = \int_0^z \frac{1}{1+\zeta^2}\, d\zeta = \int_0^z \left[\sum_{\nu=0}^{\infty} (-1)^\nu \zeta^{2\nu}\right] d\zeta = \sum_{\nu=0}^{\infty} (-1)^\nu \cdot \frac{z^{2\nu+1}}{2\nu+1}.$$

Da die geometrische Reihe für $|\zeta| < 1$ konvergiert und im Innern dieses Kreises gleichmäßig konvergiert, kann man dort gliedweise integrieren und erhält als Konvergenzgebiet der resultierenden Reihe den Einheitskreis. (Vgl. auch 3. S. 125.)

7. $$\frac{1}{(1+z)^3} = \frac{1}{2}\frac{d^2}{dz^2}\frac{1}{1+z} = \frac{1}{2}\frac{d^2}{dz^2}\sum_{\nu=0}^{\infty} (-1)^\nu z^\nu = \frac{1}{2}\sum_{\nu=2}^{\infty} (-1)^\nu \nu(\nu-1) z^{\nu-2}.$$

Die geometrische Reihe konvergiert für $|z| < 1$, die zweimal abgeleitete Reihe hat denselben Konvergenzkreis.

3. Laurentsche Reihen

Definition III: Unter einer „*Laurentschen Reihe*“ $\sum_{\nu=-\infty}^{\infty} a_\nu (z-\alpha)^\nu$ versteht man die Summe

$$\sum_{\nu=0}^{\infty} a_\nu (z-\alpha)^\nu + \sum_{\nu=1}^{\infty} a_{-\nu} \left(\frac{1}{z-\alpha}\right)^\nu.$$

Eine Laurentsche Reihe besteht also aus einer Potenzreihe mit positiven und einer solchen mit negativen Exponenten. Die erste hat als Konvergenzgebiet das Innere eines Kreises $|z-\alpha| < r_1$, die zweite das Äußere eines Kreises $r_2 < |z-\alpha|$; daher konvergiert eine Laurentsche Reihe, falls $r_2 < r_1$ ist, in dem Kreisringgebiet $r_2 < |z-\alpha| < r_1$ absolut, jede der beiden Teilreihen in $r_2 < \varrho_2 \leqq |z-\alpha| \leqq \varrho_1 < r_1$ absolut und gleichmäßig. Auf dem Rand des Kreisringes $r_2 < |z-\alpha| < r_1$ kann die Laurentreihe sowohl konvergieren als divergieren.

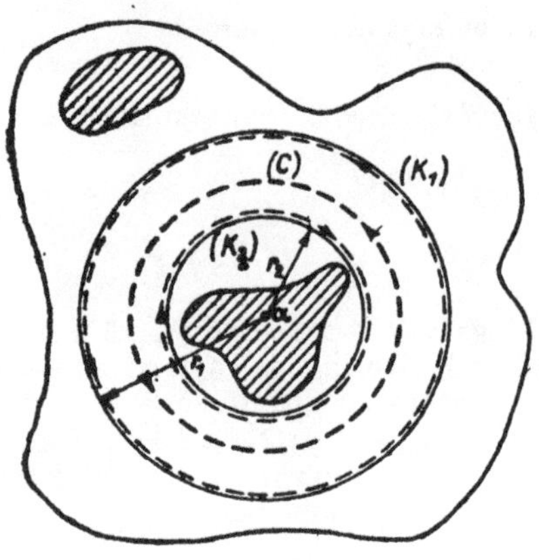

Fig. 56.

Nun sei $\mathfrak{R}$ ein von den beiden konzentrischen Kreisen (K_1) und (K_2) mit dem Mittelpunkt α gebildeter Kreisring, $r_2 \leqq |z-\alpha| \leqq r_1$, der mit seinem Rand (R) im Innern des Regularitätsbereiches $\mathfrak{G}$ von $f(z)$ gelegen ist (vgl. Fig. 56). Nach der Cauchyschen Integralformel (Satz 1a, S. 130) gilt dann für jeden inneren Punkt z von $\mathfrak{R}$

(1) $$f(z) = \frac{1}{2\pi i}\oint_{(R)} \frac{f(\zeta)}{\zeta - z}\, d\zeta = \frac{1}{2\pi i}\oint_{(K_1)} \frac{f(\zeta)}{\zeta - z}\, d\zeta + \frac{1}{2\pi i}\oint_{(K_2)} \frac{f(\zeta)}{\zeta - z}\, d\zeta.$$

Nun ist einerseits

(2) $$\frac{1}{\zeta - z} = \frac{1}{\zeta - \alpha - (z-\alpha)} = \frac{1}{\zeta - \alpha}\sum_{\nu=0}^{\infty}\left(\frac{z-\alpha}{\zeta-\alpha}\right)^\nu \text{ für } \left|\frac{z-\alpha}{\zeta-\alpha}\right| < 1$$

konvergent, und zwar für $\left|\frac{z-\alpha}{\zeta-\alpha}\right| \leqq \varrho' < 1$ gleichmäßig konvergent, andererseits ist

(2a) $$\frac{1}{\zeta - z} = \frac{1}{\zeta - \alpha - (z-\alpha)} = -\frac{1}{z-\alpha}\,\frac{1}{1 - \dfrac{\zeta-\alpha}{z-\alpha}} = -\frac{1}{z-\alpha}\sum_{\nu=0}^{\infty}\left(\frac{\zeta-\alpha}{z-\alpha}\right)^\nu$$

für $\left|\frac{\zeta-\alpha}{z-\alpha}\right| < 1$ konvergent, und zwar für $\left|\frac{\zeta-\alpha}{z-\alpha}\right| \leqq \varrho'' < 1$ **gleichmäßig** konvergent. Setzen wir in (2) für ζ die Punkte des Kreises (K_1) ein, so konvergiert diese Reihe für alle Punkte $|z-\alpha| < r_1$ und für jeden konzentrischen kleineren Kreis $|z-\alpha| \leqq \varrho_1 < r_1$ gleichmäßig, so daß wir, diese Reihe in das Integral über (K_1) von (1) eingesetzt, Integration und Summation vertauschen können. Setzen wir andererseits in der Reihe (2a) für ζ die Punkte von (K_2) ein, so konvergiert diese Reihe für $|z-\alpha| > r_2$ und für $|z-\alpha| \geqq \varrho_2 > r_2$ gleichmäßig, so daß wir wieder im Integral über (K_2) von (1) Integration und Summation vertauschen können. Wir erhalten dann, indem wir das Minuszeichen zur Umkehrung des Umlaufsinnes im zweiten Integral verwenden:

$$f(z) = \sum_{\nu=0}^{\infty}\left(\frac{1}{2\pi i}\oint_{(K_1)}\frac{f(\zeta)}{(\zeta-\alpha)^{\nu+1}}\,d\zeta\right)(z-\alpha)^{\nu} + \tag{3}$$

$$+ \sum_{\nu=0}^{\infty}\left(\frac{1}{2\pi i}\oint_{(K_2)} f(\zeta)(\zeta-\alpha)^{\nu}\,d\zeta\right)\left(\frac{1}{z-\alpha}\right)^{\nu+1},$$

also eine im Innern des Kreisringes $(r_2 < |z-\alpha| < r_1)$ konvergente Laurentsche Reihe. Setzen wir in der zweiten Reihe $\nu+1 = -\mu$, so geht diese über in

$$\sum_{\mu=-1}^{-\infty}\left(\frac{1}{2\pi i}\oint_{(K_2)}\frac{f(\zeta)}{(\zeta-\alpha)^{\mu+1}}\,d\zeta\right)(z-\alpha)^{\mu},$$

also formal in dieselbe Reihe wie die erste, nur mit negativen Indizes und über den Kreis (K_2) erstreckt. Nun ist aber die Funktion $f(z)/(z-\alpha)^{\nu+1}$ im ganzen Regularitätsgebiet von $f(z)$ höchstens bis auf den Punkt $z=\alpha$ und damit insbesondere im Innern und auf dem Rande von $\mathfrak{R}$ regulär. Nach (3) S. 127 ist daher das Integral über (K_1) gleich dem Integral über einen in $\mathfrak{R}$ verlaufenden Kreis (K), $|z-\alpha| = \varrho$, ebenso das Integral über (K_2). Man kann daher in den Koeffizienten beider Reihen als Integrationsweg z. B. denselben Kreis (K) wählen[1]) und erhält damit für die Koeffizienten der Reihe mit negativen Exponenten dieselbe Formel wie für die mit positiven Exponenten, nämlich

$$a_{\nu} = \frac{1}{2\pi i}\oint_{(K)}\frac{f(\zeta)}{(\zeta-\alpha)^{\nu+1}}\,d\zeta \quad (\nu \text{ ganzzahlig}). \tag{4}$$

Die Koeffizienten der Laurentreihe sind also von (K_1) und (K_2) unabhängig. Daher konvergiert die Laurentreihe in dem größten $\mathfrak{R}$ enthaltenden Kreisringgebiet mit dem Mittelpunkt α, in dessen Innern $f(z)$ noch regulär ist (vgl. Fig. 56).

Ebenso wie bei der Taylorreihe läßt sich auch hier wieder zeigen, daß $f(z)$ in dem betrachteten Kreisringgebiet nur auf eine Weise in eine Laurentreihe nach Potenzen von $z-\alpha$ entwickelt werden kann[2]).

Wählen wir in Formel (4) den Kreis (K), $|z-\alpha| = \varrho$ als Integrationsweg und bezeichnen das Maximum von $|f(z)|$ auf diesem Kreise mit M, so ergeben sich

[1]) oder irgendeine geschlossene doppelpunktfreie stückweise glatte Kurve, welche dieselben singulären Punkte von $f(z)/(z-\alpha)$ wie (K) im positiven Sinne umläuft.

[2]) Es kann jedoch mehrere Kreisringe mit dem Mittelpunkt α geben, in denen $f(z)$ regulär ist, also mehrere Laurentreihen nach Potenzen von $z-\alpha$. Siehe das folgende Beispiel.

mit Hilfe der Integralabschätzung I wieder die **Cauchyschen Ungleichungen:**

(5) $$|a_\nu| \leq \frac{M}{\varrho^\nu} \quad (\nu \text{ ganzzahlig}).$$

Wären dann $f(z) = \sum_{\nu=-\infty}^{\infty} a_\nu (z - \alpha)^\nu$ und $f(z) = \sum_{\nu=-\infty}^{\infty} b_\nu (z - \alpha)^\nu$ zwei Laurententwicklungen in demselben Ringgebiet, so wäre auch $0 \equiv \sum_{\nu=-\infty}^{\infty} (a_\nu - b_\nu)(z - \alpha)^\nu$ eine in diesem Ringgebiet konvergente Laurentreihe, für deren Koeffizienten die Abschätzung (5) mit $M = 0$ gilt, also $|a_\nu - b_\nu| \leq M/\varrho_\nu = 0$, woraus $a_\nu = b_\nu$ für alle ν folgt.

Zusammenfassend haben wir den wichtigen

Satz 8: *Eine im Innern eines Kreisringes mit dem Mittelpunkt α, $r_2 < |z - \alpha| < r_1$ reguläre Funktion $f(z)$ läßt sich dort auf eine und nur eine Weise in eine Laurentsche Reihe nach Potenzen von $z - \alpha$ entwickeln*

$$f(z) = \sum_{\nu=-\infty}^{\infty} a_\nu (z - \alpha)^\nu.$$

Die Koeffizienten a_ν können dargestellt werden durch

$$a_\nu = \frac{1}{2\pi i} \oint_{(C)} \frac{f(\zeta)}{(\zeta - \alpha)^{\nu+1}} d\zeta,$$

wobei (C) z. B. ein im Innern des Ringgebietes verlaufender Kreis mit dem Mittelpunkt α ist.

Die Reihe konvergiert also (absolut) gegen $f(t)$ für alle inneren Punkte z eines jeden Kreisringes $r_2 < |z - \alpha| < r_1$, in dessen Innerm $f(z)$ überall regulär ist.

Der Radius des äußeren Kreises kann gelegentlich auch unendlich sein. Andererseits kann der innere Kreis in einen Kreis vom Radius Null, also in den Punkt α ausgeartet sein, nämlich dann, wenn α ein isolierter singulärer Punkt ist. Ist $f(z)$ überall im Innern des äußeren Kreises regulär, dann sind die Koeffizienten (4) mit negativen Indizes nach dem Cauchyschen Integralsatz sämtlich Null, die Laurentreihe geht also in eine Taylorreihe über.

Will man eine Funktion $f(z)$ in einem vorgegebenen Kreisringgebiet mit dem Mittelpunkt α in eine Laurentreihe nach Potenzen von $z - \alpha$ entwickeln, so wird man im allgemeinen nicht die Integraldarstellung der Koeffizienten verwenden, sondern einen anderen Weg einschlagen. *Man versucht, ebenso wie bei der Taylorentwicklung, die gegebene Funktion passend umzuformen,* etwa in eine Summe (Partialbruchzerlegung) oder in ein Produkt von Funktionen, deren Reihenentwicklungen nach Potenzen von $z - \alpha$ man leicht angeben kann, z. B. unter Verwendung bekannter Taylorreihen. Ferner läßt sich wieder der *Ansatz mit unbestimmten Koeffizienten* benutzen, von dem man insbesondere dann Gebrauch machen wird, wenn man nur einzelne Koeffizienten der Laurentreihe benötigt (vgl. z. B. S. 152). *Hat man auf irgendeine solche Weise eine in dem vorgeschriebenen Ringgebiet mit dem Mittelpunkt α konvergente Laurentreihe nach Potenzen von $z-\alpha$ gefunden, so ist es die gesuchte,* denn nach Satz 8 ist eine solche Entwicklung in einem vorgegebenen Kreisringgebiet nur auf eine Weise möglich.

Beispiele: Gesucht sind die sämtlichen möglichen Laurent-Reihenentwicklungen der Funktion $f(z) = \frac{4z-1}{z^4-1}$, und zwar

I. nach Potenzen von z, II. nach Potenzen von $z-1$.

Die Funktion ist singulär an den Nullstellen des Nenners, also für $z_{1,2} = \pm 1$ und $z_{3,4} = \pm i$. Im Nullpunkt ist die Funktion regulär, ebenso im Punkt ∞. Daher läßt sich $f(z)$ a) um den Nullpunkt, b) um den Punkt ∞ in eine Taylorreihe entwickeln, und zwar im Fall a) für das Innere des Kreises um den Nullpunkt durch den dem Nullpunkt am nächsten gelegenen singulären Punkt, also das Innere des Einheitskreises, im Falle b) für das Äußere dieses Kreises. Die Entwicklungen erhalten wir hier durch Verwendung der geometrischen Reihe $\frac{1}{1-u} = \sum_{\nu=0}^{\infty} u^\nu$, also im Falle

I. a) $f(z) = (1-4z)\sum_{\nu=0}^{\infty} z^{4\nu} = \sum_{\nu=0}^{\infty}(z^{4\nu} - 4z^{4\nu+1}) = 1 - 4z + z^4 - 4z^5 + z^8 - 4z^9 + \ldots.$

Im Falle

$$\text{b) } f(z) = \left(\frac{4}{z^3} - \frac{1}{z^4}\right)\frac{1}{1-1/z^4} = \left(\frac{4}{z^3} - \frac{1}{z^4}\right)\sum_{\nu=0}^{\infty}\frac{1}{z^{4\nu}} = \sum_{\nu=0}^{\infty}\left(\frac{4}{z^{4\nu+3}} - \frac{1}{z^{4(\nu+1)}}\right) =$$
$$= \frac{4}{z^3} - \frac{1}{z^4} + \frac{4}{z^7} - \frac{1}{z^8} + \frac{4}{z^{11}} - \frac{1}{z^{12}} + \ldots$$

II. Um den Punkt $z=1$ können wir die folgenden Kreisringgebiete legen (vgl. Fig. 57):

a) $0 < |z-1| < \sqrt{2}$, b) $\sqrt{2} < |z-1| < 2$.

Außerdem ist $f(z)$ noch regulär in c) $|z-1| > 2$, also dort in eine Taylorreihe nach Potenzen von $\zeta = 1/(z-1)$ zu entwickeln. Wir behandeln zunächst den

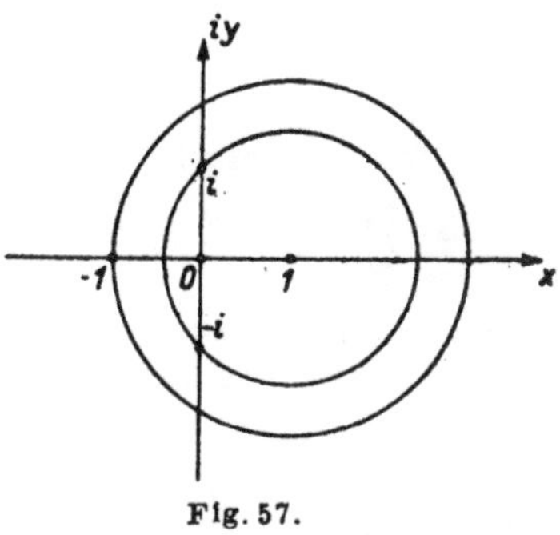

Fig. 57.

Fall a):

$(z-1)f(z)$ ist im Punkt $z=1$ regulär. Daher läßt sich diese Funktion in eine Potenzreihe um den Punkt $z=1$ entwickeln im Kreis durch den $z=1$ nächstgelegenen singulären Punkt, also durch $z=\pm i$. Um die Potenzreihenentwicklung zu erhalten, zerlegen wir die Funktion in Partialbrüche:

$$(z-1)f(z) = \frac{4z-1}{(z+1)(z+i)(z-i)} = -\frac{5}{2(z+1)} + \frac{5+3i}{4(z+i)} + \frac{5-3i}{4(z-i)}.$$

Die einzelnen Glieder entwickeln wir nach Potenzen von $z-1$, so daß jede Reihe im Ringgebiet von a) konvergiert.

$$\frac{1}{z+1} = \frac{1}{z-1+2} = \frac{1}{2}\,\frac{1}{1+(z-1)/2} = \sum_{\nu=0}^{\infty}\frac{(-1)^\nu}{2^{\nu+1}}(z-1)^\nu$$

konvergiert für $|z-1| < 2$.

$$\frac{1}{z+i} = \frac{1}{z-1+1+i} = \frac{1}{1+i}\,\frac{1}{1+\frac{z-1}{1+i}} = \sum_{\nu=0}^{\infty}\frac{(-1)^\nu}{(1+i)^{\nu+1}}(z-1)^\nu$$

konvergiert für $|z-1| < |1+i| = \sqrt{2}$. Indem wir i durch $-i$ ersetzen, erhalten wir:

$$\frac{1}{z-i} = \sum_{\nu=0}^{\infty} \frac{(-1)^\nu}{(1-i)^{\nu+1}} (z-1)^\nu \text{ konvergiert für } |z-1| < |1-i| = \sqrt{2}.$$

In $|z-1| < \sqrt{2}$ konvergieren also alle drei Reihen. Für $0 < |z-1| < \sqrt{2}$ ergibt sich demnach die verlangte Entwicklung als

$$f(z) = \sum_{\nu=0}^{\infty} (-1)^\nu \left[-\frac{5}{2^{\nu+2}} + \frac{5+3i}{4(1+i)^{\nu+1}} + \frac{5-3i}{4(1-i)^{\nu+1}}\right] (z-1)^{\nu-1}.$$

Die Koeffizienten sind reell. Um sie auf eine reelle Form zu bringen, setzen wir

$$\frac{1}{(1 \pm i)^{\nu+1}} = \left(\frac{1 \mp i}{2}\right)^{\nu+1} = \frac{1}{(\sqrt{2})^{\nu+1}} e^{\mp(\nu+1)\pi i/4}$$

und erhalten unter Berücksichtigung von (7) und (7a) S. 53

$$f(z) = \sum_{\nu=0}^{\infty} (-1)^\nu \left[-\frac{5}{2^{\nu+2}} + \frac{1}{(\sqrt{2})^{\nu+3}} \left(5\cos\frac{(\nu+1)\pi}{4} + 3\sin\frac{(\nu+1)\pi}{4}\right)\right] (z-1)^{\nu-1}.$$

b) Hier können wir $1/(z+1)$ ebenso entwickeln, dagegen haben wir die beiden anderen Entwicklungen so vorzunehmen, daß die Reihen für $|z-1| > \sqrt{2}$ konvergieren, also

$$\frac{1}{z \pm i} = \frac{1}{z-1+1 \pm i} = \frac{1}{z-1} \frac{1}{1+\dfrac{1 \pm i}{z-1}} = \sum_{\nu=0}^{\infty} (-1)^\nu (1 \pm i)^\nu (z-1)^{-(\nu+1)}.$$

Diese Reihen konvergieren für $|1+i| < |z-1|$, also für $|z-1| > \sqrt{2}$. Daher konvergiert die lineare Kombination dieser drei Reihen für $\sqrt{2} < |z-1| < 2$. Wir haben demnach die Entwicklung

$$f(z) = \sum_{\nu=0}^{\infty} 5 \frac{(-1)^{\nu+1}}{2^{\nu+2}} (z-1)^{\nu-1} + \frac{1}{4} \sum_{\nu=0}^{\infty} (-1)^\nu [(5+3i)(1+i)^\nu + \\ + (5-3i)(1-i)^\nu] (z-1)^{-\nu-2},$$

oder in reeller Form:

$$f(z) = 5 \sum_{\nu=0}^{\infty} \frac{(-1)^{\nu+1}}{2^{\nu+2}} (z-1)^{\nu-1} + \frac{1}{2} \sum_{\nu=0}^{\infty} (-\sqrt{2})^\nu \left(5\cos\frac{\nu\pi}{4} - 3\sin\frac{\nu\pi}{4}\right) (z-1)^{-\nu-2}.$$

c) In diesem Fall können wir die beiden Reihenentwicklungen von b) für die Reihen von $1/(z \pm i)$ verwenden, während wir die Entwicklung von $1/(z+1)$ so vornehmen:

$$\frac{1}{z-1+2} = \frac{1}{z-1} \frac{1}{1+\dfrac{2}{z-1}} = \sum_{\nu=0}^{\infty} (-2)^\nu (z-1)^{-(\nu+1)}.$$

Sie konvergiert für $|z-1| > 2$. Alle drei Reihen konvergieren hierfür ebenfalls. Wir haben demnach die gesuchte Entwicklung

$$f(z) = \frac{1}{2} \sum_{\nu=0}^{\infty} (-1)^\nu \left[-5 \cdot 2^\nu + (\sqrt{2})^\nu \left(5\cos\frac{\nu\pi}{4} - 3\sin\frac{\nu\pi}{4}\right)\right] (z-1)^{-\nu-2}.$$

Hat die Funktion $1/f(z)$ an der Stelle α eine Nullstelle k.-Ordnung im Innern ihres Regularitätsgebietes, so kann man in der Umgebung von $z = \alpha$ die Funktion $f(z)$ in eine Laurentreihe nach Potenzen von $z - \alpha$ entwickeln. Diese Reihe ergibt sich, *wenn man* $(z-\alpha)^k f(z)$ *in eine Taylorreihe nach Potenzen von* α *entwickelt und diese durch* $(z-\alpha)^k$ *dividiert.* Auf diese Weise lassen sich unter Benutzung der auf S. 143 gegebenen Taylorentwicklungen (e) und (c) z. B. die Laurentreihen von $1/\sin z$ und $\operatorname{ctg} z$ sofort angeben.

Entwicklungen in Laurentsche Reihen finden vor allem Verwendung bei der Berechnung komplexer Integrale längs geschlossener Kurven, sog. „Umlaufintegrale". Damit wollen wir uns im folgenden Paragraphen befassen.

Übungsaufgaben

1. Man entwickle $f(z) = 1/\cos z$ in eine Taylorreihe nach Potenzen von z; wie lauten die ersten 5 Koeffizienten der Entwicklung? Welcher Rekursionsformel genügen die Koeffizienten?
2. Man entwickle $f(z) = 1/(1 + z + z^2)$ in eine Potenzreihe nach Potenzen von z.
3. Man gebe die Entwicklung von $f(z) = (1 - z)(z - 2)^{-1} z^{-2} \sin z$ in der Umgebung des Nullpunktes in eine Reihe nach Potenzen von z an.
4. Man entwickle die Funktion $f(z) = e^{\lambda(z - 1/z)/2}$ (λ komplexer Parameter) in eine Laurentreihe nach Potenzen von z. Konvergenzbereich? Man zeige: Die Koeffizienten a_ν sind in der ganzen z-Ebene konvergente Taylorreihen von λ. Sie genügen der Gleichung $a_{-\nu} = (-1)^\nu a_\nu$, ferner der Rekursionsformel $a_{\nu-1} + a_{\nu+1} = 2\nu a_\nu/\lambda$. Man gebe ferner eine Integraldarstellung von a_ν, indem man den Einheitskreis um den Nullpunkt als Integrationsweg wählt.
5. Wie lautet die Taylorreihe $e^{\left(\lambda z - \frac{z^2}{2}\right)} = \sum_{\nu=0}^{\infty} \frac{a_\nu}{\nu!} z^\nu$? Konvergenzgebiet? Man zeige: Die Koeffizienten a_ν sind Funktionen des (komplexen) Parameters λ. Sie genügen, wenn $0 \cdot a_{-1} = 0$ gesetzt wird, für alle $\nu \geq 0$ der Rekursionsformel $a_{\nu+1} = \lambda a_\nu - \nu a_{\nu-1}$. Man gebe wie in Aufgabe 4 eine Integraldarstellung dieser Funktionen $a_\nu(\lambda)$ an.
6. Man entwickle $1/(1 + z^2)^3$ in eine Taylorreihe nach Potenzen von z.
7. Man entwickle einen eindeutigen Zweig der Funktion $f(z) = \log(z + \sqrt{1 + z^2})$, für den $f(0) = 0$ ist, und der die Punkte $|z| < 1$ im Innern des Definitionsbereichs enthält, in eine Taylorreihe nach Potenzen von z.
8. Wie lautet die Integralformel der Koeffizienten einer Taylor- bzw. Laurentreihe von $f(z)$ nach Potenzen von z, wenn man den Einheitskreis um den Nullpunkt als Integrationsweg wählt? Welche reellen Integrale lassen sich daraus für
   a) $f(z) = e^{-z}$; b) $f(z) = e^{1/z}$ erhalten?
9. Man zeige: Stimmen zwei in $\mathfrak{G}$ reguläre Funktionen $f_1(z)$ und $f_2(z)$ in einem inneren Punkt z_0 von $\mathfrak{G}$ in ihren Funktionswerten und den sämtlichen Ableitungen überein, so sind die beiden Funktionen in $\mathfrak{G}$ identisch.
10. Man entwickle die Funktion $f(z) = (2z + 1)/(z^2 + 1)$ nach Potenzen von a) $z - 1/2$, b) $z - i$; Konvergenzbereiche?

§ 2. DER RESIDUENSATZ

1. Isolierte singuläre Stellen

Punkte der z-Ebene, in denen eine Funktion[1]) $f(z)$ nicht mehr regulär ist, nannten wir (vgl. Def. IV, S. 44) singuläre Punkte. Ist α ein singulärer Punkt von der Art, daß $f(z)$ in seiner Umgebung $0 < |z - \alpha| < r$ regulär und beschränkt ist, $|f(z)| < S$, so kann man, indem man $f(\alpha)$ passend definiert, die Singularität beheben. In $0 < |z - \alpha| < r$ läßt sich nämlich $f(z)$ in eine Laurentreihe nach Potenzen von $z - \alpha$ entwickeln, deren Koeffizienten der Ungleichung (5) S. 146 genügen, insbesondere ist $|a_{-\nu}| \leq S \varrho^\nu$ ($\nu = 1, 2, \ldots$). Da ϱ be-

[1]) Nach den Vereinbarungen am Schluß von § 1 Kap. I S. 26 verstehen wir in diesem 1. Band unter einer Funktion $f(z)$, wenn nichts anderes vermerkt ist, stets eine eindeutige Funktion von z.

liebig klein sein kann, verschwinden somit alle Koeffizienten mit negativen Indizes. Daher ist in dem betrachteten Gebiet $f(z)$ durch die Taylorreihe $\sum_{\nu=0}^{\infty} a_\nu (z-\alpha)^\nu$ darzustellen. Definieren wir $f(\alpha) = a_0$, so ist $f(z)$ im ganzen Kreis $|z-\alpha| < r$ mit der Taylorreihe identisch, also im Punkt α noch regulär. (Z. B. ist für die Funktion $z/\sin z$ der Nullpunkt eine solche singuläre Stelle.) Derartige „*hebbare Singularitäten*" denken wir uns stets behoben und rechnen sie im folgenden nicht mehr zu den singulären Punkten. Im übrigen unterscheiden wir zwei Arten von isolierten singulären Punkten, nämlich „Pole" und „wesentlich singuläre Stellen".

Definition I: *Ein im Endlichen gelegener singulärer Punkt α heißt ein „Pol k.-Ordnung"* der Funktion $f(z)$, wenn sich $f(z)$ in eine in einem Ringgebiet $0 < |z-\alpha| < r$ konvergente Laurentreihe nach Potenzen von $z-\alpha$ entwickeln läßt, die nur endlich viele Potenzen mit negativen Exponenten vom kleinsten Exponenten $-k$ mit nicht verschwindendem Koeffizienten besitzt:

$$f(z) = a_{-k}(z-\alpha)^{-k} + a_{-k+1}(z-\alpha)^{-k+1} + \dots + a_{-1}(z-\alpha)^{-1} + \\ + a_0 + a_1(z-\alpha) + a_2(z-\alpha)^2 + \dots .$$

Der Punkt ∞ *heißt ein „Pol k.-Ordnung"* von $f(z)$, wenn $f(1/\zeta) = F(\zeta)$ im Punkt $\zeta = 0$ einen Pol k.-Ordnung besitzt. Jede andere isolierte Singularität heißt eine „*wesentlich singuläre Stelle*" von $f(z)$.

Hat $f(z)$ im Unendlichen einen Pol k.-Ordnung, so hat seine Laurentreihe nach Potenzen von z gemäß Def. I das Aussehen

$$f(z) = a_k z^k + a_{k-1} z^{k-1} + \dots + a_1 z + a_0 + a_{-1} z^{-1} + a_{-2} z^{-2} + \dots ,$$

es treten also nur endlich viele Glieder mit positiven Exponenten, deren größter k ist, auf.

Beispiele: Ein Polynom n. Grades hat im Unendlichen einen Pol n. Ordnung.
$f(z) = \frac{z^5+1}{3z^3+1}$ hat im Unendlichen einen Pol 2. Ordnung.

Ein Pol ist nach Def. I stets eine isolierte singuläre Stelle. Es kann aber eine isolierte Singularität α auch eine wesentlich singuläre Stelle sein. In diesem Falle läßt sich $f(z)$ in der Umgebung von α (falls α im Endlichen liegt, also in einem Gebiet $0 < |z-\alpha| < r$ bzw., falls α der Punkt ∞ ist, in einem Gebiet $R < |z| < \infty$), in eine Laurentreihe nach Potenzen von $z-\alpha$ bzw. von z entwickeln, die nach Def. I unendlich viele Glieder mit negativen bzw. positiven Exponenten enthält.

Damit α ein Pol oder eine wesentlich singuläre Stelle ist, genügt es nicht, daß $f(z)$ eine Laurentreihe nach Potenzen von $z-\alpha$ mit endlich bzw. unendlich vielen Gliedern mit negativen Exponenten besitzt, sondern eine solche Entwicklung muß „*um den Punkt* α", d. h. in einem Gebiet $0 < |z-\alpha| < r$ möglich sein. Liegt eine solche Entwicklung in einem Ringgebiet $0 < r_1 < |z-\alpha| < r_2$ vor, so kann α auch ein Pol (vgl. Beispiel IIb, S. 148) und sogar eine reguläre Stelle von $f(z)$ sein. Es braucht $f(z)$ in einer Umgebung von α auch gar nicht definiert zu sein.

Definition II: Eine analytische Funktion, welche *im Endlichen* keine anderen singulären Stellen als *höchstens Pole* besitzt, heißt eine „*meromorphe*" Funktion.

Eine solche heißt eine „*ganze*“ Funktion, wenn *im Endlichen keine* singulären Stellen liegen.

Neben den rationalen Funktionen, die spezielle meromorphe Funktionen, und den ganzen rationalen Funktionen, die spezielle ganze Funktionen sind, sind z. B. e^z, sin z, tg z meromorphe Funktionen, davon sind die beiden ersten ganze Funktionen. $e^{1/z}$ hingegen ist keine meromorphe Funktion, denn es hat im Nullpunkt eine wesentlich singuläre Stelle.

Definition III: Ist α eine im Endlichen gelegene *isolierte Singularität* von $f(z)$, so heißt die (endliche oder unendliche) Summe der Glieder mit negativen Exponenten der in $0 < |z - \alpha| < r$ konvergenten Laurentreihe nach Potenzen von $z - \alpha$ „*Hauptteil von $f(z)$ an der Stelle α*“. Der Koeffizient a_{-1} von $(z - \alpha)^{-1}$ heißt das „*Residuum von $f(z)$ an der Stelle α*“ in Zeichen: $\mathrm{Res}_f(\alpha)$.

Ist ∞ eine isolierte Singularität von $f(z)$, so bezeichnen wir die (endliche oder unendliche) Summe der Glieder mit positiven Exponenten der Laurentreihe nach Potenzen von z in der Umgebung des unendlich fernen Punktes als den „*Hauptteil von $f(z)$ im Punkt ∞*“. Unter dem „*Residuum von $f(z)$ im Unendlichen*“, in Zeichen: $\mathrm{Res}_f(\infty)$, verstehen wir die Zahl $-a_{-1}$ in dieser Entwicklung.

Während also in einem endlichen Punkt ein von Null verschiedenes Residuum nur existiert, wenn die Funktion an dieser Stelle singulär ist, und zwar entweder einen Pol oder eine (isolierte) wesentlich singuläre Stelle hat, kann im Unendlichen, auch wenn $f(z)$ dort regulär ist, ein von 0 verschiedenes Residuum vorhanden sein, denn das Residuum im Unendlichen ist bis auf das Vorzeichen der Koeffizient von z^{-1}, also einer im Unendlichen regulären Potenz.

Aus Definition I folgt

Satz 1: *Hat $f(z)$ für $z = \alpha$ eine im Regularitätsgebiet gelegene Nullstelle k. Ordnung oder einen Pol k. Ordnung, so hat $1/f(z)$ an dieser Stelle einen Pol bzw. eine Nullstelle k. Ordnung.*

Liegt nämlich der Punkt α im Endlichen, so hat nach Def. I, S. 139, $f(z)$ folgende Taylorentwicklung:

$$f(z) = (z - \alpha)^k \sum_{\nu=0}^{\infty} a_\nu (z - \alpha)^\nu \tag{a}$$

mit $a_0 \neq 0$. Dann ist

$$\frac{(z-\alpha)^k}{f(z)} = 1 \Big/ \sum_{\nu=0}^{\infty} a_\nu (z - \alpha)^\nu$$

als Quotient zweier analytischer Funktionen bis auf die Nullstellen des Nenners analytisch. An der Stelle $z = \alpha$ ist aber der Nenner von 0 verschieden und daher auch (vgl. Satz 5, S. 140) in einer gewissen Umgebung von α. Daher läßt sich dieser Quotient in eine Taylorreihe nach Potenzen von $z - \alpha$ entwickeln, die in einem Kreis $|z - \alpha| < r$ konvergiert,

$$\frac{(z-\alpha)^k}{f(z)} = \sum_{\nu=0}^{\infty} b_\nu (z - \alpha)^\nu, \qquad b_0 = 1/a_0 \neq 0.$$

Für $0 < |z - \alpha| < r$ ergibt sich daher

$$\frac{1}{f(z)} = \frac{1}{(z-\alpha)^k} \sum_{\nu=0}^{\infty} b_\nu (z - \alpha)^\nu. \tag{b}$$

α ist also ein Pol k. Ordnung von $1/f(z)$. Da sich auch umgekehrt aus der Entwicklung (b) die Entwicklung (a) folgern läßt, ist damit Satz 1 für ein endliches α bewiesen. Der Beweis für den Fall $\alpha = \infty$ läßt sich durch die Transformation $z = 1/\zeta$ auf den vorigen Beweis zurückführen[1]).

Ist ein im Endlichen gelegener Punkt α Pol k. Ordnung von $f(z)$, so ist $f(z) = a_{-k}(z-\alpha)^{-k} + a_{-k+1}(z-\alpha)^{-k+1} + \ldots$, $a_{-k} \neq 0$, also $|f(z)| > (|a_{-k}|/2)\,|z-\alpha|^{-k}$, wenn nur $|z-\alpha|$ klein genug ist. Daher wächst bei Annäherung an α der Betrag $|f(z)|$ über alle Grenzen. Ist aber α eine isolierte wesentlich singuläre Stelle von $f(z)$, so kommt $f(z)$ in der Umgebung von α jedem beliebig vorgeschriebenen Wert a beliebig nahe. Wäre das nämlich nicht der Fall, so wäre $|f(z) - a|$ in der Umgebung von α größer als eine positive Schranke und daher $1/(f(z) - a)$ beschränkt, also (vgl. S. 150, 1.) an der Stelle α regulär. Nach Satz 1 könnte daher $f(z) - a$ und somit $f(z)$ an der Stelle α höchstens einen Pol besitzen, entgegen unserer Voraussetzung. Der Fall $\alpha = \infty$ erledigt sich nach Ausführung der Transformation $z = 1/\zeta$ wieder in gleicher Weise.

Es gilt demnach

Satz 2: *In der Umgebung eines Poles kommt $f(z)$ dem Wert ∞, in der Umgebung einer isolierten wesentlich singulären Stelle jedem beliebig vorgeschriebenen Wert a beliebig nahe.*

Der Satz besagt nicht, daß $f(z)$ in der Umgebung der wesentlich singulären Stelle jeden beliebig vorgeschriebenen Wert annimmt, sondern nur, daß es jedem solchen Wert beliebig nahe kommt.

Beispiel: $z = 0$ ist eine isolierte wesentlich singuläre Stelle von $e^{1/z}$. Nähert man sich dem Nullpunkt auf der positiven reellen Achse, so wächst der Funktionswert positiv über alle Grenzen, nähert man sich hingegen dem Nullpunkt auf der negativen reellen Achse, so wandert $f(z)$ gegen 0. Jeden von 0 und ∞ verschiedenen Wert a aber nimmt die Funktion in der Umgebung von $z = 0$ wirklich an und zwar sogar unendlich oft. Denn aus $e^{1/z} = a$ folgt $1/z = \log a$ oder $z = 1/\log a = 1/(\mathrm{Log}\,|a| + \mathrm{Arc}\,a + 2k\pi i)$ und diese Punkte haben den Nullpunkt zum Häufungspunkt.

Für die Berechnung komplexer Umlaufintegrale ist die **Ermittlung des Residuums** einer Funktion $f(z)$ an einer Stelle α von Wichtigkeit. Man erhält es im allgemeinen Fall, indem man $f(z)$ in der Umgebung von α bzw. ∞ in eine Laurentreihe nach Potenzen von $z - \alpha$ bzw. nach Potenzen von z entwickelt und den Koeffizienten von $(z-\alpha)^{-1}$ bzw. z^{-1} ermittelt. Dabei braucht man die Reihenentwicklung, da man nur das eine Glied a_{-1} benötigt, lediglich bis zu diesem Gliede durchzuführen. Hierzu ist mitunter der Ansatz mit unbestimmten Koeffizienten vorteilhaft.

Ist α **ein im Endlichen gelegener Pol 1. Ordnung,** so ist

$$(z-\alpha)\,f(z) = a_{-1} + a_0(z-\alpha) + \ldots, \text{ also}$$

(1) $$a_{-1} = \lim_{z \to \alpha} (z-\alpha)\,f(z).$$

Das Residuum ist also ohne Reihenentwicklung zu erhalten. Setzen wir in diesem Falle $f(z) = \frac{g(z)}{h(z)}$, wobei $g(z)$ und $h(z)$ im Punkt α regulär sind, ferner

[1]) Man könnte den in Satz 1 enthaltenen Sachverhalt auch zur Definition eines Poles k. Ordnung verwenden.

$g(\alpha) \neq 0$ und $h(z)$ im Punkt α eine Nullstelle erster Ordnung hat, so ist

$$a_{-1} = \lim_{z \to a} (z-\alpha) \frac{g(z)}{h(z)} = \lim_{z \to a} \frac{(z-\alpha)\, g(z)}{(z-\alpha)\, h'(\alpha) + (z-\alpha)^2\, h''(\alpha)/2! + \dots} = \frac{g(\alpha)}{h'(\alpha)}.$$

Wir erhalten so die für die Berechnung des Residuums an einem Pol erster Ordnung bequeme

Regel: Ist $f(z)$ Quotient zweier *an der endlichen Stelle* α *regulärer Funktionen* $g(z)$ und $h(z)$, wobei $g(\alpha) \neq 0$ ist und $h(z)$ für $z = \alpha$ *eine Nullstelle erster Ordnung* besitzt, so ist

(2) $$\operatorname{Res}_f(\alpha) = \frac{g(\alpha)}{h'(\alpha)}.$$

Beispiele: $f(z) = (3z^2 + 1)/(z^4 - 1)$, $\operatorname{Res}_f(i) = -2/(4i^3) = -i/2$.

$$f(z) = \frac{e^{iz} + 1}{\cos z}, \quad \operatorname{Res}_f\left(\frac{\pi}{2}(2k+1)\right) = \frac{e^{i(\pi/2)(2k+1)} + 1}{-\sin((\pi/2)(2k+1))} = (-1)^{k+1} - i.$$

Auch für das Residuum im Falle eines Poles höherer Ordnung lassen sich entsprechende Formeln angeben. Hat $f(z)$ an der Stelle α einen **Pol k.-Ordnung**, so lautet die Laurentreihe nach Potenzen von $z - \alpha$ in der Umgebung von α

$$f(z) = \frac{a_{-k}}{(z-\alpha)^k} + \frac{a_{-k+1}}{(z-\alpha)^{k-1}} + \dots + \frac{a_{-1}}{z-\alpha} + a_0 + a_1(z-\alpha) + a_2(z-\alpha)^2 + \dots.$$

Daher ist $(z-\alpha)^k f(z)$ an der Stelle α regulär.

$$(z-\alpha)^k f(z) = a_{-k} + a_{-k+1}(z-\alpha) + \dots + a_{-1}(z-\alpha)^{k-1} + a_0\,(z-\alpha)^k + \dots$$

a_{-1} ist daher der Koeffizient von $(z-\alpha)^{k-1}$ in der Taylorentwicklung von $(z-\alpha)^k f(z)$. Nach Def. III, S. 151, ist somit $\operatorname{Res}_f(\alpha)$ gegeben durch:

(3) $$\operatorname{Res}_f(\alpha) = \frac{1}{(k-1)!} \lim_{z \to a} \left(\frac{d^{k-1}(z-\alpha)^k f(z)}{d z^{k-1}} \right)$$

Beispiel: $f(z) = 1/(z^3 - 1)^2$ hat an der Stelle $z = 1$ einen Pol 2. Ordnung. Es ist also

$$\operatorname{Res}_f(1) = \lim_{z \to 1} \frac{d}{dz}\left[\frac{(z-1)^2}{(z^3-1)^2}\right] = \left[\frac{d}{dz}\left(\frac{1}{z^2+z+1}\right)^2\right]_{z=1} = -\frac{2}{9}.$$

Ist speziell $f(z)$ eine rationale Funktion, so kann man sie in Partialbrüche zerlegen:

$$f(z) = P(z) + \sum_{\nu=1}^{m} \left(\frac{A_{\nu 1}}{z-\alpha_\nu} + \frac{A_{\nu 2}}{(z-\alpha_\nu)^2} + \dots + \frac{A_{\nu n_\nu}}{(z-\alpha_\nu)^{n_\nu}} \right),$$

wobei $P(z)$ ein Polynom ist.

Der ν. Summand stellt den Hauptteil der Funktion an der Stelle α_ν dar, denn die anderen Summanden sind an der Stelle α_ν regulär, lassen sich also in eine Taylorreihe nach Potenzen von $(z - \alpha_\nu)$ entwickeln. Somit ist

(4) $$\operatorname{Res}_f(\alpha_\nu) = A_{\nu 1}.$$

Es gilt also die

Regel: Die Residuen einer *rationalen Funktion* in den im Endlichen gelegenen singulären Stellen α_ν ergeben sich aus der *Partialbruchdarstellung* als die Koeffizienten von $(z - \alpha_\nu)^{-1}$.

2. Der Residuensatz

Ist (C) eine geschlossene, doppelpunktfreie Kurve, die ganz im Innern des Regularitätsgebietes $\mathfrak{G}$ einer Funktion $f(z)$ verläuft, so ist, falls im Innern von (C) und auf (C) kein singulärer Punkt von $f(z)$ gelegen ist, nach dem Cauchyschen Integralstz $\oint\limits_{(C)} f(z)\,dz = 0$. Liegt aber im Innern von (C) nur ein singulärer Punkt α, so ist im allgemeinen das Integral von 0 verschieden. Der Wert eines solchen Integrales läßt sich, wenn man das Residuum der Funktion an der Stelle α kennt, sofort ohne Integration angeben. Es sei α eine im Endlichen gelegene singuläre Stelle. $f(z)$ läßt sich in der Umgebung von α in eine Laurentreihe entwickeln, die in einem Kreisring $0 < r_1 \leqq |z - \alpha| \leqq r_2$ gleichmäßig konvergiert. Nach dem Cauchyschen Integralsatz ist das Integral über (C) gleich dem Integral über einen Kreis (K), $|z - \alpha| = r$, im Innern des Kreisringes. Wegen der gleichmäßigen Konvergenz der Laurentreihe auf (K) kann man das Integral über die Reihe gliedweise bilden. Es ist also

$$\oint\limits_{(C)} f(z)\,dz = \oint\limits_{(K)} f(z)\,dz = \oint\limits_{(K)} \sum_{\nu=-\infty}^{+\infty} a_\nu (z-\alpha)^\nu = \sum_{\nu=-\infty}^{+\infty} a_\nu \oint\limits_{(K)} (z-\alpha)^\nu\,dz.$$

Nach Beispiel 2 und 1, S. 114, verschwinden aber die Integrale unter dem Summenzeichen für alle $\nu \neq -1$, für $\nu = -1$ aber hat das Integral den Wert $2\pi i$. Daher ist

$$(1) \qquad \oint\limits_{(C)} f(z)\,dz = \oint\limits_{(K)} f(z)\,dz = 2\pi i\, a_{-1} = 2\pi i\, \mathrm{Res}_f(\alpha).$$

(C) kann wieder ganz oder teilweise mit einer Randkurve von $\mathfrak{G}$ zusammenfallen, falls $f(z)$ in diesen Punkten noch stetig ist. Liegen im Innern von (C) nur die endlich vielen (also isolierten) singulären Stellen $\alpha_1, \alpha_2, \ldots, \alpha_n$, so legen wir um diese Stellen α_ν kleine Kreise (K_ν), $|z - \alpha_\nu| = r_\nu$, deren Radien wir so klein wählen, daß außer α_ν keine weiteren singulären Stellen im Innern oder auf dem Rande von (K_ν) gelegen sind und die Kreise (K_ν) dem Innern von (C) angehören. Nach Satz 3, § 2, S. 128, ist das Integral längs der im positiven Sinn durchlaufenen Kurve (C) gleich der Summe der im positiven Sinn über die Kreise (K_ν) erstreckten Integrale. Jedes einzelne hat nach (1) den Wert $2\pi i\, \mathrm{Res}_f(\alpha_\nu)$. Das Integral über (C) ist demnach gleich der Summe dieser Werte, also

$$\oint\limits_{(C)} f(z)\,dz = 2\pi i \sum_{\nu=1}^{n} \mathrm{Res}_f(\alpha_\nu).$$

Es gilt also der für die Berechnung von komplexen Umlaufintegralen wichtige

Satz 3 (Residuensatz): *Ist $f(z)$ im Innern einer doppelpunktfreien, geschlossenen, stückweise glatten Kurve (C) bis auf die im Endlichen gelegenen singulären Stellen $\alpha_1, \alpha_2, \ldots, \alpha_n$ überall regulär und auf (C) noch stetig, so ist*

$$(2) \qquad \oint\limits_{(C)} f(z)\,dz = 2\pi i \sum_{\nu=1}^{n} \mathrm{Res}_f(\alpha_\nu).$$

Beispiele: a) Man berechne $\oint\limits_{(K)} \frac{dz}{1+z^4}$, wenn (K) der Kreis $|z-1| = 1$ ist.

Im Innern des Kreises liegen die singulären Stellen $z_{1,2} = e^{\pm \pi i/4}$. Da $\mathrm{Res}_f(z_{1,2}) = (1/4)\, e^{\mp 3\pi i/4}$ ist, so ergibt sich nach Satz 3

$$\oint_{(K)} \frac{dz}{1+z^4} = \frac{2\pi i}{4} (e^{-3\pi i/4} + e^{3\pi i/4}) = \pi i \cos(3\pi/4) = -\pi i / \sqrt{2}.$$

b) Man berechne $\oint_{(K)} \frac{1}{(z^3-1)^2} dz$, wenn K der Kreis $|z-1| = 0{,}5$ ist. (K) umläuft im positiven Sinn nur den singulären Punkt $z = 1$. Nach dem 2. Beispiel von S. 153 ist $\mathrm{Res}_f(1) = -2/9$, also ist der Wert des Integrals $-4\pi i/9$.

Satz 3 läßt sich sofort verallgemeinern. Es sei die (eindeutige) Funktion $f(z)$ in dem endlichen Gebiet $\mathfrak{G}$ bis auf endlich viele singuläre Stellen regulär und auf dem Rande (R) von $\mathfrak{G}$ noch stetig. Ist $\mathfrak{G}$ n-fach zusammenhängend, so kann man den Rand wie bei der Ableitung des Satzes 2, S. 128, durch $n-1$ Querschnitte, auf denen kein singulärer Punkt gelegen ist, zu einer geschlossenen Kurve ergänzen, so daß hierfür Satz 3 gilt. Da sich die Integrale über die Querschnitte gegenseitig aufheben, so hat man damit

Satz 3a: *Ist $f(z)$ im Innern des beschränkten Gebietes $\mathfrak{G}$ bis auf die endlich vielen singulären Stellen $\alpha_1, \alpha_2, \ldots, \alpha_n$ regulär und auf dem aus stückweise glatten Kurven bestehenden Rand (R) von $\mathfrak{G}$ noch stetig, so ist*

$$\oint_{(R)} f(z)\, dz = 2\pi i \sum_{\nu=1}^{n} \mathrm{Res}_f(\alpha_\nu), \tag{3}$$

wobei das Integral über den ganzen Rand (R) so zu erstrecken ist, daß $\mathfrak{G}$ im positiven Sinne[1]*) umlaufen wird.*

Hat $f(z)$ nur endlich viele singuläre Stellen und sind $\alpha_1, \alpha_2, \ldots, \alpha_n$ die im Endlichen gelegenen singulären Stellen, so kann man das Integral über eine Kurve (C), welche die sämtlichen im Endlichen gelegenen Singularitäten im positiven Sinne umläuft, einfacher mit Hilfe des Residuums im Unendlichen erhalten. Da nur endlich viele singuläre Stellen vorhanden sein sollen, so ist $f(z)$ im Unendlichen entweder regulär oder hat dort eine isolierte Singularität. Daher läßt es sich in einem Bereich $R < |z| < \infty$ in eine Reihe nach Potenzen von z entwickeln, $f(z) = \sum_{\nu=-\infty}^{\infty} a_\nu z^\nu$. Nach dem Cauchyschen Integralsatz ist das Integral über (C) gleich dem Integral über einen Kreis (K), $|z| = R_1 > R$. Auf diesem Kreis konvergiert die Reihe gleichmäßig. Es ist daher (vgl. Def. III, S. 151)[2])

$$\oint_{(C)} f(z)\, dz = \oint_{(K)} f(z)\, dz = \sum_{\nu=-\infty}^{\infty} a_\nu \oint_{(K)} z^\nu dz = 2\pi i a_{-1} = -2\pi i\, \mathrm{Res}_f(\infty).$$

Es ist also

$$\oint_{(C)} f(z)\, dz = 2\pi i \sum_{\nu=1}^{n} \mathrm{Res}_f(\alpha_\nu) = -2\pi i\, \mathrm{Res}_f(\infty). \tag{4}$$

---

[1]) Vgl. S. 24.

[2]) Wir können daher das Residuum an einer isolierten endlichen singulären Stelle a und ebenso im Unendlichen definieren durch das Integral $\frac{1}{2\pi i} \oint_{(C)} f(z)\, dz$, wobei (C) eine in hinreichend kleiner Umgebung von a bzw. ∞ verlaufende Kurve ist, welche diese Punkte im positiven Sinne umläuft.

Hieraus folgt[1])

Satz 4: *Hat $f(z)$ nur endlich viele singuläre Stellen, so ist die Summe der sämtlichen Residuen einschließlich des Residuums im Unendlichen gleich Null.*

$f(z)$ sei im Gebiet $\mathfrak{G}$, das den Punkt ∞ und die endlichen Punkte α_ν $(\nu = 1, 2, \ldots, n)$ als innere Punkte enthält, bis auf die Punkte α_ν und gegebenenfalls den Punkt ∞ regulär. Wir umschließen wie vorher die Punkte α_ν durch kleine Kreise, die keinen weiteren singulären Punkt enthalten, den Punkt ∞ durch einen in $\mathfrak{G}$ gelegenen hinreichend großen Kreis $|z| = R_1$, der in seinem Äußeren keine singulären Stellen α_ν mehr enthält. Dann ist das Integral, über den gesamten Rand (R) von $\mathfrak{G}$ so erstreckt, daß $\mathfrak{G}$ im positiven Sinne umlaufen wird, gleich der Summe der Residuen in den Punkten α_ν plus dem Residuum im Unendlichen. Es gilt somit

Satz 5: *Ist $f(z)$ im Innern eines Gebietes $\mathfrak{G}$, das den Punkt ∞ als inneren Punkt enthält, bis auf die endlichen singulären Stellen $\alpha_1, \alpha_2, \ldots, \alpha_n$ und gegebenenfalls den Punkt $\alpha_{n+1} = \infty$ regulär und auf dem aus stückweise glatten Kurven bestehenden Rand (R) von $\mathfrak{G}$ stetig, so gilt*

$$\oint_{(R)} f(z)\,dz = 2\pi i \sum_{\nu=1}^{n+1} \mathrm{Res}_f(\alpha_\nu), \tag{5}$$

wobei das Integral über den ganzen Rand (R) so zu erstrecken ist, daß $\mathfrak{G}$ im positiven Sinne umlaufen wird.

Unter Verwendung des Residuums im Unendlichen läßt sich die Berechnung von Umlaufintegralen in manchen Fällen einfacher durchführen als mit (2).

Beispiele: a) $\displaystyle\oint_{(C)} \frac{2z^3+1}{z^4+1}\,dz$ mit (C): $|z| = 2$.

Im Innern von (C) liegen die sämtlichen singulären Stellen des Integranden. Nach (4) wird man daher nur das Residuum im Unendlichen berechnen. Dies ergibt sich sofort aus der Entwicklung in der Umgebung des Punktes ∞

$$\frac{2z^3+1}{z^4+1} = \frac{1}{z}\,\frac{2+1/z^3}{1+1/z^4} = \frac{2}{z} + \ldots, \text{ also } a_{-1} = 2 = -\mathrm{Res}_f(\infty).$$

Daher ist der Wert des Integrals gleich $4\pi i$.

b) $\displaystyle\oint_{(C)} \frac{z^6}{z^4+1}\,dz$ mit (C): $|z| = 2$.

Hier ist sofort ersichtlich, daß die Entwicklung um den Punkt ∞ nur gerade Potenzen enthält, also sicher $a_{-1} = 0$ ist. Daher hat das Integral den Wert 0.

c) Ein weiteres Beispiel für die Verwendung des Residuums im Unendlichen liefert der Beweis des Fundamentalsatzes der Algebra S. 166.

3. Berechnung reeller Integrale mittels komplexer Integration

Eine große Klasse von bestimmten Integralen reeller Funktionen einer reellen Veränderlichen läßt sich mit Hilfe komplexer Integration berechnen, z. B. Integrale von der Form

$$\alpha)\quad \int_0^{2\pi} R(\cos\varphi;\ \sin\varphi)\,d\varphi,$$

---

[1]) Vgl. Kleindruck S. 151.

wobei R z. B. eine für $0 \leq \varphi \leq 2\pi$ stetige rationale Funktion von $\cos\varphi$ und $\sin\varphi$ ist.

Setzen wir hier $e^{i\varphi} = z$, so ist $\cos\varphi = (z + 1/z)/2$, $\sin\varphi = (z - 1/z)/2i$. Durchläuft φ das Intervall $0 \leq \varphi \leq 2\pi$, so beschreibt z den Einheitskreis (K) um den Nullpunkt. Das Integral α) geht daher über in ein Umlaufintegral längs (K) über eine rationale Funktion von z, also in $\oint\limits_{(K)} R^*(z)\,dz$, und kann mit Hilfe des Residuensatzes berechnet werden.

Beispiel: $$\int\limits_0^{2\pi} \frac{d\varphi}{a^2 - 2ab\cos\varphi + b^2} \qquad (a > b > 0)$$

$$= \frac{1}{i} \oint\limits_{(K)} \frac{dz}{(az - b)(a - bz)} = 2\pi \operatorname{Res}\left(\frac{b}{a}\right) = \frac{2\pi}{a^2 - b^2}.$$

Vielfach findet die komplexe Integration Verwendung zur Berechnung reeller uneigentlicher Integrale mit unendlichem Integrationsintervall. Man berechnet hier zunächst ein Umlaufintegral nach den in 2. behandelten Methoden, *wobei man den Integrationsweg so legt, daß er einen Teil der reellen Achse enthält und dieser Teil bei entsprechendem Grenzübergang in das gesuchte unendliche Intervall auf der reellen Achse übergeht.* Derartige uneigentliche Integrale sind z. B.

$$\beta) \quad \int\limits_{-\infty}^{\infty} F(x)\,dx.$$

$F(z)$ sei auf der reellen Achse überall, in der oberen Halbebene im Endlichen bis auf die singulären Stellen $\alpha_1, \alpha_2, \ldots, \alpha_n$ regulär. Wir bilden dann das Umlaufintegral über den in Fig. 58 angegebenen Integrationsweg (C), der aus dem Teil $-R \leq x \leq R$ der reellen Achse und dem in der oberen Halbebene gelegenen Halbkreis (H) vom Radius R mit dem Mittelpunkt 0 besteht, wobei R so gewählt wird, daß alle Singularitäten in der oberen Halbebene im Innern des Halbkreises liegen. Es ist dann

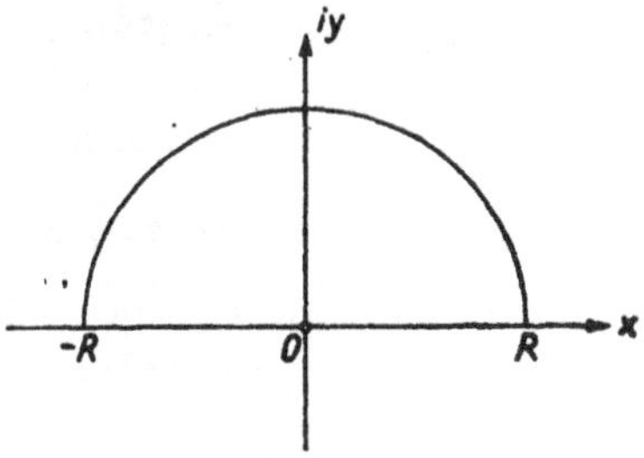

Fig. 58.

$$\oint\limits_{(C)} F(z)\,dz = \int\limits_{-R}^{R} F(x)\,dx + \int\limits_{\substack{R\\(H)}}^{-R} F(z)\,dz = 2\pi i \sum_{\nu=1}^{n} \operatorname{Res}_F(\alpha_\nu).$$

Verschwindet $|F(z)|$ mit gegen ∞ wachsendem $|z|$ genügend schnell, $|F(z)| \leq C/R^{1+\varrho}$, $(\varrho > 0)$ für $|z| \geq R$, wobei C und ϱ bei hinreichend großem R von R unabhängige Konstanten sind, so ist das Integral über den Halbkreis nach der Integralabschätzung I, S. 115, $\left|\int\limits_{\substack{R\\(H)}}^{-R} F(z)\,dz\right| \leq C\pi R^{-\varrho}$. Daher verschwindet mit $R \to \infty$ das Integral über (H). Es gilt also

Satz 6: *Ist $F(z)$ auf der reellen Achse überall und in der oberen Halbebene im Endlichen bis auf die singulären Stellen $\alpha_1, \alpha_2, \ldots, \alpha_n$ regulär und gilt für $|z| \geq R$ bei*

hinreichend großem R die Ungleichung $|F(z)| \leq C/R^{1+\varrho}$ $(\varrho > 0$; *C und* ϱ *sind von R unabhängige Konstanten), so ist*[1])

$$\int_{-\infty}^{\infty} F(x)\,dx = 2\pi i \sum_{\nu=1}^{n} \mathrm{Res}_F(\alpha_\nu).$$

Beispiel: $\int_{-\infty}^{\infty} \frac{dx}{1+x^4} = 2\pi i\,[\mathrm{Res}\,(e^{\pi i/4}) + \mathrm{Res}\,(e^{3\pi i/4})] = \frac{2\pi i}{4}\,[e^{-3\pi i/4} + e^{-\pi i/4}] =$
$= \pi \sin(\pi/4) = \pi/\sqrt{2}.$

Satz 6 läßt sich auch auf solche Fälle verallgemeinern, bei denen in der oberen Halbebene abzählbar unendlich viele singuläre Stellen liegen, die sich im Endlichen und auf der reellen Achse nirgends häufen. Denken wir uns die singulären Stellen nach wachsenden Absolutbeträgen geordnet, $\alpha_1, \alpha_2, \ldots$ Kann man ferner Halbkreisbögen $|z| = R_\nu$ angeben, deren Radien mit wachsendem ν monoton gegen ∞ wachsen und keinen singulären Punkt enthalten, so gilt, wenn für $|z| = R_\nu$ der Betrag $|F(z)| \leq \frac{C}{R_\nu^{1+\varrho}}$ $(\varrho > 0)$ ist und die Reihe der Residuen konvergiert,

(1) $$\int_{-\infty}^{\infty} F(x)\,dx = 2\pi i \sum_{\nu=1}^{\infty} \mathrm{Res}_F(\alpha_\nu).$$

Man kann unter diesen Bedingungen Integrale von der Form β) mittels komplexer Integration auch noch berechnen, wenn auf der reellen Achse singuläre Stellen gelegen sind und man bei Integration über eine singuläre Stelle x_λ den Cauchyschen Hauptwert[2]) nimmt, vorausgesetzt, daß dann $\lim_{R\to\infty} \int_{-R}^{R} F(x)\,dx$ existiert. In diesem Falle weicht man den singulären Stellen auf der x-Achse in kleinen Halbkreisbögen der oberen Halbebene vom Radius δ mit den singulären Punkten als Mittelpunkten aus und geht zur Grenze $\delta \to 0$ über. Wir bezeichnen solche auf diese Weise berechneten Integrale als „*Hakenintegrale*", sie konvergieren bei Integration längs der reellen Achse, insbesondere immer dann, wenn $F(z)$ nur endlich viele Singularitäten besitzt, auf der reellen Achse nur Pole 1. Ordnung liegen und für $|z| \geq R$ bei hinreichend großem R die Ungleichung $|F(z)| < C/R^{1+\varrho}$ gilt.

---

[1]) Man erhält hier zunächst $\lim_{R\to\infty} \int_{-R}^{R} F(x)\,dx$, also den sog. Cauchyschen Hauptwert von $\int_{-\infty}^{\infty}$, in Zeichen $H.\,W. \int_{-\infty}^{\infty}$. Unter den Bedingungen von Satz 6 konvergiert aber nach den bekannten Konvergenzkriterien der Integralrechnung $\int_{-\infty}^{\infty}$ auch, wenn obere und untere Grenze unabhängig voneinander gegen $+\infty$ bzw. $-\infty$ wachsen, also $\lim_{R_1\to\infty} \lim_{R_2\to\infty} \int_{-R_1}^{R_2}$. Somit sind unter diesen Voraussetzungen beide Grenzwerte gleich.

[2]) Liegt im Intervall $a < x < b$ nur die singuläre Stelle α, so versteht man unter dem Cauchyschen Hauptwert des Integrals $\int_a^b$, in Zeichen $H.\,W. \int_a^b$, den Grenzwert $\lim_{\varepsilon\to 0} \left(\int_a^{\alpha-\varepsilon} + \int_{\alpha+\varepsilon}^{b}\right)$.

Beispiel: H. W. $\int\limits_{-\infty}^{\infty} \frac{dx}{(x+1)(x^2+2)} = ?$ Zur Berechnung des Integrals verwenden wir den in Fig. 59 angegebenen, den Punkt $i\sqrt{2}$ im positiven Sinne umlaufenden Integrationsweg, der aus Teilen der reellen Achse, dem Halbkreis (H) mit dem Mittelpunkt 0 und dem Radius R sowie dem kleinen Halbkreis (h) vom Radius δ mit Mittelpunkt $z = -1$ besteht. Es ist dann

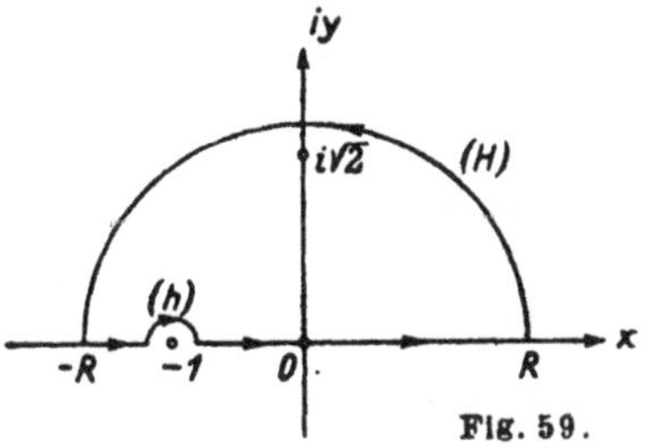

Fig. 59.

$$\oint\limits_{(C)} F(z)\,dz = \int\limits_{-R}^{-1-\delta} F(x)\,dx + \int\limits_{\substack{-1-\delta \\ (h)}}^{-1+\delta} F(z)\,dz + \int\limits_{-1+\delta}^{R} F(x)\,dx + \int\limits_{\substack{R \\ (H)}}^{-R} F(z)\,dz = 2\pi i \operatorname{Res}_F(i\sqrt{2}).$$

Das Integral über den Halbkreis (H) verschwindet mit $R \to \infty$, da für $|z| = R$ bei hinreichend großem R $|F(z)| < C/R^3$ ist. Ferner ist

$$\int\limits_{\substack{-1-\delta \\ (h)}}^{-1+\delta} \frac{dz}{(z+1)(z^2+2)} = 1/3 \int\limits_{\substack{-1-\delta \\ (h)}}^{-1+\delta} \left(\frac{1}{z+1} - \frac{z-1}{z^2+2}\right) dz.$$

Setzen wir $z + 1 = \delta e^{it}$, so liefert das Integral über den ersten Summanden $\frac{i}{3}\int\limits_{\pi}^{0} dt = -\frac{\pi i}{3}$, also einen von δ unabhängigen Wert. Der zweite Summand ist an der Stelle $z = -1$ regulär, daher verschwindet das Integral darüber für $\delta \to 0$. Somit ist der Cauchysche Hauptwert des Integrals:

$$\text{H. W.} \int\limits_{-\infty}^{\infty} \frac{dx}{(x+1)(x^2+2)} = i\pi/3 + 2\pi i \operatorname{Res}(i\sqrt{2}) = \pi\sqrt{2}/6.$$

In den Anwendungen treten häufig Integrale von der Form

$$\gamma) \int\limits_{-\infty}^{\infty} e^{isx} F(x)\,dx \quad \text{(Fourierintegrale)}$$

mit reellem Parameter s auf, also, nach Trennung von Real- und Imaginärteil, reelle uneigentliche Integrale von der Form

$$\int\limits_{-\infty}^{\infty} F(x) \cos sx\,dx, \quad \int\limits_{-\infty}^{\infty} F(x) \sin sx\,dx.$$

Dabei sei unter $\int\limits_{-\infty}^{\infty}$ wieder der Cauchysche Hauptwert verstanden.

Sie lassen sich in ähnlicher Weise wie die Integrale von α) mittels komplexer Integration berechnen. $F(z)$ sei auf der reellen Achse überall regulär und besitze im Endlichen nur die singulären Stellen $\alpha_1, \alpha_2, \ldots, \alpha_n$. Wählen wir denselben Integrationsweg wie in β), so daß die sämtlichen in der oberen Halbebene gelegenen singulären Stellen von $F(z)$ im Halbkreis (H) gelegen sind, so wird, falls $|F(z)| \leq C/R$ für $|z| \geq R$ bei hinreichend großem R ist,

$$\left|\int\limits_{\substack{R \\ (H)}}^{-R} e^{isz} F(z)\,dz\right| = \left|\int\limits_{0}^{\pi} e^{isR(\cos\varphi + i\sin\varphi)} F(Re^{i\varphi})\, iRe^{i\varphi}\, d\varphi\right|$$

$$\leq C\int\limits_{0}^{\pi} e^{-sR\sin\varphi}\, d\varphi = 2C\int\limits_{0}^{\pi/2} e^{-sR\cos\varphi}\, d\varphi.$$

Wie z. B. aus dem Verlauf der cos-Kurve folgt, gilt im Intervall $0 < \varphi < \frac{\pi}{2}$ die Ungleichung $\cos\varphi > 1 - \frac{2\varphi}{\pi}$.

Für $r > 0$ erhält man somit:

(2) $$\int_0^{\pi/2} e^{-r\cos\varphi}\,d\varphi < \int_0^{\pi/2} e^{-r(1-2\varphi/\pi)}\,d\varphi = \frac{\pi}{2r}(1 - e^{-r}).$$

Daher verschwindet das Integral über (H), falls $s > 0$ ist, mit $R \to \infty$.

Wir haben damit den

Satz 7: *Ist $F(z)$ auf der reellen Achse überall, in der oberen Halbebene im Endlichen bis auf die singulären Stellen $\alpha_1, \alpha_2, \ldots, \alpha_n$ regulär und ist für $|z| \geqq R$ bei hinreichend großem R $|F(z)| \leqq C/R$ (wobei C eine von R unabhängige Konstante ist), so gilt für $s > 0$:*

$$\text{H. W.} \int_{-\infty}^{\infty} e^{isx} F(x)\,dx = 2\pi i \sum_{\nu=1}^{n} \operatorname{Res}_g(\alpha_\nu), \text{ wobei } g = e^{isz} F(z) \text{ ist.}$$

Ist $s < 0$, so existiert das Integral γ) unter denselben Voraussetzungen für $F(z)$ ebenfalls. Sein Wert ist dann gleich $-2\pi i$ mal Summe der Residuen an den in der unteren Halbebene gelegenen Singularitäten des Integranden. (Vgl. Aufgabe 7, S. 168).

In gleicher Weise wie bei den Integralen β) kann man auch Integrale der Form γ), bei denen der Integrand singuläre Stellen auf der reellen Achse besitzt, unter entsprechenden Voraussetzungen berechnen.

Beispiel: $\int_{-\infty}^{\infty} \frac{e^{isx}}{x}\,dx$. Da auf dem Halbkreis (H) die Bedingung von Satz 7 erfüllt ist, verschwindet das Integral über (H) in der Grenze $R \to \infty$. Auf der reellen Achse liegt die singuläre Stelle $z = 0$ des Integranden. Wir umlaufen sie auf einem Halbkreis (h) vom Radius δ und Mittelpunkt 0. Für kleine Werte von $|z|$ ist $e^{isz} = 1 + \varphi(z)$, wobei $\lim_{z \to 0} \varphi(z) = 0$ ist, also

$$\underset{(h)}{\int_{-\delta}^{\delta}} \frac{e^{isz}}{z}\,dz = \underset{(h)}{\int_{-\delta}^{\delta}} \left(\frac{1}{z} + \frac{\varphi(z)}{z}\right) dz = -\pi i + \underset{(h)}{\int_{-\delta}^{\delta}} \frac{\varphi(z)}{z}\,dz.$$

Das letzte Integral verschwindet in der Grenze $\delta \to 0$, denn es ist

$$\left| \underset{(h)}{\int_{-\delta}^{\delta}} \frac{\varphi(z)}{z}\,dz \right| = \left| \int_{\pi}^{0} \varphi(\delta e^{it})\, i\,dt \right| \leqq \pi\,\varepsilon(\delta),$$

wobei ε beliebig klein vorgegeben werden kann. Es ist also $\int_{-\infty}^{\infty} \frac{e^{isx}}{x}\,dx = \pi i$, $(s > 0)$.

Hieraus folgt z. B. durch Vergleichen der Imaginärteile auf beiden Seiten das „*Dirichletsche Integral*"

(1) $$\int_0^{\infty} \frac{\sin sx}{x}\,dx = \frac{\pi}{2}, \quad (s > 0)$$

und hiermit

$$\int_0^\infty \frac{\sin s x}{x}\, d x = -\frac{\pi}{2}, \ (s < 0).$$

Setzen wir in γ) $i x = y$, so erhalten wir Integrale von der Form $\int\limits_{-i\infty}^{i\infty} e^{s y} F(y)\, d y$, wobei das Integral längs der imaginären Achse, gegebenenfalls unter Vermeidung der darauf gelegenen singulären Stellen, gebildet wird. In dieser Form treten Integrale z. B. bei der Umkehrung der Laplace-Transformation auf. Durch Integrale, die noch von einem Parameter s abhängen, wie das Integral γ, wird einer Funktion $F(y)$ eine Funktion $f(s)$ zugeordnet. Man spricht daher von einer „*Integraltransformation*". Solche Integraltransformationen finden in der Praxis häufig Verwendung. Wir werden speziell auf die durch das „*Laplace-Integral*" $\int\limits_0^\infty e^{-s y} F(y)\, d y$ erzeugte Transformation (Laplace-Transformation) und ihre wichtigsten Anwendungen im 2. Band näher eingehen. Als ein weiteres Beispiel eines von einem Parameter abhängigen Integrals betrachten wir Integrale von der Form

$$\delta) \int_0^\infty x^{s-1} F(x)\, d x \quad \text{(Mellin-Integrale)},$$

wobei wir uns hier auf $0 < s < 1$ beschränken. Dabei wollen wir unter z^{s-1} denjenigen Zweig verstehen, der in der längs der positiven Achse aufgeschlitzten z-Ebene eine eindeutige Funktion ist und für $\operatorname{arc} z = 0$ positive Werte annimmt. $F(z)$ sei eine auf der positiven Achse und bis auf die endlich vielen singulären Stellen $\alpha_1, \alpha_2, \ldots, \alpha_n$ in der ganzen z-Ebene (eindeutige) reguläre Funktion, welche die Bedingung von Satz 7, für $|z| \geq R$ ist $|F(z)| \leq C/R$, erfüllt. Wählen wir den in Fig. 60 angegebenen Integrationsweg (C), welcher die sämtlichen singulären Stellen von $F(z)$ im Innern enthält, so ist

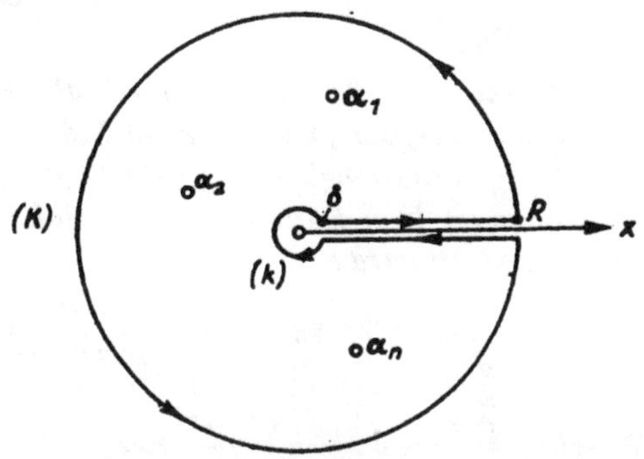

Fig. 60.

$$\text{(a)} \qquad \oint_{(C)} z^{s-1} F(z)\, d z = 2\pi i \sum_{\nu=1}^{n} \operatorname{Res}_g(\alpha_\nu), \quad \text{wobei } g(z) = z^{s-1} F(z) \text{ ist.}$$

Andererseits ist

$$\oint_{(C)} z^{s-1} F(z)\, d z = \int_\delta^R x^{s-1} F(x)\, d x + \oint_{(K)} z^{s-1} F(z)\, d z + \int_R^\delta x^{s-1} e^{(s-1)2\pi i} F(x)\, d x + \\ + \oint_{(k)} z^{s-1} F(z)\, d z,$$

wobei (K) der Kreis $|z| = R$, (k) der Kreis $|z| = \delta$ ist. Längs (K) ist

$$z^{s-1} = e^{(s-1)\log z} = e^{(s-1)(\ln R + i\varphi)} = R^{s-1} e^{(s-1)i\varphi},$$

daher

$$|I_K| = |\oint_{(K)} z^{s-1} F(z)\, dz| \leq C \int_0^{2\pi} R^{s-1} d\varphi = 2 C \pi R^{s-1}, \text{ also } \lim_{R\to\infty} I_K = 0.$$

Ferner ist

$$|I_k| = |\oint_{(k)} z^{s-1} F(z)\, dz| = |\oint_{(k)} z^{s-1} [F(0) + r(z)]\, dz|,$$

wobei $|r(z)| < \varepsilon$ beliebig klein gemacht werden kann, wenn nur δ genügend klein gewählt wird. Somit ist

$$|I_k| < |F(0)| \int_0^{2\pi} \delta^{s-1} \delta\, d\varphi + \varepsilon \int_0^{2\pi} \delta^{s-1} \delta\, d\varphi = 2\pi |F(0)| \delta^s + 2\pi\varepsilon\delta^s,$$

also $\lim_{\delta\to 0} I_k = 0$. Nach Ausführung des Grenzüberganges erhalten wir daher nach (a):

$$(1 - e^{(s-1)2\pi i}) \int_0^\infty x^{s-1} F(x)\, dx = 2\pi i \sum_{\nu=1}^{n} \operatorname{Res}_g(\alpha_\nu)$$

oder

$$\int_0^\infty x^{s-1} F(x)\, dx = \pi \frac{e^{(1-s)\pi i}}{\sin s\pi} \sum_{\nu=1}^{n} \operatorname{Res}_g(\alpha_\nu).$$

Es gilt also

Satz 8: *Ist $F(z)$ für $z = x \geqq 0$ und alle endlichen z bis auf die singulären Stellen $\alpha_1, \alpha_2, \ldots, \alpha_n$ regulär, ist ferner die Bedingung erfüllt, bei hinreichend großem R gilt für $|z| \geqq R$ die Ungleichung $|F(z)| \leqq C/R$ (C ist eine von R unabhängige Konstante), so ergibt sich für $0 < s < 1$, falls für z^{s-1} der oben angegebene eindeutige Zweig gewählt wird:*

$$\int_0^\infty x^{s-1} F(x)\, dx = \pi \frac{e^{(1-s)\pi i}}{\sin s\pi} \sum_{\nu=1}^{n} \operatorname{Res}_g(\alpha_\nu) \quad \text{mit } g(z) = z^{s-1} F(z).$$

Beispiel: $\int_0^\infty \frac{x^{s-1}}{x+1} dx = \pi \frac{e^{(1-s)\pi i}}{\sin s\pi} \operatorname{Res}_g(-1)$. Dabei ist

$$\operatorname{Res}_g(-1) = \frac{(-1)^{s-1}}{1} = e^{(s-1)\operatorname{Log}(-1)} = e^{(s-1)\pi i}, \text{ also } \int_0^\infty \frac{x^{s-1}}{x+1} dx = \frac{\pi}{\sin s\pi}.$$

ε) Wir wollen schließlich als Anwendung der Integralsätze aus bekannten reellen uneigentlichen Integralen weitere derartige Integrale herleiten, z. B. aus dem „*Fehlerintegral*“ $\int_0^\infty e^{-x^2} dx = \frac{1}{2}\sqrt{\pi}$ und aus der „*Gammafunktion*“ $\int_0^\infty e^{-x} x^{s-1} dx = \Gamma(s)$, $(s > 0)$.

I. Auf dem in Fig. 61 angegebenen Integrationsweg (C) ist

$$\oint_{(C)} e^{-z^2} dz = \int_0^R e^{-x^2} dx + \int_{(K)} e^{-z^2} dz + \int_{Re^{i\alpha}}^0 e^{-z^2} dz = 0.$$

Wegen

$$\left|\int_{(K)} e^{-z^2} dz\right| = \left|\int_0^{\alpha} e^{-R^2(\cos 2\varphi + i \sin 2\varphi)}\, i R e^{i\varphi}\, d\varphi\right| \leqq R \int_0^{\alpha} e^{-R^2 \cos 2\varphi}\, d\varphi$$

$$\leqq R \int_0^{\pi/4} e^{-R^2 \cos 2\varphi}\, d\varphi < \frac{\pi}{4R}(1 - e^{-R^2}), \text{ vgl. (2) S. 160,}$$

verschwindet für $0 < \alpha \leqq \pi/4$ mit $R \to \infty$ das Integral über den Kreisbogen (K). Andererseits ist das Integral längs der Strecke von $Re^{i\alpha}$ nach 0, also auf der Geraden $z = t e^{i\alpha}$,

$$\int_{Re^{i\alpha}}^{0} e^{-z^2} dz = e^{i\alpha} \int_R^0 e^{-t^2(\cos 2\alpha + i \sin 2\alpha)}\, dt,$$

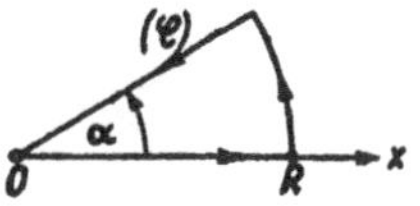

Fig. 61.

demnach erhält man

$$\int_0^{\infty} e^{-t^2(\cos 2\alpha + i \sin 2\alpha)}\, dt = \frac{1}{2}\sqrt{\pi}\, e^{-i\alpha}$$

oder, durch Vergleich von Real- und Imaginärteil,

(b)
$$\begin{cases} \displaystyle\int_0^{\infty} e^{-t^2 \cos 2\alpha} \cos(t^2 \sin 2\alpha)\, dt = \frac{1}{2}\sqrt{\pi} \cos\alpha \\ \displaystyle\int_0^{\infty} e^{-t^2 \cos 2\alpha} \sin(t^2 \sin 2\alpha)\, dt = \frac{1}{2}\sqrt{\pi} \sin\alpha \end{cases} \qquad (0 < \alpha \leqq \pi/4).$$

Speziell ergeben sich für $\alpha = \pi/4$ die „*Fresnelschen Integrale*"

(c) $$\int_0^{\infty} \cos(t^2)\, dt = \int_0^{\infty} \sin(t^2)\, dt = \frac{1}{2}\sqrt{\frac{\pi}{2}} \qquad \text{oder } t = \sqrt{\frac{\pi}{2}}\, s \text{ gesetzt,}$$

(d) $$\int_0^{\infty} \cos\left(\frac{\pi}{2} s^2\right) ds = \int_0^{\infty} \sin\left(\frac{\pi}{2} s^2\right) ds = \frac{1}{2}\,.$$

$$u = \int_0^x \cos\left(\frac{\pi}{2} s^2\right) ds; \quad v = \int_0^x \sin\left(\frac{\pi}{2} s^2\right) ds$$

liefert die Parameterdarstellung einer Kurve, der sog. „*Cornuschen Spirale*", die für $x \to \pm\infty$ sich den Punkten $w = \pm(1 + i)/2$ asymptotisch nähert (vgl. Fig. 62). Sie findet in der Theorie der Beugung Verwendung[1]).

Weitere reelle uneigentliche Integrale kann man aus dem Fehlerintegral erhalten, indem man andere Integrationswege (C) wählt.

Bilden wir z. B. das Fehlerintegral längs des in Fig. 63 angegebenen Rechtecks, so ist

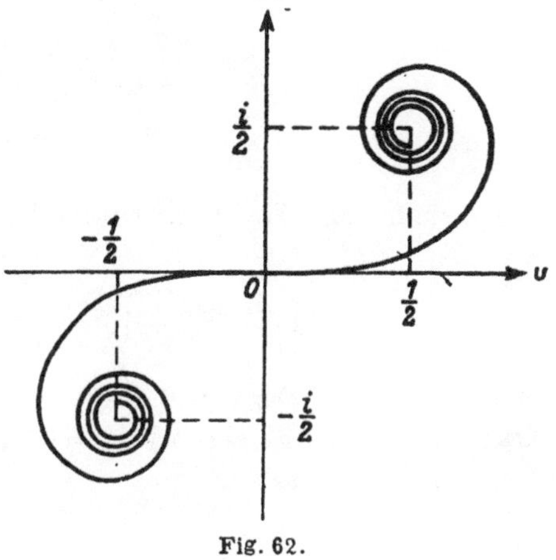

Fig. 62.

[1]) Vgl. Frank-v. Mises, Differential- u. Integralgleichungen der Mechanik und Physik, 2. Teil, 2. Aufl., Braunschweig 1935, S. 851.

$$\oint_{(C)} e^{-z^2}\,dz = \int_{-a}^{a} e^{-x^2}\,dx + \int_{a}^{a+ib} e^{-z^2}\,dz + \int_{a+ib}^{-a+ib} e^{-z^2}\,dz + \int_{-a+ib}^{-a} e^{-z^2}\,dz = 0.$$

Wegen

$$\left|\int_{\pm a}^{\pm a+ib} e^{-z^2}\,dz\right| = \left|\int_{0}^{b} e^{-(\pm a+it)^2}\, i\,dt\right| \leq e^{-a^2}\int_{0}^{b} e^{t^2}\,dt$$

verschwinden diese Integrale in der Grenze $a\to\infty$. Wegen

$$\int_{a+ib}^{-a+ib} e^{-z^2}\,dz = \int_{a}^{-a} e^{-(t+ib)^2}\,dt = \int_{a}^{-a} e^{-t^2}\, e^{-2bti}\, e^{b^2}\,dt$$

erhält man in der Grenze $a\to\infty$ folgende Verallgemeinerung des Fehlerintegrals:

$$\int_{-\infty}^{\infty} e^{-t^2}\cos(2bt)\,dt = \sqrt{\pi}\, e^{-b^2}.$$

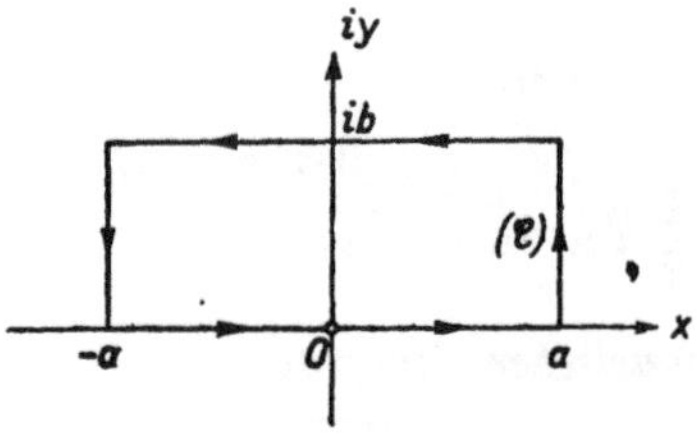

Fig. 63.

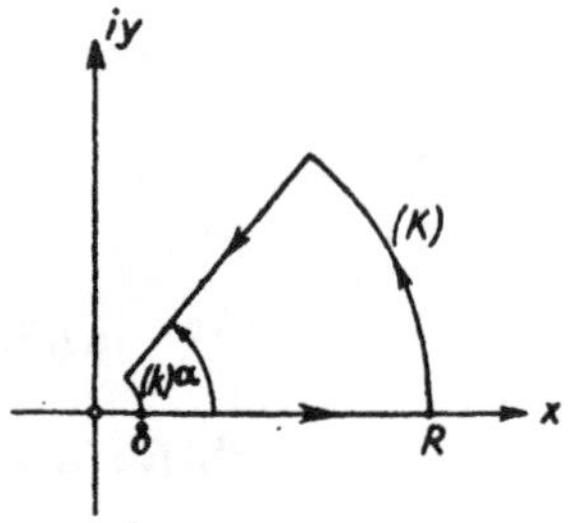

Fig. 64.

II. Auf dem in Fig. 64 angegebenen Weg (C) ist, wenn wir unter z^{s-1} wieder den Hauptwert verstehen, also $e^{(s-1)\,\mathrm{Log}\, z}$,

$$\oint_{(C)} e^{-z} z^{s-1}\,dz = \int_{0}^{R} e^{-x} x^{s-1}\,dx + \int_{(K)} e^{-z} z^{s-1}\,dz + \int_{Re^{i\alpha}}^{\delta e^{i\alpha}} e^{-z} z^{s-1}\,dz + \int_{(k)} e^{-z} z^{s-1}\,dz = 0.$$

Wegen

$$\left|\int_{(k)} e^{-z} z^{s-1}\,dz\right| = \left|\int_{\alpha}^{0} e^{-\delta(\cos\varphi + i\sin\varphi)}\,\delta^{s-1}\, e^{(s-1)i\varphi}\, i\,\delta\, e^{i\varphi}\,d\varphi\right|$$

$$\leq \delta^{s}\int_{0}^{\alpha} e^{-\delta\cos\varphi}\,d\varphi \leq \alpha\,\delta^{s} \quad (\text{für } 0<\alpha\leq\pi/2 \text{ und } s>0)$$

verschwindet mit $\delta\to 0$ das Integral über den kleinen Kreisbogen (k). Andererseits ist

$$\left|\int_{(K)} e^{-z} z^{s-1}\,dz\right| \leq R^{s}\int_{0}^{\alpha} e^{-R\cos\varphi}\,d\varphi < \alpha\, R^{s}\, e^{-R\cos\alpha}.$$

Ist $\alpha<\pi/2$, also $\cos\alpha>0$, so verschwindet mit $R\to\infty$ das Integral über den Kreisbogen (K). Setzen wir $z = te^{i\alpha}$, so ist

$$\int_{Re^{i\alpha}}^{\delta e^{i\alpha}} e^{-z} z^{s-1}\,dz = e^{is\alpha}\int_{R}^{\delta} e^{-t(\cos\alpha + i\sin\alpha)}\, t^{s-1}\,dt,$$

also in der Grenze für $R \to \infty,\ \delta \to 0$

$$\int_0^\infty e^{-t\cos\alpha}\, t^{s-1}\, e^{-it\sin\alpha}\, dt = e^{-is\alpha}\,\Gamma(s).$$

Durch Trennung von Real- und Imaginärteil erhält man

$$\text{(e)}\quad \begin{cases} \int_0^\infty e^{-t\cos\alpha}\, t^{s-1} \cos(t\sin\alpha)\, dt = \Gamma(s)\cos(s\alpha) \\ \int_0^\infty e^{-t\cos\alpha}\, t^{s-1} \sin(t\sin\alpha)\, dt = \Gamma(s)\sin(s\alpha) \end{cases} \qquad s > 0,\quad 0 < \alpha < \pi/2.$$

Ist $\alpha = \pi/2$, so ist nach (2) S. 160

$$\left|\int_{(K)} e^{-z} z^{s-1}\, dz\right| \leq R^s \int_0^{\pi/2} e^{-R\cos\varphi}\, d\varphi < \frac{\pi}{2} R^{s-1}(1 - e^{-R}).$$

Falls $0 < s < 1$ ist, verschwindet auch in diesem Falle das Integral über den Kreisbogen (K) in der Grenze für $R \to \infty$. Es ist also:

$$\text{(f)}\quad \begin{cases} \int_0^\infty \frac{\cos t}{t^{1-s}}\, dt = \Gamma(s)\cos\left(\frac{\pi s}{2}\right) \\ \int_0^\infty \frac{\sin t}{t^{1-s}}\, dt = \Gamma(s)\sin\left(\frac{\pi s}{2}\right) \end{cases} \qquad 0 < s < 1.$$

Wir haben im Vorhergehenden eine Anzahl von reellen bestimmten eigentlichen oder uneigentlichen Integralen mit Hilfe der Integrationsmethoden im Komplexen berechnet. Wollte man versuchen diese Integrale zu berechnen, indem man zunächst im Reellen unbestimmt integriert und dann die Grenzen einsetzt, so würde man in den meisten Fällen nicht zum Ziele kommen, da sich die Integrale entweder nicht in geschlossener Form unbestimmt integrieren lassen oder die Integration zu kompliziert ist.

Als weitere Anwendung des Residuensatzes leiten wir uns eine Formel ab über

4. Anzahl der Nullstellen und Pole einer meromorphen Funktion[1])

Hat eine meromorphe Funktion $f(z)$ an einer endlichen Stelle a eine Nullstelle oder einen Pol, so besitzt sie eine in der Umgebung von a gültige Entwicklung von der Form

$$f(z) = (z-a)^k \sum_{\nu=0}^{\infty} a_\nu (z-a)^\nu = (z-a)^k g(z),$$

wobei $g(z)$ eine an der Stelle a reguläre Funktion mit $g(a) \neq 0$ ist und $k > 0$, falls a eine Nullstelle k. Ordnung, andernfalls $k < 0$ ist. In beiden Fällen ist

$$\frac{f'(z)}{f(z)} = \frac{g'(z)}{g(z)} + \frac{k}{z-a}.$$

[1]) Siehe Def. II, S. 150.

$\frac{g'(z)}{g(z)}$ ist wegen $g(a) \neq 0$ an der Stelle a regulär, läßt sich daher in eine Taylorreihe nach Potenzen von $z - a$ entwickeln, so daß k das Residuum von $\frac{f'(z)}{f(z)}$ an der Stelle a ist.

Liegen im Innern einer im Regularitätsgebiet $\mathfrak{G}$ verlaufenden, geschlossenen, doppelpunktfreien Kurve (C) die Nullstellen $\alpha_1, \alpha_2, \ldots, \alpha_r$ von der Ordnung $n_1, n_2, \ldots, n_r$, ferner die Pole $\beta_1, \beta_2, \ldots, \beta_s$ von der Ordnung $p_1, p_2, \ldots, p_s$, dann ist nach dem Residuensatz

$$(1) \qquad \frac{1}{2\pi i} \oint_{(C)} \frac{f'(z)}{f(z)}\, dz = \sum_{\nu=1}^{r} n_\nu - \sum_{\nu=1}^{s} p_\nu.$$

Es gilt also

Satz 9: *Wird jede Nullstelle und jeder Pol einer meromorphen Funktion $f(z)$ so oft gezählt, wie die Vielfachheit angibt, so ist $\frac{1}{2\pi i} \oint_{(C)} \frac{f'(z)}{f(z)}\, dz$ gleich der Anzahl der Nullstellen minus der Anzahl der Pole von $f(z)$, die innerhalb der im Regularitätsgebiet verlaufenden, geschlossenen, doppelpunktfreien, stückweise glatten Kurve (C) liegen.*

Wegen Satz 3a, S. 155, gilt dieser Satz 9 auch noch für den Fall, daß (C) der Rand eines einfach oder mehrfach zusammenhängenden, beschränkten Gebietes $\mathfrak{G}$ ist, wenn $f(z)$ auf (C) noch stetig ist und $\mathfrak{G}$ von (C) im positiven Sinne umlaufen wird.

Als Anwendung dieses Satzes liefern wir einen einfachen **Beweis des Fundamentalsatzes der Algebra:** *Ein Polynom positiven Grades mit komplexen Koeffizienten hat eine komplexe Nullstelle.*

$$f(z) = a_n z^n + a_{n-1} z^{n-1} + \ldots + a_1 z + a_0 \text{ mit } a_n \neq 0,\ n > 0$$

ist im Endlichen überall regulär. Daher liefert das Integral (1) die Anzahl der Nullstellen von $f(z)$, die innerhalb der Kurve (C) gelegen sind. Nun ist aber

$$F(z) = \frac{f'(z)}{f(z)} = \frac{n a_n z^{n-1} + \ldots + a_1}{a_n z^n + \ldots + a_0}$$

im Unendlichen regulär und hat dort den Wert 0, ist also in eine Reihe nach fallenden Potenzen von z zu entwickeln, welche die Form hat

$$F(z) = \frac{n}{z} + \frac{b_2}{z^2} + \frac{b_3}{z^3} + \ldots$$

Sie konvergiert innerhalb einer Umgebung des Punktes ∞, also außerhalb eines genügend großen Kreises $|z| > R$. Für alle Punkte $|z| \geqq R_1$ mit hinreichend großem $R_1 \geqq R$ ist sicher $f(z) \neq 0$. Somit liegen die Nullstellen alle im Innern des Kreises $|z| = R_1$. Wählen wir für (C) den Kreis $|z| = R_1$, so ist $\frac{1}{2\pi i} \oint_{(C)} F(z)\, dz = n$. Satz 9 besagt damit: *Ein Polynom n. Grades $f(z)$ hat in der komplexen Zahlenebene genau n Nullstellen, wenn jede so oft gezählt wird, wie ihre Vielfachheit angibt.*

Als eine weitere Anwendung von Satz 9 und gleichzeitig als Beispiel für die Transformation von komplexen Integralen (vgl. S. 117) beweisen wir

Satz 10 (Satz von Rouché): *Sind $f(z)$ und $g(z)$ im Innern und auf dem (stückweise glatten) Rand (R) eines einfach zusammenhängenden, beschränkten Bereiches $\mathfrak{B}$ regulär und ist auf dem Rand $f(z) \neq 0$ und $|f(z)| > |g(z)|$, so haben $f(z)$ und $f(z)-g(z)$ im Innern von $\mathfrak{B}$ gleich viele Nullstellen.*

Beweis: Nach Voraussetzung sind $f(z)$ und $f(z)-g(z)$ in $\mathfrak{B}$ regulär, haben also dort keine Pole. Die Anzahl der Nullstellen von $f(z)-g(z)$ im Innern von $\mathfrak{B}$ ist nach Satz 9 gegeben durch

$$\frac{1}{2\pi i}\oint_{(R)}\frac{f'(z)-g'(z)}{f(z)-g(z)}\,dz = \frac{1}{2\pi i}\oint_{(R)}\frac{f'(z)}{f(z)}\,dz + \frac{1}{2\pi i}\oint_{(R)}\frac{[1-g(z)/f(z)]'}{[1-g(z)/f(z)]}\,dz.$$

Das erste Integral liefert aber die Anzahl der Nullstellen von $f(z)$ innerhalb $\mathfrak{B}$. Das zweite Integral hat den Wert 0. Zum Beweis führen wir in diesem Integral als neue Integrationsveränderliche $\zeta = 1 - g(z)/f(z)$ ein und suchen den Integrationsweg (R^*) der ζ-Ebene, welcher dem Integrationsweg (R) der z-Ebene entspricht. $g(z)$ und $f(z)$ sind nach Voraussetzung in $\mathfrak{B}$ reguläre, eindeutige Funktionen. Ferner ist auf (R) $f(z) \neq 0$. Daher erhalten wir, wenn wir die geschlossene Kurve (R) in der z-Ebene durchlaufen, auch in der ζ-Ebene eine im Endlichen verlaufende geschlossene Kurve (R^*). Nach Einführung der neuen Veränderlichen geht daher das letzte Integral über in $\oint\limits_{(R^*)}\frac{d\zeta}{\zeta}$. Da nach Voraussetzung für die Punkte von (R) die Ungleichung gilt $|g(z)/f(z)| < 1$, so ist längs (R^*) $|\zeta - 1| < 1$. (R^*) liegt daher ganz im Innern des Einheitskreises mit dem Mittelpunkt 1, kann also den Punkt $\zeta = 0$ nicht umlaufen. Daher verschwindet das letzte Integral, w. z. b. w.

Als **Spezialfall** folgt aus dem Satz: *Ist $g(z) = a =$ const. und auf dem Rande (R) $f(z) \neq 0$ und $|f(z)| > |a|$, so haben $f(z)$ und $f(z) - a$ im Innern von (R) gleich viele Nullstellen.*

Übungsaufgaben

1. Wo liegen die singulären Stellen der folgenden Funktionen:
   a) $(2z^2-1)/(z+1)$; b) z^3+1; c) e^{z-1}; d) $e^{(2z^2-1)/(z+1)}$; e) $1/\cos(z+1)$;
   f) $z^{-1}(z^2-1)^{-2}\sin(2z)$; g) $f(z) = \sum\limits_{\nu=0}^{\infty}\frac{1}{\nu!\,(1+2^\nu z)}$.
   Welcher Art sind diese Singularitäten?
2. Man beweise, daß die linearen Funktionen die einzigen analytischen Funktionen sind, welche die ganze z-Ebene umkehrbar eindeutig und in jedem Punkt konform auf die ganze w-Ebene abbilden.
3. Man beweise: Das Residuum der Funktion $f(z)$ an der Stelle α und das Residuum der Funktion $f(-z)$ an der Stelle $-\alpha$ sind durch folgende Relation verknüpft:
   $$\mathrm{Res}_{f(-z)}(-\alpha) = -\mathrm{Res}_{f(z)}(\alpha).$$

Ebenso ist:

$$\mathrm{Res}_{f(iz)}(-i\alpha) = -i\,\mathrm{Res}_{f(z)}(\alpha).$$

4. Man beweise: Sind $g(z)$ und $h(z)$ an der Stelle $z = \alpha$ reguläre Funktionen und ist $g(\alpha) \neq 0$, während $h(z)$ für $z = \alpha$ eine Nullstelle 2. Ordnung besitzt, so ist für $f(z) = g(z)/h(z)$:

$$\mathrm{Res}_{f(z)}(\alpha) = (2/3)\big(3g'(\alpha)\,h''(\alpha) - g(\alpha)\,h'''(\alpha)\big)/\big(h''(\alpha)\big)^2.$$

5. Man bestimme die Residuen der Funktionen:
a) $z^{-1}(z^2-1)^{-1}$ für $z = 1$; b) $(z^4-1)\,z^{-1}(z^2-1)^{-1}$ für $z = 0$;
c) $(1+z)^{-1}(1+z^2)^{-1}e^{isz}$ für $z = i$; d) $(1+z^4)^{-1}(\mathfrak{Cof}\,z)^{-1}$ für $z = (1+i)/\sqrt{2}$ und $z = i\pi(2k+1)/2$, k ganzzahlig; e) $\operatorname{ctg} z$ für $z = 0$; f) $e^{1/(1-z)}$ für $z = 1$; g) $e^{sz}z^{-1}(z+a/z)^{-2}\,\mathfrak{Tg}\,(sz)$ für $z = -a/2$ und für $z = i\pi(2k+1)/2s$, k ganzzahlig.

6. $F(z)$ sei eine in der ganzen z-Ebene eindeutige, bis auf die Stellen $\alpha_1, \alpha_2, \ldots, \alpha_n$ reguläre Funktion.
Man zeige: Liegen Pole 1. Ordnung auf der reellen Achse, so ist unter denselben weiteren Voraussetzungen wie in Satz 7 der Wert des „Hakenintegrals" $\int\limits_{-\infty}^{\infty} F(x)\,dx$ unabhängig davon, ob man die „Haken" (kleine Halbkreise um die singulären Stellen der reellen Achse) in der oberen oder in der unteren Halbebene wählt.

7. Man beweise: Falls $s < 0$ ist, so gilt unter denselben Bedingungen für $F(z)$ wie in Satz 7:

$$\int\limits_{-\infty}^{\infty} e^{isx}F(x)\,dx = -2\pi i \sum_\nu \mathrm{Res}_g(\alpha_\nu),$$

wobei die Summe über die Residuen der in der unteren Halbebene gelegenen singulären Stellen des Integranden zu erstrecken ist.

8. Man beweise: Ist $F(z)$ bis auf die Stellen $\alpha_1, \alpha_2, \ldots, \alpha_n$, die nicht auf der imaginären Achse liegen, regulär, ist ferner $s > 0$ (bzw. $s < 0$) und für $|z| \geqq R$ bei hinreichend großem R $|F(z)| \leqq c/R$ ($c =$ const.), so ist

$$\int\limits_{-i\infty\,(C)}^{i\infty} e^{sz}F(z)\,dz = 2\pi i \sum_\nu \mathrm{Res}_g(\alpha_\nu), \quad \big((C) \text{ ist die imaginäre Achse}\big),$$

wobei die Summe über die Residuen der in der linken (bzw. rechten) Halbebene gelegenen singulären Stellen α_ν des Integranden $g(z)$ zu erstrecken ist.

9. Man berechne: $\int\limits_{0\,(C)}^{1+i} \frac{dz}{(z+1)^3}$, wobei (C) ein die Punkte 0 und $1+i$ verbindender Kreisbogen mit dem Mittelpunkt 1 ist.

10. Man berechne: $F(s) = \mathrm{H.W.}\int\limits_{-\infty}^{\infty} \frac{\cos sx}{(1+x)(1+x^2)}\,dx$ für $s > 0$.

11. Man berechne: $\int\limits_{0}^{\infty} \frac{x^{\alpha-1}}{(1+x)(1+x^2)}\,dx$ mit $0 < \alpha < 1$ unter Beachtung der Vieldeutigkeit von $z^{\alpha-1}$.

12. Man berechne: $\int\limits_{-\infty}^{\infty} \frac{1}{(1+x^4)\,\mathfrak{Cof}\,x}\,dx$.

13. Man beweise mit Hilfe des Rouchéschen Satzes den Fundamentalsatz der Algebra.

§ 3. WEITERE EIGENSCHAFTEN ANALYTISCHER FUNKTIONEN

Wie weittragend für die Funktionen einer komplexen Veränderlichen die Forderung der Differenzierbarkeit ist, zeigte uns eine Reihe merkwürdiger Eigenschaften der analytischen Funktionen. So folgte z. B. aus der einmaligen Differenzierbarkeit bereits die Existenz von Ableitungen beliebig hoher Ordnung und daher auch die Stetigkeit sämtlicher Ableitungen, aus der Cauchyschen Integralformel die Tatsache, daß eine analytische Funktion durch ihre Randwerte bereits vollständig bestimmt wird, und aus der Möglichkeit der Taylor-Entwicklung der Eindeutigkeitssatz für analytische Funktionen. Wir wollen im folgenden weitere Eigenschaften der analytischen Funktionen kennenlernen.

1. Die Sätze vom arithmetischen Mittel und vom Maximum und Minimum

Nach Satz 3, S. 132, gilt z. B. für eine im Innern eines einfach zusammenhängenden beschränkten Bereiches $\mathfrak{G}$ reguläre und auf dem Rande (C) des Bereichs stetige Funktion $f(z)$

$$(1) \qquad f^{(n)}(z) = \frac{n!}{2\pi i} \oint_{(C)} \frac{f(\zeta)}{(\zeta - z)^{n+1}} \, d\zeta; \quad (n = 0, 1, 2, \ldots),$$

insbesondere gilt im Mittelpunkt z einer in $\mathfrak{G}$ gelegenen Kreisscheibe mit dem Randkreis (K) vom Radius ϱ, $\zeta = z + \varrho\, e^{i\varphi}$,

$$(2) \qquad f^{(n)}(z) = \frac{n!}{2\pi \varrho^n} \int_0^{2\pi} \frac{f(z + \varrho\, e^{i\varphi})}{e^{in\varphi}} \, d\varphi.$$

$n = 0$ liefert speziell

$$(3) \qquad f(z) = \frac{1}{2\pi} \int_0^{2\pi} f(z + \varrho\, e^{i\varphi}) \, d\varphi, \quad \text{also}$$

Satz 1 (Satz vom arithmetischen Mittel): *Der Funktionswert im Mittelpunkt eines einschließlich seiner inneren Punkte im Regularitätsgebiet gelegenen Kreises ist dem arithmetischen Mittel der Funktionswerte auf dem Kreise gleich*[1]).

Der Kreis kann ganz oder teilweise mit dem Rand des Regularitätsbereiches zusammenfallen, falls die Funktion auf dem Rande noch stetig ist.

Aus (3) folgt weiterhin der wichtige

Satz 2 (Satz vom Maximum und Minimum): *Der Absolutbetrag einer in einem beschränkten Gebiet $\mathfrak{G}$ regulären und auf dem Rande von $\mathfrak{G}$ stetigen Funktion $f(z)$, die in $\mathfrak{G}$ nicht konstant ist, nimmt sein Maximum und, falls $f(z)$ in $\mathfrak{G}$ nicht verschwindet, auch sein Minimum nur auf dem Rande an.*

---

[1]) Dabei verstehen wir in Analogie zum arithmetischen Mittel $\sum_{\nu=1}^{n} a_\nu/n = \sum_{\nu=1}^{n} a_\nu / \sum_{\nu=1}^{n} 1$ von n Zahlen a_ν unter dem arithmetischen Mittel einer in $a \leq x \leq b$ integrierbaren Funktion $f(x)$ die Größe $\int_a^b f(x)\,dx / \int_a^b dx$, bei einer im zweidimensionalen Bereich $\mathfrak{B}$ integrierbaren Funktion die Größe $\iint_{\mathfrak{B}} f(x; y)\,dx\,dy / \iint_{\mathfrak{B}} dx\,dy$.

Beweis: Gäbe es bei nicht konstanten $|f(z)|$ eine Stelle z_0 im Innern von $\mathfrak{G}$, an der $|f(z)|$ sein Maximum M annähme, so gäbe es auch eine Stelle z_0 von der Beschaffenheit, daß auf Teilen der Peripherie eines Kreises um z_0 vom Radius ϱ $|f(z)|$ kleiner als das Maximum, also $|f(z)| \leq M - \varepsilon$ wäre ($\varepsilon > 0$). Aus der Gleichung (3) folgt dann aber mit Hilfe der Integralabschätzung I, S. 115: $M \leq \leq M - \varepsilon$, also ein Widerspruch. Es nimmt daher $|f(z)|$ das Maximum entweder nur auf dem Rand von $\mathfrak{G}$ an oder es ist $|f(z)|$ in $\mathfrak{G}$ konstant. Im letzteren Falle ist dann auch $f(z)$ konstant, denn eine in $\mathfrak{G}$ analytische Funktion konstanten Betrages ist in $\mathfrak{G}$ konstant (vgl. Aufgabe 2, S. 49). Dasselbe gilt für das Minimum, wenn $f(z)$ in $\mathfrak{G}$ nirgends verschwindet, denn mit $f(z)$ ist dann auch $1/f(z)$ eine in $\mathfrak{G}$ analytische Funktion. Daher nimmt $|1/f(z)|$ sein Maximum, also $|f(z)|$ sein Minimum, nur auf dem Rande an, w. z. b. w.

Aus diesem Satz 2 folgt sofort ein *weiterer einfacher Beweis des Fundamentalsatzes der Algebra.*

$f(z) = a_n z^n + a_{n-1} z^{n-1} + \dots + a_1 z + a_0$ ist für $|z| \leq r$ mit beliebigem endlichen r regulär. Für $|z| = r$ ist, wenn nur r genügend groß gewählt wird, $|f(z)| = r^n |a_n + a_{n-1} \cdot z^{-1} + \dots + a_0 z^{-n}| > r^n |a_n|/2 > |a_0| = |f(0)|$. Der Absolutbetrag von $f(z)$ ist daher im Mittelpunkt der Kreisscheibe $|z| \leq r$ kleiner als auf ihrem Rande. $|f(z)|$ nimmt somit das Minimum sicher nicht auf der Kreisperipherie $|z| = r$ an. Nach Satz 2 muß $f(z)$ daher im Innern verschwinden. Demnach hat ein Polynom n. Grades im Innern eines genügend groß gewählten Kreises um den Nullpunkt eine Nullstelle, womit der Fundamentalsatz der Algebra wieder bewiesen ist.

Haben wir eine Reihe von Funktionen $f_\nu(z)$, welche im Innern und auf dem Rand (R) eines einfach zusammenhängenden, beschränkten Bereiches $\mathfrak{B}$ analytisch sind und in jedem abgeschlossenen Teilbereich von $\mathfrak{B}$ gleichmäßig konvergieren, so stellt nach Satz 2, S. 134, $f(z) = \sum_{\nu=0}^{\infty} f_\nu(z)$ eine in $\mathfrak{B}$ analytische Funktion dar; ebenso der Reihenrest $r_n(z) = \sum_{\nu=n+1}^{\infty} f_\nu(z)$. Nach Satz 2 nimmt aber $|r_n(z)|$ sein Maximum nur auf dem Rand (R) an. Wenn daher für alle Punkte des Randes $|r_n(z)| < \varepsilon$, falls $n > N(\varepsilon)$, so ist das auch für die Punkte im Innern von $\mathfrak{B}$ erfüllt. *Es genügt also im Weierstraßschen Reihensatz* (S. 134) *nur die gleichmäßige Konvergenz der Reihe (bzw. der Folge) auf dem Rande* (R) *von* $\mathfrak{B}$ *vorauszusetzen.* Man kann sogar mit noch weniger Voraussetzungen auskommen. Es genügt, die Konvergenz der Reihe nur für eine Punktmenge mit einem in $\mathfrak{B}$ befindlichen Häufungspunkt und die Existenz einer Schranke S zu fordern, so daß für alle Punkte z von $\mathfrak{B}$ und alle n $\left|\sum_{\nu=0}^{n} f_\nu(z)\right| < S$ ist. Das ist der Inhalt eines Satzes von *Vitali*[1]). Eine weitere wichtige Folgerung aus dem Satz vom Maximum und Minimum ist

Satz 3 (Schwarzsches Lemma): *Ist* $f(z)$ *eine im Einheitskreis* $|z| < 1$ *reguläre Funktion mit* $f(0) = 0$ *und* $|f(z)| < 1$, *so besteht für alle* $|z| < 1$ *die Ungleichung*

[1]) Ein Beweis dieses Satzes findet sich z. B. bei L. Bieberbach, Funktionentheorie, Berlin 1923, S. 165.

$|f(z)| \leqq |z|$. *Gilt in dieser Ungleichung für einen Punkt* z^* *mit* $|z| < 1$ *das Gleichheitszeichen, so ist* $f(z) \equiv z e^{i\alpha}$, *wobei* α *eine reelle Konstante ist.*

Beweis: $f(z)$ ist für $|z| < 1$ regulär, läßt sich daher in eine im Einheitskreis konvergente Taylorreihe nach Potenzen von z entwickeln, die wegen $f(0) = 0$ das Aussehen hat: $f(z) = a_1 z + a_2 z^2 + \ldots$. Daher ist für $|z| < 1$ auch $F(z) = f(z)/z$ regulär. In jedem Kreis $|z| \leqq R < 1$ nimmt nach Satz 2 $|F(z)|$ sein Maximum nur auf dem Rande, also für $|z| = R$ an. Nach Voraussetzung ist im ganzen Einheitskreis $|f(z)| < 1$. Daher gilt für alle Punkte $|z| \leqq R$, $R < 1$ die Ungleichung $|F(z)| = |f(z)/z| < 1/R$. Da aber R beliebig nahe an 1 gewählt werden kann, ist für alle $|z| < 1$ nur $|f(z)/z| \leqq 1$ möglich. Gilt das Gleichheitszeichen in einem Punkt z^* im Innern des Einheitskreises, so nimmt $|F(z)|$ das Maximum 1 in einem inneren Punkt eines Kreises $|z| \leqq R < 1$ an. Daher ist $F(z)$ in diesem Kreis und damit im Innern des ganzen Einheitskreises eine Konstante, und zwar vom Absolutbetrag 1. Also ist für alle $|z| < 1$, $f(z) = z e^{i\alpha}$ (wobei α eine reelle Konstante ist), w. z. b. w.

Geometrisch besagt das Schwarzsche Lemma, daß bei der Abbildung $w = f(z)$ *durch eine den Bedingungen des Satzes im Einheitskreis genügende Funktion* (wenn wir von einfachen Drehungen absehen) *die Bildpunkte näher an den Mittelpunkt des Kreises gerückt werden.*

Dieser Hilfssatz von Schwarz ist einer der wichtigsten Sätze der modernen Funktionentheorie. Er gestattet, eine Reihe wichtiger Folgerungen zu ziehen, und ist weitgehender Verallgemeinerungen fähig[1]). Wir bringen als einfache Folgerung

Satz 4: *Die allgemeinste analytische Funktion, welche das Innere des Einheitskreises* $|z| < 1$ *umkehrbar eindeutig und konform auf das Innere des Einheitskreises* $|w| < 1$ *abbildet, so daß ein innerer Punkt* $z = a$ *in den Punkt* $w = 0$ *übergeht, ist*

$$w = f(z) \equiv e^{i\alpha} \frac{z - a}{\bar{a} z - 1}, \tag{4}$$

wobei α *eine reelle Konstante ist.*

Wir hatten in der Formel (4) S. 81 die Funktion (4) bereits als die allgemeinste lineare Transformation mit den vorgeschriebenen Eigenschaften kennengelernt. Jetzt wird behauptet: diese Funktion stellt die allgemeinste analytische Funktion dar, welche den Einheitskreis so auf sich abbildet, daß ein vorgeschriebener Punkt a im Innern in den Mittelpunkt des Einheitskreises übergeht. Um diese Behauptung zu beweisen, bilden wir zunächst den gegebenen Einheitskreis mit dem Punkt a als innerem Punkt durch eine lineare Transformation $\zeta = (z - a)/(\bar{a} z - 1)$ auf das Innere des Einheitskreises einer ζ-Ebene so ab, daß der Punkt a in den Nullpunkt übergeht, und suchen jetzt die allgemeinste Transformation, die das Innere des Einheitskreises der ζ-Ebene umkehrbar eindeutig und konform auf das Innere des Einheitskreises der w-Ebene so abbildet, daß der Punkt 0 wieder in den Punkt 0 übergeht. Die zugehörige Abbildungsfunktion sei $w = w(\zeta)$. Da der Einheitskreis auf den Einheitskreis abgebildet werden soll, so ist für

[1]) Vgl. hierzu C. Carathéodory, Conformal Representation, Cambridge Tract Nr. 28, S. 39 ff.

$|\zeta| < 1$, $|w(\zeta)| < 1$, ferner ist $w(0) = 0$. Diese Abbildungsfunktion erfüllt also die Voraussetzungen des Schwarzschen Lemmas, daher ist $|w(\zeta)/\zeta| \leqq 1$. Da aber auch umgekehrt das Innere des Einheitskreises der w-Ebene auf das Innere des Einheitskreises der ζ-Ebene abgebildet werden soll, so daß der Nullpunkt wieder in den Nullpunkt übergeht, sind auch für die Umkehrfunktion $\zeta = \zeta(w)$ die Bedingungen für $|w| < 1$, $|\zeta(w)| < 1$ und $\zeta(0) = 0$, also die Bedingungen des Schwarzschen Lemmas erfüllt. Daher gilt auch $|\zeta(w)/w| \leqq 1$. Also ist sowohl $|w/\zeta| = 1$ als auch $|\zeta/w| = 1$. Daher ist für alle $|\zeta| < 1$ $|w(\zeta)/\zeta| = 1$. Eine in $|\zeta| < 1$ analytische Funktion konstanten Betrages ist dort selbst eine Konstante. Also ist $w(\zeta)/\zeta$ eine Konstante vom Absolutbetrag 1, d. h. es ist $w = \zeta\, e^{i\alpha}$, wobei α eine reelle Konstante ist.
Demnach ist $w = \zeta \cdot e^{i\alpha}$ (α reell, konstant) die allgemeinste derartige Transformation der ζ- auf die w-Ebene, also $w = e^{i\alpha}(z-a)/(\bar{a}z-1)$ die allgemeinste Transformation der z-Ebene auf die w-Ebene von der geforderten Eigenschaft. W. z. b. w.
Wir wollen schließlich noch einige einfache **Verallgemeinerungen des Schwarzschen Lemmas** herleiten.

Ist das Regularitätsgebiet nicht der Einheitskreis, sondern der Kreis $|z| < R$, in dem die Bedingungen des Schwarzschen Lemmas, $|f(z)| < 1$, $f(0) = 0$, erfüllt sind, so setzen wir $z = R \cdot \zeta$ und erhalten die Funktion $f(z) = f(\zeta \cdot R) = \varphi(\zeta)$ von ζ, die nun in $|\zeta| < 1$ regulär ist und den Bedingungen $|\varphi(\zeta)| < 1$, $\varphi(0) = 0$ genügt, so daß $|\varphi(\zeta)| \leqq |\zeta|$. Also gilt

Satz 3 a: *Ist $f(z)$ in $|z| < R$ regulär und $|f(z)| < 1$, $f(0) = 0$, so ist $|f(z)| \leqq |z|/R$, wobei das Gleichheitszeichen nur gelten kann, wenn $f(z) \equiv e^{i\alpha} z/R$ (mit reellem konstanten α) ist.*

Nun lassen wir die 2. Bedingung $f(0) = 0$ fallen. Wir haben also eine in $|z| < R$ reguläre Funktion $w = f(z)$, die dort der Bedingung $|w| < 1$ genügt. Hier bilden wir zunächst die w-Ebene durch $\zeta = (w - f(0))/(\overline{f(0)}\, w - 1)$ auf eine ζ-Ebene ab. Diese Abbildung führt $|w| < 1$ in $|\zeta| < 1$ und $w_0 = f(0)$ in den Punkt $\zeta = 0$ über. Daher erfüllt diese Funktion $\zeta(z)$ die Bedingungen des Satzes 3, also gilt für jede in $|z| < R$ reguläre Funktion mit $|f(z)| < 1$ die Ungleichung

$$\left| \frac{f(z) - f(0)}{\overline{f(0)}\, f(z) - 1} \right| \leqq \frac{|z|}{R}. \tag{5}$$

Setzen wir $w = f(z)$, so lautet (5) unter Berücksichtigung von $|f(0)| = |\overline{f(0)}|$:

$$|w - f(0)| / |w - 1/\overline{f(0)}| \leqq |f(0)|\, |z| / R.$$

Diese Ungleichung stellt bei festem z und veränderlichem w in der w-Ebene wegen $|f(0)| < 1$ und $|z|/R < 1$, also $|f(0)|\, |z|/R < 1$, eine abgeschlossene Kreisscheibe $\mathfrak{K}$ (vgl. Aufgabe 4 h) S. 26) mit $f(0)$ als innerem und $1/\overline{f(0)}$ als äußerem Punkt dar, deren Mittelpunkt auf der durch 0 gehenden Verbindungslinie der Punkte $w_1 = f(0)$ und $w_2 = 1/\overline{f(0)}$ liegt. Andererseits läßt sich auch der Einheitskreis $|w| = 1$ unter Verwendung der Spiegelpunkte $w_1 = f(0)$ und $w_2 = 1/\overline{f(0)}$ in der Form $|w - f(0)| / |w - 1/\overline{f(0)}| = |f(0)|$ schreiben. Wegen $|z| / R < 1$ liegt somit $\mathfrak{K}$ ganz im Innern des Einheitskreises und von allen

Punkten der Kreisscheibe $\mathfrak{K}$ hat der Schnittpunkt w^* des Kreisrandes mit der Strecke $f(0)$, $1/\overline{f(0)}$ den größten Abstand vom Nullpunkt. Dieser Abstand $|w^*|$ berechnet sich aus

$$\frac{|w^*| - |f(0)|}{1/|f(0)| - |w^*|} = \frac{|z|}{R}|f(0)| \text{ zu } |w^*| = \frac{|z|/R + |f(0)|}{1 + |f(0)|\,|z|/R}.$$

Demnach ist für alle $|z| < R$ $|f(z)| \leqq |w^*|$.

Aus Gleichung (5) ergibt sich ferner, wenn wir für den Nenner der linken Seite unter Berücksichtigung von $f(0)\overline{f(0)} = |f(0)|^2 < 1$ die folgende Abschätzung verwenden

$$|\overline{f(0)}\, f(z) - 1| = |\overline{f(0)}\, f(z) - \overline{f(0)}\, f(0) + \overline{f(0)}\, f(0) - 1| \leqq$$
$$\leqq |f(0)|\,|f(z) - f(0)| + 1 - |f(0)|^2,$$

$$(6)\qquad |f(z) - f(0)| \leqq \frac{|z|/R}{1 - |f(0)|\,|z|/R}(1 - |f(0)|^2) < \frac{|z|/R}{1 - |z|/R}(1 - |f(0)|^2).$$

Zusammenfassend erhalten wir

Satz 3 b: *Genügt eine in* $|z| < R$ *analytische Funktion* $f(z)$ *dort der Bedingung* $|f(z)| < 1$, *so gilt dort*

$$(7)\qquad |f(z)| \leqq \frac{|z|/R + |f(0)|}{1 + |f(0)|\,|z|/R},$$

ferner

$$(8)\qquad |f(z) - f(0)| \leqq \frac{|z|/R}{1 - |z|/R}(1 - |f(0)|^2).$$

Nun seien bezüglich $f(z)$ wieder die Voraussetzungen des Satzes 3a erfüllt. Dann gilt nach diesem Satz für $|z| < R$ die Ungleichung $|f(z)|\, R/|z| < 1$, wenn wir den Grenzfall $f(z) = e^{i\alpha} z/R$ ausschließen. Daher erfüllt die Funktion $F(z) = f(z)\, R/z$ die Voraussetzungen des Satzes 3b, und es folgt

$$|F(z) - F(0)| \leqq \frac{|z|/R}{1 - |z|/R}(1 - |F(0)|^2).$$

Da $F(0) = f'(0)\, R$ ist, so haben wir, $f(z)$ wieder eingeführt, die Ungleichung

$$|f(z) - z f'(0)| \leqq \frac{(|z|/R)^2}{1 - |z|/R}[1 - (|f'(0)|\, R)^2].$$

Sie gilt trivialerweise auch noch in dem ausgeschlossenen Grenzfall. Demnach gilt der

Satz 3c: *Ist* $f(z)$ *für* $|z| < R$ *regulär,* $|f(z)| < 1$ *und* $f(0) = 0$, *so ist*

$$|f(z) - z f'(0)| \leqq \frac{(|z|/R)^2}{1 - |z|/R}[1 - (|f'(0)| \cdot R)^2].$$

2. Der Satz von Liouville

Ist $f(z)$ im Kreis $|z| \leqq \varrho$ regulär und ist M das Maximum von $|f(z)|$ auf dem Rand $|z| = \varrho$, so ergeben sich aus (4) S. 132 mit Hilfe der Integralabschätzung I, S. 115, wieder die Cauchyschen Ungleichungen

$$(9)\qquad |f^{(n)}(z)| \leqq n!\, M/\varrho^n, \qquad (n = 0, 1, 2, \ldots).$$

Für $n = 1$ folgt $|f'(z)| \leqq M/\varrho$ und hieraus

Satz 5 (Satz von Liouville): *Eine analytische Funktion*[1]*), die überall, im Endlichen und im Unendlichen, regulär ist, ist eine Konstante.*

Der Satz besagt also mit anderen Worten: *eine (eindeutige) analytische Funktion, die keine Konstante ist, muß wenigstens eine singuläre Stelle (im Endlichen oder im Unendlichen) besitzen.*

Beweis: Ist $f(z)$ überall im Endlichen und im Unendlichen regulär (vgl. hierzu Def. II, S. 75), so ist einerseits $|f(z)|$ in der ganzen z-Ebene beschränkt, $|f(z)| \leq S$, andererseits ist das Regularitätsgebiet die ganze z-Ebene, daher kann man den Kreisradius ϱ beliebig groß wählen. Es ist somit $|f'(z)| = 0$, also auch $f'(z) = 0$ in jedem endlichen Punkt z und wegen der Regularität von $f(z)$ auch im Unendlichen, demnach $f(z)$ eine Konstante, w. z. b. w.

Aus dem Liouvilleschen Satz folgt z. B.

Satz 6: *Die einzigen analytischen Funktionen*[1]*) $f(z)$, welche keine anderen singulären Stellen als höchstens Pole haben, sind die rationalen Funktionen.*

Beweis: Zunächst folgt aus der Partialbruchdarstellung der rationalen Funktionen sofort, daß sie als Singularitäten nur Pole haben können, und zwar an den Nullstellen des Nenners und, falls der Grad des Zählers größer ist als der Grad des Nenners, im Punkt ∞. Sie sind aber auch die einzigen derartigen Funktionen. Pole können in diesem Falle nur in endlicher Anzahl auftreten, da eine Häufungsstelle von Polen kein Pol ist.
Es seien die Pole α_ν von der Ordnung p_ν ($\nu = 0, 1, 2, \ldots, n$) vorhanden,

$$(10) \qquad h_\nu(z) = a_{\nu 1}(z - \alpha_\nu)^{-1} + a_{\nu 2}(z - \alpha_\nu)^{-2} + \ldots + a_{\nu p_\nu}(z - \alpha_\nu)^{-p_\nu}$$

seien die Hauptteile von $f(z)$ an den im Endlichen gelegenen Polen α_ν ($\nu = 1, 2, \ldots, n$), $h_0(z) = a_1 z + a_2 z^2 + \ldots + a_{p_0} z^{p_0}$ der Hauptteil des im Unendlichen gelegenen Poles $\alpha_0 = \infty$. $F(z) \equiv f(z) - \sum_{\nu=0}^{n} h_\nu(z)$ ist dann, da die Hauptteile von $f(z)$ subtrahiert werden, in der ganzen z-Ebene sowohl im Endlichen als auch im Unendlichen regulär, daher nach dem Satz von Liouville eine Konstante C. Demnach ist $f(z) = C + \sum_{\nu=0}^{n} h_\nu(z)$. Das ist aber eine rationale Funktion von z, w. z. b. w.

Die rationalen Funktionen sind spezielle Funktionen einer größeren Klasse von Funktionen, nämlich der meromorphen (vgl. Def. II, S. 150). Wir wollen im Anschluß an den oben bewiesenen Satz kurz auf das für später Wesentliche über meromorphe Funktionen eingehen.

3. Meromorphe Funktionen

Sind $f_1(z)$ und $f_2(z)$ zwei meromorphe Funktionen, welche an den im Endlichen gelegenen Singularitäten gleiche Hauptteile besitzen, so ist ihre Differenz im Endlichen überall regulär, also eine ganze Funktion. Es gilt somit

[1]) Es handelt sich nach unseren Vereinbarungen (vgl. S. 26 und 149), wenn nicht ausdrücklich das Gegenteil festgestellt wird, stets um eindeutige Funktionen.

Satz 7: *Ist $f(z)$ eine meromorphe Funktion, deren Hauptteile im Endlichen vorgeschrieben sind, so ist $F(z) = f(z) + G(z)$, wobei $G(z)$ eine ganze Funktion ist, die allgemeinste meromorphe Funktion mit den vorgeschriebenen Hauptteilen.*

Die rationalen Funktionen gestatten eine Partialbruchzerlegung $R(z) = P(z) + \sum_{\nu=1}^{n} h_\nu(z)$, wobei $P(z)$ eine ganze rationale Funktion, $h_\nu(z)$ die in (10) eingeführten Hauptteile sind. Eine analoge Darstellung läßt sich auch für meromorphe Funktionen mit unendlich vielen Polen angeben. Die unendlich vielen Pole können sich nur im Unendlichen häufen. Wir lassen zunächst den Nullpunkt, falls er ein Pol sein sollte, beiseite und numerieren die anderen Pole nach wachsenden Absolutbeträgen mit $\alpha_1, \alpha_2, \alpha_3, \ldots$. Die zugehörigen Hauptteile seien $h_\nu(z)$. Die Reihe dieser Hauptteile wird im allgemeinen nicht konvergieren, man kann die Konvergenz aber in jedem Falle durch passende Zusatzglieder erreichen. In der Umgebung des Nullpunktes sind die Hauptteile nach Voraussetzung regulär, lassen sich also dort in eine Taylorreihe entwickeln, $h_\nu(z) = b_{\nu 0} + b_{\nu 1}(z/\alpha_\nu) + b_{\nu 2}(z/\alpha_\nu)^2 + \ldots + b_{\nu, m_\nu - 1}(z/\alpha_\nu)^{m_\nu - 1} + r_\nu(z) = g_\nu(z) + r_\nu(z)$, deren Konvergenzgebiet der Kreis um den Nullpunkt durch den Punkt α_ν, also $|z/\alpha_\nu| < 1$ ist. Daher kann man durch passende Wahl der Zahlen m_ν erreichen, daß der Betrag von $r_\nu = (z/\alpha_\nu)^{m_\nu}[b_{\nu, m_\nu} + b_{\nu, m_\nu + 1}(z/\alpha_\nu) + \ldots]$ kleiner als jede noch so klein vorgegebene Zahl wird, z. B. daß jeder Rest $|r_\nu|$ in dem zugehörigen Konvergenzgebiet $|z| \leqq R < |\alpha_\nu|$ kleiner als das allgemeine Glied c_ν einer konvergenten Reihe mit konstanten positiven Gliedern ist. Dann konvergiert in jedem beliebig großen Kreis $|z| \leqq R$ die Reihe $\sum_{\nu=\mu}^{\infty}[h_\nu(z) - g_\nu(z)]$ gleichmäßig, wenn nur μ so groß gewählt wird, daß $|\alpha_\mu| > R$ ist, denn die Glieder dieser Reihe sind für $|z| \leqq R < |\alpha_\mu|$ kleiner als die Glieder c_μ. Nach dem Weierstraßschen Satz 2, S. 135, stellt diese Reihe somit in $|z| \leqq R$ eine analytische Funktion dar. Nehmen wir noch die ersten $\mu - 1$ Reihenglieder hinzu, so ändert das an der Konvergenz der Reihe nichts mehr, es kommen lediglich noch die singulären Stellen der ersten $\mu - 1$ Glieder mit den vorgeschriebenen Hauptteilen zu der im übrigen in $|z| \leqq R$ regulären Funktion hinzu. Da R beliebig sein kann, so stellt demnach $F(z) = h_0(z) + \sum_{\nu=1}^{\infty}[h_\nu(z) - g_\nu(z)]$, wenn wir jetzt unter $h_0(z)$ den Hauptteil im Nullpunkt verstehen, eine im Endlichen bis auf die vorgeschriebenen Pole überall reguläre Funktion mit den vorgeschriebenen Hauptteilen dar. Wir haben damit den

Satz 8 (Mittag-Lefflerscher Partialbruchsatz): *Sind an den im Unendlichen sich häufenden, nach wachsenden Absolutbeträgen geordneten endlichen Stellen α_ν $(\nu = 0, 1, 2, \ldots)$, $\alpha_0 = 0$, die Hauptteile*

$$h_\nu(z) = a_{\nu 1}(z - \alpha_\nu)^{-1} + a_{\nu 2}(z - \alpha_\nu)^{-2} + \ldots + a_{\nu p_\nu}(z - \alpha_\nu)^{-p_\nu}$$

gegeben, so stellt bei geeigneter Wahl von Polynomen $g_\nu(z)$

$$F(z) = h_0(z) + \sum_{\nu=1}^{\infty}[h_\nu(z) - g_\nu(z)] \tag{11}$$

eine meromorphe Funktion dar, welche an den Stellen α_ν Pole mit den vorgeschriebenen Hauptteilen besitzt. Die Reihe konvergiert, wenn man eine entsprechend große Zahl von Reihengliedern wegläßt, in jedem beschränkten Bereich gleichmäßig. Als Polynome $g_\nu(z)$ können die Näherungspolynome der Taylorentwicklung von $h_\nu(z)$ in einem Kreise $|z| \leq R < \alpha_\nu$ nach Potenzen von z Verwendung finden, für die der Betrag des Reihenrestes $h_\nu(z) - g_\nu(z)$ dieser Entwicklung kleiner als das allgemeine Glied c_ν einer konvergenten Reihe mit konstanten positiven Gliedern ist.

Die allgemeinste meromorphe Funktion erhält man nach Satz 7, wenn man noch eine ganze Funktion zu $f(z)$ addiert. Jede meromorphe Funktion $f(z)$ gestattet demnach eine Partialbruchzerlegung von der Form

$$f(z) = G(z) + h_0(z) + \sum_{\nu=1}^{\infty} [h_\nu(z) - g_\nu(z)].$$

Hat die meromorphe Funktion nur Pole erster Ordnung, so sind die Hauptteile

$$h_\nu(z) = a_\nu (z - \alpha_\nu)^{-1} = -(a_\nu/\alpha_\nu)[1 + (z/\alpha_\nu) + (z/\alpha_\nu)^2 + \ldots],$$

also

$$\begin{aligned} h_\nu(z) - g_\nu(z) &= a_\nu (z - \alpha_\nu)^{-1} + (a_\nu/\alpha_\nu)[1 + (z/\alpha_\nu) + \ldots + (z/\alpha_\nu)^{m_\nu - 1}] \\ &= a_\nu (z - \alpha_\nu)^{-1} + (a_\nu/\alpha_\nu)\frac{1 - (z/\alpha_\nu)^{m_\nu}}{1 - (z/\alpha_\nu)} = -(a_\nu/\alpha_\nu)\frac{(z/\alpha_\nu)^{m_\nu}}{1 - (z/\alpha_\nu)}. \end{aligned}$$

Ist $|z| \leq R$ ein beliebig aber fest vorgegebener Kreis, so wird mit wachsendem ν der Betrag $|z/\alpha_\nu|$ beliebig klein, z. B. $|z/\alpha_\nu| \leq 1/2$. Es ist also von einem gewissen Index ν an sicher $|h_\nu(z) - g_\nu(z)| < 2\,|a_\nu/\alpha_\nu|\,|z/\alpha_\nu|^{m_\nu}$. Es genügt daher schon, wenn die Reihe $\sum\limits_{\nu=1}^{\infty} \left|\frac{c_\nu}{\alpha_\nu}\right| \left|\frac{z}{\alpha_\nu}\right|^{m_\nu}$ oder die Reihe $\sum\limits_{\nu=1}^{\infty} |a_\nu| \left|\frac{z}{\alpha_\nu}\right|^{m_\nu+1}$ konvergiert. Es gilt also

Satz 9: *Kann man eine Folge natürlicher Zahlen m_ν so angeben, daß $\sum\limits_{\nu=1}^{\infty} |a_\nu| \left|\frac{z}{\alpha_\nu}\right|^{m_\nu+1}$ für jedes endliche z konvergiert, so stellt*

$$F(z) = \frac{a_0}{z} + \sum_{\nu=1}^{\infty} c_\nu \left[\frac{1}{z - \alpha_\nu} + \frac{1}{\alpha_\nu}\left(1 + \frac{z}{\alpha_\nu} + \ldots + \left(\frac{z}{\alpha_\nu}\right)^{m_\nu - 1}\right)\right] \tag{12}$$

eine meromorphe Funktion mit den Polen α_ν und den Residuen a_ν dar.

Da die Reihen (11) und (12) in jedem beliebig großen Kreis $|z| \leq R$ nach Abtrennung einer endlichen Zahl von Gliedern (die aber die Konvergenz nicht beeinflussen) gleichmäßig konvergieren, kann man nach dem Weierstraßschen Satz 2, S. 135, gliedweise integrieren. Wir lassen zunächst wieder das erste Glied beiseite und integrieren auf irgendeinem, die Stellen α_ν vermeidenden Weg von 0 nach z. Dann erhalten wir

$$\begin{aligned} \varphi(z) &= \int_0^z \sum_{\nu=1}^{\infty} a_\nu \left[-\frac{1}{\alpha_\nu}\frac{1}{1 - \zeta/\alpha_\nu} + \frac{1}{\alpha_\nu}\left(1 + \frac{\zeta}{\alpha_\nu} + \ldots + \left(\frac{\zeta}{\alpha_\nu}\right)^{m_\nu - 1}\right)\right] d\zeta = \\ &= \sum_{\nu=1}^{\infty} a_\nu \left[\operatorname{Log}\left(1 - \frac{z}{\alpha_\nu}\right) + \frac{z}{\alpha_\nu} + \frac{1}{2}\left(\frac{z}{\alpha_\nu}\right)^2 + \ldots + \frac{1}{m_\nu}\left(\frac{z}{\alpha_\nu}\right)^{m_\nu} + 2k_\nu \pi i\right], \end{aligned}$$

dabei können nach S. 101, wenn die Reihe konvergieren soll, von einem gewissen $\nu > N$ an nur mehr die Hauptwerte der Logarithmen auftreten, also müssen für $\nu > N$ alle $k_\nu = 0$ sein. Nunmehr nehmen wir a_ν als positive ganze Zahlen an und erhalten damit $\Phi(z) = e^{\varphi(z)}$ als eine eindeutige und in der ganzen Ebene höchstens mit Ausnahme der Punkte $z = \alpha_\nu$ reguläre Funktion. Die n-te Partialsumme im Exponenten liefert ein n-faches Produkt

$$\Phi_n(z) = \prod_{\nu=1}^{n} \left[\left(1 - \frac{z}{\alpha_\nu}\right) e^{\frac{z}{\alpha_\nu} + \frac{1}{2}\left(\frac{z}{\alpha_\nu}\right)^2 + \cdots + \frac{1}{m_\nu}\left(\frac{z}{\alpha_\nu}\right)^{m_\nu}} \right]^{a_\nu}$$

das an der Stelle α_ν eine Nullstelle von der Ordnung a_ν besitzt. In der Grenze $n \to \infty$ erhalten wir so eine im Endlichen überall reguläre Funktion, also eine ganze Funktion, welche die unendlich vielen Nullstellen $z = \alpha_\nu$ von der Ordnung a_ν besitzt. Nehmen wir schließlich wieder den Nullpunkt als Nullstelle a_0-ter Ordnung hinzu, so erhalten wir den

Satz 10 (Weierstraßscher Produktsatz): *Ist* $\sum_{\nu=1}^{\infty} |a_\nu| \left|\frac{z}{\alpha_\nu}\right|^{m_\nu+1}$ *für jedes endliche* z *konvergent, so stellt*

$$\Phi(z) = z^{a_0} \prod_{\nu=1}^{\infty} \left[\left(1 - \frac{z}{\alpha_\nu}\right) e^{\frac{z}{\alpha_\nu} + \frac{1}{2}\left(\frac{z}{\alpha_\nu}\right)^2 + \cdots + \frac{1}{m_\nu}\left(\frac{z}{\alpha_\nu}\right)^{m_\nu}} \right]^{a_\nu}$$

eine ganze Funktion dar, welche an den Stellen α_ν *Nullstellen von der Ordnung* a_ν *besitzt.*

Wir haben damit eine spezielle ganze Funktion mit vorgeschriebenen Nullstellen. Um die allgemeinste ganze Funktion dieser Art zu finden, brauchen wir noch die allgemeinste ganze Funktion ohne Nullstellen.

Eine ganze Funktion besitzt eine für alle endlichen z konvergente Taylorreihenentwicklung nach Potenzen von z.

$H(z) = a_0 + a_1 z + a_2 z^2 + \ldots$ sei irgendeine ganze Funktion ohne Nullstellen. Insbesondere ist dann $a_0 \neq 0$. Ferner ist $H'(z)$ ebenfalls eine ganze Funktion, da die Ableitung einer Potenzreihe dasselbe Konvergenzgebiet besitzt. Da $H(z)$ keine Nullstellen hat, so ist auch $H'(z)/H(z) = g(z)$ eine ganze Funktion.

Dann ist aber auch $\int_0^z g(\zeta)\, d\zeta = g_1(z) = \log H(z) - \log a_0$ eine eindeutige ganze Funktion, also ist $H(z) = a_0\, e^{g_1(z)} = e^{G(z)}$, wobei $G(z)$ eine ganze Funktion ist. Da auch umgekehrt $e^{G(z)}$ eine ganze Funktion ohne Nullstellen ist, wenn $G(z)$ irgendeine ganze Funktion ist, so haben wir

Satz 11: *Die allgemeinste ganze Funktion ohne Nullstellen ist durch* $H(z) = e^{G(z)}$ *gegeben, wobei* $G(z)$ *eine beliebige ganze Funktion ist.*

Mit Hilfe von Satz 10 und 11 läßt sich demnach auch die allgemeinste ganze Funktion $F(z)$ mit vorgeschriebenen Nullstellen angeben. Es gilt

Satz 12: *Ist* $\Phi(z)$ *eine ganze Funktion mit vorgeschriebenen Nullstellen vorgeschriebener Ordnung, so ist* $F(z) = e^{G(z)}\,\Phi(z)$ *die allgemeinste Funktion dieser Art, wenn* $G(z)$ *eine beliebige ganze Funktion bedeutet.*

Beispiele:

1. **sin πz** ist eine ganze Funktion mit den unendlich vielen Nullstellen 1. Ordnung $0, \pm 1, \pm 2, \ldots$. Wir wollen sie als ein unendliches Produkt darstellen. Zu diesem Zweck haben wir nach Satz 10 zunächst zu untersuchen, für welche Exponenten m_ν die Reihe $\sum_{\nu=1}^{\infty} |a_\nu| \left|\frac{z}{\alpha_\nu}\right|^{m_\nu+1}$ konvergiert. Die a_ν sind hier alle gleich 1. Ferner setzen wir $\alpha_1 = 1$, $\alpha_2 = -1$, $\alpha_3 = 2$, $\alpha_4 = -2, \ldots$. Diese Reihe konvergiert bereits für jedes endliche z, wenn wir alle $m_\nu = 1$ wählen, somit haben wir den Ansatz
$$\sin \pi z = z e^{G(z)} \prod_{\nu=1}^{\infty} \left(1 - \frac{z}{\alpha_\nu}\right) e^{z/\alpha_\nu} = z e^{G(z)} \prod_{\mu=1}^{\infty} \left(1 - \frac{z}{\mu}\right)\left(1 + \frac{z}{\mu}\right),$$
also
$$\sin \pi z = z e^{G(z)} \prod_{\mu=1}^{\infty} \left(1 - \frac{z^2}{\mu^2}\right). \tag{13}$$
Die noch unbestimmt gebliebene ganze Funktion $G(z)$ bestimmen wir weiter unten.

2. **ctg πz** ist eine meromorphe Funktion, die an den Stellen $0, \pm 1, \pm 2, \ldots$ Pole erster Ordnung hat. Wir setzen wieder $\alpha_0 = 0$, $\alpha_1 = 1$, $\alpha_2 = -1, \ldots$. Die Residuen an den singulären Stellen sind $a_\nu = 1/\pi$. Da die Reihe $\sum_{\nu=1}^{\infty} \left|\frac{z}{\alpha_\nu}\right|^{m_\nu+1}$ für alle endlichen z konvergiert, wenn wir $m_\nu = 1$ setzen, folgt aus Satz 9 unter Berücksichtigung von Satz 7:
$$\pi \operatorname{ctg} \pi z = g(z) + \frac{1}{z} + \sum_{\nu=1}^{\infty} \left(\frac{1}{z - \alpha_\nu} + \frac{1}{\alpha_\nu}\right)$$
$$= g(z) + \frac{1}{z} + \sum_{\mu=1}^{\infty} \left(\frac{1}{z - \mu} + \frac{1}{z + \mu}\right),$$
wobei $g(z)$ eine noch zu bestimmende ganze Funktion ist. Die Bestimmung dieser Funktion gelingt mittels des folgenden Kunstgriffes: Wir differenzieren die Reihe für $\operatorname{ctg} \pi z$ und erhalten nach g' aufgelöst,
$$g'(z) = \sum_{\mu=-\infty}^{\infty} \frac{1}{(z-\mu)^2} - \frac{\pi^2}{\sin^2 \pi z}.$$
Ersetzen wir z durch $z+1$, so erhalten wir dieselbe Reihe, also ist $g'(z+1) = g'(z)$, d. h. $g'(z)$ ist eine periodische Funktion mit der Periode 1. Sie ist außerdem eine ganze Funktion, also in der ganzen z-Ebene höchstens mit Ausnahme des unendlich fernen Punktes regulär. Dieser kann also nur eine reguläre oder eine isolierte singuläre Stelle von $g'(z)$ sein. In der Umgebung einer isolierten singulären Stelle kommt die Funktion dem Wert ∞ beliebig nahe (vgl. Satz 2, S. 152). Da $g'(z)$ eine ganze Funktion ist, also im Endlichen keine singuläre Stelle haben kann, und da sie außerdem die Periode 1 hat, bleibt $g'(z)$ sicher endlich, wenn sich z dem Punkt ∞ in einem Parallelstreifen zur x-Achse nähert. Wir zeigen: Auch wenn z so nach ∞ wandert, daß $|y| \to \infty$ wächst

(es genügt dabei wegen der Periode 1 die Werte von x auf das Intervall $0 \leqq x < 1$ zu beschränken) bleibt $g'(z)$ beschränkt und zwar wandert es gegen Null.

$$\left| \sum_{\mu=-\infty}^{\infty} \frac{1}{(z-\mu)^2} \right| \leqq \sum_{\mu=-\infty}^{\infty} \frac{1}{(x-\mu)^2+y^2} = \sum_{\mu=0}^{\infty} \frac{1}{(x+\mu)^2+y^2} +$$

$$+ \sum_{\mu=1}^{\infty} \frac{1}{(x-\mu)^2+y^2} < \sum_{\mu=0}^{\infty} \frac{1}{\mu^2+y^2} + \sum_{\mu=1}^{\infty} \frac{1}{(\mu-1)^2+y^2} = 2 \sum_{\mu=0}^{\infty} \frac{1}{\mu^2+y^2}.$$

Diese Reihe konvergiert für alle y, ist also beschränkt, und liefert für $|y| \to \infty$ den Wert 0. Ferner ist

$$|\sin \pi z| = \left| \frac{e^{\pi i(x+iy)} - e^{-\pi i(x+iy)}}{2i} \right| \geqq \frac{|e^{\pi y} - e^{-\pi y}|}{2}.$$

Mit $|y| \to \infty$ verschwindet daher der Betrag des reziproken Wertes, also auch $g'(z)$. Der Punkt ∞ kann daher keine singuläre Stelle von $g'(z)$ sein. Es ist somit $g'(z)$ in der ganzen z-Ebene mit Einschluß des unendlich fernen Punktes regulär, also nach dem Liouvilleschen Satz (S. 174) eine Konstante. Der Wert dieser Konstanten ergibt sich z. B. aus dem Wert der Funktion im Punkt ∞. Es ist somit $g'(z) \equiv 0$, also $g(z) = c = \text{const.}$ und daher $\pi \operatorname{ctg} \pi z = c + 1/z + \Sigma(z)$. Ersetzt man hierin z durch $-z$, so erhält man $-\pi \operatorname{ctg} \pi z = c - 1/z - \Sigma(z)$. Durch Addition der beiden Gleichungen ergibt sich $c = 0$. Damit haben wir die Partialbruchdarstellung

$$(14) \qquad \pi \operatorname{ctg} \pi z = \frac{1}{z} + \sum_{\mu=1}^{\infty} \left(\frac{1}{z-\mu} + \frac{1}{z+\mu} \right) = \frac{1}{z} + 2 \sum_{\mu=1}^{\infty} \frac{z}{z^2-\mu^2}.$$

Jetzt läßt sich auch die Funktion $G(z)$ in der Produktdarstellung von $\sin \pi z$ in einfacher Weise bestimmen. Wir logarithmieren und differenzieren (13) und erhalten $\pi \operatorname{ctg} \pi z = \dfrac{1}{z} + G'(z) + \sum\limits_{\mu=1}^{\infty} \left(\dfrac{1}{z-\mu} + \dfrac{1}{z+\mu} \right)$, also wegen (14) $G'(z) \equiv 0$, $G(z) = k = \text{const.}$ Den Wert der Konstanten $e^k = C$ berechnen wir, indem wir in $(\sin \pi z)/z$ den Grenzübergang $z \to 0$ ausführen zu $C = \pi$. Demnach ist die gesuchte Produktdarstellung

$$(15) \qquad \sin \pi z = \pi z \prod_{\mu=1}^{\infty} \left(1 - \frac{z^2}{\mu^2} \right).$$

Setzt man in dieser Formel $z = 1/2$, so erhält man

$$1 = \frac{\pi}{2} \prod_{\mu=1}^{\infty} \left(1 - \frac{1}{(2\mu)^2} \right) = \frac{\pi}{2} \prod_{\mu=1}^{\infty} \frac{2\mu-1}{2\mu} \, \frac{2\mu+1}{2\mu},$$

also

$$\frac{\pi}{2} = \lim_{n \to \infty} \frac{2 \cdot 2 \cdot 4 \cdot 4 \cdot 6 \ldots \quad 2n \cdot 2n}{1 \cdot 3 \cdot 3 \cdot 5 \cdot 5 \ldots (2n-1)(2n+1)} = \lim_{n \to \infty} \frac{2 \cdot 2 \cdot 4 \cdot 4 \cdot 6 \cdot \ldots \quad (2n-2)(2n)}{1 \cdot 3 \cdot 3 \cdot 5 \cdot 5 \cdot \ldots (2n-1)(2n-1)}.$$

Das ist die *Wallis'sche Produktdarstellung* von $\dfrac{\pi}{2}$:

$$(16) \qquad \frac{\pi}{2} = \frac{2 \cdot 2 \cdot 4 \cdot 4 \cdot 6 \cdot 6 \cdot 8 \cdot 8 \cdot \ldots}{1 \cdot 3 \cdot 3 \cdot 5 \cdot 5 \cdot 7 \cdot 7 \cdot 9 \cdot \ldots}.$$

Übungsaufgaben:

1. Man beweise mit Hilfe des Schwarzschen Lemmas den Liouvilleschen Satz: Eine in der ganzen z-Ebene (im Endlichen und im Unendlichen) reguläre Funktion ist eine Konstante.
2. Man gebe die allgemeinste ganze Funktion an, die nur für $z = 0;\ -1;\ -2;\ -3;\ \ldots$ verschwindet und dort Nullstellen 1. Ordnung besitzt.
3. Wie lautet die Produktdarstellung von $e^z - 1$, wie die Partialbruchdarstellung von $1/(e^z - 1)$?

§ 4. ÜBERGANG ZUR POTENTIALTHEORIE

Real- oder Imaginärteile analytischer Funktionen sind ebene Potentialfunktionen und umgekehrt (vgl. Satz 2, S. 62). Daher lassen sich die im vorhergehenden abgeleiteten Eigenschaften analytischer Funktionen in geeigneter Weise auf Potentialfunktionen von zwei unabhängigen Veränderlichen übertragen. Ausschließlich um solche Potentialfunktionen handelt es sich in diesem Paragraphen.

Nach Satz 3b, S. 132, hat eine in $\mathfrak{G}$ analytische Funktion dort Ableitungen beliebig hoher Ordnung, die sämtlich in $\mathfrak{G}$ analytisch sind. Die Werte der Funktion sowie ihrer sämtlichen Ableitungen im Innern von $\mathfrak{G}$ lassen sich mit Hilfe der Cauchyschen Integralformel (4) allein durch die Werte der Funktion auf dem Rand von $\mathfrak{G}$ darstellen. Die erste Eigenschaft liefert, auf Potentialfunktionen übertragen (vgl. S. 62),

Satz 1: *Ist $u(x; y)$ eine in $\mathfrak{G}$ reguläre Potentialfunktion, so hat $u(x; y)$ in $\mathfrak{G}$ Ableitungen beliebig hoher Ordnung, die ihrerseits in $\mathfrak{G}$ reguläre Potentialfunktionen sind.*

Die Übertragung der Cauchyschen Integralformel für $n = 0$ liefert Integraldarstellungen einer Potentialfunktion durch ihre Randwerte.

1. Die Sätze vom arithmetischen Mittel und vom Maximum und Minimum

Wir betrachten zunächst den Spezialfall (3) von S. 169. Nehmen wir auf beiden Seiten den Realteil, so erhalten wir

$$(1)\qquad u(x; y) = \frac{1}{2\pi}\int_0^{2\pi} u(x + \varrho\cos\varphi;\ y + \varrho\sin\varphi)\, d\varphi,$$

also wieder wörtlich auf Potentialfunktionen übertragen *den Satz 1 vom arithmetischen Mittel S.* 169. Der Vergleich der Imaginärteile liefert dieselbe Formel für die konjugierte Potentialfunktion $v(x; y)$. Multiplizieren wir noch beide Seiten mit ϱ und integrieren, falls der Kreis mit dem Mittelpunkt $(x; y)$ und dem Radius R noch ganz im Regularitätsbereich von u liegt, von 0 bis R, so ergibt sich nach Division durch R^2

$$(2)\qquad u(x; y) = \frac{1}{\pi R^2}\int_0^R\int_0^{2\pi} u(x + \varrho\cos\varphi;\ y + \varrho\sin\varphi)\,\varrho\, d\varrho\, d\varphi,$$

also noch der

Satz 2: *Der Wert der Potentialfunktion im Mittelpunkt eines im Regularitätsgebiet gelegenen Kreisscheibe ist gleich dem arithmetischen Mittel der Funktionswerte auf der Kreisscheibe*[1]).

Aus (1) folgt der

Satz 3 (Satz von Maximum und Minimum): *Eine in einem abgeschlossenen, beschränkten Bereich $\mathfrak{B}$ reguläre Potentialfunktion, die in $\mathfrak{B}$ nicht konstant ist, nimmt ihren größten und ihren kleinsten Wert nur auf dem Rande von $\mathfrak{B}$ an.*

Der Beweis dieses Satzes für das Maximum von $u(x; y)$ ist derselbe wie für das Maximum von $|f(z)|$. Der Beweis für das Minimum ergibt sich dann, indem man $u(x; y)$ durch $-u(x; y)$ ersetzt.

Aus Satz 3 folgt unmittelbar

Satz 4: *Eine in dem abgeschlossenen, beschränkten Bereich $\mathfrak{B}$ reguläre und auf dem Rande von $\mathfrak{B}$ konstante Potentialfunktion ist in $\mathfrak{B}$ eine Konstante.*

Denn nach Satz 3 nimmt die Funktion ihr Maximum und ihr Minimum auf dem Rand an. Da aber dort die Funktion konstant ist, $u(x; y) = k$, sind Maximum und Minimum der Funktion gleich, nämlich gleich k. Somit ist die Funktion in $\mathfrak{B}$ konstant gleich k.

Satz 5 (Identitätssatz): *Zwei in demselben abgeschlossenen, beschränkten Bereich $\mathfrak{B}$ reguläre Potentialfunktionen, deren Funktionswerte auf dem Rande in sämtlichen Punkten übereinstimmen, sind in $\mathfrak{B}$ identisch.*

Mit $u_1(x; y)$ und $u_2(x; y)$ ist nämlich auch $u_1 - u_2$ eine in $\mathfrak{B}$ reguläre Potentialfunktion. Sie hat die Randwerte Null, ist also in $\mathfrak{B}$ identisch Null.

2. Die Poissonsche Integralformel

Den Integranden in (3) S. 169 konnten wir sofort in Real- und Imaginärteil zerlegen. Wir wollen eine solche Zerlegung auch noch für einen etwas allgemeineren Fall durchführen, indem wir in der Cauchyschen Integralformel (1) S. 129 als Kurve (C) den Kreis (K), $|z| = R$, wählen. Für die Punkte $|z| < R$, also im Innern der Kreisscheibe $\mathfrak{K}$, sei $f(z)$ regulär und auf ihrem Rande (K) noch stetig[2]). Es ist dann für jeden Punkt $z = r e^{i\varphi}$ von $\mathfrak{K}$, indem wir $\zeta = R e^{it}$, $d\zeta = i R e^{it} dt$ und $f(re^{i\varphi}) = u(r\cos\varphi; r\sin\varphi) + i v(r\cos\varphi; r\sin\varphi) = U(r;\varphi) + i V(r;\varphi)$ setzen,

$$(3)\qquad f(z) = \frac{1}{2\pi i}\oint_{(K)} \frac{f(\zeta)}{\zeta - z}\,d\zeta = \frac{1}{2\pi}\int_0^{2\pi} [U(R;t) + i V(R;t)]\,\frac{Re^{it}}{Re^{it} - re^{i\varphi}}\,dt.$$

Setzen wir hingegen einen Punkt z^* ein, der außerhalb des Kreises (K) gelegen ist, z. B. den Spiegelpunkt von z am Kreise (K), also den Punkt $z^* = R^2/\bar{z} = e^{i\varphi} R^2/r$, so ist der Integrand in $\mathfrak{K}$ überall regulär und auf dem Rand (K) noch stetig. Die Cauchysche Integralformel liefert daher den Wert 0. Demnach ist

[1]) Vgl. Fußnote 1, S. 69.
[2]) Bezüglich der „Stetigkeit auf dem Rande" vgl. S. 69.

$$0=\frac{1}{2\pi i}\oint_{(K)}\frac{f(\zeta)}{\zeta-R^2/\bar{z}}\,d\zeta=\frac{1}{2\pi}\int_0^{2\pi}[U(R;t)+i\,V(R;t)]\frac{r e^{it}}{r e^{it}-R e^{i\varphi}}\,dt.$$

Somit verschwindet auch der konjugiert komplexe Wert, also ist

$$0=-\frac{1}{2\pi}\int_0^{2\pi}[U(R;t)-i\,V(R;t)]\frac{r e^{i\varphi}}{R e^{it}-r e^{i\varphi}}\,dt.$$

Subtrahieren wir diese Gleichung von Gleichung (3), so erhalten wir

(4)
$$f(r e^{i\varphi})=U(r;\varphi)+i\,V(r;\varphi)=\frac{1}{2\pi}\int_0^{2\pi}U(R;t)\frac{R e^{it}+r e^{i\varphi}}{R e^{it}-r e^{i\varphi}}\,dt+\frac{i}{2\pi}\int_0^{2\pi}V(R;t)\,dt.$$

Der letzte Bestandteil liefert nach (1) bis auf den Faktor i den Wert von v im Mittelpunkt des Kreises, $v(0;0)$. Da (vgl. auch Aufg. 2, S. 61)

$$\frac{R e^{it}+r e^{i\varphi}}{R e^{it}-r e^{i\varphi}}=\frac{R^2-r^2+i\,2Rr\sin(\varphi-t)}{R^2-2Rr\cos(\varphi-t)+r^2}$$

ist, so erhalten wir durch Vergleich der Realteile eine Integraldarstellung der Werte der Potentialfunktion im Innern des Kreises durch die Randwerte, nämlich

Satz 6: *Eine auf der Kreisscheibe $\mathfrak{K}$, $x^2+y^2<R^2$, reguläre und auf ihrem Rande (K) noch stetige Potentialfunktion von $x=r\cos\varphi$, $y=r\sin\varphi$ läßt sich in $\mathfrak{K}$ mit Hilfe der „Poissonschen Integralformel"*

(5) $$u(x;y)=U(r;\varphi)=\frac{1}{2\pi}\int_0^{2\pi}U(R;t)\frac{R^2-r^2}{R^2-2Rr\cos(\varphi-t)+r^2}\,dt$$

durch die Randwerte $U(R;t)$ auf dem Kreis (K) darstellen.

Durch Vergleich der Imaginärteile erhält man für $x^2+y^2<R^2$ gleichzeitig eine *Darstellung der konjugierten Potentialfunktion* $v(x;y)$ durch die Randwerte von u, nämlich

(6) $$v(x;y)=V(r;\varphi)=v(0;0)+\frac{1}{2\pi}\int_0^{2\pi}U(R;t)\frac{2Rr\sin(\varphi-t)}{R^2-2Rr\cos(\varphi-t)+r^2}\,dt.$$

3. Entwicklung in eine Reihe von Potentialfunktionen

Mit Hilfe der Cauchyschen Integralformel konnten wir eine in einem Gebiet $\mathfrak{G}$ analytische Funktion innerhalb eines gewissen Kreises um den inneren Punkt α in eine Taylorreihe nach Potenzen von $z-\alpha$ entwickeln. Ebenso liefert die Poissonsche Integralformel eine im Kreis $r<R$ gültige Reihenentwicklung von u nach speziellen Potentialfunktionen. Um diese Entwicklung zu erhalten, berücksichtigen wir, daß $U(r;\varphi)$ Realteil von (4) ist, und entwickeln

$$\frac{R e^{it}+r e^{i\varphi}}{R e^{it}-r e^{i\varphi}}=\frac{\zeta+z}{\zeta-z}=\left(1+\frac{z}{\zeta}\right)\frac{1}{1-z/\zeta}=\left(1+\frac{z}{\zeta}\right)\sum_{\nu=0}^{\infty}\left(\frac{z}{\zeta}\right)^{\nu}=$$
$$=1+2\sum_{\nu=1}^{\infty}\left(\frac{z}{\zeta}\right)^{\nu}=1+2\sum_{\nu=1}^{\infty}\left(\frac{r}{R}\right)^{\nu}e^{i\nu(\varphi-t)}.$$

Diese Reihe konvergiert für alle $r \leq \varrho < R$ gleichmäßig in t. Wir können daher die Reihe gliedweise nach t integrieren und erhalten aus (4)

$$f(r e^{i\varphi}) = U(r;\varphi) + i\,V(r;\varphi) - i\,v(0;0) + \frac{1}{2\pi}\int_0^{2\pi} U(R;t)\,dt + \sum_{\nu=1}^{\infty}\left(\frac{r}{R}\right)^{\nu} c_\nu e^{i\nu\varphi},$$

wobei

$$c_\nu = \frac{1}{\pi}\int_0^{2\pi} U(R;t)\,e^{-i\nu t}\,dt \quad \text{mit } \nu = 1, 2, 3, \ldots \text{ ist.}$$

Setzen wir noch $c_0 = \frac{1}{\pi}\int_0^{2\pi} U(R;t)\,dt$ und $c_\nu = a_\nu - i b_\nu$, so erhalten wir durch Trennung von Real- und Imaginärteil

Satz 7: *Eine auf der Kreisscheibe $\mathfrak{K}$, $x^2 + y^2 < R^2$, reguläre und auf ihrem Rande noch stetige Potentialfunktion von $x = r\cos\varphi$, $y = r\sin\varphi$ läßt sich in $\mathfrak{K}$ in eine Reihe*

(7) $$u(x;y) = U(r;\varphi) = \frac{a_0}{2} + \sum_{\nu=1}^{\infty}\left(\frac{r}{R}\right)^{\nu}(a_\nu \cos\nu\varphi + b_\nu \sin\nu\varphi)$$

mit

(7 a) $$\left\{\begin{aligned} a_\nu &= \frac{1}{\pi}\int_0^{2\pi} U(R;t)\cos\nu t\,dt \\ b_\nu &= \frac{1}{\pi}\int_0^{2\pi} U(R;t)\sin\nu t\,dt \end{aligned}\right. \qquad (\nu = 0, 1, 2, \ldots)$$

entwickeln. Für die konjugierte Potentialfunktion v erhält man die Entwicklung

(7 b) $$v(x;y) = V(r;\varphi) = v(0;0) + \sum_{\nu=1}^{\infty}\left(\frac{r}{R}\right)^{\nu}(-b_\nu\cos\nu\varphi + a_\nu\sin\nu\varphi).$$

Die Reihen konvergieren gleichmäßig im Kreis $r \leq \varrho < R$.

Die einzelnen Reihenglieder sind ihrerseits Potentialfunktionen, denn es ist $r^\nu \cos\nu\varphi = \mathfrak{R}(z^\nu)$ und $r^\nu \sin\nu\varphi = \mathfrak{J}(z^\nu)$. Wir haben also im Innern des Kreises eine Entwicklung in eine Reihe von Potentialfunktionen.

4. Lösung der Randwertaufgabe erster Art für den Kreis

Gibt man auf der geschlossenen, doppelpunktfreien, stückweise glatten Kurve (C) eine stetige[1]) Funktion $\varphi(\zeta)$ vor, so ist $f(z) = \frac{1}{2\pi i}\oint_{(C)} \frac{\varphi(\zeta)}{\zeta - z}\,d\zeta$ eine im Innern von (C) analytische Funktion. Man kann jedoch, wie S. 132 erwähnt wurde, nicht erwarten, daß bei Annäherung an einen Punkt ζ der Randkurve (C) von innen her die Funktionswerte gegen den dort vorgeschriebenen Rand-

[1]) Bezüglich der „Stetigkeit auf einer Kurve" vgl. S. 39.

wert $\varphi(\zeta)$ wandern. Die Poissonsche Integralformel dagegen hat für den Kreis, wie wir jetzt beweisen wollen, diese für die Anwendungen wichtige Eigenschaft. Wir schreiben eine stetige periodische Funktion $\Phi(t)$ mit der Periode 2π auf dem Kreis $\zeta = Re^{it}$ vor und bilden damit die Funktion

$$(8) \qquad u(x;y) = U(r;\varphi) = \frac{1}{2\pi}\int_0^{2\pi} \Phi(t)\frac{R^2-r^2}{R^2-2Rr\cos(\varphi-t)+r^2}\,dt.$$

I. Diese so gebildete Funktion von x und y stellt im Kreisinnern $\mathfrak{K}$ *eine Potentialfunktion dar.*

$h(x;y;t) = k(r;\varphi;t) = \frac{R^2-r^2}{R^2-2Rr\cos(\varphi-t)+r^2}$ ist nämlich Realteil der Funktion $\frac{\zeta+z}{\zeta-z}$ von z. Da letztere im Kreis $|z| < R$ analytisch ist, ist $h(x;y;t)$ in diesem Kreise eine reguläre Potentialfunktion. Wegen der Linearität der Potentialgleichung genügt dann auch $F(x;y;t) = \frac{1}{2\pi}\Phi(t)\,h(x;y;t)$ für jedes t der Potentialgleichung $\Delta F = 0$. Da man bei reellen Integralen Differentiation nach einem Parameter unter dem Integral vornehmen darf, wenn der differenzierte Integrand noch stetig ist[1]), so ist $\frac{\partial^2}{\partial x^2}\int_0^{2\pi} F(x;y;t)\,dt = \int_0^{2\pi}\frac{\partial^2 F}{\partial x^2}\,dt.$ Dasselbe gilt für die Ableitung nach y. Daher ist wegen der Linearität der Potentialgleichung $\Delta\int_0^{2\pi} F(x;y;t)\,dt = \int_0^{2\pi}\Delta F\,dt = 0$, also die Funktion (8) in $\mathfrak{K}$ eine Potentialfunktion.

II. *Auf dem Rande* (K) *von* $\mathfrak{K}$ hat zunächst $k(r;\varphi;t)$ keinen Sinn, da für $r = R$ und $\varphi = t$ sowohl der Zähler als auch der Nenner verschwindet. Es läßt sich aber zeigen, daß die Funktion (8) gegen $\Phi(t_0)$ wandert, falls man sich einem Randpunkt $\zeta_0 = Re^{it_0}$ über innere Punkte von $\mathfrak{K}$ so annähert, daß mit wachsendem $r \to R$ auch $\varphi \to t_0$ geht. Das kann man etwa erreichen, indem man sich dem Randpunkt innerhalb eines in der Nähe von ζ_0 im Kreisinnern gelegenen Winkelraumes mit dem Scheitel in ζ_0 nähert.

Um den gewünschten Nachweis zu führen, schätzen wir $|U(r;\varphi) - \Phi(t_0)|$ ab. Dabei beachten wir: Es ist $R^2 - 2Rr\cos(\varphi-t) + r^2 = [R - r\cos(\varphi-t)]^2 + r^2\sin^2(\varphi-t)$, also

$$(\alpha) \qquad k(r;\varphi;t) > 0 \text{ für } r < R \text{ und alle } \varphi, t\text{-Werte.}$$

Aus Formel (5) folgt für $u \equiv 1$

$$(\beta) \qquad \frac{1}{2\pi}\int_0^{2\pi} k(r;\varphi;t)\,dt = 1 \text{ für } r < R \text{ und alle } \varphi\text{-Werte.}$$

$\Phi(t)$ ist eine in dem abgeschlossenen Intervall $J\ (0 \leqq t \leqq 2\pi)$ stetige Funktion, daher dort gleichmäßig stetig und beschränkt, $|\Phi(t)| < S$. Es gibt also ein nur

[1]) Vgl. z. B. R. Courant, Vorlesung über Differential- und Integralrechnung, 2. Band, Berlin 1948, S. 174.

von ε abhängiges $\delta(\varepsilon)$, so daß für jedes t_0 des Intervalls J bei beliebig kleinem, fest vorgegebenem ε die Ungleichung $|\Phi(t)-\Phi(t_0)|<\varepsilon$ gilt, wenn nur $|t-t_0|\leqq \delta(\varepsilon)$ ist. Schließlich ist nach unserer Voraussetzung $|\varphi-t_0|<\delta(\varepsilon)/2$, also $t_0-\delta/2<\varphi<t_0+\delta/2$, wenn nur z genügend nahe an ζ_0, also $R-r\leqq |z-\zeta_0|<\varrho(\delta(\varepsilon))=\varrho_1(\varepsilon)$ klein genug gewählt wird. Damit erhalten wir für den abzuschätzenden Absolutbetrag

$$|U(r;\varphi)-\Phi(t_0)|=\left|\frac{1}{2\pi}\int_0^{2\pi}\Phi(t)\,k(r;\varphi;t)\,dt-\frac{1}{2\pi}\int_0^{2\pi}\Phi(t_0)\,k(r;\varphi;t)\,dt\right|\leqq$$

$$\leqq\frac{1}{2\pi}\int_0^{2\pi}|\Phi(t)-\Phi(t_0)|\,k(r;\varphi;t)\,dt=$$

$$=\frac{1}{2\pi}\int_{t_0-\delta}^{t_0+\delta}|\Phi(t)-\Phi(t_0)|\,k(r;\varphi;t)\,dt+\frac{1}{2\pi}\int_{(K_1)}|\Phi(t)-\Phi(t_0)|\,k(r;\varphi;t)\,dt<$$

$$<\frac{1}{2\pi}\,\varepsilon\int_{t_0-\delta}^{t_0+\delta}k(r;\varphi;t)\,dt+\frac{1}{2\pi}\,S\int_{(K_1)}k(r;\varphi;t)\,dt.$$

Von den beiden letzten Integralen ist das erste wegen (α) und (β) sicher <1. Das zweite Integral über den nach Wegnahme des Intervalls $t_0-\delta<t<t_0+\delta$ vom Intervall J noch verbleibenden Rest (K_1) geht aber mit $r\to R$ nach 0. $k(r;\varphi;t)$ ist nämlich nur an der Stelle $\varphi=t$, $r=R$ nicht definiert, hingegen ist $1/(R^2-2Rr\cos(\varphi-t)+r^2)$ für alle anderen Werte $\varphi\neq t+2n\pi$, also insbesondere für die Punkte des Intervalls (K_1), das ja nach unserer Voraussetzung wegen $t_0-\delta/2<\varphi<t_0+\delta/2$ den Wert φ nicht enthält, stetig. Daher existiert das Integral

$$\int_{(K_1)}\frac{dt}{R^2-2Rr\cos(\varphi-t)+r^2}$$

und es ist

$$\lim_{r\to R}\int_{(K_1)}k(r;\varphi;t)\,dt=\lim_{r\to R}(R^2-r^2)\int_{(K_1)}\frac{dt}{R^2-2Rr\cos(\varphi-t)+r^2}=0.$$

Wir können daher, wenn wir nur $|R-r|\leqq|z-\zeta_0|<\varrho_2(\varepsilon)$ klein genug machen, auch erreichen, daß der letzte Beitrag kleiner als $\varepsilon/2$ und daher für $|r-R|<\operatorname{Min}(\varrho_1(\varepsilon);\varrho_2(\varepsilon))=\varrho(\varepsilon)$, der Betrag $|U(r;\varphi)-\Phi(t_0)|<\varepsilon/2+\varepsilon/2=\varepsilon$ ist, w. z. b. w. Wir haben damit den wichtigen

Satz 8: *Ist $\Phi(t)$ eine reelle stetige Funktion der reellen Veränderlichen t mit der Periode 2π, so stellt*

$$u(x;y)=U(r;\varphi)=\frac{1}{2\pi}\int_0^{2\pi}\Phi(t)\frac{R^2-r^2}{R^2-2Rr\cos(\varphi-t)+r^2}\,dt \tag{8}$$

eine im Kreisinnern $\mathfrak{K}$, $x^2+y^2<R^2$, reguläre Potentialfunktion von $x=r\cos\varphi$ und $y=r\sin\varphi$ dar, die bei Annäherung an einen Randpunkt $(R\cos t_0;\ R\sin t_0)$

von innen her, so daß für $r \to R$ auch $\varphi \to t_0$ wandert, den dort vorgeschriebenen Wert $\Phi(t_0)$ annimmt.

Man sagt daher, **die Poissonsche Integralformel löst die Randwertaufgabe erster Art für den Kreis.**

Genau wie unter 3. folgt:

Man erhält für die durch (8) gegebene Funktion u eine im Kreisinnern, also für $r < R$, konvergente Reihenentwicklung nach Potentialfunktionen

$$u(x;y) = U(r;\varphi) = \frac{a_0}{2} + \sum_{\nu=1}^{\infty} \left(\frac{r}{R}\right)^{\nu} (a_\nu \cos\nu\varphi + b_\nu \sin\nu\varphi), \tag{9}$$

wobei

$$\left\{\begin{aligned} a_\nu &= \frac{1}{\pi}\int_0^{2\pi} \Phi(t)\cos\nu t\,dt \\ b_\nu &= \frac{1}{\pi}\int_0^{2\pi} \Phi(t)\sin\nu t\,dt \end{aligned}\right. \qquad (\nu = 0, 1, 2, \ldots) \tag{9 a}$$

formal die Fourier-Koeffizienten von $\Phi(t)$ sind[1]). Die konjugierte Potentialfunktion ist dann wieder

$$v(x;y) = V(r;\varphi) = v(0;0) + \sum_{\nu=1}^{\infty} \left(\frac{r}{R}\right)^{\nu} (-b_\nu \cos\nu\varphi + a_\nu \sin\nu\varphi).$$

Indem wir Real- und Imaginärteil zu einer analytischen Funktion $f(re^{i\varphi})$ zusammenfassen, ergibt sich für $|z| < R$

$$f(re^{i\varphi}) \equiv f(z) = \frac{c_0}{2} + \sum_{\nu=1}^{\infty} c_\nu z^\nu + i v(0;0) \tag{10}$$

mit

$$c_\nu = \frac{1}{\pi R^\nu} \int_0^{2\pi} \Phi(t) e^{-i\nu t}\,dt \quad (\nu = 0, 1, 2, \ldots). \tag{10 a}$$

Beispiel: Die im Einheitskreis $x^2 + y^2 < 1$ reguläre Potentialfunktion $u(x;y)$, welche auf dem Einheitskreis für $x = \cos t$; $y = \sin t$ die Randwerte $\Phi(t) = \sin 2t$ annimmt, können wir aus (10) sofort entnehmen. $\Phi(t)$ ist bereits als eine Fourier-Reihe gegeben. in der alle Glieder verschwinden bis auf $b_2 = 1$. Daher ist die gesuchte Potentialfunktion $U(r;\varphi) = r^2 \sin 2\varphi$, die dazu konjugierte $V(r;\varphi) = -r^2 \cos 2\varphi + v(0;0)$ und die dazugehörige analytische Funktion $f(z) = r^2 \sin 2\varphi - i r^2 \cos 2\varphi + i v(0;0) = i(-r^2\cos 2\varphi - i r^2 \sin 2\varphi) + i v(0;0) = -i z^2 + i v(0;0)$, wie sich auch aus (10) ergibt.

Wir haben aus der Cauchyschen Integralformel für den Fall, daß $|z| < R$ das Regularitätsgebiet von $f(z)$ war, nach entsprechender Umformung durch Zerlegung in Real- und Imaginärteile die Poissonsche Integralformel gewonnen. Auch im allgemeinen Falle eines einfach zusammenhängenden Gebietes $\mathfrak{G}$ läßt sich aus der Cauchyschen Integralformel eine Integraldarstellung für eine in $\mathfrak{G}$

[1]) Für $r \to R$, $\varphi \to t$ liefert zwar die Poissonsche Integralformel (8) den vorgeschriebenen Randwert $\Phi(t)$, die Reihenentwicklung (9) aber braucht für $r = R$ (also die Fourierreihe von $\Phi(t)$) nicht zu konvergieren.

reguläre Potentialfunktion durch ihre Werte auf dem Rand erhalten. Wir werden diese Aufgabe im zweiten Teil mit den uns dort zur Verfügung stehenden Hilfsmitteln behandeln.

Schließlich kann man auch die Weierstraßschen Sätze über gleichmäßig konvergente Reihen und Folgen analytischer Funktionen auf Potentialfunktionen übertragen. Z. B. liefert der Weierstraßsche Reihensatz mit S. 170 den

Satz 9 (Harnackscher Reihensatz): *Ist* $\sum_{\nu=0}^{\infty} u_\nu(x; y)$ *eine auf dem Rande* (R) *eines beschränkten Bereiches* $\mathfrak{B}$ *gleichmäßig konvergente Reihe von in* $\mathfrak{B}$ *regulären Potentialfunktionen, so stellt die Reihe eine in* $\mathfrak{B}$ *reguläre Potentialfunktion dar, deren Ableitungen gliedweise gebildet werden können. Die Reihe der Ableitungen konvergiert wieder gleichmäßig in jedem abgeschlossenen Teilbereich von* $\mathfrak{B}$.

Übungsaufgaben

1. Mit Hilfe des Cauchyschen Integralsatzes beweise man: Ist $u(x; y)$ eine in dem einfach zusammenhängenden, beschränkten Gebiet $\mathfrak{G}$ reguläre Potentialfunktion, so ist $\oint_{(C)} \frac{\partial u}{\partial n}\, ds = 0$ für jede in $\mathfrak{G}$ verlaufende glatte, geschlossene, doppelpunktfreie Kurve (C). Dabei bedeutet n die nach innen weisende Normale, s die Bogenlänge auf der Kurve.
2. Man beweise: Die Poissonsche Integralformel stellt auch im Äußeren des Kreises $x^2 + y^2 = R^2$ eine Potentialfunktion dar. Erhält man bei Annäherung von innen an einen Randpunkt $(R\cos t;\ R\sin t)$ den Wert $\Phi(t)$, so erhält man bei Annäherung von außen den Wert $-\Phi(t)$.
3. Wie lautet die Potentialfunktion $u(x; y)$, welche im Kreis $x^2 + y^2 < R^2$ regulär ist und für $x = R\cos t$, $y = R\sin t$ die Werte $\Phi(t) = 2\sin t + \cos 2t$ annimmt? Wie lautet die hierzu konjugierte Potentialfunktion v und die analytische Funktion $f(z) = u + iv$?
4. Auf dem Kreis $x^2 + y^2 = 1$ herrscht in den Punkten $(\pm 1; 0)$ das Potential 1, in den Punkten $(0; \pm 1)$ das Potential -1. Zwischen diesen Punkten findet längs des Kreises ein linearer Abfall des Potentials statt. Man bestimme die für $x^2 + y^2 < 1$ reguläre Potentialfunktion, welche auf dem Kreis die vorgeschriebenen Randwerte annimmt, als eine Reihe von Potentialfunktionen.

ANHANG

Lösungen der Übungsaufgaben

Kap. I

§ 1

1. a) $(-1 + 3i)/5$; b) i; c) $i^2 = -1$; d) $= \pm(1 + i)/\sqrt{2}$.
2. a) $|3 - 4i| \cdot |1 + i\sqrt{3}| = 5 \cdot 2 = 10$; b) $\sqrt{5}$; c) $2\sqrt{10}/5$.
3. $\frac{1}{7} = \frac{2-1}{1+6} < \frac{\left||i| - |z|\right|}{1 + 2|z|} \leq \left|\frac{i - z}{1 + 2zi}\right| \leq \frac{|i| + |z|}{\left|1 - 2|z|\right|} < \frac{1+3}{4-1} = \frac{4}{3}$.
4. a) Inneres des Einheitskreises um $z = 0$ ohne Rand.
   b) Kreis um $z = 1 - i$ mit Radius $r = 3$.
   c) Äußeres des Kreises um $z = -1 + i$ mit $r = 1$ einschließlich Rand.

d) Parallelstreifen der z-Ebene einschließlich der Begrenzungsgeraden $y = 0$ und $y = 2\pi$.

e) Inneres des Einheitskreises um $z = 0$ ausschließlich $z = 0$, einschließlich Rand.

f) Inneres des konzentrischen Kreisrings zweier Kreise um $z = -2i$ mit $r_1 = 1$ und $r_2 = 2$, ohne Ränder.

g) Gebiet, das aus der von der Mittelsenkrechten der Verbindungsstrecke der Punkte $z = 0$ und $z = 2i$ begrenzten unteren Halbebene durch Wegnahme des Kreises mit dem Mittelpunkt $z = 0$ vom Radius $r = 2$ entsteht, und zwar einschließlich der Punkte der Mittelsenkrechten und ausschließlich der Punkte des Kreises.

h) Der geometrische Ort der Punkte z, deren Abstandsverhältnis von den Punkten a und b konstant ist, ist ein (Apollonischer) Kreis. Für $k < 1$ erhält man Kreise, die a als inneren Punkt enthalten, für $k > 1$ Kreise, die b als inneren Punkt enthalten. Mittelpunkt der Kreise: $z_m = (a - k^2 b)/(1 - k^2)$. Radius der Kreise: $r = k\,|b - a|/|k^2 - 1|$. $k = 1$ liefert die Mittelsenkrechte der Strecke a, b. $|z - a|/|z - b| > k$ (bzw. $< k$) ist der Teil der z-Ebene, der von dem Kreis $|z - a|/|z - b| = k$ bzw. im Falle $k = 1$, von der Mittelsenkrechten, begrenzt wird und $z = b$ (bzw. $z = a$) als inneren Punkt besitzt.

Speziell: $a = i$, $b = 1$, $|b - a| = \sqrt{2}$

1. $k = 1/2$: Kreis um $(-1/3 + i\,4/3)$ mit $r = 2\sqrt{2}/3$.
2. $k = 1$: Mittelsenkrechte der Strecke von i nach 1.
3. $k = 2$: Kreis um $(4/3 - i/3)$ mit $r = 2\sqrt{2}/3$.

i) Für $\gamma > 0$ ($\gamma < 0$) erhält man den von a nach b im positiven (negativen) Sinne durchlaufenen Kreisbogen über der Sehne a, b vom Peripheriewinkel $|\gamma|$. Mittelpunkt des Kreisbogens: $z_m = \frac{a+b}{2} + i\frac{a-b}{2}\operatorname{ctg}\gamma$, Radius $r = \frac{a-b}{2\sin\gamma}$. Ersetzt man γ durch $-\gamma$, so erhält man den an der Geraden durch a, b gespiegelten Kreisbogen. $\gamma = 0$ liefert die durch a und b gehende Gerade abzüglich der Strecke a, b. In den Spezialfällen erhält man den Kreisbogen durch 1, 0, i bzw. die auf der anderen Seite der Sehne verlaufenden Kreisbogen mit den Peripheriewinkeln $\pi/4$ und $3\pi/4$ um $1 + i$ bzw. 0.

j) Die ganze z-Ebene mit Ausnahme der Strecke a, b. In den Punkten a, b ist der arc nicht definiert. Auf den beiden Seiten der Strecke erhält man die Werte $\pm\pi$.

k) Es ist $\operatorname{arc}[(1 + iz)/(1 - iz)] = \operatorname{arc}[(i - z)/(i + z)]$. Man erhält die ganze $z = x + iy$-Ebene mit Ausnahme der Punkte $x = 0$, $|y| \geq 1$. Bei Annäherung an diese Punkte von rechts oder links erhält man wieder $\pm\pi$.

l) Inneres der Lemniskate mit den Brennpunkten ± 1 ohne Rand.

m) Inneres der Cassinischen Kurve mit den Brennpunkten ± 1 und der großen Halbachse $\sqrt{3}$, ohne Rand.

n) $\Re(z^2) = x^2 - y^2 = k$: Gleichseitige Hyperbeln.
$k < 0$: y-Achse schneidet die Hyperbeln
$k > 0$: x-Achse ,, ,, ,,
$k = 0$: Winkelhalbierende der Quadranten.

o) Die ganze z-Ebene mit Ausnahme des von i über ∞ nach $-i$ führenden Teiles der imaginären Achse, speziell die reelle Achse und die Strecke von i nach $-i$. Bei Annäherung an den von i (bzw. $-i$) ausgehenden Strahl der imaginären Achse von rechts erhält man den Winkel π (bzw. $-\pi$), bei Annäherung von links den Winkel $-\pi$ (bzw. π).

p) Ersetzt man in o) z durch iz, dreht also die z-Ebene um $-\pi/2$, so erhält man das in p) gegebene Gebiet, also: Die ganze z-Ebene mit Ausnahme des von $+1$ über ∞ nach -1 führenden Teiles der reellen Achse, speziell die ima-

ginäre Achse und die Strecke von 1 nach —1. Gebiete sind: a, c, d, e, f, g, h (mit Ausnahme $= k$), j, k, m, o, p.
Davon abgeschlossen: c, d.
Beschränkt: a, e, f, h (falls $\left|\frac{z-a}{z-b}\right| < k < 1$ und falls $\left|\frac{z-a}{z-b}\right| > k > 1$ ist).
Einfach zusammenhängend: a, c, d, g, h (nur für $\gtrless k$), j, k, m, o, p.
Mehrfach zusammenhängend: e, f.

5. Für $\lambda a + \mu b = 0$, λ und μ reell, erhält man Geraden oder Halbgeraden. In den anderen Fällen ergeben sich:
   a) Ellipsen mit a und b als konjugierten Halbmessern. Speziell: $2x^2 + y^2 + 2xy - 1 = 0$.
   b) Hyperbeln. Speziell: $x^2 + xy - 1 = 0$.
   c) Parabeln. Speziell: $x^2 + y^2 - 2xy - 6x - 10y + 9 = 0$.

6. a—e)

$f(z)$	z a)	b)	c)	d)	e)
0	∞	∞	i	$\pm\frac{1-i}{\sqrt{2}}$	$\frac{i-1}{2}$; ∞
1	i	4	∞	$-1-i$; ∞	$1 \pm \left(\sqrt{\frac{\sqrt{2}+1}{2}} - i\sqrt{\frac{\sqrt{2}-1}{2}}\right)$
∞	0	0	$-i$	$\frac{i}{2}(1 \pm \sqrt{5})$	$\pm i$

7. a) $z_{1,2} = \frac{-1 \pm i\sqrt{3}}{2}$. b) $z_1 = -i$, $z_2 = -3i$.
   c) $z_1 = \sqrt{\frac{\sqrt{2}-1}{2}} + i\left(-1 + \sqrt{\frac{\sqrt{2}+1}{2}}\right)$. $z_2 = -\sqrt{\frac{\sqrt{2}-1}{2}} - i\left(1 + \sqrt{\frac{\sqrt{2}+1}{2}}\right)$.

8. Wir beweisen den Satz indirekt: Angenommen der Satz wäre falsch, dann wären unendlich viele Kreise nötig, um $\mathfrak{M}$ zu überdecken. Da $\mathfrak{M}$ beschränkt ist, liegt es ganz im Innern eines großen Kreises um $z = 0$, also auch im Innern eines großen Quadrates. Unterteilen wir dieses in 4 kongruente Teilquadrate, so liegt in mindestens einem Teilquadrat eine Teilmenge von $\mathfrak{M}$, die sich nicht durch endlich viele Kreise überdecken läßt. Ein solches Teilquadrat unterteilen wir wieder usw. Wir bekommen dann eine Quadratschachtelung, die sich auf einen Punkt Z zusammenzieht. Jedes dieser Teilquadrate enthält eine Teilmenge von $\mathfrak{M}$, die sich nicht durch endlich viele Kreise überdecken läßt. Ist aber die Anzahl der Unterteilungen groß genug, dann wird ein Quadrat der betrachteten Art auftreten, das ganz im Innern des zu Z gehörigen Kreises gelegen ist. Dieses wird somit durch diesen Kreis bereits vollständig überdeckt, während es sich nicht durch eine endliche Zahl von Kreisen überdecken lassen sollte. Unsere Annahme, daß der Satz falsch sei, führt demnach auf einen Widerspruch, also ist er richtig, w. z. b. w.

§ 2

1. a) Konvergent, Grenzwert: 0. b) divergent.
   c) Konvergent, Grenzwert: $2 - 2i$. d) Konvergent, Grenzwert: 0.

2. a) Geometrische Reihe $\sum_{\nu=0}^{\infty} q^{\nu}$; $|q| = 2/\sqrt{13} < 1$, konvergent.

$$\sum_{n=0}^{\infty}\left(\frac{\sqrt{3}+i}{2+3i}\right)^n = \frac{1}{1-\frac{\sqrt{3}+i}{2+3i}} = \frac{10-2\sqrt{3}}{11-4\sqrt{3}} + i\,\frac{2-3\sqrt{3}}{11-4\sqrt{3}} =$$
$$= (86+18\sqrt{3} - i\,(14+25\sqrt{3}))/37$$

b) Geometrische Reihe: $|q| = 1$, divergent.

c) Konvergent.

$$\sum_{n=1}^{\infty}\left(\frac{1}{4}\right)^n \sin\frac{n\pi}{6} = \mathfrak{I}\left[\sum_{n=0}^{\infty}\left(\frac{\sqrt{3}+i}{8}\right)^n\right] = \frac{2}{17-4\sqrt{3}}.$$

d) Konvergent.

$$\sum_{n=0}^{\infty}\left(\frac{1}{3}\right)^n \cos^2\left(\frac{n\pi}{3}\right) = \frac{1}{2}\left[\sum_{n=0}^{\infty}\left(\frac{1}{3}\right)^n + \sum_{n=0}^{\infty}\left(\frac{1}{3}\right)^n \cos\frac{2n\pi}{3}\right] =$$
$$= \frac{3}{4} + \frac{1}{2}\,\mathfrak{R}\left[\sum_{n=0}^{\infty}\left(\frac{-1+\sqrt{3}\,i}{6}\right)^n\right] = \frac{15}{13}.$$

e) Divergent, da das allgemeine Glied für $n \to \infty$ nicht verschwindet.

f) Geometrische Reihe: $|q| = 1/\sqrt{5} < 1$, konvergent.

$$\sum_{n=0}^{\infty}\frac{1}{(2+i)^n}\left(\cos\frac{n\pi}{3} + i\sin\frac{n\pi}{3}\right) = \sum_{n=0}^{\infty}\left(\frac{1+\sqrt{3}\,i}{4+2i}\right)^n = \frac{29+4\sqrt{3}}{26} + i\,\frac{2+7\sqrt{3}}{26}.$$

g) $$S = \sum_{n=0}^{\infty}\frac{(z)^{2^n}}{1-(z)^{2^{n+1}}} = \sum_{n=0}^{\infty}\frac{1+(z)^{2^n}-1}{1-[(z)^{2^n}]^2} =$$
$$= \sum_{n=0}^{\infty}\left(\frac{1}{1-(z)^{2^n}} - \frac{1}{1-(z)^{2^{n+1}}}\right) = \frac{1}{1-z} - \lim_{n\to\infty}\frac{1}{1-(z)^{2^{n+1}}}.$$

$S = 1/(1-z)$ für $|z| > 1$; $S = z/(1-z)$ für $|z| < 1$; für $|z| = 1$ ist die Reihe nicht konvergent

Speziell: α) $z = (1-\sqrt{2}i)/2$; $|z| = \sqrt{3}/2 < 1$, $S = (-1-2\sqrt{2}\,i)/3$.

β) $z = \sqrt{2}+i$; $|z| = \sqrt{3} > 1$, $S = -\frac{\sqrt{2}}{4} + i\,\frac{2+\sqrt{2}}{4}$.

3. Als Grenzwert der Partialprodukte ergibt sich hier direkt der Wert 1 bzw. 1/2. Die beiden letzten Produkte sind divergent, da das allgemeine Glied nicht gegen 1 wandert (notwendige Konvergenzbedingung).

4. Nach dem Cauchyschen Konvergenzkriterium konvergiert die Folge der Partialprodukte p_ν, wenn $|p_n - p_{n+m}| < \varepsilon$ ist, für alle natürlichen Zahlen m, bei beliebig klein aber fest vorgegebenem ε, wenn nur $n > N(\varepsilon)$ ist. Nun ist

$$|p_n - p_{n+m}| = |p_n|\left|\prod_{\nu=n+1}^{n+m}(1+z^\nu) - 1\right| < p_n\left[\prod_{\nu=n+1}^{n+m}(1+|z|^\nu) - 1\right] \leq$$
$$< C\left[\left(\prod_{\nu=n+1}^{n+m} e^{|z|^\nu}\right) - 1\right] = C\left[e^{\sum_{\nu=n+1}^{n+m}|z|^\nu} - 1\right].$$

Da die Reihe $\sum_{\nu=0}^{\infty} z^\nu$ für $|z| < 1$ konvergiert, ist (nach dem Cauchyschen Konvergenzkriterium) die im Exponenten stehende Summe beliebig nahe an Null, wenn nur n groß genug ist, also der ganze Ausdruck beliebig klein, w. z. b. w.

5. a) Binomische Reihe, Konvergenzbereich: $|z - 3 + i| < 1$.

b) $|z - i| < 2$.

c) Geometrische Reihe, konvergiert für $|q| = |iz - 1|/|2 + i| < 1$, d. h. $|z + i| < \sqrt{5}$.

d) Geometrische Reihe, konvergiert für $|q| = 2/|z + i + 1| < 1$, d. h. $|z + i + 1| > 2$.

e) Konvergiert für $|2z - 3i|/|iz + 1| < 1$ (Apollonischer Kreis), d. h. für $|z - i\,5/3| < 1/3$.

f) Ganze z-Ebene mit Ausnahme des Punktes ∞.

g) $|z| < 1$.

h) Konvergiert nur für $z = -i$.

i) Konvergiert nur für $z = \infty$.

j) Ganze z-Ebene mit Ausnahme des Punktes ∞.

k) Inneres der Cassinischen Kurve mit den Brennpunkten $\pm i$ und der Halbachse $\sqrt{1 + \sqrt{2}}$.

l) $r = 1/\overline{\lim\limits_{\nu \to \infty}} \sqrt[\nu]{|a_\nu|} = 1/2$, also $|z| < 1/2$.

m) Konvergiert für alle endlichen $z \neq 0$ und $\neq \pm i/2^\nu$, ν ganzzahlig. Lassen wir nämlich die ersten m-Glieder der Reihe weg, so konvergiert die Reihe für $|z| \geqq \varrho > r > 1/2^m$ (und sogar gleichmäßig), denn es ist $1/|1 + 4^\nu z^2| \leqq (1/4^\nu)(1/||z|^2 - |1/2^\nu|^2|) < (1/4^\nu)(1/(|z|^2 - r^2))$. Das Weglassen einer endlichen Anzahl von Gliedern beeinflußt aber die Konvergenz einer Reihe nicht. Daher konvergiert die Reihe in diesem Gebiet in allen Punkten, in denen die Reihenglieder definiert sind, woraus (da m beliebig groß sein kann) die Behauptung folgt.

6. a) $\left(\sum\limits_{\nu=0}^{\infty} z^\nu\right) \cdot \left(\sum\limits_{\nu=1}^{\infty} \nu z^\nu\right) = \sum\limits_{\nu=1}^{\infty} \left(\sum\limits_{\mu=1}^{\nu} \mu\right) z^\nu$; $a_\nu = \dfrac{\nu(\nu+1)}{2}$; Konvergenzgebiet: $|z| < 1$.

b) $\left(\sum\limits_{\nu=1}^{\infty} \nu z^\nu\right)^2 = \sum\limits_{\nu=2}^{\infty} \left[\sum\limits_{\mu=1}^{\nu-1} \mu(\nu-\mu)\right] z^\nu$; $a_\nu = \dfrac{\nu(\nu^2-1)}{6}$; Konvergenzgebiet: $|z| < 1$.

$\left(\text{Denn es ist } \sum\limits_{\mu=1}^{\nu-1} \mu^2 = \dfrac{(\nu-1)\,\nu\,(2\nu-1)}{6}\right)$.

7. a) Konvergenzkreis: $|z - i| < 2$. Die Reihe konvergiert für alle Punkte des Konvergenzkreises.

b) Konvergenzkreis: $|z| < 1$. Für $|z| = 1$ ist die Reihe überall divergent, da mit wachsendem ν der Absolutwert von a_ν gegen $1/\sqrt{2}$, also nicht gegen 0 strebt.

Kap. II

§ 1

1. a) Längs eines Kreises um 0 ist $|z|$ konstant, daher $f(z+h) - f(z) = 0$, also die Ableitung 0. Längs eines Strahles durch 0 ist $\dfrac{|f(z+h) - f(z)|}{h} = \dfrac{\Delta r}{\Delta r} = 1$, also die Ableitung 1, daher kann, obwohl $|z|$ überall stetig ist, in keinem Punkt die Ableitung existieren.

b) Bei Arc z ist die Ableitung in Richtung eines Strahles durch $z = 0$ gleich 0, dagegen ist auf einem Kreis um 0 vom Radius r

$$\lim_{h \to 0} \left|\frac{f(z+h) - f(z)}{h}\right| = \lim_{\Delta\varphi \to 0} \frac{\Delta\varphi}{2r \sin(\Delta\varphi/2)} = \frac{1}{r}.$$

Die Funktion ist außer für $z \leqq 0$ in der ganzen z-Ebene stetig, aber nirgends differenzierbar.

c) Für $\bar{z}$ sind die Cauchy-Riemannschen Differentialgleichungen nicht erfüllt, denn es ist $\frac{\partial u}{\partial x} = 1 \neq \frac{\partial v}{\partial y} = -1$. Die Funktion $\bar{z}$ ist überall stetig, da Real- und Imaginärteil für sich stetige Funktionen sind, sie ist jedoch nirgends differenzierbar.

d) Die Funktionen $(z+\bar{z})/2$ und $(z-\bar{z})/2i$ sind als Summen zweier stetiger Funktionen überall stetig, jedoch wegen $\bar{z}$ nirgends differenzierbar.

e) Ist als Quotient zweier stetiger Funktionen im Endlichen, außer für $z = 0$, überall stetig, jedoch wegen $\bar{z}$ nirgends differenzierbar.

f) Ist im Endlichen überall außer in $z = 0$ stetig und differenzierbar. $f'(z) = 1 - \frac{1}{z^2}$.

g) $\frac{z^2-1}{z^3-1} = \frac{z+1}{z^2+z+1}$ ist überall stetig und differenzierbar, ausgenommen an den Nullstellen des Nenners. $f'(z) = -(z^2+2z)/(z^2+z+1)^2$. ($z = 1$ ist eine „hebbare Unstetigkeit", die nicht als Unstetigkeit gerechnet wird, vgl. S. 150).

h) Ist bis auf die Punkte $z_{1,2} = \pm 1/\sqrt{2} + i/\sqrt{2}$ und $z_{3,4} = \mp 1/\sqrt{2} - i\sqrt{2}$ überall stetig und differenzierbar. $f'(z) = -8z^3/(z^4+1)^2$.

i) Ist als Summe von stetigen differenzierbaren Funktionen wieder stetig und differenzierbar, mit Ausnahme der Punkte, für die $4^\nu z^2 = -1$ ist, d. h. $z = \pm i/2^\nu$ $(\nu = 0, 1, 2, \ldots, n)$. $f'(z) = -2z\sum_{\nu=0}^{n}\frac{4^\nu}{(1+4^\nu z^2)^2}$.

j) $\prod_{\nu=1}^{n}(z^2-\nu^2)$ ist als Produkt stetiger analytischer Funktionen überall stetig und analytisch.

$$f'(z) = 2z\prod_{\nu=1}^{n}(z^2-\nu^2)\cdot\sum_{\mu=1}^{n}\frac{1}{z^2-\mu^2}.$$

2. Aus den Cauchy-Riemannschen Differentialgleichungen folgt: Eine analytische Funktion mit konstantem Realteil oder mit konstantem Imaginärteil ist eine Konstante, denn aus $\frac{\partial u}{\partial x} = 0$ und $\frac{\partial u}{\partial y} = 0$ ergeben sich mittels der C. R. Differentialgleichungen dieselben Bedingungen für $v(x; y)$. Ebenso ist eine analytische Funktion mit konstantem Absolutbetrag eine Konstante, hat also auch einen konstanten Winkel und umgekehrt. Setzt man nämlich $u = R\cos\Phi$, $v = R\sin\Phi$ in die C. R. Differentialgleichungen ein, so ergeben sich bei konstantem R die Gleichungen $\frac{\partial\Phi}{\partial x} = 0$ und $\frac{\partial\Phi}{\partial y} = 0$ bzw. bei konstantem Φ: $\frac{\partial R}{\partial x} = 0$, $\frac{\partial R}{\partial y} = 0$.

3. Nach Formel (1), S. 43, ist $u_x' + iv_x' = f'(z)$, $u_y' + iv_y' = if'(z)$, woraus die Behauptung folgt. Insbesondere ist $u_{xyx}''' = if'''(z)$.

4. $f'(1+i) = 3(1+i)^2 = 6i$; arc $f'(z) = \frac{\pi}{2}$ ist der Drehwinkel der Tangente, $|f'(z)| = 6 : 1$ ist der Abbildungsmaßstab.

5. Es ist $|f'(z)|^2 = u_x^2 + v_x^2 = u_x^2 + u_y^2 = v_x^2 + v_y^2$. Daher kann, falls $f'(z) \neq 0$ ist, im Punkt $z = x + iy$ weder u_x und u_y noch v_x und v_y gleichzeitig verschwinden. Es hat also in diesem Punkt sowohl die Kurve $u(x; y) =$ const. als auch die Kurve $v(x; y) =$ const. eine eindeutige Tangentenrichtung parallel zum Vektor $\mathfrak{p}(-u_x; u_y)$ bzw. $\mathfrak{q}(-v_x; v_y)$. Aus den Cauchy-Riemannschen Differentialgleichungen $u_x = v_y$; $v_x = -u_y$ folgt $u_x v_x = -u_y v_y$, also $u_x v_x + u_y v_y = 0$, die Bedingung des Senkrechtstehens der beiden Richtungen.

6. Es ist $\cos(\mathfrak{s}x) = \cos(\mathfrak{n}y) : \cos(\mathfrak{s}y) = -\cos(\mathfrak{n}x)$. Aus der Definition der Ableitung in einer Richtung folgt (vgl. z. B. R. Courant, Differential- und Integralrechnung, Bd. II, Berlin 1948, S. 53) $\frac{\partial u}{\partial s} = \frac{\partial u}{\partial x}\cos(\mathfrak{s}x) + \frac{\partial u}{\partial y}\cos(\mathfrak{s}y)$. Nach den Cauchy-Riemannschen Differentialgleichungen ist das aber gleich

$$\frac{\partial v}{\partial y}\cos(\mathfrak{n}\,y)+\frac{\partial v}{\partial x}\cos(\mathfrak{n}\,x)=\frac{\partial v}{\partial n}.$$

Wählt man insbesondere für $\mathfrak{s}$ die Richtung der positiven x-Achse, also $ds = dx$, so erhält man die erste der C. R. Diffgl., wählt man für $\mathfrak{s}$ die Richtung der positiven y-Achse, also $ds = dy$, so ist $dn = -dx$ und man erhält die zweite C. R. Diffgl. Wählt man in einem Punkte z, in dem $f'(z) \neq 0$ ist, also eindeutige Tangenten-Richtungen der Kurven $u(x; y) = \text{const.}$ und $v(x; y) = \text{const.}$ vorhanden sind, für $\mathfrak{s}$ die Richtung der Tangente an die Kurve $u(x; y) = \text{const.}$, so ist $\frac{\partial u}{\partial s} = 0$ und daher auch $\frac{\partial v}{\partial n} = 0$, d. h. $\mathfrak{n}$ hat die Richtung der Kurve $v(x; y) = \text{const.}$ Man hat damit einen weiteren Beweis für das Senkrechtstehen der Kurven $u = \text{const.}$ und $v = \text{const.}$ in Punkten mit $f'(z) \neq 0$. Wählt man bei Polarkoordinaten r, φ den Vektor $\mathfrak{s}$ in Richtung wachsender r bzw. φ, so erhält man $ds = dr$, $dn = r\,d\varphi$ bzw. $ds = r\,d\varphi$, $dn = -dr$ und damit aus der obigen Gleichung $\frac{\partial u}{\partial r} = \frac{1}{r}\frac{\partial v}{\partial \varphi}$ bzw. $\frac{\partial v}{\partial r} = -\frac{1}{r}\frac{\partial u}{\partial \varphi}$, die auf Polarkoordinaten transformierten Cauchy-Riemannschen Differentialgleichungen.

7. Bogenlänge der Bildkurve (C^*) in der w-Ebene: $s^* = \int\limits_{s_a}^{s_b}\sqrt{du^2 + dv^2}$; dabei ist die Bogenlänge s der Kurve (C) als Kurvenparameter gewählt. Abbildungsfunktion: $w = f(z) = u(x; y) + i v(x; y)$,

$$du = \frac{\partial u}{\partial x}dx + \frac{\partial u}{\partial y}dy, \qquad dv = \frac{\partial v}{\partial x}dx + \frac{\partial v}{\partial y}dy.$$

Mit Benutzung der C. R. Differentialgleichungen ergibt sich damit

$$\sqrt{du^2+dv^2} = \sqrt{\left[\left(\frac{\partial u}{\partial x}\right)^2+\left(\frac{\partial v}{\partial x}\right)^2\right]dx^2+\left[\left(\frac{\partial u}{\partial y}\right)^2+\left(\frac{\partial v}{\partial y}\right)^2\right]dy^2} =$$

$$= \sqrt{\left(\frac{\partial u}{\partial x}\right)^2+\left(\frac{\partial v}{\partial x}\right)^2}\cdot\sqrt{dx^2+dy^2} = |f'(z)|\,ds, \qquad \text{w. z. b. w.}$$

§ 2

1. $\frac{1}{(1-z)^2}$ ist die Ableitung von $\frac{1}{1-z}$. Man erhält daher die gesuchte Potenzreihe durch Ableitung der geometrischen Reihe. Die Ableitung kann gliedweise geschehen. Die differenzierte Reihe hat denselben Konvergenzkreis, also $|z| < 1$: $\frac{1}{(1-z)^2} = \sum\limits_{\nu=1}^{\infty} \nu z^{\nu-1}$.

2. Erweiterung mit dem konjugiert komplexen Nenner liefert:

$$\frac{Re^{it}+re^{i\varphi}}{Re^{it}-re^{i\varphi}}\cdot\frac{Re^{-it}-re^{-i\varphi}}{Re^{-it}-re^{-i\varphi}} = \frac{R^2-r^2+Rr\left[e^{i(\varphi-t)}-e^{-i(\varphi-t)}\right]}{R^2-Rr\left[e^{i(\varphi-t)}+e^{-i(\varphi-t)}\right]+r^2} =$$

$$= \frac{R^2-r^2+i\,2Rr\sin(\varphi-t)}{R^2-2Rr\cos(\varphi-t)+r^2}.$$

3. a) $\cos i = \mathfrak{Cos}\,1 = 1{,}543.$ b) $\mathfrak{Sin}\,\pi i = i\sin\pi = 0.$
c) $\operatorname{tg} i = i\,\mathfrak{Tg}\,1 = 0{,}762\,i.$ d) $\mathfrak{Tg}\,(1-i) = 1{,}084 - i\,0{,}272.$
e) $\mathfrak{Sin}\,\frac{1+i}{1-i} = i\sin 1 = 0{,}4815\,i.$
f) $\sin\sqrt{1-i} = \pm\sin\left(\sqrt{\frac{\sqrt{2}+1}{2}}-\sqrt{\frac{\sqrt{2}-1}{2}}\,i\right) = \pm(0{,}985 - 0{,}214\,i).$

g) $\mathfrak{Cof}\sqrt{i} = \mathfrak{Cof}\left(\pm \frac{\sqrt{2}}{2}(1+i)\right) = 0{,}958 + 0{,}499\, i$.

h) $U = 5{,}387 + 1{,}614\, i$.

4. Aus (12) S. 55, folgt $\operatorname{tg}(\pm \pi/2 + iy) = i\,\mathfrak{Cotg}\, y$; da $|\mathfrak{Cotg}\, y| \geqq 1$ ist, erhalten wir $\operatorname{tg}(\pm \pi/2 + iy) = iv$ mit $v > 1$ für $y > 0$
$v < -1$ „ $y < 0$,
also für $x = \pi/2$ dieselben Punkte wie für $x = -\pi/2$. Wie aus Fig. 21b folgt, wird der Parallelstreifen $\frac{-\pi}{2} < x < \frac{\pi}{2}$ der z-Ebene von den Kurven $R(x; y) = \text{const.}$, $\Phi(x; y) = \text{const.}$ ganz überstrichen, wenn in der $w = Re^{i\Phi}$-Ebene R und Φ die sämtlichen Werte $0 \leq R \leqq \infty$; $-\pi < \Phi \leqq \pi$ durchlaufen. Das Innere des Streifens der z-Ebene wird also auf die ganze w-Ebene mit Ausnahme des von i über ∞ nach $-i$ führenden Teiles der imaginären Achse abgebildet. Den Rändern des Streifens entspricht dieses doppelt durchlaufene Stück der imaginären Achse. Denken wir uns die w-Ebene längs dieses Teiles der imaginären Achse aufgeschnitten, so entspricht das rechte Ufer des Schnittes dem Rand $\Re(z) = \pi/2$, das linke dem Rand $\Re(z) = -\pi/2$, wie man aus der Lage der benachbarten Punkte feststellt.

§ 3

1. $u = x^2 - y^2$ erfüllt die Differentialgleichung $\Delta u = 0$, ist also Potentialfunktion. Aus der Cauchyschen Differentialgleichung $\frac{\partial v}{\partial x} = -\frac{\partial u}{\partial y} = 2y$ folgt $v = 2xy + \Phi(y)$. Aus $\frac{\partial u}{\partial x} = \frac{\partial v}{\partial y}$ ergibt sich hiermit $\Phi'(y) = 0$, also $\Phi(y) = \text{const.} = C$, also $v(x; y) = 2xy + C$ als konjungierte Potentialfunktion und $f(z) = u + iv = x^2 - y^2 + 2xy\, i + iC = z^2 + iC$.

2. Kann ebenso gelöst werden. Wir schlagen hier zur Abwechslung den umgekehrten Weg ein: Es ist $u = x + y/(x^2 + y^2) = u_1 + u_2$. $u_1 = x$ ist als Realteil von $z = x + iy$ Potentialfunktion mit $v_1 = y$ als konjungierter. Ferner ist $u_2 = y/(x^2 + y^2) = \Re(i/z)$, daher $v_2 = \Im(i/z)$, also sind u_2 und v_2 konjugierte Potentialfunktionen, und es ist $v = v_1 + v_2 = y + x/(x^2 + y^2) + C$, $f(z) = u + iv = z + i/z + iC$.

3. Mit $\varphi_1(z) = p_1 + iq_1$ und $\varphi_2(z) = p_2 + iq_2$ ergibt sich $U = 2(xp_1 + yq_1 + p_2)$, somit $\Delta U = 2\Delta(xp_1 + yq_1) = 4\left(\frac{\partial p_1}{\partial x} + \frac{\partial q_1}{\partial y}\right) = 8\frac{\partial p_1}{\partial x}$. Wegen $\varphi_1'(z) = \frac{\partial p_1}{\partial x} + i\frac{\partial q_1}{\partial x}$ ist $\frac{\partial p_1}{\partial x}$ Realteil einer analytischen Funktion, also $\Delta\left(8\frac{\partial p_1}{\partial x}\right) = \Delta(\Delta u) = 0$.

§ 4

1. Man setzt mit unbestimmten Koeffizienten an: $w = az + b$ und erhält $a = (-7 + i)/5$, $b = 6 - 4i$. $z = 3 - 2i$ geht in $w = (11 - 3i)/5$ über.

2. a) Ansatz: $w = az + b$; mit der angegebenen Punktzuordnung

$$\begin{array}{c|c|c} z & -2+2i & 0 \\ \hline w & 0 & 1 \end{array}$$ erhält man: $w = \frac{1+i}{4} z + 1$.

b) Durch die Transformation $w^* = \frac{1}{w}$ erhält man hieraus das Äußere des Einheitskreises: $w^* = 2\frac{1-i}{z+2-2i}$.

3. Für $z = 0$ ergibt sich $w = -a(t)\, e^{i\alpha(t)}$. Für $t = \tau$ sei $\dot{w} = (z - a)\, e^{i\alpha}\, i\dot{\alpha} - \dot{a}\, e^{i\alpha} = 0$.
Momentanzentrum in der z-Ebene: $z = a(\tau) + \frac{\dot{a}(\tau)}{i\dot{\alpha}(\tau)}$.
(Gleichung der Rastpolkurve (R) mit τ als Kurvenparameter).

Momentanzentrum in der w-Ebene (durch Einsetzen in die lineare Transformation mit $t = \tau$):

$$w = \frac{\dot{a}(\tau)}{i\,\dot{\alpha}(\tau)}\, e^{i\,\alpha(\tau)}.$$

(Gleichung der Gangpolkurve (G) mit τ als Kurvenparameter). Diese in der w-Ebene festliegende Kurve (G) übertragen wir auf die z-Ebene. Wir bekommen mittels der linearen Transformation zu jedem Zeitpunkt t in der z-Ebene die Lage der Kurve (G), also eine Kurvenschar mit dem Scharparameter t

$$(G) \qquad z^*(t, \tau) = \frac{\dot{\alpha}(\tau)}{i\,\dot{\alpha}(\tau)}\, e^{i(\alpha(\tau) - \alpha(t))} + a(t),$$

ferner ist

$$(R) \qquad z(\tau) = \frac{\dot{\alpha}(\tau)}{i\,\dot{\alpha}(\tau)} + a(\tau).$$

Für $t = \tau$ ist $z^*(t, \tau) = z(\tau)$ und

$$\frac{\partial z^*(t, \tau)}{\partial \tau} = \dot{z}(\tau).$$

Beide Zahlen stimmen also sowohl bezüglich ihres Winkels wie auch dem Betrage nach überein, beide Kurven haben in diesem Punkte daher gleiche Tangenten, berühren sich dort und haben ferner im Berührungspunkt gleiche Bogenelemente $|\dot{z}(\tau)|\, d\tau$, rollen daher aufeinander ab.

4. a) Parallele zur imaginären Achse durch den Punkt 1/2.
   b) Kreis um 8/3 mit Radius 4/3.
   c) Orthogonalkreis zur reellen Achse durch 0 und 1.
   d) Büschel von Kreisen durch 0 mit Mittelpunkten auf der Winkelhalbierenden des 2. und 4. Quadranten, sowie die Winkelhalbierende des 1. und 3. Quadranten.

5. a)

z	1	i	$1+i$
w	1	$-i$	$\frac{1-i}{2}$

   b) Die Hypotenuse geht über in den im 4. Quadranten außerhalb des Einheitskreises gelegenen Bogen des Kreises durch 0, 1, $-i$ von 1 bis $-i$, die Kathete von 1 bis $1+i$ in den kürzesten Bogen des Kreises durch 0, 1, $(1-i)/2$ von 1 bis $(1-i)/2$, die Kathete von i bis $1+i$ in den kürzesten Bogen des Kreises durch 0, $-i$, $(1-i)/2$ von $-i$ bis $(1-i)/2$.
   c) Fläche des aus diesen drei Kreisbögen gebildeten Dreiecks.
   d) Gerade durch $-i$ und 1.
   e) Die durch die Gerade aus d) nach oben begrenzte untere Halbebene.

6. a) $w = (z-1)/(z+1)$.
   b) Das durch die 4 Ungleichungen: $\mathfrak{J}(z) \geqq 0$, $\mathfrak{R}(z) \leqq 1$, $|z| \geqq 1$ und $|z - 1 - i| \geqq 1$ beschriebene Gebiet.

7. a) Der Spiegelpunkt zu dem Mittelpunkt des Kreises ist $w = \infty$. Ihm entspricht der Punkt $z_0 = -i/4$. Der Mittelpunkt des Kreises der w-Ebene muß daher das Bild des Punktes $\bar{z}_0 = +i/4$ sein, $w = -7i/8$. Durch Einsetzen eines beliebigen Punktes der reellen Achse, z. B. $z = 0$, dem $w = -2i$ entspricht, erhält man den Radius zu $r = 9/8$.
   b) Dem Inneren des Kreises entspricht die obere z-Halbebene, dem Mittelpunkt (s. oben) der Punkt $\bar{z}_0 = i/4$.

8. Äquipotentiallinien sind die Linien $u = \text{const.}$, also die Parallelen zur imaginären Achse der w-Ebene; Stromlinien die dazu senkrechten, parallel zur reellen Achse. Diese beiden Geradenscharen gehen in Kreisscharen über, die beide durch den

$w = \infty$ entsprechenden Punkt $z = i$ laufen und sich dort senkrecht schneiden, also in zwei orthogonale parabolische Kreisbüschel durch $z = i$. Um die Tangentenrichtung der Kreise des Büschels im Punkt $z = i$ zu erhalten, suchen wir die Stromlinie $v = \text{const.}$, der in der z-Ebene wieder eine Gerade entspricht. Aus $z = \infty$ folgt $w = 1$. $w = 0$ geht über in $z = 1$. Daher entspricht der u-Achse die Gerade durch $z = i$ und $z = 1$, welche somit die Tangente der Stromlinien $v(x; y) = \text{const.}$ im Punkt $z = i$ ist. Die Äquipotentiallinien sind hierzu orthogonal.

9. Wir bilden zunächst mit Hilfe der Funktion (5), S. 81, die obere z-Halbebene auf das Innere des Einheitskreises der w-Ebene so ab, daß $z = a$ in $w = 0$ übergeht, sodann, indem wir in (5) a durch b ersetzen, durch die Umkehrfunktion den Einheitskreis der w-Ebene auf die obere Z-Halbebene, so daß $w = 0$ in $Z = b$ übergeht. Die gesuchte Abbildungsfunktion bestimmt sich dann aus $\frac{Z-b}{Z-\bar{b}} = e^{i\gamma}\frac{z-a}{z-\bar{a}}$, γ reell bzw. bei Abbildung des Einheitskreises in sich nach (4), S. 81, aus $\frac{Z-b}{\bar{b}Z-1} = e^{i\gamma}\frac{z-a}{\bar{a}z-1}$.

10. $\frac{z}{w}\left|\frac{1+i}{1+i}\right|\frac{-1+i}{-1+i}\left|\frac{i}{0}\right.$ ergibt die Abbildungsfunktion $w = 2i\,\frac{z-i}{z}$. Das Kreisbüschel durch die Fixpunkte und das dazu orthogonale gehen in sich über. In dem Büschel der Orthogonalkreise geht jeder Kreis einzeln in sich über.

Anleitung: Man schreibe die Abbildungsfunktion in der allgemeinen Form $\frac{w-z_1}{w-z_2} = k\,\frac{z-z_1}{z-z_2}$, wo z_1 und z_2 die beiden Fixpunkte sind und zerlege in die Hilfsabbildungen

1. $\frac{z-z_1}{z-z_2} = Z$, 2. $W = kZ$, 3. $W = \frac{w-z_1}{w-z_2}$.

In unserem Falle ist $k = i$, also gehen bei der zweiten Abbildung die konzentrischen Kreise in sich über.

11. Abbildungsfunktion $w = 4\,\frac{z(2+\sqrt{3})-4}{-z+4(2+\sqrt{3})}$.

Anleitung: Man betrachtet die beiden Kreise als einem elliptischen Kreisbüschel mit den Trägerpunkten z_1 und z_2 auf der reellen Achse zugehörig. Die beiden Punkte lassen sich als Spiegelpunkte zu beiden Kreisen bestimmen. Transformation von z_1 nach 0 und z_2 nach ∞ unter Beachtung der Fixpunkteigenschaft von -4 ergibt dann die obige Abbildungsfunktion ($z_1 = 8 - 4\sqrt{3}$, $z_2 = 8 + 4\sqrt{3}$). Eine zweite Methode ist die Errechnung des Radius des inneren Kreises aus der Forderung, daß das Doppelverhältnis der 4 Schnittpunkte mit der reellen Achse bei der Abbildung konstant bleibt. Der Radius des inneren Kreises ist $\varrho = 4(2-\sqrt{3})$. Feld- bzw. Potentiallinien sind die zwischen beiden Kreisen verlaufenden Teile der durch die Punkte z_1 und z_2 bestimmten orthogonalen Kreisbüschel.

12. a) Abbildungsfunktion $w = e^{i\alpha}\,\frac{z-i\sqrt{2}}{z+i\sqrt{2}}$.

b) Radius des Kreises $\varrho = 3-2\sqrt{2}$.

Anleitung: Man sucht die beiden, Kreis und reeller Achse gemeinsamen Spiegelpunkte ($z_1 = i\sqrt{2}$, $z_2 = -i\sqrt{2}$) entweder wie in 11., oder indem man den zum Kreis und der reellen Achse orthogonalen Kreis sucht, der durch die beiden Punkte geht.

c) Feld- und Potentiallinien sind wieder die im Feldraum verlaufenden Teile der durch z_1 und z_2 bestimmten beiden Kreisbüschel.

13. $w = \sqrt{iz - 1} - i - 1$.

Anleitung: Schrittweise Abbildung: $z_1 = iz - 1$; $z_2 = \sqrt{z_1}$; $w = z_2 - i - 1$. Dabei wählen wir für die Wurzel den Verzweigungsschnitt längs der positiven reellen Achse und $\sqrt{-1} = i$.

14. $w = i(z^2 - 1)$.

Anleitung: Hilfsabbildungen: $z_1 = z^2$; $z_2 = z_1 - 1$; $w = iz_2 = i(z^2 - 1)$.

15. Schnittpunkte der beiden Kreise sind $\alpha = 2 + i$, $\beta = -2 + i$. Durch die Funktion $z_1 = k \dfrac{z-\alpha}{z-\beta}$ wird der Kreissichelbereich auf den ersten oder den dritten Quadranten abgebildet, falls man k so bestimmt, daß der Punkt $z = 2 + 9i$ nach $z_1 = t \gtrless 0$ geschickt wird. Das gibt $k = t(1 - i/2)$. Durch $w = z_1{}^2 = k^2 \left(\dfrac{z-\alpha}{z-\beta}\right)^2$ erhält man somit eine Abbildung auf die obere Halbebene.

16. Die Punkte ± 1 sollen Fixpunkte sein und die Winkel in diesen Punkten vervierfacht werden. Diese Forderung erfüllt der Ansatz $\dfrac{w-1}{w+1} = k\left(\dfrac{z-1}{z+1}\right)^4$. Aus der letzten Forderung, daß i Fixpunkt, ist bestimmt sich $k = i$.

17. Die Ellipse hat den halben Brennpunktsabstand $c = \sqrt{5}$.

α) Durch einen passenden Zweig der Funktion $z_1 = \dfrac{z}{c} + \sqrt{\dfrac{z^2}{c^2} - 1}$ läßt sich die Ellipse in einen Kreis vom Radius $R = z_1(a) = \sqrt{5}$ ($a = 3$, große Halbachse) überführen.

β) Der Strömungsverlauf um diesen Kreis läßt sich durch die Funktion $w = v_\infty c\,(z_1 + R^2/z_1)/2$ darstellen (vgl. S. 93).

a) Das komplexe Strömungspotential lautet daher

$$w = \frac{v_\infty}{2}\left[z(R^2+1) - \sqrt{z^2 - c^2}\,(R^2 - 1)\right].$$

b) Geschwindigkeit $\bar{\mathfrak{v}} = \mathfrak{v}_x - i\,\mathfrak{v}_y = -\dfrac{dw}{dz} = -\dfrac{v_\infty}{2}\left[R^2 + 1 - \dfrac{z(R^2-1)}{\sqrt{z^2-c^2}}\right]$.

c) Die Geschwindigkeit auf der Ellipse erhält man besser durch Betrachtung der Hilfsabbildung z_1. Dort wird die Ellipse durch $|z_1| = R$ dargestellt und es ist:

$$\frac{dw}{dz} = \frac{\dfrac{dw}{dz_1}}{\dfrac{dz}{dz_1}} = v_\infty \cdot \frac{1 - \dfrac{R}{z_1{}^2}}{1 - \dfrac{1}{z_1{}^2}}.$$

Die Geschwindigkeit auf der Ellipse ist daher mit $z_1 = R\,e^{i\varphi}$

$$\bar{\mathfrak{v}} = \mathfrak{v}_x - i\,\mathfrak{v}_y = -R^2 v_\infty \cdot \frac{1 - e^{-2i\varphi}}{R^2 - e^{-2i\varphi}},$$

z. B. für $\varphi = 0$ und $\varphi = \pi$: $\bar{\mathfrak{v}} = \mathfrak{v} = 0$ (Staupunkte), für $\varphi = \pi/2$: $\bar{\mathfrak{v}} = v = -2R^2 v_\infty/(1 + R^2)$.

d) Wir müssen in der wie oben erhaltenen z_1-Ebene noch eine Drehung um den Winkel $\pi/2$ hinzufügen: $z_2 = iz_1$ und erhalten

$$w = \frac{c \cdot v_\infty}{2}\left(z_2 + \frac{R^2}{z_2}\right) = \frac{c \cdot v_\infty i}{2}\left(z_1 - \frac{R^2}{z_1}\right) \quad \text{und} \quad z_1 = \frac{1}{c}\left(z + \sqrt{z^2 - c^2}\right),$$

zusammengesetzt also das komplexe Strömungspotential für die Strömung parallel der kleinen Achse:

$$w = \frac{i\,v_\infty}{2}\left(z(R^2 - 1) - \sqrt{z^2 - c^2}\,(R^2 + 1)\right).$$

18. Wir bilden wie folgt ab: $\frac{z}{z_1}\left|\frac{i}{\infty}\right|\frac{0}{0}\left|\frac{-i}{\pi i}\right.$; $z_1 = 2\pi i \frac{z}{z-i}$.
Man erhält einen Parallelstreifen der Breite π, der durch die Funktion $w = e^{z_1} = e^{2\pi i \frac{z}{z-i}}$ in die obere Halbebene mit der verlangten Zuordnung übergeht.

19. Zu S. 78. Setzen wir $(z_1; z_2; z_3; z_4) = \lambda$, so liefert die Vertauschung der beiden ersten oder der beiden letzten Zahlen den Wert $1/\lambda$. Wegen $(z_1; z_2; z_3; z_4) + (z_1; z_2; z_3; z_4) = 1$ liefert die Vertauschung der beiden mittleren Zahlen den Wert $1-\lambda$. Jede Permutation der vier Zahlen kann man durch solche Vertauschungen herstellen. Hieraus folgt die Behauptung.

§ 5

1. Durch $\log(-1) = -\pi i$ ist ein bestimmter Zweig des Logarithmus, nämlich $\operatorname{Log} z - 2\pi i$ festgelegt, während durch $\log 1 = 0$ in diesem Blatt der Hauptwert $\operatorname{Log} z$ definiert wird. Es muß also heißen: $-\pi i = \log(-1) = (\operatorname{Log} 1 - 2\pi i)/2$.

2. Die linke Seite der Gleichung ist bis auf Vielfache von $2\pi i$, die rechte Seite hingegen bis auf Vielfache von $6\pi i$ bestimmt. Die Gleichung gilt daher nicht allgemein.

3. Der Schlitzbereich geht durch einen passend gewählten Zweig der Funktion $z_1 = \frac{z}{a} + \sqrt{\frac{z^2}{a^2} - 1}$ in die obere Halbebene, die Strecke von $-a$ nach $+a$ in die obere Hälfte des Einheitskreises über. Dieser Bereich wird durch die Funktion $w = (1/\pi) \operatorname{Log} z_1$ auf den verlangten Parallelstreifen abgebildet.
Komplexes Potential $w = \frac{1}{\pi} \operatorname{Log}\left(\frac{z}{a} + \sqrt{\frac{z^2}{a^2} - 1}\right)$. Bis auf die Zuordnung der Ränder wird die Abbildung auch durch den Hauptwert von $w = \frac{1}{\pi} \operatorname{ArCos} \frac{z}{a}$ erzeugt.
Stromlinien: konfokale Hyperbeln } mit den Brennpunkten $\pm a$.
Potentiallinien: ,, Ellipsen }

4. In rechtwinkeligen Koordinaten lautet die Gleichung der Hyperbel: $\frac{x^2}{4} - \frac{y^2}{9} = 1$.
Der Brennpunktsabstand ist $c = \sqrt{13}$.
α) Durch einen passenden Zweig der Funktion (vgl. S. 91)
$$z_1 = \frac{z}{c} + \sqrt{\frac{z^2}{c^2} - 1}$$
läßt sich der vorgesehene Streifen auf den von der imaginären z_1-Achse und dem Strahl durch 0 mit der Steigung $\operatorname{tg} \alpha = 3/2$ der oberen Halbebene gebildeten Winkelraum abbilden. Die Strecke 0 bis 2 der z-Ebene geht in das im Winkelraum verlaufende Stück des Einheitskreises über.
β) Man dreht um den Winkel $-\alpha$ durch $z_2 = z_1 e^{-i\alpha}$ mit $\operatorname{tg} \alpha = 3/2$.
γ) Durch die Funktion $z_3 = \operatorname{Log} z_2$ wird der Winkelraum der z_2-Ebene auf einen Parallelstreifen $0 \leq \mathfrak{J}(z_3) \leq \pi/2 - \alpha$ abgebildet. Das der Strecke $0 \leq x \leq 2$ der z-Ebene entsprechende Stück des Einheitskreises der z_2-Ebene geht in das Stück der imaginären Achse von 0 nach $i\,(\pi/2 - \alpha)$ über.
δ) Mittels der Funktion $w = \frac{-i}{\pi/2 - \alpha} z_3$ erhält man die verlangte Abbildung.
a) Durch Zusammensetzung ergibt sich als Abbildungsfunktion
$$w = \frac{-i}{\frac{\pi}{2} - \alpha}\left\{\operatorname{Log}\left[\frac{z}{c} + \sqrt{\frac{z^2}{c^2} - 1}\right] - i\alpha\right\} \text{ oder } w = \frac{1}{\frac{\pi}{2} - \alpha}\left\{\operatorname{ArCos} \frac{z}{c} - i\alpha\right\},$$
mit den Abkürzungen $c = \sqrt{13}$; $\alpha = \operatorname{Arc} \operatorname{tg} 3/2$.

b) Feldlinien sind die im Feldraum verlaufenden, mit der Hyperbel und ihrem Spiegelbild an der imaginären Achse (anderen Hyperbelast) konfokalen Ellipsenbögen, Potentiallinien die im Felde verlaufenden konfokalen Hyperbeln (vgl. die Abbildung $w = (z + 1/z)/2$).

c) Die Feldstärke $\overline{\mathfrak{E}} = -\frac{dw}{dz} = i(\pi/2 - \alpha)^{-1}/\sqrt{z^2 - c^2}$. Die Komponenten der Feldstärke ergeben sich durch Zerlegung in Real- und Imaginärteil: $E_x = \Re(\overline{\mathfrak{E}})$; $E_y = -\Im(\overline{\mathfrak{E}})$.

d) Ladung $Q = v(p_2) - v(p_1)$. Dabei bedeuten $p_2 = +i$; $p_1 = -i$ und $v = \Im(w)$. Wegen der Symmetrie ist ferner $Q = 2\,\Im\,[w(i) - w(0)]$. Aus a) erhält man

$$\Im(w(i)) = 1/(\pi/2 - \alpha) \cdot \ln\left[\left(1 + \sqrt{c^2 + 1}\right)/c\right];\ \Im(w(0)) = 0.$$

Daher ist:

$$Q = 2/(\pi/2 - \alpha) \cdot \ln\left(\left(1 + \sqrt{c^2 + 1}\right)/c\right).$$

5. Wir führen das Äußere der Kreissichel z. B. in einen Winkelraum, dessen einer Schenkel die reelle positive Achse einer z_1-Ebene ist, über, so daß $\begin{array}{c|c|c|c} z & -1 & 1 & i \\ \hline z_1 & 0 & \infty & 1 \end{array}$. Das erreichen wir durch die lineare Transformation $z_1 = i\,\frac{z+1}{z-1}$. Diesen Winkelraum vom Winkel $\frac{7\pi}{4}$ führen wir auf die obere Halbebene zurück durch den Zweig von $z_2 = z_1^{4/7}$, welcher auf der längs der positiv reellen z_1-Achse aufgeschnittenen z_1-Ebene eindeutig ist und auf dem oberen Ufer positive Werte hat. 0, 1, ∞ bleiben dabei unverändert. $w = \frac{i z_2 - 1}{i z_2 + 1}$ liefert schließlich die Abbildung auf das Äußere des Einheitskreises in der verlangten Weise. Also leistet die Funktion

$$w = \frac{i\left(\frac{z+1}{z-1}\right)^{4/7} + 1}{i\left(\frac{z+1}{z-1}\right)^{4/7} - 1}$$

die Abbildung des Äußeren der Kreissichel auf das Äußere des Einheitskreises, so daß ± 1, i Fixpunkte sind.

6. $\operatorname{Log}\left(\sqrt[3]{1 - i}\right) = \operatorname{Log} e^{\frac{1}{3}\left(\ln\sqrt{2} + i\,\frac{7\pi}{4} + 2k\pi i\right)}$, $k = 0, -1, -2$. Also:

$$\operatorname{Log}\left(\sqrt[3]{1 - i}\right) = \frac{1}{6}\ln 2 + i\,\frac{7\pi}{12};\quad \frac{1}{6}\ln 2 - i\,\frac{\pi}{12};\quad \frac{1}{6}\ln 2 - i\,\frac{9\pi}{12}.$$

7. Beide Funktionen sind in der von i über ∞ nach $-i$ längs der imaginären Achse aufgeschlitzten z-Ebene eindeutig und analytisch, sie haben dort dieselbe Ableitung $1/(1 + z^2)$, unterscheiden sich also nur um eine Konstante. Da beide Funktionen im Nullpunkt übereinstimmen, ist die Konstante 0. Die Funktionen sind daher identisch.

8. Überlagerung einer Quelle ($\Re(a) < 0$) oder einer Senke ($\Re(a) > 0$) und eines Wirbels im Nullpunkt ergibt einen sog. „Strudel"; $f(z) = (s + it)\log z = s\log z + it\log z$. Bei Addition der Potentiale überlagern sich auch die ihnen entsprechenden Strömungen.

9. a) $\begin{array}{c|c|c|c} z & 1 & id & -1 \\ \hline z_1 & 0 & 1 & \infty \end{array}$ ergibt $z_1 = k\,\frac{z-1}{z+1}$ mit $k = -\frac{1 - d^2 + 2id}{1 + d^2}$. Das angegebene Gebiet wird dabei auf einen Winkelraum mit dem Innenwinkel α der z_1-Ebene abgebildet.

b) Dieser wird durch $z_2 = z_1^{\pi/\alpha}$ auf die obere z_2-Ebene abgebildet.

c) Die Transformation $\frac{z_2}{w}\left|\frac{0}{1}\right|\frac{1}{id}\left|\frac{\infty}{-1}\right. : z_2 = k\frac{w-1}{w+1}$ mit dem nämlichen k liefert daher die Abbildung des Kreisbogenzweiecks auf das Innere des angegebenen Kreises: $\frac{w-1}{w+1} = k^{\pi/\alpha - 1}\left(\frac{z-1}{z+1}\right)^{\pi/\alpha}$. Abbildung auf das Äußere des Kreises erhält man, indem man in der z_1-Ebene zuerst um den Winkel $-\alpha$ dreht, $z_2 = z_1 e^{-i\alpha}$, und dann den äußeren Winkelraum $(2\pi - \alpha)$ durch $z_3 = z_2^{\pi/(2\pi-\alpha)}$ auf die obere Halbebene abbildet. Hierauf führt man diese durch $(w-1)/(w+1) = -z_3/k$ in das Äußere des Kreises über.

Kap. III

§ 2

1. $$\oint\limits_{(C)} \frac{z^7+1}{z^3(z^4+1)}\,dz = \oint\limits_{(C)} z\,dz + \oint z^{-2}\,dz + {}$$
$$+ A_1 \oint\limits_{(C)} \frac{dz}{z-\sqrt{i}} + A_2 \oint\limits_{(C)} \frac{dz}{z+\sqrt{i}} + A_3 \oint\limits_{(C)} \frac{dz}{z-i\sqrt{i}} + A_4 \oint\limits_{(C)} \frac{dz}{z+i\sqrt{i}}.$$

Die Koeffizienten A_ν erhält man aus der Partialbruchzerlegung des Integranden. Speziell ergibt sich:

Im Fall a) $(C): |z-2| = 1$. $\oint\limits_{(C)} \frac{z^7+1}{z^3(z^4+1)}\,dz = 0$, da im Innern des Integrationsbereiches keine singulären Stellen liegen. sind die einzelnen Integrale $= 0$.
Im Fall b) $(C): |z-1| = 1{,}5$. Singuläre Stellen im Integrationsbereich: $z = \sqrt{i} = (1+i)/\sqrt{2}$, $z = -i\sqrt{i} = (1-i)/\sqrt{2}$. Das zweite und dritte Integral verschwindet daher, während das erste und vierte mit Hilfe der Formel $\oint\limits_{(C_\alpha)} \frac{dz}{z-\alpha} = 2\pi i$ den Wert $\pi i/\sqrt{2}$ ergibt.

2. Aus $\Delta(\Delta u) = 0$ folgt: ΔU ist Potentialfunktion, also $\Delta U = \Re(f(z))$. Wir setzen $f(z) = 8\varphi_1'(z) = 8(p + iq)$, $\varphi_1(z) = \frac{1}{8}\int\limits_a^z f(\zeta)\,d\zeta = p_1 + iq_1$. Hiermit zeigt man: $\Delta(xp_1 + yq_1) = \Delta U/2$, also $\Delta\left(\frac{U}{2} - xp_1 - yq_1\right) = 0$ oder $\frac{U}{2} - xp_1 - yq_1 = p_2$, mit $p_2 + iq_2 = \varphi_2(z)$, woraus nach Einführung von φ_1, φ_2 und z die Behauptung folgt.

§ 3

Es ist $f(z) = F(z) + a_1/z + a_2/z^2 + \ldots + a_n/z^n$, also

$$\frac{1}{2\pi i}\oint\limits_{(C)} \frac{f(\zeta)}{\zeta - z}\,d\zeta = \frac{1}{2\pi i}\oint\limits_{(C)} \frac{F(\zeta)}{\zeta - z}\,d\zeta + \frac{1}{2\pi i}\oint\limits_{(C)} \frac{a_1/\zeta + a_2/\zeta^2 + \ldots + a_n/\zeta^n}{\zeta - z}\,d\zeta.$$

Das erste Integral der rechten Seite ist, da $F(z)$ in (K) regulär ist, nach der Cauchyschen Integralformel gleich $F(z)$. Um das letzte Integral zu berechnen, wählen wir statt des Integrationsweges (C) einen Kreis $|\zeta| = \varrho$ mit $|z| < r \leq \varrho < R$. Entwickeln wir den Integranden nach Potenzen von $1/\zeta$, so erhalten wir eine für $|\zeta| = \varrho$ gleichmäßig konvergente Reihe $b_2/\zeta^2 + b_3/\zeta^3 + \ldots$. Das Integral über die einzelnen Reihenglieder verschwindet, daher hat das zweite Integral den Wert Null.

Kap. IV

§ 1

1. Da $1/\cos z$ eine gerade Funktion ist, sind die Koeffizienten der ungeraden Potenzen gleich Null. Wir setzen daher analog der Entwicklung $\cos z = \sum_{\nu=0}^{\infty} (-1)^\nu \frac{z^{2\nu}}{(2\nu)!}$ an: $\frac{1}{\cos z} = \sum_{\nu=0}^{\infty} (-1)^\nu \frac{E_{2\nu}}{(2\nu)!} z^{2\nu}$. Durch Einsetzen der Reihe für $\cos z$, Hinaufmultiplizieren und Koeffizientenvergleich findet man $E_0 = 1$. Für die Bestimmung der $E_{2\nu}$, der sogenannten „Eulerschen Zahlen", ergibt sich die Rekursionsformel:

$$\binom{2n}{0} E_0 + \binom{2n}{2} E_2 + \ldots + \binom{2n}{2n-2} E_{2n-2} + \binom{2n}{2n} E_{2n} = \sum_{\nu=0}^{n} \binom{2n}{2\nu} E_{2\nu} = 0.$$

Hieraus bestimmen sich, ausgehend von $E_0 = 1$, $E_2 = 2$, $E_4 = 5$. Die ersten 5 Glieder der gesuchten Entwicklung lauten daher:

$$\frac{1}{\cos z} = 1 + \frac{1}{2!} z^2 + \frac{5}{4!} z^4 + \ldots . \qquad \text{Sie gilt für } |z| < \pi/2.$$

2. Für die Entwicklung benutzen wir den Weierstraßschen Doppelreihensatz. Die Reihenglieder sind dabei Polynome von z.

$$\frac{1}{1+z+z^2} = \sum_{\nu=0}^{\infty} (-1)^\nu \cdot z^\nu \cdot (1+z)^\nu = \sum_{\nu=0}^{\infty} (-1)^\nu z^\nu \cdot \sum_{\lambda=0}^{\nu} \binom{\nu}{\lambda} z^\lambda.$$

Glieder mit gleicher Potenz von z zusammengefaßt liefern so, $\nu + \lambda = n$ gesetzt und λ eliminiert, die Entwicklung

$$\sum_{n=0}^{\infty} \left[\sum_{\nu \geq \left[\frac{n}{2}\right]}^{n} (-1)^\nu \binom{\nu}{n-\nu} \right] \cdot z^n.$$

3. $$\frac{1-z}{z^2(z-2)} \sin z = \left[\frac{1}{4z} - \frac{1}{2z^2} + \frac{1}{8\left(1-\frac{z}{2}\right)} \right] \cdot \sin z =$$

$$= \frac{1}{4} \left[\frac{1}{z} - \frac{2}{z^2} + \frac{1}{2} \sum_{\nu=0}^{\infty} \left(\frac{z}{2}\right)^\nu \right] \cdot \sum_{\mu=0}^{\infty} (-1)^\mu \frac{z^{2\mu+1}}{(2\mu+1)!} = \frac{1}{4} \left[\sum_{\lambda=0}^{\infty} (-1)^\lambda \frac{z^{2\lambda}}{(2\lambda+1)!} - \right.$$

$$\left. - 2 \sum_{\lambda=0}^{\infty} (-1)^\lambda \frac{z^{2\lambda-1}}{(2\lambda+1)!} + \sum_{\lambda=1}^{\infty} \left(\sum_{\mu=0}^{\left[\frac{\lambda-1}{2}\right]} (-1)^\mu \frac{2^{2\mu-\lambda}}{(2\mu+1)!} \right) \cdot z^\lambda \right].$$

4. $$e^{\frac{\lambda}{2}\left(z-\frac{1}{z}\right)} = e^{\frac{\lambda}{2} z} \cdot e^{-\frac{\lambda}{2z}} = \sum_{\alpha=0}^{\infty} \frac{\left(\frac{\lambda}{2}\right)^\alpha z^\alpha}{\alpha!} \cdot \sum_{\beta=0}^{\infty} \frac{\left(\frac{-\lambda}{2}\right)^\beta z^{-\beta}}{\beta!} = \sum_{\nu=-\infty}^{\infty} a_\nu z^\nu.$$

Die Reihe konvergiert für $0 < |z| < \infty$. Wir setzen $\alpha - \beta = \nu$ und erhalten für $\nu \geq 0$

$$a_\nu = \sum_{\beta=0}^{\infty} (-1)^\beta \frac{\lambda^{2\beta+\nu}}{(\beta+\nu)!\, \beta!\, 2^{2\beta+\nu}},$$

für negative Indizes $\nu = -\mu$ mit $\mu > 0$

$$a_{-\mu} = \sum_{\alpha=0}^{\infty} (-1)^{\alpha+\mu} \frac{\lambda^{2\alpha+\mu}}{(\alpha+\mu)!\, \alpha!\, 2^{2\alpha+\mu}} = (-1)^\mu a_\mu.$$

Die Exponenten von λ sind immer positive ganze Zahlen oder Null, daher sind die Potenzreihen $a_\nu(\lambda)$ für alle endlichen λ konvergent. Die Funktionen $a_\nu(\lambda)$ heißen „Besselfunktionen mit ganzzahligem Zeiger ν". Zur Ableitung der Rekursionsformel differenzieren wir den Ansatz mit unbestimmten Koeffizienten, was wegen der gleichmäßigen Konvergenz der Reihen in jedem abgeschlossenen, endlichen Teilbereich der z-Ebene, der den Punkt $z=0$ nicht als inneren oder Randpunkt enthält, möglich ist.

$$f'(z)=\frac{\lambda}{2}(1+1/z^2)\,e^{\frac{\lambda}{2}\left(z-\frac{1}{z}\right)}=\sum_{\nu=-\infty}^{\infty}\nu\,a_\nu z^{\nu-1}=\frac{\lambda}{2}(1+1/z^2)\sum_{\nu=-\infty}^{\infty}a_\nu z^\nu.$$

Koeffizientenvergleich ergibt: $a_{\nu-1}+a_{\nu+1}=2\nu\,a_\nu/\lambda$.
Eine Integralformel für die Koeffizienten liefert mit $\zeta=e^{i\varphi}$ als Integrationsweg

$$a_\nu=\frac{1}{2\pi i}\oint_{(E)}\frac{e^{\frac{\lambda}{2}(\zeta-1/\zeta)}}{\zeta^{\nu+1}}\,d\zeta=\frac{1}{2\pi}\int_{-\pi}^{\pi}e^{i(\lambda\sin\varphi-\nu\varphi)}\,d\varphi=$$

$$=\frac{1}{2\pi}\left(\int_0^{\pi}+\int_{-\pi}^{0}\right)=\frac{1}{2\pi}\left(\int_0^{\pi}e^{i(\lambda\sin\varphi-\nu\varphi)}\,d\varphi+\int_0^{\pi}e^{-i(\lambda\sin\varphi-\nu\varphi)}\,d\varphi\right),$$

somit ist $a_\nu=\dfrac{1}{\pi}\displaystyle\int_0^{\pi}\cos(\lambda\sin\varphi-\nu\varphi)\,d\varphi.$

5. $$f(z)=e^{\lambda z-\frac{z^2}{2}}=\sum_{\alpha=0}^{\infty}\frac{\lambda^\alpha z^\alpha}{\alpha!}\cdot\sum_{\beta=0}^{\infty}\frac{(-1)^\beta z^{2\beta}}{2^\beta\beta!}=\sum_{\nu=0}^{\infty}\frac{a_\nu}{\nu!}z^\nu.$$

Wir setzen $\alpha+2\beta=\nu$ und erhalten

$$\frac{a_\nu}{\nu!}=\sum_{\beta=0}^{\left[\frac{\nu}{2}\right]}(-1)^\beta\frac{\lambda^{\nu-2\beta}}{2^\beta(\nu-2\beta)!\,\beta!}.$$

Die Reihe für $f(z)=\sum_{\nu=0}^{\infty}\frac{a_\nu}{\nu!}z^\nu$ konvergiert für alle endlichen z. Die a_ν sind Polynome von λ. Zur Herleitung der Rekursionsformel können wir wieder wegen der gleichmäßigen Konvergenz der Reihe in jedem abgeschlossenen Teilbereich den Ansatz mit unbestimmten Koeffizienten differenzieren und erhalten:

$$(\lambda-z)\sum_{\nu=0}^{\infty}\frac{a_\nu}{\nu!}z^\nu=\sum_{\nu=1}^{\infty}\frac{\nu\,a_\nu}{\nu!}z^{\nu-1},$$

woraus sich die Rekursionsformel ergibt: $a_{\nu+1}=\lambda a_\nu-\nu\cdot a_{\nu-1}$.
Eine Integralformel für die Koeffizienten ergibt wieder mit $\zeta=e^{i\varphi}$ als Integrationsweg

$$\frac{a_\nu}{\nu!}=\frac{1}{2\pi i}\oint_{(E)}\frac{e^{\lambda\zeta-\frac{\zeta^2}{2}}}{\zeta^{\nu+1}}\,d\zeta=$$

$$=\frac{1}{2\pi}\int_{-\pi}^{\pi}e^{\lambda(\cos\varphi+i\sin\varphi)-\frac{1}{2}(\cos 2\varphi+i\sin 2\varphi)}\,e^{-i\nu\varphi}\,d\varphi=$$

$$=\frac{1}{2\pi}\int_{-\pi}^{\pi}e^{\lambda\cos\varphi-\frac{1}{2}\cos 2\varphi}\,e^{i\left(\lambda\sin\varphi-\frac{1}{2}\sin 2\varphi-\nu\varphi\right)}\,d\varphi,$$

somit ist

$$\frac{a_\nu}{\nu!} = \frac{1}{\pi}\int_0^\pi e^{\lambda\cos\varphi - \frac{1}{2}\cos 2\varphi} \cos\left(\lambda\sin\varphi - \frac{1}{2}\sin 2\varphi - \nu\varphi\right) d\varphi.$$

6. Die Reihe für $\frac{1}{1+z^2}$ konvergiert gleichmäßig in $|z| \leqq \varrho < 1$, man kann daher in diesem Bereich die Reihe beliebig oft gliedweise differenzieren. Indem man den Ansatz

$$\frac{1}{1+z^2} = \sum_{\nu=0}^{\infty} (-1)^\nu z^{2\nu}$$

einmal differenziert, erhält man

$$\frac{1}{(1+z^2)^2} = \frac{-1}{2z}\sum_{\nu=1}^{\infty}(-1)^\nu\, 2\nu \cdot z^{2\nu-1} = \sum_{\nu=1}^{\infty}(-1)^{\nu+1}\,\nu\,.\, z^{2\nu-2}.$$

Wenn man diese Reihe noch einmal differenziert, ergibt sich

$$\frac{-4z}{(1+z^2)^3} = \sum_{\nu=2}^{\infty}(-1)^{\nu+1}\,\nu\,(2\nu-2)\,z^{2\nu-3},$$

also

$$\frac{1}{(1+z^2)^3} = \frac{1}{2}\sum_{\nu=0}^{\infty}(-1)^\nu(\nu+1)(\nu+2)\,z^{2\nu}.$$

7. Da $\frac{df(z)}{dz} = \frac{1}{\sqrt{1+z^2}} = \sum_{\nu=0}^{\infty}\binom{-1/2}{\nu} z^{2\nu}$ für $|z| < 1$ konvergiert, ergibt sich

$$f(z) = \log(z + \sqrt{1+z^2}) = \int_0^z \frac{d\zeta}{\sqrt{1+\zeta^2}} = \sum_{\nu=0}^{\infty}\frac{1}{2\nu+1}\binom{-1/2}{\nu} z^{2\nu+1}.$$

8. Die Formel lautet allgemein für die Koeffizienten der Taylor- und Laurent-Reihe

$$a_\nu = \frac{1}{2\pi i}\oint_{(C)}\frac{f(\zeta)}{(\zeta-\alpha)^{\nu+1}}\,d\zeta.$$

Hier ist $\alpha = 0$. Wählt man den Einheitskreis als Integrationsweg, $\zeta = e^{i\varphi}$, so ergibt sich

$$a_\nu = \frac{1}{2\pi}\int_0^{2\pi} f(e^{i\varphi})\cdot e^{-i\nu\varphi}\,d\varphi.$$

a) Die Koeffizienten der Reihe für e^{-z} sind: $a_\nu = (-1)^\nu/\nu!$. Die Integralformel liefert mit $z = \cos\varphi + i\sin\varphi$

$$a_\nu = \frac{1}{2\pi}\int_0^{2\pi} e^{-(\cos\varphi + i\sin\varphi)}\,.\,e^{-i\nu\varphi}\,d\varphi = \frac{1}{2\pi}\int_0^{2\pi} e^{-\cos\varphi}\,.\,e^{-i(\sin\varphi+\nu\varphi)}\,d\varphi =$$

$$= \frac{1}{2\pi}\int_0^{2\pi} e^{-\cos\varphi}\cos(\nu\varphi+\sin\varphi)\,d\varphi - \frac{i}{2\pi}\int_0^{2\pi} e^{-\cos\varphi}\cdot\sin(\nu\varphi+\sin\varphi)\,d\varphi = (-1)^\nu/\nu!.$$

Durch Gleichsetzen von Realteil bzw. Imaginärteil erhält man

$$\int_0^{2\pi} e^{-\cos\varphi} \cos(\nu\varphi + \sin\varphi)\, d\varphi = (-1)^\nu 2\pi/\nu!$$

$$\int_0^{2\pi} e^{-\cos\varphi} \sin(\nu\varphi + \sin\varphi)\, d\varphi = 0.$$

b) Ganz entsprechend erhält man für $f(z) = e^{1/z}$

$$a_{-\nu} = \frac{1}{2\pi} \int_0^{2\pi} e^{\cos\varphi}\, e^{-i(\sin\varphi - \nu\varphi)}\, d\varphi = 1/\nu!,$$

daraus

$$\int_0^{2\pi} e^{\cos\varphi} \cos(\nu\varphi - \sin\varphi)\, d\varphi = 2\pi/\nu!, \quad \int_0^{2\pi} e^{\cos\varphi} \sin(\nu\varphi - \sin\varphi)\, d\varphi = 0.$$

9. Da z_0 innerer Punkt ist, lassen sich $f_1(z)$ und $f_2(z)$ in Taylor-Reihen nach Potenzen von $z - z_0$ entwickeln, die wegen des Übereinstimmens der Funktionswerte und der Ableitungen im Punkt z_0 dieselben Koeffizienten und denselben Konvergenzkreis besitzen. Sie stimmen also in den sämtlichen Punkten dieses Kreises überein und sind daher nach Satz 6, S. 140, im ganzen Regularitätsgebiet $\mathfrak{G}$ identisch.

10. a) Durch Partialbruchzerlegung und Entwicklung in eine geometrische Reihe erhält man

$$f(z) = \frac{1+i/2}{z+i} + \frac{1-i/2}{z-i} = \frac{1+i/2}{1/2+i}\left(1\Big/\left(1 - \frac{z-1/2}{-i-1/2}\right)\right) + \frac{1-i/2}{1/2-i}\left(1\Big/\left(1 - \frac{z-1/2}{i-1/2}\right)\right) =$$

$$= \frac{4-3i}{5} \sum_{\nu=0}^{\infty} \left[\frac{2}{5}(2i-1)\right]^\nu \left(z - \frac{1}{2}\right)^\nu + \frac{4+3i}{5} \sum_{\nu=0}^{\infty} \left[-\frac{2}{5}(2i+1)\right]^\nu \left(z - \frac{1}{2}\right)^\nu.$$

Durch Zusammenfassen der beiden Reihen ergibt sich die gesuchte Entwicklung. Führen wir den Hilfswinkel α durch $\frac{1+2i}{\sqrt{5}} = e^{i\alpha}$, $\frac{1-2i}{\sqrt{5}} = e^{-i\alpha}$, $\sqrt{5} > 0$ ein, so erhalten wir:

$$f(z) = \frac{2}{5} \sum_{\nu=0}^{\infty} \left(\frac{-2}{\sqrt{5}}\right)^\nu [4\cos(\alpha\nu) - 3\sin(\alpha\nu)] \left(z - \frac{1}{2}\right)^\nu.$$

Konvergenzgebiet: $|z - 1/2| / |i \pm 1/2| < 1$, d. h. $|z - 1/2| < \sqrt{5}/2$.
Weiterhin ergibt sich die Entwicklung

$$f(z) = \frac{1+i/2}{z-1/2} \, \frac{1}{1 + (1/2+i)/(z-1/2)} + \frac{1-i/2}{z-1/2} \, \frac{1}{1 + (1/2-i)/(z-1/2)} =$$

$$= \sum_{\nu=0}^{\infty} (-1)^\nu [(1+i/2)(1/2+i)^\nu + (1-i/2)(1/2-i)^\nu] (z-1/2)^{-\nu-1} =$$

$$= \sum_{\nu=0}^{\infty} \frac{(-\sqrt{5})^\nu}{2^\nu} [2\cos(\alpha\nu) - \sin(\alpha\nu)] \left(z - \frac{1}{2}\right)^{-\nu-1}$$

mit dem Konvergenzgebiet $|z - 1/2| > \sqrt{5}/2$.

b) Analog ergibt sich:

$$f(z) = \frac{1-i/2}{z-i} + \frac{1+i/2}{2i} \, \frac{1}{1-(i/2)(z-i)} = \frac{1-i/2}{z-i} + \frac{1-2i}{4} \sum_{\nu=0}^{\infty} \left(\frac{i}{2}\right)^\nu (z-i)^\nu.$$

Konvergenzbereich: $0 < |z - i| < 2$.

Eine weitere Möglichkeit der Entwicklung nach Potenzen von $z - i$ ist:

$$f(z)=\frac{1-i/2}{z-i}+\frac{1+i/2}{z-i}\,\frac{1}{1+(2i)/(z-i)}=$$

$$=\frac{1-i/2}{z-i}+(1+i/2)\sum_{\nu=0}^{\infty}(-2i)^{\nu}(z-i)^{-\nu-1};$$

Konvergenzbereich $|z-i|>2$.

§ 2

1. a) $\left.\begin{matrix} z=-1 \\ z=\infty \end{matrix}\right\}$ Pole 1. Ordnung. b) $z=\infty$ Pol 3. Ordnung.

c) $z=\infty$ wesentlich singulär. d) $\left.\begin{matrix} z=-1 \\ z=\infty \end{matrix}\right\}$ wesentlich singular.

e) $z=(2u+1)\dfrac{\pi}{2}-1$ Pole 1. Ordnung. $z=\infty$ singulär als Häufungspunkt von Polen.

f) $z=0$ hebbare Singularität; $z=1$ und $z=-1$ Pole 2. Ordnung.

g) Pole 1. Ordnung sind die Stellen $z=-\dfrac{1}{2^{\nu}}$. $\nu=0, 1, 2, \ldots$. Nullpunkt singulär, da Häufungsstelle von Polen. Sonst konvergiert die Reihe.

2. Geht bei dieser Abbildung $w=f(z)$ der Punkt $z=\infty$ in einen Punkt $w_0 \neq \infty$ über, so führen wir durch eine lineare Abbildung $\zeta=L(w)$ den Punkt w_0 in $\zeta=\infty$ über. $\zeta=L(f(z))=F(z)$ bildet somit die ganze z-Ebene umkehrbar eindeutig und in jedem Punkt konform auf die ganze ζ-Ebene so ab, daß $z=\infty$ in $\zeta=\infty$ übergeht. $F(z)$ kann also in $z=\infty$ nur einen Pol haben (denn in der Nähe einer wesentlich singulären Stelle käme die Funktion jedem Wert beliebig nahe). $F(z)$ ist also eine ganze rationale Funktion. Sie kann aber nur linear sein, sonst gäbe es Punkte der z-Ebene, an denen die Abbildung nicht mehr konform ist. Ist aber $\zeta(z)=F(z)$ eine ganze lineare Funktion, so ist wegen $\zeta=L(w)$ auch $w=w(\zeta)$ eine lineare Funktion und damit auch $w(\zeta(z))=f(z)$.

3. Es ist:

$$f(z)=\ldots+\frac{a_{-1}}{z-\alpha}+\ldots;\quad f(-z)=\ldots-\frac{a_{-1}}{z+\alpha}+\ldots;\quad f(iz)=\ldots-\frac{i\,a_{-1}}{z+i\alpha}+\ldots;$$

daher

$$\mathrm{Res}_{f(-z)}(-\alpha)=-a_{-1},\qquad \mathrm{Res}_{f(iz)}(-i\alpha)=-i\,a_{-1}.$$

4. Es ist:

$$f(z)=\frac{g(z)}{h(z)}=\frac{g(\alpha)+g'(\alpha)(z-\alpha)+\dfrac{g''(\alpha)}{2!}(z-\alpha)^2+\ldots}{(z-\alpha)^2\cdot\dfrac{h''(\alpha)}{2!}+(z-\alpha)^3\cdot\dfrac{h'''(\alpha)}{3!}+\ldots}=$$

$$=\frac{c_{-2}}{(z-\alpha)^2}+\frac{c_{-1}}{z-1}+c_0+\ldots$$

Durch Heraufmultiplizieren des Nenners und Koeffizientenvergleich erhält man das angegebene Resultat.

5. a) $\mathrm{Res}_f(1)=1/2$; b) $\mathrm{Res}_f(0)=1$; c) $\mathrm{Res}_f(i)=-e^{-s}(1-i)/4$;

d) $\mathrm{Res}_f\left(\dfrac{1+i}{\sqrt{2}}\right)=-\dfrac{1+i}{8}\sqrt{2}\,/\,\mathfrak{Cof}\left(\dfrac{1+i}{\sqrt{2}}\right)$;

$\mathrm{Res}_f\left(i\dfrac{\pi}{2}(2k+1)\right)=i(-1)^{k+1}/(1+(2k+1)^4(\pi/2)^4)$;

Anleitung: $f(z)=g(z)/h(z)$; $g(z)=1$; $h(z)=(1+z^4)\,\mathfrak{Cof}\,z$; $h(z)$ hat nur einfache Nullstellen. An den Stellen $\alpha=i\pi(2k+1)/2$ ist $\mathfrak{Cof}\,\alpha=0$ und $\mathfrak{Sin}\,\alpha=(-1)^k\cdot i$.

e) Entweder wie in d) oder $\operatorname{ctg} z = z^{-1}(1 - z^2/2! + \ldots)/(1 - z^2/3! + \ldots)$, daher $\operatorname{Res}_f(0) = 1$.

f) $e^{1/(1-z)} = 1 + 1/(1-z) + \ldots = 1 - 1/(z-1) + \ldots$, $\operatorname{Res}_f(1) = -1$.

g) Die Funktion läßt sich umformen in $f(z) = e^{sz} z^{-1}(z + a/2)^{-2} \operatorname{Sin}(sz)/\operatorname{Cof}(sz)$. An der Stelle $z = -a/2$ ist ein Pol 2. Ordnung. Demnach:

$$\operatorname{Res}_f(-a/2) = \frac{d}{dz}(z + a/2)^2 f(z)\,|_{z=-a/2} = \frac{d}{dz} z^{-1} e^{sz} \operatorname{Tg}(sz)\,|_{z=-a/2} =$$
$$= 2^{-as/2}[a^{-2}(as + 2)\operatorname{Tg}(as/2) - s/(a \operatorname{Cof}^2(as/2))].$$

Der Zähler ist regulär für $z = i\pi(2k + 1)/2s$, der Nenner hat einfache Nullstellen. Daher ist $\operatorname{Res}_f(i\pi(2k + 1)/2s) = e^{sz}/(sz(z + a/2)^2)_{z=i\pi(2k+1)/2s}$.

6. Ist α ein auf der reellen Achse gelegener Pol 1. Ordnung, so ist:

$$f(z) = a_{-1}/(z - \alpha) + a_0 + a_1(z - \alpha) + \ldots \text{ und } \lim_{\delta \to 0} \int_{\frown} f(z)\, dz = -a_{-1} i\pi,$$

wobei der Integrationsweg ein Halbkreisbogen vom Radius δ um α in der oberen Halbebene sei. Daher ist:

(1) $\int_{-\infty}^{\infty} f(x)\, dx = a_{-1} i\pi + 2\pi i \Sigma$ Residuen in der oberen Halbebene. Im zweiten Falle ist hingegen: $\lim_{\delta \to 0} \int_{\smile} f(z)\, dz = a_{-1}\pi i$ und

(2) $\int_{-\infty}^{\infty} f(x)\, dx = -a_{-1}\pi i + 2\pi i a_{-1} + 2\pi i \Sigma$ Residuen in der oberen Halbebene, da nun das Residuum an der Stelle α hinzukommt. (1) und (2) stimmen offensichtlich überein.

7. Wir wählen als Integrationsweg die Strecke von $+R$ bis $-R$ und den positiv durchlaufenen Halbkreisbogen (H) von $-R$ nach $+R$ in der unteren Halbebene. Es ist:

$$\left| \int_{-R\,(H)}^{R} e^{isz} F(z)\, dz \right| < C \int_{\pi}^{2\pi} e^{-sR\sin\varphi}\, d\varphi = C \int_{0}^{\pi} e^{sR\sin\varphi}\, d\varphi.$$

Dieses Integral verschwindet, wie verlangt, wegen $s < 0$ in der Grenze $R \to \infty$.

8. Lösung wie in der vorherigen Aufgabe.

9. (C) läßt sich in einen einfach zusammenhängenden Bereich einbetten, in dem der Integrand durchweg regulär ist, man kann daher unbestimmt integrieren:

$$\int_{0\,(C)}^{1+i} \frac{dz}{(z+1)^3} = -\frac{1}{2}\frac{1}{(z+1)^2}\Bigg|_0^{1+i} = (11 + 2i)/25.$$

10. Wir ergänzen zu $\int_{-\infty}^{\infty} \frac{e^{isx}}{(1+x)(1+x^2)} = f(s)$, dann ist $F(s) = \Re(f(s))$.

Für große $|z|$ ist $|(1 + z)^{-1}(1 + z^2)^{-1}| < C/|z|$. Somit ist (vgl. S. 160)

$$f(s) = 2\pi i \operatorname{Res}_g(i) - \lim_{\varepsilon \to 0} \int_{\frown} \ldots dz$$

(da in der oberen Halbebene nur die singuläre Stelle $z = i$ gelegen ist; $\int_{\frown} \ldots dz$ bedeutet das Integral auf dem kleinen Halbkreisbogen von $-1 - \varepsilon$ bis $-1 + \varepsilon$ mit Radius ε in der oberen Halbebene).

Es ist:

$$\mathrm{Res}_g(i) = -e^{-s}(1+i)/4 \text{ und } \lim_{\varepsilon \to 0} \int_{\frown} \ldots dz = -i e^{-is} \cdot \pi/2.$$

Durch Zerlegung in Real- und Imaginärteil ergibt sich:

$$\int_{-\infty}^{\infty} \frac{\cos s x}{(1+x)(1+x^2)} dx = \frac{\pi}{2}(e^{-s} + \sin s)$$

und

$$\int_{-\infty}^{\infty} \frac{\sin s x}{(1+x)(1+x^2)} dx = -\frac{\pi}{2}(e^{-s} - \cos s).$$

11. Da $z^{\alpha-1} = e^{(\alpha-1)[\ln|z| + i\varphi + 2k\pi i]}$ ist, so legen wir uns auf einen Zweig der Funktion fest, indem wir z. B. durchweg $k = 0$ setzen. Wir erhalten dann Eindeutigkeit in der z-Ebene, wenn wir auf der positiven reellen Achse von 0 nach ∞ aufschneiden. Der Integrationsweg darf diesen Schnitt nicht überschreiten.

Wir wählen ihn daher wie folgt:

J_1: Kreisbogen von $z = R$ (oberes Ufer) bis R (unteres Ufer).

J_2: Reelle Achse (unteres Ufer) von R bis δ.

J_3: Kreis um $z = 0$ mit Radius δ von $z = \delta$ (unteres Ufer) im negativen Umlaufsinne bis δ (oberes Ufer).

J_4: Reelle Achse (oberes Ufer) von δ bis R.

Dann ist: $\lim\limits_{R\to\infty,\,\delta\to 0} (J_1 + J_2 + J_3 + J_4) = 2\pi i\,[\mathrm{Res}\,(-1) + \mathrm{Res}\,(i) + \mathrm{Res}\,(-i)]$.

Ferner ist:

$$\lim_{R\to\infty} J_1 = 0; \quad \lim_{\delta\to 0} J_3 = 0;$$

und

$$\lim_{R\to\infty,\,\delta\to 0} (J_2 + J_4) = (1 - e^{(\alpha-1)2\pi i}) \int_0^{\infty} \frac{x^{\alpha-1}\,dx}{(1+x)(1+x^2)}.$$

Die Ausrechnung ergibt:

$$\int_0^{\infty} \frac{x^{\alpha-1}\,dx}{(1+x)(1+x^2)} = \frac{\pi}{2}\,\frac{\cos(\alpha\pi/2) - \sin(\alpha\pi/2) + 1}{\sin(\alpha\pi)}.$$

12. Singulär sind in der oberen Halbebene die Stellen: $\alpha_1 = (1+i)/\sqrt{2}$ und $\alpha_2 = (-1+i)/\sqrt{2}$, ferner die Nullstellen von $\mathfrak{Cos}\,z$:

$$\mathfrak{Cos}\,z = \cos iz = 0 \text{ für } z = i\,(2k+1)\,\pi/2 = \beta_k.$$

Die Berechnung der Residuen (siehe auch Aufgabe 5) ergibt:

$$\mathrm{Res}_f(\alpha_1) = -\frac{1+i}{8}\sqrt{2}\,/\,\mathfrak{Cos}\left(\frac{1+i}{\sqrt{2}}\right); \quad \mathrm{Res}_f(\alpha_2) = \frac{1-i}{8}\sqrt{2}\,/\,\mathfrak{Cos}\left(\frac{-1+i}{\sqrt{2}}\right);$$

$\mathrm{Res}_f(\beta_k) = i\,(-1)^{k+1}/(1 + (2k+1)^4(\pi/2)^4)$. Wir erhalten daher, indem wir die Radien der Halbkreise (H) in der oberen Halbebene (vgl. S. 157) gleich $R_m = m\pi$ wählen und zur Grenze $m \to \infty$ übergehen:

$$\int_{-\infty}^{\infty} \ldots dx = 2\pi i\,[\mathrm{Res}_f(\alpha_1) + \mathrm{Res}_f(\alpha_2)] + 2\pi \sum_{k=0}^{\infty} (-1)^k/(1 + (2k+1)^4(\pi/2)^4).$$

Der erste Bestandteil läßt sich unter Verwendung von $\mathfrak{Cos}\,(\alpha + i\beta) = \mathfrak{Cos}\,\alpha\cos\beta + i\,\mathfrak{Sin}\,\alpha\sin\beta$ zusammenfassen:

$2\pi i\,[\mathrm{Res}_f(\alpha_1) + \mathrm{Res}_f(\alpha_2)] = s\pi(\mathfrak{Cof}\,s\cos s - \mathfrak{Sin}\,s\sin s)/(\mathfrak{Sin}^2 s + \cos^2 s)$, $s = \sqrt{2}/2$. Die Reihe ist alternierend. Brechen wir mit dem k. Glied ab, so ist daher der Fehler δ absolut genommen

$$|\delta| < 2\pi/(1 + (2k+1)^4 (\pi/2)^4); \text{ für } k = 1 \text{ ist } |\delta| < 0{,}013.$$

Mit diesem Fehler ist daher: $\displaystyle\int_{-\infty}^{\infty} \frac{1}{(1+x^4)\,\mathfrak{Cof}\,x}\,dx = 1{,}76.$

13. Wir setzen $f(z) = a_n z^n$, $g(z) = -(a_{n-1} z^{n-1} + \ldots + a_1 z + a_0)$. Wenn nur $z = R$ groß genug ist, ist sicher $|f(z)| > |g(z)|$, ferner ist hierfür $|f(z)| > 0$. Daher haben in $|z| < R$ die Funktionen $f(z)$ und $f(z) - g(z) = a_n z^n + a_{n-1} z^{n-1} + \ldots + a_1 z + a_0$ gleich viele, also n Nullstellen, w. z. b. w.

§ 3

1. $f(z)$ ist in der ganzen Ebene beschränkt: $|f(z)| < S$. Setzen wir $z = R\zeta$, so ist $f(\zeta) = (f(R\zeta) - f(0))/(2S)$ eine Funktion von ζ, welche die Bedingungen des Schwarzschen Lemmas bei beliebigem R erfüllt. $|f(\zeta)| \leq |\zeta| = |z|/R$, also $|f(z) - f(0)| < 2S|z|/R$ für jedes z. Da R beliebig groß sein kann, so ist $f(z) = f(0)$ also $f(z) =$ konst.

2. Da die Reihe $\displaystyle\sum_{\nu=1}^{\infty}\left(\frac{z}{\nu}\right)^2$ für jedes z absolut konvergiert, so genügt es in Satz 10 alle $m_\nu = 1$ zu setzen. Man erhält:

$$F(z) = e^{\mathfrak{G}(z)}\, z \cdot \prod_{\nu=1}^{\infty}\left(1 + \frac{z}{\nu}\right) e^{-(z/\nu)},$$

wobei $\mathfrak{G}(z)$ eine beliebige ganze Funktion bedeutet.

3. Die beiden Entwicklungen lassen sich unmittelbar nach Formel (15) und (14) S. 179 angeben. Es ist:

$$e^z - 1 = 2i\,e^{\frac{z}{2}}\,\frac{e^{i(z/2i)} - e^{-i(z/2i)}}{2i} = 2i\,e^{\frac{z}{2}} \sin\frac{z}{2i\pi}\pi = z\,e^{\frac{z}{2}} \cdot \prod_{\mu=1}^{\infty}\left(1 + \frac{z^2}{4\pi^2\mu^2}\right)$$

$$\frac{1}{e^z - 1} = \frac{e^{-z/2}}{e^{z/2} - e^{-z/2}} = \frac{1}{2}\,\frac{e^{z/2} + e^{-z/2} + e^{-z/2} - e^{z/2}}{e^{z/2} - e^{-z/2}} = -\frac{1}{2} + \frac{1}{2i}\operatorname{ctg}\frac{z}{2i} =$$

$$= -\frac{1}{2} + \frac{i}{2\pi}\pi\operatorname{ctg}\frac{iz}{2\pi}\pi = -\frac{1}{2} + \frac{1}{z} + \sum_{\mu=1}^{\infty}\frac{2z}{z^2 + 4\pi^2\mu^2}.$$

§ 4

1. Nach Definition der Ableitung in einer Richtung $\mathfrak{n}$ ist

$$\frac{\partial u}{\partial n} = \frac{\partial u}{\partial x}\cos(\mathfrak{n}x) + \frac{\partial u}{\partial y}\cos(\mathfrak{n}y) = -\frac{\partial u}{\partial x}\sin(\mathfrak{s}x) + \frac{\partial u}{\partial y}\cos(\mathfrak{s}x),$$

wobei $\mathfrak{s}$ der Tangentenvektor, s die Bogenlänge und $(\mathfrak{s}x)$ bzw. $(\mathfrak{n}x)$ die Winkel von $\mathfrak{s}$ bzw. $\mathfrak{n}$ gegen die x-Achse sind. Also ist:

$$\frac{\partial u}{\partial n}ds = -\frac{\partial u}{\partial x}dy + \frac{\partial u}{\partial y}dx \text{ und } \oint_{(C)}\frac{\partial u}{\partial n}ds = \oint_{(C)}\left(\frac{\partial u}{\partial y}dx - \frac{\partial u}{\partial x}dy\right).$$

$f(z)$ sei eine in $\mathfrak{G}$ analytische Funktion mit dem Realteil $u(x; y)$. Dann ist auch $f'(z)$ in $\mathfrak{G}$ analytisch und es gilt

$$0 = \oint\limits_{(C)} f'(z)\,dz = \oint\limits_{(C)} (u_x' + i v_x')\,(dx + i\,dy) = \oint\limits_{(C)} (u_x'\,dx - v_x'\,dy) +$$
$$+ i \oint\limits_{(C)} (u_x'\,dy + v_x'\,dx) = 0,$$

also unter Benutzung einer Cauchy-Riemannschen Differentialgleichung speziell

$$\oint\limits_{(C)} \left(\frac{\partial u}{\partial x}\,dy - \frac{\partial u}{\partial y}\,dx\right) = 0, \text{ w. z. b. w.}$$

2. Setzen wir in Formel (4) S. 182 für $z = r\,e^{i\varphi}$ den Spiegelpunkt $\varrho e^{i\varphi} = e^{i\varphi} R^2/r$ am Kreis $|z| = R$, so geht (4) über in

$$f(\varrho\,e^{i\varphi}) = \frac{-1}{2\pi} \int\limits_0^{2\pi} U(R, t)\,\frac{Re^{-it} + re^{-i\varphi}}{Re^{-it} - re^{-i\varphi}}\,dt + i \ldots$$

also

$$\Re\,(f(\varrho\,e^{i\varphi})) = -\,\Re\,(f(re^{i\varphi})).$$

3. Die Funktion $\Phi(t)$ ist stetig und hier bereits durch eine Fourier-Reihe gegeben, deren Koeffizienten $a_\nu = 0$ für alle $\nu \neq 2$; $a_2 = 2$ und $b_\nu = 0$ für alle $\nu \neq 1$, $b_1 = 1$ sind. Daher ist nach (9):

$U = (r/R)\sin\varphi + 2\,(r/R)^2 \cos 2\varphi$, $V = -(r/R)\cos\varphi + 2\,(r/R)^2 \sin 2\varphi + iv\,(0; 0)$ und $f(z) = u + iv = -iz/R + 2z^2/R^2 + iv\,(0; 0)$.

4. Nach Formel (9) Seite 186 ist für $R = 1$:

$$U(r, \varphi) = \frac{a_0}{2} + \sum_{n=1}^{\infty} r^n (a_n \cos n\varphi + b_n \sin n\varphi).$$

Die Periode ist π. Ferner ist $U(1, t) = U(1, -t)$, daher $b_n = 0$.

$$a_0 = \frac{1}{2\pi} \int\limits_0^{2\pi} U(1, t)\,dt = 0$$

$$a_n = \begin{cases} 0 \text{ für ungerade } n \text{ und } n = 4\mu \\ 8/(\pi n)^2 \text{ für gerade } n = 4\mu + 2. \end{cases}$$

Somit ist das Potential im Inneren des Ringes:

$$U(r, \varphi) = \frac{2}{\pi^2} \sum_{\mu=0}^{\infty} \frac{r^{4\mu+2}}{(2\mu+1)^2} \cos(4\mu + 2)\varphi.$$

Sachverzeichnis

www.ingramcontent.com/pod-product-compliance
Lightning Source LLC
Chambersburg PA
CBHW031439180326
41458CB00002B/594